硬件维修无忧宝典

实例精华版

主板

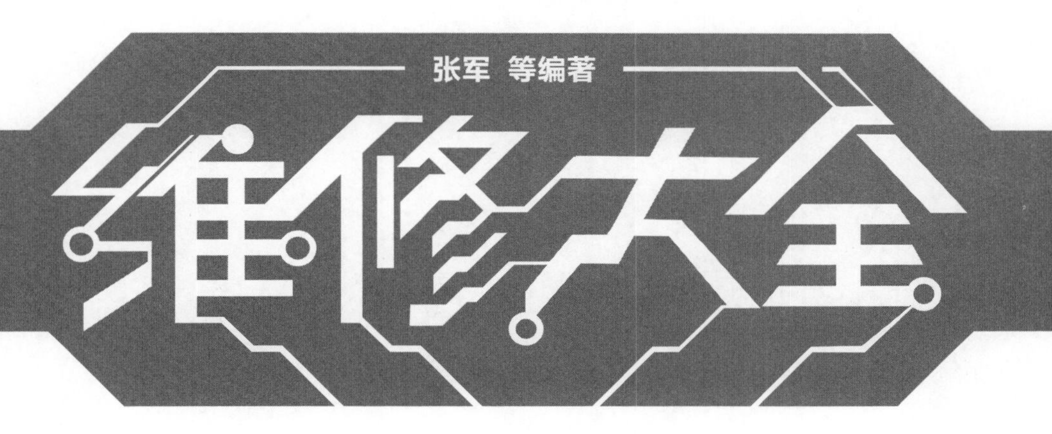

机械工业出版社
China Machine Press

图书在版编目（CIP）数据

主板维修大全（实例精华版）/ 张军等编著．—北京：机械工业出版社，2017.3
（硬件维修无忧宝典）

ISBN 978-7-111-56320-4

I. 主… II. 张… III. 计算机主板－维修 IV. TP332.06

中国版本图书馆 CIP 数据核字（2017）第 043300 号

主板维修大全（实例精华版）

出版发行：机械工业出版社（北京市西城区百万庄大街 22 号 邮政编码：100037）
责任编辑：李华君　　责任校对：李秋荣
印　　刷：北京诚信伟业印刷有限公司　　版　　次：2017 年 4 月第 1 版第 1 次印刷
开　　本：185mm×260mm 1/16　　印　　张：21.5
书　　号：ISBN 978-7-111-56320-4　　定　　价：69.00 元

凡购本书，如有缺页、倒页、脱页，由本社发行部调换
客服热线：（010）88379426 88361066　　投稿热线：（010）88379604
购书热线：（010）68326294 88379649 68995259　　读者信箱：hzit@hzbook.com

对于普通使用者和主板检修技能的初学者而言，电脑主板的构成复杂、集成度高，出现故障后检修难度大，这使得主板检修技能成为一种不易学习和掌握的技能。但就掌握了主板检修技能的硬件维修工程师而言，主板出现的大部分故障都能通过常规的检修操作流程快速排除。

主板检修技能是一种综合技能，涉及的相关理论知识和检修操作技术较多，必须不断地进行理论学习和反复进行亲身实践，才能逐渐掌握和稳步提升。

综合来看，主板检修技能主要涵盖 3 个方面：第一，主板检修的相关理论知识；第二，主板的故障分析能力；第三，主板检修操作技能。

针对主板检修技能的特点，本书对主板的系统架构、硬件工作原理及各种参数、主板供电电路、时钟电路、复位电路、常见电子元器件及常用检修工具等相关知识，进行了丰富而全面的讲解，使初学者能够尽快掌握主板检修的相关理论知识。此部分知识还可用于检修操作过程中资料的查询和对照。

分析主板故障的能力是主板检修技能的核心，也是较难理解和不易掌握的能力。为了能够有效提高主板的故障分析能力，本书列举了大量的主板检修实例，其中不仅包含了检修操作步骤、故障分析和排除过程，还包括了很多主板检修操作过程中的经验和注意事项。

本书的写作目的

从初学者到硬件维修工程师，必然需要一个反复学习和不断提高的过程。这个过程有可能是漫长的、迷茫的，甚至是痛苦的；但也有可能是迅速的、按部就班的。这其中的区别就在于初学者是否善于学习，是否能够找到好的“老师”。

本书针对主板检修技能的特点，从相关理论知识到故障分析与排除都进行了大篇幅的叙述和剖析，力求使从初学者到硬件维修工程师的过程变得有迹可循、少走弯路，使每一分努力都得到应有的回报。

本书的主要内容

第 1 章：主板维修检测工具与焊接技术。主要讲解了主板维修常用工具使用方法、主板维修焊接技术等内容。

第 2 章：判断主板元器件好坏。主要讲解了主板中的电阻、电容、电感、二极管、晶体管、场效应管、集成电路等元器件的基本知识，以及好坏检测方法等内容。

第 3 章：主板故障维修常用方法。主要讲解了主板常见故障，以及主板故障维修的常用方法。

第 4 章：主板开机电路诊断与问题解决。主要讲解了主板开机电路的作用，电路组成结构，电路工作原理，开机电路故障诊断流程、处理方法，以及典型故障实例分析等。

第 5 章：主板供电电路诊断与问题解决。主要讲解了主板 CPU 供电电路、内存供电电路、芯片组供电电路、显卡供电电路等的作用，电路组成结构，电路工作原理，电路故障诊断流程、处理方法，以及典型故障实例分析等。

第 6 章：主板时钟电路诊断与问题解决。主要讲解了主板时钟电路的作用，电路组成结构，电路工作原理，时钟电路故障诊断流程、处理方法，以及典型故障实例分析等。

第 7 章：主板复位电路诊断与问题解决。主要讲解了主板复位电路的作用，电路组成结构，电路工作原理，复位电路故障诊断流程、处理方法，以及典型故障实例分析等。

第 8 章：主板 BIOS 和 CMOS 电路诊断与问题解决。主要讲解了主板 BIOS 和 CMOS 电路的作用，电路组成结构，电路工作原理，BIOS 和 CMOS 电路故障诊断流程、处理方法，以及典型故障实例分析等。

第 9 章：主板接口电路诊断与问题解决。主要讲解了主板接口电路的作用，电路组成结构，电路工作原理，接口电路故障诊断流程、处理方法，以及典型故障实例分析等。

本书特点

1. 通俗易懂，图文并茂

本书在叙述的编排上，从主板检修技能的理论知识到检修实例，内容丰富、详实。在文字叙述过程中，插入大量的实物图和应用电路图，进行对照和讲解，使阅读、学习过程更加的直观，通俗易懂。

2. 技巧结合实例

本书按照维修技巧与实例进行编排，以理论结合实际的方式，通过大量的实例讲解了主板电路结构原理，以及如何发现故障、如何排除。让读者能快速掌握主板维修的技巧。

3. 循序渐进，实用性强

本书在内容的编排上，从整体的理论概括到具体的检修实例，遵循从理论指导到实践操作的过程，层层递进、逐一剖析，使学习过程循序渐进。在核心、重点内容的阐述上采用多角度和多层次的叙述，深入浅出、突出要点，使得本书具有很强的实用性。

本书的读者对象

本书内容全面详实，理论结合实践，不仅可以作为电脑主板维修人员的使用手册，还可成为广大管理阶层、电脑爱好者、电脑达人们的技术支持。同时也可作为大中专院校学生的参考书。

除署名作者外，参加本书编写的人员还有黄峰、谢嘉慧、李慎福、王文宁、马华旦、郭启龙、王汝森、肖海文、王振玲、李传波、李学良、张琴芳、李芸珍、靳玉桃、王晋辉、薛俊芳、王静静、刘小娥、王其发、李萍、郭静、李鸽、刘冬、邱晓刚、王志刚、郑继峰、韩秀云、史建铭、韩波，王红明等。

由于作者水平有限，书中难免出现遗漏和不足之处，恳请社会业界同仁及读者朋友提出宝贵意见和真诚的批评。

作者

2016 年 9 月

目录

第 1 章

主板维修检测工具与焊接技术

电脑维修常用工具有：主板故障诊断卡、万用表、示波器、电烙铁、热风枪、吸锡器等。

技巧 1 学用主板故障诊断卡

主板故障诊断卡的工作过程是：将主板中 BIOS 内部自检程序的检测结果，通过代码一一显示出来，这样可以很快知道电脑的哪个部件不工作，从而很快地知道电脑故障所在。尤其是在电脑出现不能引导操作系统或黑屏等故障时，使用诊断卡更能体现其便利，使维修工作事半功倍。

在每次开机时，BIOS 对系统的电路、内存、键盘、显卡、硬盘等各个组件进行严格测试，并分析硬盘系统配置，对已配置的基本 I/O 设置进行初始化，一切正常后再引导操作系统启动。如果在 BIOS 检测的过程中主板或其他硬件出现故障，诊断卡将用代码显示出来，再通过本书相关内容查出该代码所表示的故障原因和部位，就可清楚地知道故障所在。主板诊断卡如图 1-1 所示。

图 1-1　主板故障诊断卡

主板故障诊断卡的工作原理

当 BIOS 要进行某项测试动作时，首先将主板的自检程序（POST）写入 80H 地址，如果测试顺利完成，再写入下一个自检程序，因此如果发生错误或死机，根据 80H 地址的 POST CODE 值，就可以了解问题出在什么地方。主板故障诊断卡的作用就是读取 80H 地址内的 POST CODE，并经译码器译码，最后由数码管显示出来。这样就可以通过主板故障诊断卡上显示的十六进制代码，判断问题出在硬件的哪一部分，而不用仅依靠计算机主板单调的警告声来粗略判断硬件错误。通过它可以知道硬件检测时没有通过检测的设备（如内存、CPU 等）。

故障诊断卡指示灯含义

故障诊断卡指示灯可以帮助了解电脑运行的情况，通过观察指示灯的情况判断故障的位置。故障诊断卡指示灯含义如表 1-1 所示。

表 1-1　故障诊断卡指示灯含义

指示灯类型	指示灯含义	说　明
CLK	总线时钟	不论是 ISA 还是 PCI，一块空板（无 CPU 等）只要接通电源就应常亮，否则说明 CLK 信号坏
BIOS	基本输入 / 输出	主板运行时对 BIOS 有读操作时就闪亮
IRDY	主设备准备好	有 IRDY 信号时才闪亮，否则不亮
OSC	振荡	ISA 插槽的主振信号，空板上电则应常亮，否则说明停振
FRAME	帧周期	PCI 插槽有循环帧信号时灯才闪亮，平时常亮
RST	复位	开机或按了 RESET 开关后亮半秒钟熄灭属于正常，若不灭可能是主板上的复位插针接上了加速开关或复位电路损坏
12V	电源	空板上电即应常亮，否则无此电压或主板有短路
−12V	电源	空板上电即应常亮，否则无此电压或主板有短路
5V	电源	空板上电即应常亮，否则无此电压或主板有短路
−5V	电源	空板上电即应常亮，否则无此电压或主板有短路（只有 ISA 插槽才有此电压）
3.3V	电源	这是 PCI 插槽特有的 3.3V 电压，空板上电即应常亮，有些有 PCI 插槽的主板本身无此电压，则不亮

故障诊断卡的使用流程及方法

故障诊断卡的使用流程如下：

1）关闭电源，然后取出电脑中所有的扩展卡。

2）将诊断卡插入 PCI 插槽中，接着打开电源，观察各个发光二极管指示是否正常。如果不正常，关闭电源，根据显示的结果判断故障发生的部件，并排除故障。

3）如果二极管指示正常，查看诊断卡代码指示是否有错，如果有错，关闭电源，然后根据代码表示的错误检查故障发生的部件，并排除故障。

4）如果代码显示无错，关闭电源，然后插上显卡、键盘、硬盘、内存等设备，打开电源，再用诊断卡检测，看代码指示是否有错。

5）如果有错，关闭电源，然后根据代码表示的错误，检查故障发生的部件，并排除故障。

6）如果无错，并且检测结果正常，但不能引导操作系统，应该是软件或硬盘的故障，检查硬盘和软件方面的故障，并排除故障。

使用诊断卡时，常见的错误代码有：

1）“C1、C3、C6、D2、D3”为内存读写测试，如果内存没有插上，或者频率太高，会被BIOS认为没有内存条，那么POST就会停留在“C1”处。

2）“0D”表示显卡没有插好或者没有显卡，此时蜂鸣器也会发出嘟嘟声。

3）“2B”表示测试磁盘驱动器，软驱或硬盘驱动器出现问题都会显示“2B”。

4）“FF”表示对所有配件的一切检测都通过了。但如果一开机就显示“FF”，则表示主板的BIOS出现了故障。导致故障的原因可能有：CPU没插好、CPU核心电压没调好、CPU频率过高、主板有问题等。

技巧2 学用万用表

“万用表”是万用电表的简称。万用表的基本原理是利用一只灵敏的磁电式直流电流表（微安表）做表头。当微小电流通过表头时，就会有电流指示。但表头不能通过大电流，所以必须在表头上并联或串联一些电阻，进行分流或降压，从而可以测出电路中的电流、电压和电阻。

万用表可以测量直流电流、直流电压、交流电压和电阻等。有些万用表还可测量电容容量、信号频率、晶体管放大倍数hFE等。万用表是电工必备的仪表之一，是电子维修中必备的测试工具。万用表有很多种，目前常用的有指针万用表和数字万用表，如图1-2所示。

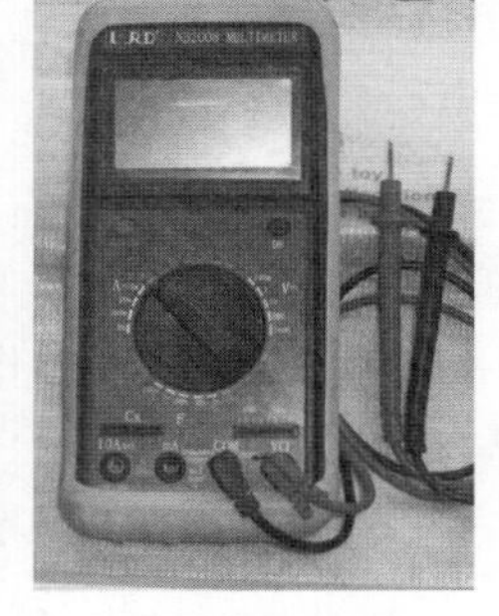

a）指针万用表　　b）数字万用表

图1-2　指针万用表和数字万用表

数字万用表的结构

数字万用表以其直观的数字显示及测量精度展示了它的特点，它除了能完成指针万用表的测量功能外，还可以测量小容量电容器、电感、信号频率、温度等，有些数字万用表还具有语音提示功能。因此，数字万用表越来越受到电子爱好者的青睐。数字万用表种类较多，如图1-3所示为DT9208A型数字万用表的面板。

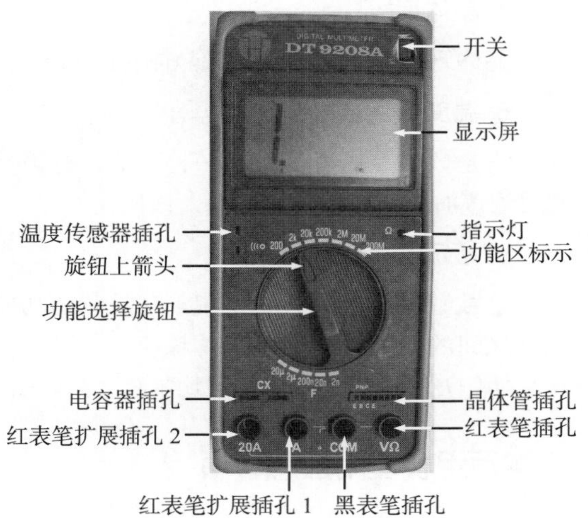

图1-3　数字万用表的面板

数字万用表的面板上主要有显示屏、开关、功能选择旋钮、表笔插孔、表笔扩展插孔、电容插孔、晶体管插孔、温度传感器插孔、指示灯等。

1. 显示屏

它是数字万用表的特有部件，用于以数字形式显示测量的结果，使数据读取直观方便。不同的数字万用表显示的数字位数不同。

2. 开关

数字万用表大多都有开关，在不使用数字万用表时可以关掉开关，以节约表内电池电量。

3. 功能选择旋钮

同指针万用表一样，功能选择旋钮用来选择测量功能。在它的周围用数字标示出功能区及量程。数字万用表的测量功能比较多，主要有电阻测量、交直流电压测量、电容测量、交直流电流测量、二极管测量、晶体管放大倍数测量、逻辑电平测量、频率测量等。每个功能下又分出不同量程，以适应被测量对象的性质与大小。其中，“V ～”表示测量交流电压的挡位；“V–”表示测量直流电压的挡位；“A ～”表示测量交流电流的挡位；“A–”表示测量直流电流的挡位；“Ω（R)”表示测量电阻的挡位；“hFE”表示测量晶体管的挡位。

4. 表笔插孔

同指针万用表，如图 1-4 所示为数字万用表的表笔。

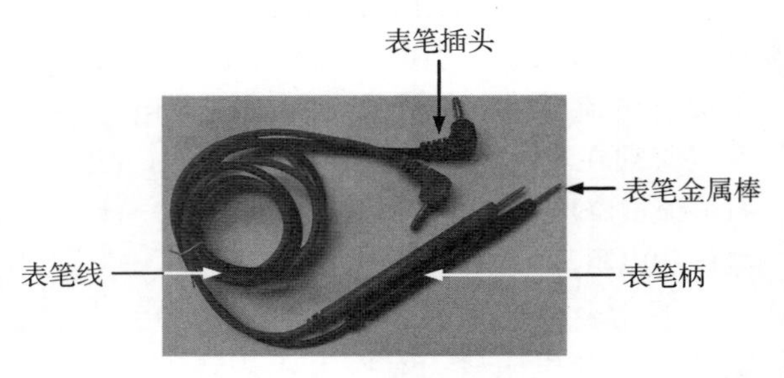

图 1-4　万用表的表笔

5. 表笔扩展插孔

数字万用表共有两个表笔扩展插孔，但都是用来测量电流的红表笔插孔。一个用来测量 5A 以下的电流，另一个用来测量 20A 以下的电流。

6. 电容插孔

数字万用表大多具有测量小容量电容器的功能，测量电容器容量时，要将电容器的两个引脚插入该插孔。

7. 晶体管插孔

晶体管插孔专门用来测量晶体管的 hFE。

8. 温度传感器插孔

它是数字万用表具有的一种功能，有该功能的数字万用表在出售时配有一个传感器，在测量温度时，将传感器插头插入该插孔。

9. 指示灯

这款数字万用表有一个测量二极管的功能。当功能旋钮旋至二极管挡时，若红表笔与黑表笔之间的电阻值小于 70Ω，该指示灯亮，同时表内蜂鸣器电路工作，发出长鸣声响。其余测量功能及各量程，该指示灯均不亮，蜂鸣器不发声。

数字万用表使用注意事项

数字万用表使用注意事项如下：

1）测量前要明确测量目的，不可盲目测量。

2）测量时不能用手触摸表笔的金属部分，以保证安全和测量的准确性。

3）测量较高电压或大电流时不能带电转动转换开关，避免转换开关的触点产生电弧而损坏万用表。

4）不允许带电测量，否则会烧坏万用表。

5）万用表内干电池的正极与面板上红表笔插孔相连，干电池的负极与面板上黑表笔插孔相连。

6）不允许用万用表电阻挡直接测量高灵敏度表头内阻，以免烧坏表头。

7）测量高阻值电阻时，不要用两只手捏住表笔的金属部分，否则会将人体电阻并联接入被测电阻而引起测量误差。

8）测量完毕后拔出表笔，关掉开关。若长期不用，应将表内电池取出，以防电池电解液渗漏而腐蚀内部电路。

指针万用表的结构

指针万用表的种类很多，外形及结构差异很大，但基本原理和使用方法是一样的。

指针万用表主要由表头、转换开关和测量电路组成，外配两只测量用的表笔。从万用表外部正面看，万用表有表盘、指针、功能转换开关、表笔插孔及标有各种符号，如图 1-5 所示。表头是一种高灵敏度的电流计，采用磁电式机构，配有指针及各种刻度线形成表盘，是测量的显示装置。

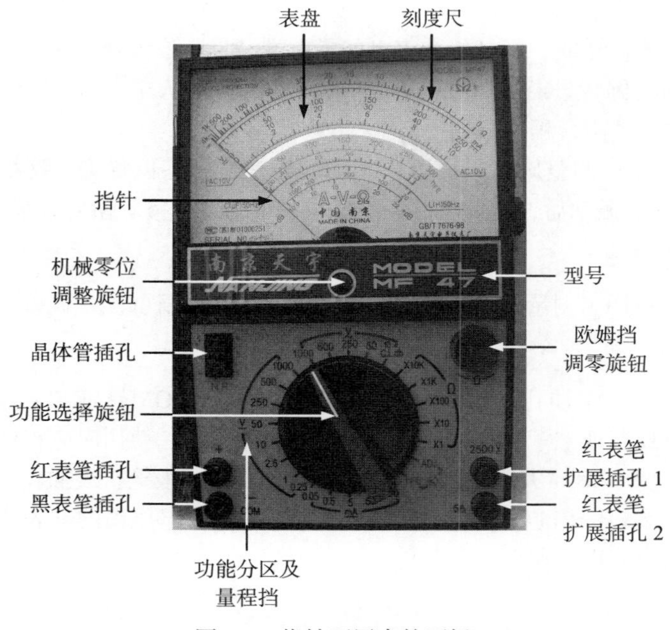

图 1-5　指针万用表的面板

1. 功能选择旋钮

指针万用表的功能选择旋钮是一个有箭头指示的多挡位旋转开关，用来选择测量功能和量程。一般指针万用表的测量功能有：直流电压（V）、交流电压（V）、电阻（Ω）。这3项是绝大多数指针万用表都具有的功能，所以也有人将指针万用表称为“三用表”。

每个测量功能下又划分为几个不同的量程，以适应被测对象。不同的指针万用表的测量功能也不一样。

如图1-5所示为MF-47型万用表外形图。该万用表是一款性能不错的万用表，可以测量直流电流、直流电压、交流电压、电阻值、电容值、晶体管hFE等多种电气参数。

1）电阻挡：有“×1Ω”“×10Ω”“×100Ω”“×1kΩ”和“×10kΩ”5个量程挡，有些万用表还有一个“R×100k”量程挡。

2）直流电压挡：有“0.25V”“1V”“2.5V”“10V”“50V”“250V”、“500V”和“1000V”8个量程挡。

3）交流电压挡：有“1000V”“500V”“250V”和“10V”4个量程挡。其中，“10V”量程挡也是测量电容值、电感值及分贝值的共用挡。

4）直流电流挡：有“5A”“500mA”“50mA”“5mA\0.5mA”“0.05mA”等量程挡。其中，“0.25A”直流电流挡与“0.25V”直流电压挡共用。

2. 表盘

表盘上有指针、刻度线和数值，并有多种符号。符号“A-V-Ω”表示这只电表是可以测量电流、电压和电阻的多用表。表盘上印有多条刻度线，其中最上端的刻度线是电阻阻值刻度线，其右端为零，标有“Ω”符号，左端为∞，刻度值分布是不均匀的；用符号“–”或“DC”指示的刻度线为直流电压刻度线；用符号“～”或“AC”指示的为交流刻度线；“≌”表示交流和直流共用的刻度线；“mA”表示毫安。刻度线下的几行数字是与选择开关不同挡位相对应的刻度值。

指针万用表在不使用时，指针停在表盘的最左端“零”位置处。在测量时，指针在电流产生的磁力作用下向右偏转，经过的路程称为“行程”。指针从左端“零”处偏转到刻度线右端点所经历的路程称为“满行程”。

表头上有机械零位调整旋钮，用以校正指针停在左端零位置（一般万用表在出厂前已校好）。万用表在受剧烈振动后，指针可能偏离零位，可通过调整旋钮使其指针处于零位。

3. 欧姆挡调零旋钮

欧姆挡调零旋钮用于测量电阻时调零，以消除万用表本身的测量误差。

4. 表笔插孔

在表盘上有两个表笔插孔，一个为黑表笔插孔，用“COM”或“–”表示，另一个为红表笔插孔，用“VΩ”或“+”表示。表笔分为红、黑两只，使用时应将红表笔插头插入标有“+”号的插孔中，黑表笔插头插入标有“–”号的插孔中。表笔扩展插孔是两个专用插孔，一个是用于测量大于5A电流的红表笔插孔，另一个是测量高电压用的红表笔插孔。在测量时必须插入红表笔，黑表笔仍插在黑表笔插孔。

5. 晶体管插孔

晶体管插孔专门用来测量晶体管的hFE。

6. 测量线路

测量线路是万用表的内部电路，它将不同性质和大小的被测电量转换为表头所能接受的直流电流并产生磁力，用于推动指针偏转。

指针万用表的工作原理

1. 电阻测量原理

指针万用表内置两块电池，一块是 5 号 1.5V 通用电池，另一块是 9V 层叠电池（也有用 15V 的）。在测量电阻时，将转换开关拨到“Ω”挡，当两只表笔分别接触被测对象的两端点（如一只电阻的两端）时，由万用表内置电池、外接的被测电阻、内部测量电路和表头部分共同组成闭合电路，由电池形成的电流使表头的指针偏转。电流与被测电阻不成线性关系，所以表盘上电阻阻值刻度线的刻度是不均匀的，而且是反向的。刻度尺的刻度从右向左表示被测电阻阻值逐渐增大，阻值越大，指针偏转的幅度越小；阻值越小，指针偏转的幅度越大。这与万用表其他数值刻度线正好相反，在读数时应注意。

2. 电压测量原理

测量直流电压时，当把表笔接到被测电路时，被测电路中的电压（电能）通过表笔接通万用表内部电路，形成电流通过表头，从而驱动指针偏转。

指针万用表使用注意事项

使用指针万用表时需注意以下事项：

1）测量电流与电压时不能旋错挡位。如果误用电阻挡或电流挡去测量电压，则极易烧坏电表。不使用万用表时，最好将挡位旋至交流电压最高挡，避免因使用不当而损坏万用表。

2）测量直流电压和直流电流时，注意 +、- 极性，不要接错。如果发现指针反转，则应立即调换表笔，以免损坏指针及表头。

3）如果不知道被测电压或电流的大小，应先用最高挡，根据测量情况再选用合适的挡位来测试，以免表针偏转过度而损坏表头。所选用的挡位越接近被测值，测量的数值就越准确。

4）测量电阻时，不要用手接触元件的两端（或两只表笔的金属部分），以免人体电阻与被测电阻并联，使测量结果不准确。

5）测量电阻时，有时会出现将两只表笔短接，欧姆挡调零旋钮调至最大，指针仍然达不到 0 位的情况，这种现象通常是由表内电池电压不足造成的，应更换新电池方能准确测量。

实例 1　用数字万用表测量

准备工作

万用表种类很多，在使用前要做好测量前的准备工作。

1）熟悉转换开关、旋钮、插孔等的作用及各功能区量程。

2）检查红色和黑色两只表笔所接的位置是否正确，红表笔插入“+”插孔，黑表笔插入“-”插孔。有些万用表另有测直流 2500V 高压的测量端，在测高压时黑表笔不动，将红表笔插入高压插孔。

数字万用表测量电压

电压的测量分为直流电压的测量和交流电压的测量。

（1）直流电压的测量（如电池、随身听电源等）

1）将黑表笔插入万用表的“COM”孔，红表笔插入万用表的“VΩ”孔。

2）把万用表的挡位旋钮拧到直流挡“V–”，然后将旋钮调到比估计值大的量程（注意：表盘上的数值均为最大量程）。

3）用表笔接电源或电池的两端，并保持接触稳定。

4）从显示屏上直接读取测量数值，若测量数值显示为“1.”，表明量程太小，那么就要加大量程然后再测量。如果在数值左边出现“–”，则表明表笔极性与实际电源极性相反，此时红表笔接的是负极。

（2）交流电压的测量

1）将黑表笔插入万用表的“COM”孔，红表笔插入万用表的“VΩ”孔。

2）把万用表的挡位旋钮拧到交流挡“V ~”，然后将旋钮调到比估计值大的量程。

3）用表笔接电源的两端（交流电压无正负极之分），然后从显示屏上读取测量数值。

【提示】

无论是测量交流电压还是直流电压，都要注意人身安全，不要随便用手接触表笔的金属部分。

数字万用表测量电流

电流的测量同样也分为直流电流的测量和交流电流的测量。

（1）直流电流的测量

1）将黑表笔插入万用表的“COM”孔。若测量大于200mA的电流，则要将红表笔插入“10A”插孔，并将旋钮打到直流“10A”挡；若测量小于200mA的电流，则将红表笔插入“200mA”插孔，并将旋钮打到直流200mA以内的合适量程。

2）将挡位旋钮调到直流挡（A–）的合适位置，调整好后开始测量。将万用表串联到电路中，保持稳定。

3）从显示屏上读取测量数据，若显示为“1.”，表明量程太小，那么就要加大量程后再测量；如果在数值左边出现“–”，则表明电流从黑表笔流进万用表。

（2）交流电流的测量

测量方法与直流电流的测量基本相同，不过挡位旋钮应该打到交流挡位“A ~”，电流测量完毕后应将红表笔插回“VΩ”孔。

数字万用表测量电阻

1）将黑表笔插入“COM”孔，红表笔插入“VΩ”孔。

2）把挡位旋钮调到“Ω”中所需的量程，将表笔接在电阻两端的金属部位，测量中可以用手接触电阻，但不要用手同时接触电阻两端，这样会影响测量精确度（人体是电阻很大的导体）。

3）保持表笔和电阻接触良好的同时，从显示屏上读取测量数据。

【提示】

在“200”挡时单位是“Ω”，在“2k”～“200k”挡时单位为“kΩ”，“2M”以上时单位为“MΩ”。

数字万用表测量二极管

数字万用表可以测量发光二极管、整流二极管，测量方法如下：

1）将黑表笔插入“COM”孔，红表笔插入“VΩ”孔。

2）将挡位旋钮调到二极管挡。

3）用红表笔接二极管的正极，黑表笔接负极，这时会显示二极管的正向压降。锗二极管的压降为0.15～0.3V，硅二极管为0.5～0.7V，发光二极管为1.8～2.3V。调换表笔，显示屏显示“1.”，说明二极管正常（因为二极管的反向电阻很大），否则说明此管已被击穿。

实例2 用指针万用表测量

测量准备

指针万用表种类很多，在使用前要做好准备工作。

1）熟悉转换开关、旋钮、插孔等的作用，检查表盘符号，“┌┐”表示水平放置，“⊥”表示垂直使用。

2）了解表盘上每条刻度线所对应的被测电量。

3）检查红色和黑色两只表笔所接位置是否正确，红表笔插入“+”插孔，黑表笔插入“-”插孔。有些万用表另有交直流2500V高压测量端，在测高压时黑表笔不动，将红表笔插入高压插孔。

4）机械调零。旋动万用表面板上的机械零位调整旋钮，使指针对准表盘左端的零位置（一般万用表出厂前已校好，平时不要随意调整）。

用指针万用表测量电阻

测量电阻的方法如下：

1）旋转功能选择旋钮到欧姆挡，选择合适量程（以使指针偏转后稳定在中值电阻处为宜）。

2）调零，将两只表笔（金属部分）相互碰在一起，用手捏紧，用另一只手转动“欧姆挡调零旋钮”进行调零，使指针偏转到电阻刻度线最右端“0”处，分离两只表笔。

3）用两表笔分别稳定、可靠地接触电阻的两个电极，此时可看到万用表指针开始向右偏转。当指针稳定不动后，读取测量数据。若指针停的位置太靠左侧，换一个稍高量程，重新“调零”，重新测量；若指针停的位置太靠右侧，换一个稍低量程，重新“调零”，重测电阻，重新读数。读数时注意，欧姆挡的刻度尺是不等距的，但在每个大格内仍是等距的。当指针停在两个小格之间时，读取与之相近的刻度线数即可，如图 1-6 所示。

4）将读取的数乘以所选量程的倍数，即为被测电阻的阻值。例如，选用“R×100”挡测量，指针指示 20，则被测电阻值为 20×100=2000Ω=2kΩ。

用指针万用表测量直流电压

测量直流电压的方法如下：

1）旋转功能选择旋钮到直流电压挡“V”，并选择合适的量程。当被测电压数值范围不清楚时，可先选用较高的量程，不合适时再逐步选用低量程，使指针停在满刻度的 2/3 处附近为宜。

2）测量时把万用表并接到被测电路上，红表笔接到被测电压的正极，黑表笔接到被测电压的负极。不能接反，如果接反了，万用表指针将向左偏转。

3）读数时根据指针稳定时的位置及所选量程得到正确读数，如图 1-7 所示。

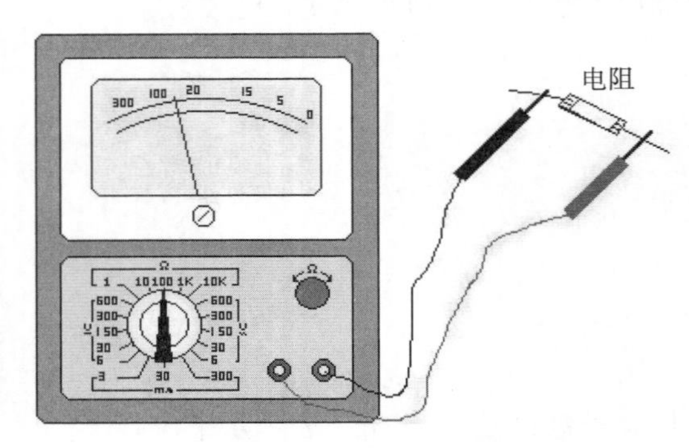

图 1-6 测量电阻

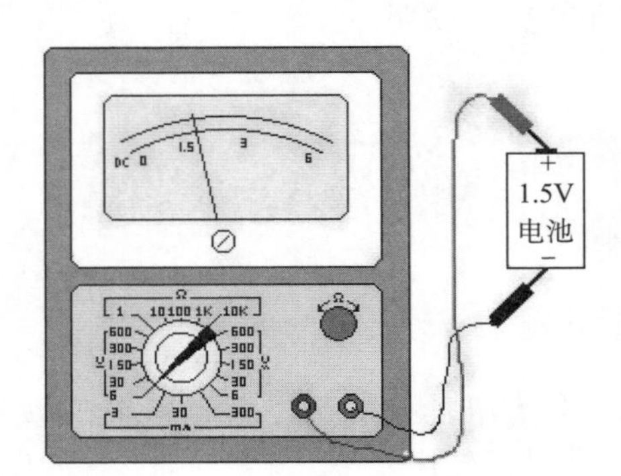

图 1-7 测量直流电压

读数的方法

指针万用表的读数方法如下（假设指针停在图 1-8 所示的位置）。

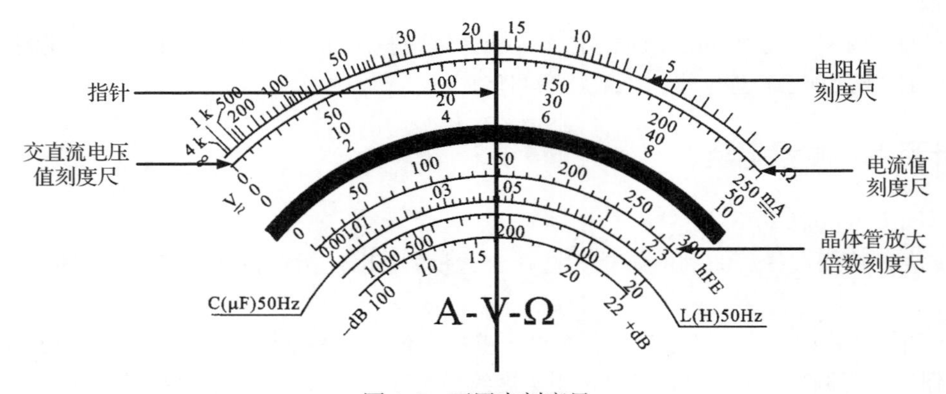

图 1-8 万用表刻度尺

1）电阻值读数，从电阻值刻度尺读数。指针在 15 ~ 20 之间，在这一大格中，有 5 个小格是平均分配的，每小格为 1，因此指针指示为 17。将 17 乘以电阻挡倍数即可求得测量值，如果旋钮在“R × 100”挡上，则该数值表示的电阻值为 17 × 100=1700 Ω=1.7k Ω。

2）电压值读数，交直流电压刻度尺是等距分布的，共有 5 大格。每大格中又分成 2 小格，每小格下又分成 5 小格。每格代表的电压值因挡位不同而不一样。

当功能旋钮在“500V”挡时，每大格代表 100。每一个最小的小格表示 10，图 1-8 中指针停的位置在 240 ～ 250，近似 248V，这样可读取为 248V。

若功能旋钮在“10V”挡，每大格代表 2。每一个最小的小格表示 0.2，图 1-8 中指针停的位置在 4.8 ～ 5，近似 4.9 多一点，这样可读取为 4.9V。

【提示】

使用万用表测量的目的就是检测电路是否正常。读取的数据要与电路中的正常数据相比较，以判断电路是否正常，并以此作为判断和查找故障元器件的出发点。

【注意】

用指针万用表测量时，当指针稳定后，观察并记住指针停的位置后，表笔再离开测量点，以防止观察指针时表笔滑动引起电路短路。

用指针万用表测量交流电压

1）把转换开关拨到交流电压挡，选择合适的量程。

2）将万用表两只表笔并接到被测电路的两端，不分正、负极。

3）根据指针稳定时的位置及所选量程正确读数。其读数为交流电压的有效值。

用指针万用表测量直流电流

1）把转换开关拨到直流电流挡，选择合适的量程。

2）将被测电路断开，万用表串联接入被测电路。注意正、负极性，电流从红表笔流入，从黑表笔流出，不可接反。

3）根据指针稳定时的位置及所选量程得到正确读数，如图 1-9 所示。

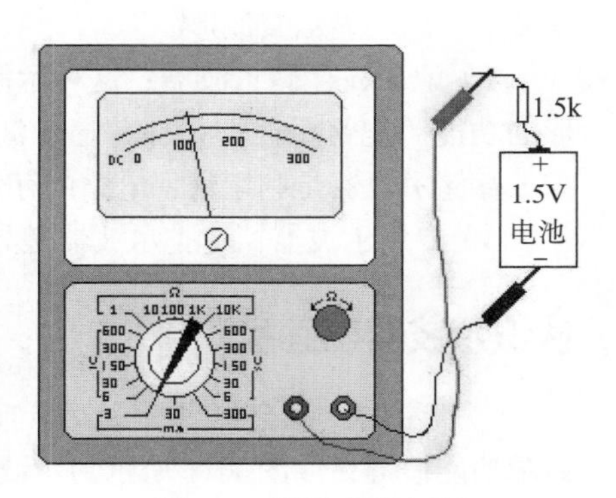

图 1-9　测量直流电流

技巧 3　学用示波器

示波器是利用电子示波管的特性，将人眼无法直接观测的交变电信号转换成图像，显示在荧光屏上，以便测量的电子测量仪器。它是观察数字电路实验现象、分析实验中的问题、测量实验结果必不可少的重要仪器。示波器主要由示波管和电源系统、同步系统、x 轴偏转系统、y 轴偏转系统、延迟扫描系统、标准信号源组成。如图 1-10 所示为 DS1000 示波器。

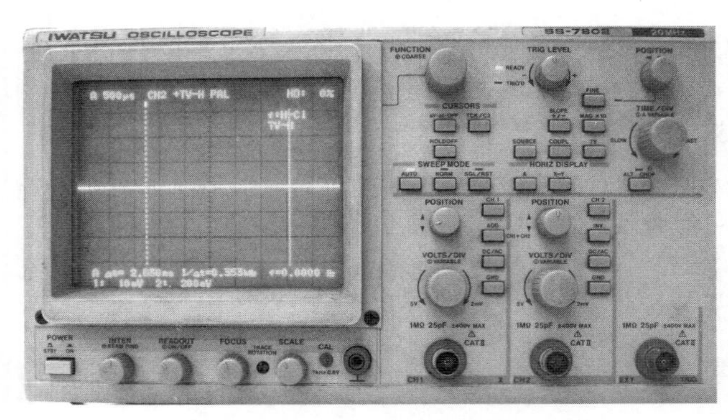

图 1-10　DS1000 示波器

示波器的分类

示波器主要的功能是观察和测量电信号的波形，通过它不但能观察到电信号的动态过程，而且还能定量地测量电信号的各种参数，例如，交流电的周期、幅度、频率、相位等。在测试脉冲信号时，响应非常迅速，而且波形清晰可辨。另外，它还可将非电信号转换为电信号，用来测量温度、压力、声、热等，因此它的用途非常广泛。

示波器的种类很多，按其用途和特点可分为以下几种。

1）通用示波器：它是采用单束示波管的宽带示波器，常见的有单时基单踪或双踪示波器。

2）多踪示波器：又称多线示波器，它能同时显示两个以上的波形，并对其进行定性、定量的比较和观测，而且每个波形都是由单独的电子束产生的。

3）取样示波器：这种示波器采用取样技术，把高频信号模拟转换成低频信号，再用通用示波器的原理显示其波形。

4）记忆、存储示波器：这种示波器不但具有通用示波器的功能，而且还具有存储信号波形的功能。记忆示波器是在普通示波器上增加了触发记录电信号来实现的，记忆时间可达数天。存储示波器是利用数字电路的存储技术实现存储功能的，其存储时间是无限的。

5）专用示波器：这类示波器是具有特殊用途的示波器，如矢量示波器、心电示波器等。

认识示波器前面板

一般示波器都会提供一个简单且功能明晰的前面板，以进行基本的操作。面板上包括旋钮和功能按键，如图 1-11 所示为示波器的前面板。

1. 显示屏

显示屏是示波器的显示部分。屏上水平方向和垂直方向各有多条刻度线，用来指示信号波形的电压和时间之间的关系，水平方向指示时间，垂直方向指示电压。水平方向分为 10 格；垂直方向分为 8 格，每格又分为 5 份。垂直方向标有 0%、10%、90%、100% 等标志，水平方向标有 10%、90% 标志，供测直流电平、交流信号幅度、延迟时间等参数使用。将被测信号在屏幕上占的格数乘以适当的比例常数（VOLTS/DIV、TIME/DIV）就能得出电压值与时间值，如图 1-12 所示。

2. 电源开关（POWER）按钮

此按钮是示波器主电源开关，当此开关按下时，电源指示灯亮，表示电源接通。

图 1-11　示波器的前面板

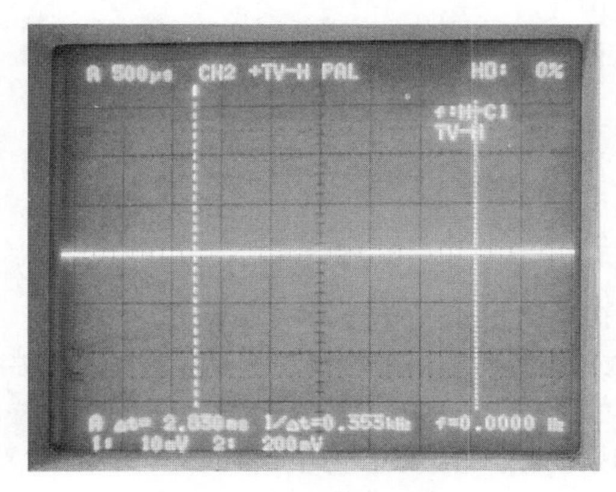

图 1-12　示波器的显示屏

3. 辉度（INTEN）旋钮

旋转此旋钮能改变光点和扫描线的亮度。观察低频信号时可将亮度调小些，观察高频信号时可将亮度调大些。一般不应太亮，以保护荧光屏。

4. 聚焦（FOCUS）旋钮

聚焦旋钮调节电子束截面大小，将扫描线聚焦成最清晰状态。如图 1-13 所示为 POWER 按钮、FOCUS 旋钮等。

5. 标尺亮度旋钮

此旋钮调节荧光屏后面的照明灯亮度，正常室内光线下照明灯暗一些好，在室内光线不足的环境中可适当调亮照明灯。

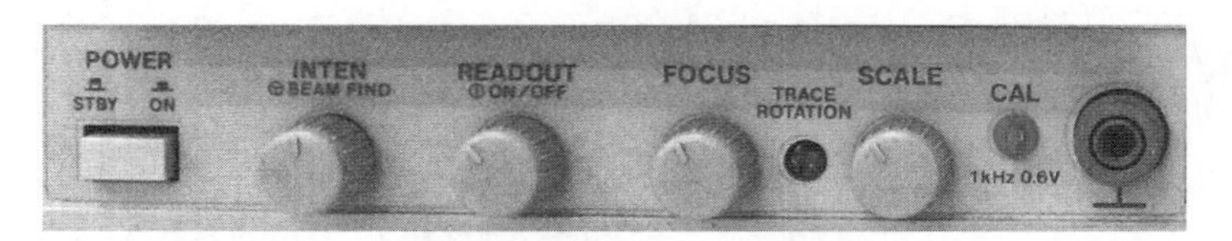

图 1-13　POWER 按钮、FOCUS 旋钮等

6. 垂直偏转因数（VOLTS/DIV）旋钮

在单位输入信号的作用下，光点在屏幕上偏移的距离称为偏移灵敏度，这一定义对 x 轴和 y 轴都适用。灵敏度的倒数称为偏转因数。垂直灵敏度的单位为 cm/V、cm/mV 或者 DIV/mV、DIV/V，垂直偏转因数的单位为 V/cm、mV/cm 或者 V/DIV、mV/DIV。实际上，因习惯用法和测量电压读数的方便，有时也把偏转因数当作灵敏度。

示波器中每个通道各有一个垂直偏转因数选择波段开关。一般按 1、2、5 方式将 5mV/DIV ~ 5V/DIV 分为 10 挡。波段开关指示的值代表荧光屏上垂直方向一格的电压值。例如，波段开关置于 1V/DIV 挡时，如果屏幕上信号光点移动一格，则代表输入信号电压变化 1V。

每个波段开关上都有一个微调小旋钮，用于微调每挡垂直偏转因数。将它沿顺时针方向旋到底，处于“校准”位置，此时垂直偏转因数值与波段开关所指示的值一致。逆时针旋转此旋钮，能够微调垂直偏转因数。微调垂直偏转因数后会造成与波段开关的指示值不一致，这点应引起注意。如图 1-14 所示为 VOLTS/DIV 旋钮。

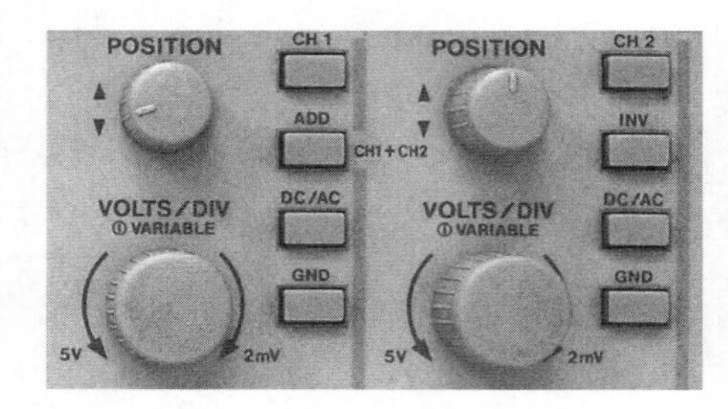

图 1-14　VOLTS/DIV 旋钮

7. 时基（TIME/DIV）旋钮

时基选择的使用方法与垂直偏转因数的类似。时基选择也通过一个波段开关实现，按 1、2、5 方式把时基分为若干挡。波段开关的指示值代表光点在水平方向移动一格的时间值。例如，在 1μs/DIV 挡，光点在屏幕上移动一格代表时间值 1μs。

时基旋钮上有一个微调小旋钮，用于时基校准和微调。沿顺时针方向旋到底，处于“校准”位置时，屏幕上显示的时基值与波段开关所示的标称值一致。逆时针旋转旋钮，则对时基微调。旋钮拔出后处于扫描扩展状态。通常为“ ×10”扩展，即水平灵敏度扩大 10 倍，时基缩小为 1/10。例如，在 2μs/DIV 挡，扫描扩展状态下荧光屏上水平一格代表的时间值为 2μs ×（1/10）=0.2μs。

TDS 实验台上有 10MHz、1MHz、500kHz、100kHz 的时钟信号，由石英晶体振荡器和分频器产生，准确度很高，可用来校准示波器的时基。

示波器的标准信号源 CAL 专门用于校准示波器的时基和垂直偏转因数。

8. 位移（POSITION）旋钮

此旋钮调节信号波形在荧光屏上的位置。旋转水平位移旋钮（标有水平双向箭头）左右移动信号波形，旋转垂直位移旋钮（标有垂直双向箭头）上下移动信号波形。

9. 选择输入通道

输入通道至少有 3 种选择方式：通道 1（CH1）、通道 2（CH2）、双通道（DUAL）。选择通道 1 时，示波器仅显示通道 1 的信号。选择通道 2 时，示波器仅显示通道 2 的信号。选择双通道时，示波器同时显示通道 1 和通道 2 的信号。

测试信号时，首先要将示波器的地与被测电路的地连接在一起，根据输入通道的选择，将示波器探头插到相应通道插座上，然后将示波器探头上的地与被测电路的地连接在一起，示波器探头接触被测点。示波器探头上有一个双位开关。此开关拨到“×1”位置时，被测信号会无衰减地送到示波器，从荧光屏上读出的电压值是信号的实际电压值。此开关拨到“×10”位置时，被测信号衰减为 1/10，然后送往示波器，从荧光屏上读出的电压值乘以 10 才是信号的实际电压值。

10. 选择输入耦合方式

输入耦合方式有 3 种选择：交流（AC）、地（GND）、直流（DC）。

当选择“地”时，扫描线显示出“示波器地”在荧光屏上的位置；直流耦合用于测定信号直流绝对值和观测极低频信号；交流耦合用于观测交流和含有直流成分的交流信号。在数字电路的实验中，一般选择“直流”方式，以便观测信号的绝对电压值。

11. 触发源（SOURCE）选择

要使屏幕上显示稳定的波形，则需将被测信号本身或者与被测信号有一定时间关系的触发信号加到触发电路。触发源选择确定触发信号由何处供给。通常有 3 种触发源：内触发（INT）、电源触发（LINE）、外触发（EXT）。

1）内触发使用被测信号作为触发信号，是经常使用的一种触发方式。由于触发信号本身是被测信号的一部分，在屏幕上可以显示出非常稳定的波形。双踪示波器中通道 1 或者通道 2 都可以选作触发信号。

2）电源触发使用交流电源频率信号作为触发信号。这种方法在测量与交流电源频率有关的信号时是有效的。特别是在测量音频电路、闸流管的低电平交流噪声时更为有效。

3）外触发使用外加信号作为触发信号，外加信号从外触发输入端输入。外触发信号与被测信号间应具有周期性关系。由于被测信号没有用作触发信号，所以何时开始扫描与被测信号无关。

正确选择触发信号与波形显示的稳定、清晰有很大关系。例如，在数字电路的测量中，对一个简单的周期信号而言，选择内触发可能好一些，而对于一个具有复杂周期的信号，且存在一个与它有周期性关系的信号时，选用外触发可能更好。

12. 选择触发耦合（COUP）方式

触发信号到触发电路的耦合方式有多种，目的是为了触发信号的稳定、可靠。触发耦合方式主要有 AC 耦合、直流耦合（DC）、低频抑制（LFR）触发、高频抑制（HFR）触发和电视同步（TV）触发。

1）AC 耦合又称电容耦合。它只允许用触发信号的交流分量触发，触发信号的直流分量被隔断。通常在不考虑 DC 分量时使用这种耦合方式，以形成稳定触发。但是如果触发信号的频率小于 10Hz，则会造成触发困难。

2）直流耦合不隔断触发信号的直流分量。当触发信号的频率较低或者触发信号的占空比很大时，使用直流耦合较好。

3）选择低频抑制触发时，触发信号经过高通滤波器加到触发电路，触发信号的低频成分被抑制。

4）选择高频抑制触发时，触发信号通过低通滤波器加到触发电路，触发信号的高频成分被抑制。

5）电视同步触发用于电视维修。

13. 触发电平旋钮

触发电平（TRIG LEVEL）调节又称同步调节，它使扫描与被测信号同步。触发电平旋钮用于调节触发信号的触发电平。一旦触发信号超过由旋钮设定的触发电平时，扫描即被触发。顺时针旋转旋钮，触发电平上升；逆时针旋转旋钮，触发电平下降。当触发电平旋钮调到电平锁定位置时，触发电平自动保持在触发信号的幅度之内，不需要电平调节就能产生一个稳定的触发。当信号波形复杂，用触发电平旋钮不能稳定触发时，用释抑（HOLDOFF）旋钮调节波形的释抑时间（扫描暂停时间），能使扫描与波形稳定同步。

14. 触发极性开关

触发极性（SLOPE）开关用来选择触发信号的极性。拨在“+”位置上时，在信号增加的方向上，当触发信号超过触发电平时就产生触发。拨在“-”位置上时，在信号减少的方向上，当触发信号超过触发电平时就产生触发。触发极性和触发电平共同决定触发信号的触发点。

15. 选择扫描方式

扫描方式（SWEEPMODE）有自动（AUTO）、常态（NORM）和单次（SGL/RST）3 种。

1）自动：当无触发信号输入，或者触发信号频率低于 50Hz 时，扫描为自激方式。

2）常态：当无触发信号输入时，扫描处于准备状态，没有扫描线。触发信号到来后，触发扫描。

3）单次：单次按钮类似复位开关。单次扫描方式下，按单次按钮时扫描电路复位，此时准备好（READY）灯亮。触发信号到来后产生一次扫描。单次扫描结束后，准备好灯灭。单次扫描用于观测非周期信号或者单次瞬变信号，往往需要对波形拍照。

示波器基本操作方法

1. 示波器接入信号

下面以 DS1000 示波器为例，讲解信号的接入方法（DS1000 为双通道输入加一个外触发输入通道以及 16 个数字输入通道的数字示波器）。

接入信号的方法如下：

1）将探头上的开关设定为“10X”，然后将示波器探头与通道 1 连接。将探头连接器上的插槽对准 CH1 同轴电缆插接件（BNC）上的插孔并插入，然后向右旋转以拧紧探头。

2）示波器需要输入探头衰减系数。此衰减系数改变仪器的垂直挡位比例，从而使得测量结果正确反映被测信号的电平（默认的探头衰减系数设定值为“1X”）。设置探头衰减系数的方法为：按 CH1 功能按钮显示通道 1 的操作菜单，应用与探头项目平行的 3 号菜单操作键，选择与使用的探头同比例的衰减系数。这里设定为“10X”。

3）把探头端部和接地夹接到探头补偿器的连接器上。按 AUTO（自动设置）按钮，几秒钟内可见到方波显示（1kHz，约 3V，峰到峰）。

4）以同样的方法检查通道 2（CH2）。按 OFF 功能按钮或再次按下 CH1 功能按钮以关闭通道 1，按 CH2 功能按钮以打开通道 2，重复步骤 2 和步骤 3。

2. 探头补偿

在首次将探头与任一输入通道连接时，进行此项调节，使探头与输入通道相配。未经补偿或补偿偏差的探头会导致测量误差或错误。

下面以 DS1000 示波器为例，讲解调整探头补偿的方法。

1）将探头衰减系数设定为“10X”，将探头上的开关设定为“10X”，并将示波器探头与通道 1 连接。如果使用探头钩形头，应确保与探头接触紧密。

将探头端部与探头补偿器的信号输出连接器相连，基准导线夹与探头补偿器的地线连接器相连，打开通道 1，然后按 AUTO 按钮。

2）检查所显示波形的形状，如图 1-15 所示。

3）如有必要，用非金属的螺丝刀调整探头上的可变电容，直到屏幕显示的波形如图 1-15b 所示。

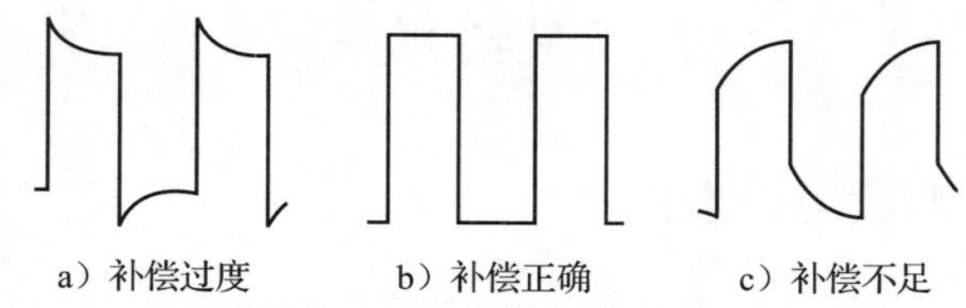

图 1-15 显示波形的形状

示波器常见故障处理

1. 按下电源开关后示波器仍然黑屏，没有任何显示

按下电源开关后示波器仍然黑屏，没有任何显示的故障处理方法如下：

1）检查电源接头是否接好。

2）检查电源开关是否按实。

3）做完上述检查后，重新启动示波器。

4）如果仍然无法正常使用示波器，则可能是示波器内部有故障，请送至专业维修公司修理。

2. 采集信号后，画面中并未出现信号的波形

采集信号后，画面中并未出现信号的波形的故障处理方法如下：

1）检查探头是否正常接在信号连接线上。

2）检查信号连接线是否正常接在 BNC（即通道连接器）上。

3）检查探头是否与待测物正常连接。

4）检查待测物是否有信号产生（可将有信号产生的通道与有问题的通道接在一起来确定问题所在）。

5）再重新采集一次信号。

3. 测量的电压幅度值比实际值大 10 倍或为 1/10

检查通道衰减系数是否与实际使用的探头衰减比例相符。

4. 有波形显示，但不能稳定下来

有波形显示，但不能稳定下来的故障处理方法如下：

1）检查触发面板的信源选择项是否与实际使用的信号通道相符。

2）检查触发类型，一般的信号应使用“边沿触发”方式，视频信号应使用“视频触发”方式。只有应用适合的触发方式，波形才能稳定显示。

3）尝试改变“耦合”为“高频抑制”和“低频抑制”显示，以滤除干扰触发的高频或低

频噪声。

5. 按下 RUN/STOP 按钮无任何显示

按下 RUN/STOP 按钮无任何显示的故障处理方法如下（以 DS1000 示波器为例）：

检查触发面板（TRIGGER）的触发方式是否为“普通”或“单次”挡，且触发电平超出波形范围。如果是，将触发电平居中，或者设置触发方式为“自动”挡。另外，按 AUTO 按钮可自动完成以上设置。

实例 3 用示波器测量

测量简单信号

下面用 DS1000 示波器来观测电路中的一个未知信号，迅速显示和测量信号的频率和峰峰值。

1. 迅速显示该未知信号

迅速显示该未知信号的方法如下：

1）将探头衰减系数设定为“10X”，并将探头上的开关设定为“10X”。

2）将通道 1 的探头连接到电路被测点。

3）按下 AUTO（自动设置）按钮。

示波器将自动设置使波形显示达到最佳。在此基础上，用户可以进一步调节垂直、水平挡位，直至波形的显示符合测量的要求。

2. 用示波器自动测量峰峰值

示波器可对大多数显示信号进行自动测量。下面用 DS1000 示波器来测量信号的峰峰值。具体操作方法如下：

1）按下 MEASURE 按钮以显示自动测量菜单。

2）按下 1 号菜单操作键以选择信源 CH1。

3）按下 2 号菜单操作键选择测量类型：电压测量。

在电压测量弹出菜单中选择测量参数：峰峰值。此时可以在屏幕左下角发现峰峰值的显示。

3. 用示波器自动测量频率

下面用 DS1000 示波器来测量信号频率。具体操作方法如下：

1）按下 3 号菜单操作键选择测量类型：时间测量。

2）在时间测量弹出菜单中选择测量参数：频率。

此时可以在屏幕下方发现频率的显示。

【注意】

测量结果在屏幕上的显示会因为被测信号的变化而改变。

观察正弦波信号通过电路产生的延迟和畸变

下面用 DS1000 示波器来观察正弦波信号通过电路产生的延迟和畸变。首先设置探头和示波器通道的探头衰减系数为“10X”。然后将示波器 CH1 通道与电路信号输入端相接，将 CH2 通道与输出端相接。

1. 显示 CH1 通道和 CH2 通道的信号

1）按下 AUTO（自动设置）按钮。

2）继续调整水平、垂直挡位，直至波形显示满足测试要求。

3）按 CH1 按钮选择通道 1，旋转垂直（VERTICAL）区域的垂直旋钮调整通道 1 波形的垂直位置。

4）按 CH2 按钮选择通道 2，如前操作，调整通道 2 波形的垂直位置。使通道 1、通道 2 的波形既不重叠在一起，又利于观察比较。

2. 测量正弦波信号通过电路后产生的延迟并观察波形的变化

1）自动测量通道延迟，按下 MEASURE 按钮以显示自动测量菜单。

2）按下 1 号菜单操作键以选择信源 CH1。

3）按下 3 号菜单操作键选择时间测量。

4）选择时间测量类型：延迟 1 → 2。

此时可以在屏幕左下角发现通道 1、通道 2 在上升沿的延迟数值显示，波形的变化如图 1-16 所示。

减少信号上的随机噪声

如果在测量时发现被测信号上叠加了随机噪声，可以通过调整示波器来滤除或减小噪声，避免其在测量中对本体信号的干扰。如图 1-17 所示是叠加了随机噪声的波形图。

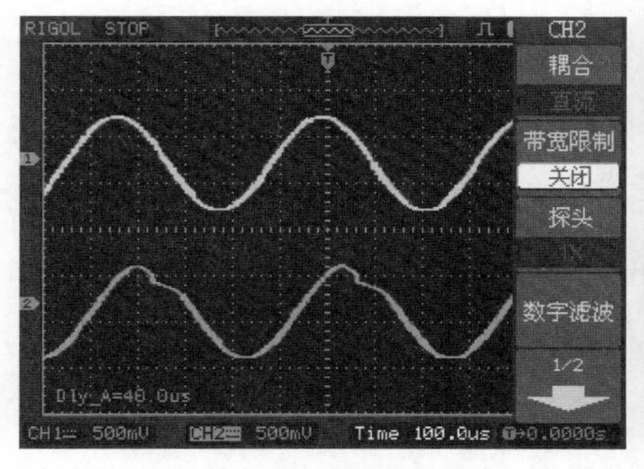

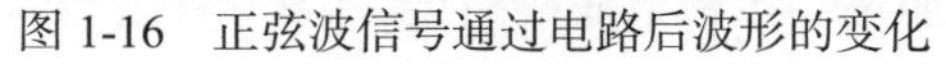
图 1-16　正弦波信号通过电路后波形的变化

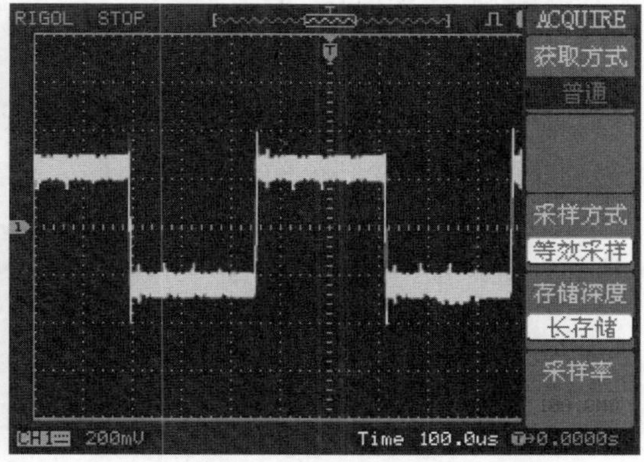

图 1-17　叠加了随机噪声的波形图

下面以 DS1000 示波器为例来介绍减少信号上的随机噪声的具体方法。

1）设置探头和示波器通道的探头衰减系数为“10X”，并将探头上的开关设定为“10X”。

2）连接信号使波形在示波器上稳定地显示。

3）通过设置触发耦合改善触发。先按下触发（TRIGGER）控制区域 MENU 按钮，显示触发设置菜单。然后选择“触发设置→耦合”，选择“低频抑制”或“高频抑制”。

【提示】

低频抑制是设定一高通滤波器，可滤除 8kHz 以下的低频信号分量，只允许高频信号分量通过。高频抑制是设定一低通滤波器，可滤除 150kHz 以上的高频信号分量（如 FM 广播信号），只允许低频信号分量通过。通过设置“低频抑制”或“高频抑制”可以分别抑制低频或高频噪声，以得到稳定的触发。

4）通过设置采样方式和调整波形亮度来减少显示噪声。如果被测信号上叠加了随机噪声，导致波形过粗，可以应用平均采样方式，去除随机噪声的显示，使波形变细，便于观察和测量。取平均值后随机噪声被减小而信号的细节更易观察。

应用平均采样方式的具体操作方法为：按面板 MENU 区域的 ACQUIRE 按钮，显示采样设置菜单。按 1 号菜单操作键设置获取方式为“平均”状态，然后按 2 号菜单操作键调整平均次数，依次由 2 至 256 以 2 的倍数递增，直至波形的显示满足观察和测试要求。如图 1-18 所示为减少随机噪声的波形图。

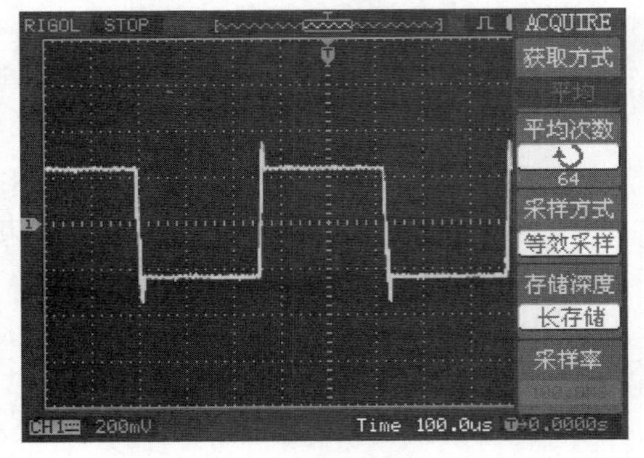

图 1-18 减少随机噪声的波形图

【提示】

减少显示噪声也可以通过降低波形亮度来实现。

用示波器测量交流电压

用示波器测量交流电压的方法如下：

1）将输入耦合开关置于“AC”位置（扩展控制开关未拉出），将交流信号从 y 轴输入，这样就能测量信号波形峰峰间或某两点间的电压幅值。

2）从屏幕上读出波形峰峰间所占的格数，将它乘以伏 / 度选择开关的挡位，即可计算出被测信号的交流电压值。若将扩展控制开关拉出，则再除以 5 即可。

示波器使用注意事项

在使用示波器时应注意下列事项。

1）测试前应估算被测信号的幅度大小，若不明确，应将示波器的伏 / 度选择开关置于最大挡，避免因电压过大而损坏示波器。

2）在测量小信号波形时，由于被测信号较弱，示波器上显示的波形就不容易同步。这时可采取以下两种方法加以解决：第一，仔细调节示波器上的触发电平旋钮，使被测信号稳定和同步。必要时可结合调整扫描微调旋钮，但应注意，调节该旋钮会使屏幕上显示的频率读数发生变化（逆时针旋转，扫描因素扩大 2.5 倍以上），会给计算频率造成一定困难。一般情况下，应将此旋钮顺时针旋转到底，使之位于校正位置（CAL）。第二，使用与被测信号同频率（或整数倍）的另一强信号作为示波器的触发信号，该信号可以直接从示波器的通道2输入。

3）示波器工作时，周围不要放一些大功率的变压器，否则测出的波形会有重影和噪波干扰。

4）示波器可作为高内阻的电流电压表使用。手机电路中有一些高内阻电路，若使用普通万用表测电压，由于万用表内阻较低，测量结果会不准确，而且还可能会影响被测电路的正常工作。而示波器的输入阻抗比万用表要高得多，使用示波器直流输入方式，先将示波器输入接地，确定好示波器的零基线，就能方便地测量被测信号的直流电压。

技巧4　焊接原理及过程

目前电子元器件的焊接主要采用锡焊技术。锡焊是一门科学，它采用以锡为主的锡合金材料作焊料，通过加热的电烙铁将固态焊锡丝加热熔化，再借助于助焊剂的作用使其流入被焊金属之间；由于金属焊件与锡原子之间相互吸引、扩散、结合，形成浸润的结合层，因此待冷却后会形成牢固可靠的焊接点。

从外表看焊接好的焊点，印刷板铜铂及元器件引线都是很光滑的，实际上它们的表面都有很多微小的凹凸间隙，熔流态的锡焊料借助于毛细管吸力沿焊件表面扩散，形成焊料与焊件的润湿现象。伴随着润湿现象的发生，焊料逐渐向金属铜扩散，在焊料与金属铜的接触面上形成附着层，即可把元器件与印刷板牢固地黏合在一起，又具有良好的导电性能。所以焊锡是通过润湿、扩散和冶金结合这3个过程来完成的。下面分别讲解这三个过程。

润湿过程

润湿过程是指已经熔化了的焊料借助毛细管力沿着母材金属表面细微的凹凸和结晶的间隙向四周漫流，从而在被焊母材表面形成附着层，使焊料与母材金属的原子相互接近，达到原子引力起作用的距离。

引起润湿的环境条件是：被焊母材的表面必须是清洁的，不能有氧化物或污染物。

扩散过程

伴随着润湿的进行，焊料与母材金属原子间的相互扩散现象开始发生。通常原子在晶格点阵中处于热振动状态，一旦温度升高，原子活动加剧，熔化的焊料与母材中的原子会相互越过接触面进入对方的晶格点阵，原子的移动速度与数量决定于加热的温度与时间。

冶金结合

由于焊料与母材相互扩散，在两种金属之间形成了一个中间层——金属化合物。要获得良好的焊点，被焊母材与焊料之间必须形成金属化合物，从而使母材达到牢固的冶金结合状态。

技巧5 学用手工焊接工具

手工焊接的主要工具是电烙铁、热风枪、熔锡炉等，下面分别介绍。

电烙铁的使用方法

1. 电烙铁的种类

电烙铁是手工焊接时使用最多的工具。根据不同的功率，电烙铁可以分为15W、20W、35W、60W、300W等多种，适用于不同大小的焊件。一般元器件的焊接以20W内热式电烙铁为宜；焊接集成电路及易损元器件，可以采用储能式电烙铁；焊接大焊件时，可用150 ~ 300W大功率外热式电烙铁。

根据不同的加热方式，电烙铁可分为直热式电烙铁、恒温电烙铁、感应式电烙铁和储能式电烙铁等多种。

（1）直热式电烙铁

直热式电烙铁又可分为外热式（烙铁芯安装在烙铁头外面）和内热式（烙铁芯安装在烙铁头里面），如图1-19所示为直热式电烙铁。

直热式电烙铁主要由发热元件、烙铁头、手柄、接线柱等几部分组成。其中发热元件俗称烙铁芯，它是将镍铬电阻丝缠绕在元母陶瓷等耐热、绝缘材料上构成的。内热的电烙铁与外热的电烙铁的主要区别在于外热式电烙铁的发热元件在传热材料的外部。内热的电烙铁体积、重量均小于外热式电烙铁。

烙铁头是用来存储和传递热量的，一般用紫铜制成。常用烙铁头的形状如图1-20所示。

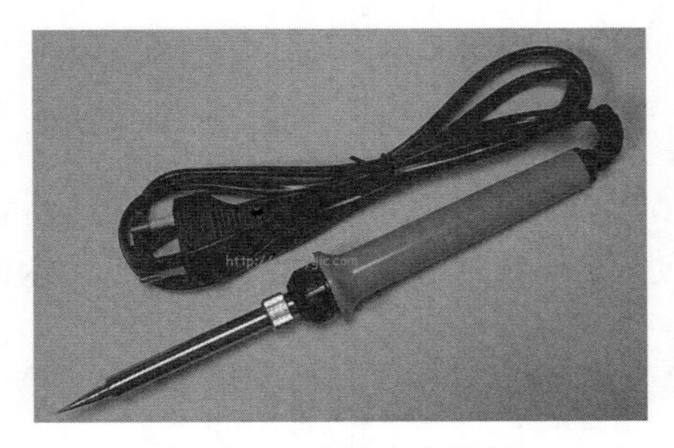

图1-19 直热式电烙铁

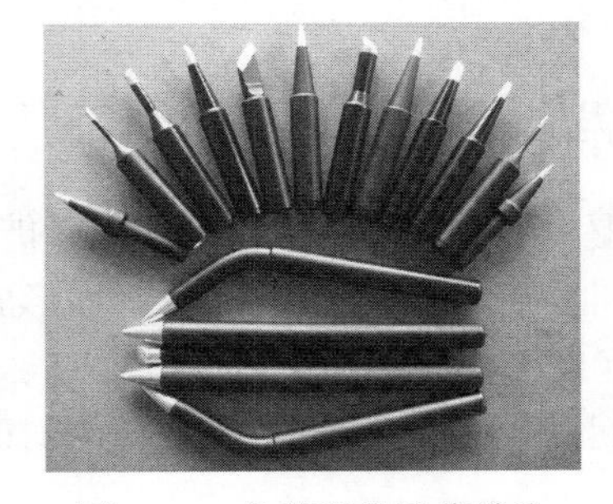

图1-20 各种形状的烙铁头

手柄一般用木料或胶木制成，设计不良的手柄若温升过高，会影响操作。接线柱是发热元件同电源线的连接处。一般烙铁有3个接线柱，其中一个是接金属外壳的。接线时会用三芯线将外壳接保护零线。使用新烙铁或换烙铁芯时，应判明接地端，最简单的办法是用万用表测外壳与接线柱之间的电阻。如果电烙铁不发热，也可用万用表快速判定烙铁芯是否损坏。

（2）恒温电烙铁

恒温电烙铁的结构如图1-21所示。由于恒温电烙铁头内装有带磁铁的温度控制器，因此通过控制通电时间即可实现恒温。给电烙铁通电时烙铁的温度上升，当达到预定的温度时因强磁体传感器达到了居里点而磁性消失，从而使磁芯触点断开，停止向电烙铁供电；当温度低于强磁体传感器的居里点时，强磁体恢复磁性，并吸动磁芯开关中的永久磁铁，使控制开关的触点接通，继续向电烙铁供电；如此循环达到控制温度的目的。

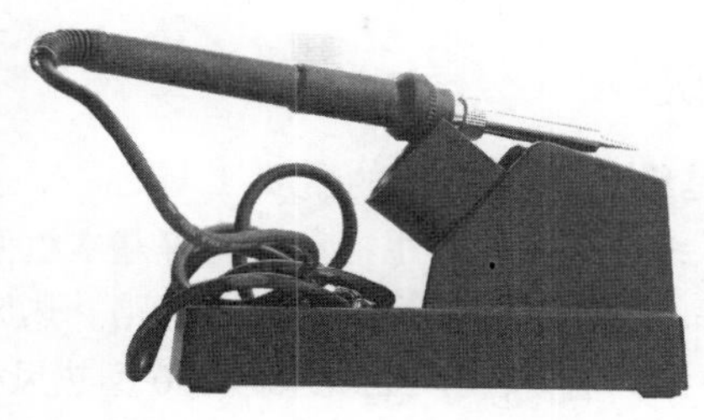

图 1-21　恒温电烙铁

因为恒温烙铁具有恒温的特点，焊接对焊接温度、时间有要求的元件，如集成电路、晶体管等尤为适宜，而不会因焊接温度高对元器件造成损坏。

（3）感应式电烙铁

感应式电烙铁也称速热烙铁，俗称焊枪。在它里面实际是一个变压器，这个变压器的次级只有 1 ~ 3 匝，当初级通电时，次级感应的大电流通过加热体，使同它相连的烙铁头迅速达到焊接所需温度。

感应式电烙铁的特点是加热速度快，一般通电几秒钟即可达到焊接温度，因而，不需像直热式电烙铁那样持续通电。工作时只需按下手柄上的开关几秒钟即可焊接，特别适用于断续工作状态。但由于其电烙铁头实际是变压器次级，因而一些电荷敏感器件，如绝缘栅 MOS 电路，不宜使用这种电烙铁焊接。

（4）储能式电烙铁

储能式电烙铁特别适用于焊接电荷敏感的场效应管电路。储能式电烙铁的特点是电烙铁本身不接电源。当把电烙铁插到配套的供电器上时，电烙铁处于储能状态，焊接时拿下电烙铁，靠储存在电烙铁中的能量一次焊接若干焊点。

2. 电烙铁的使用方法

焊接技术是电脑维修人员必须掌握的一种基本技术，需要多练习才能熟练掌握。下面具体讲解电烙铁的使用方法。

1）把焊盘和元器件的引脚用细砂纸打磨干净，涂上助焊剂。

2）将电烙铁烧热，待刚刚能熔化焊锡时涂上助焊剂，再将焊锡均匀地涂在烙铁头上，使烙铁头均匀地涂上一层锡。

3）用烙铁头蘸取适量焊锡，接触焊点，待焊点上的焊锡全部熔化并浸没元器件引线头后，将烙铁头沿着元器件的引脚轻轻往上一提离开焊点。

4）焊完后将电烙铁放在烙铁架上。

5）用酒精把电路板上残余的助焊剂清洗干净，以防炭化后的助焊剂影响电路的正常工作。

电焊时应注意以下问题：

1）应选用合适的焊锡及焊接电子元器件用的低熔点焊锡丝。

2）制作助焊剂，将 25% 的松香溶解在 75% 的酒精（重量比）中作为助焊剂。

3）焊接时间不宜过长，否则容易烫坏元器件，必要时可用镊子夹住引脚帮助散热。

4）焊点应呈正弦波峰形状，表面应光亮圆滑、无锡刺、锡量适中。

5）集成电路应最后焊接，电烙铁要可靠接地，也可将烙铁断电后利用其余热焊接。或者使用集成电路专用插座，焊好插座后再把集成电路插上去。

6）焊完后应将电烙铁放回烙铁架上。

热风枪使用方法

热风枪是维修电子设备的重要工具之一，主要由气泵、气流稳定器、线性电路板、手柄和外壳等基本组件构成。其主要作用是拆焊小型贴片元件和贴片集成电路。热风枪的使用方法请参考第2章内容。图1-22所示为850型热风枪。

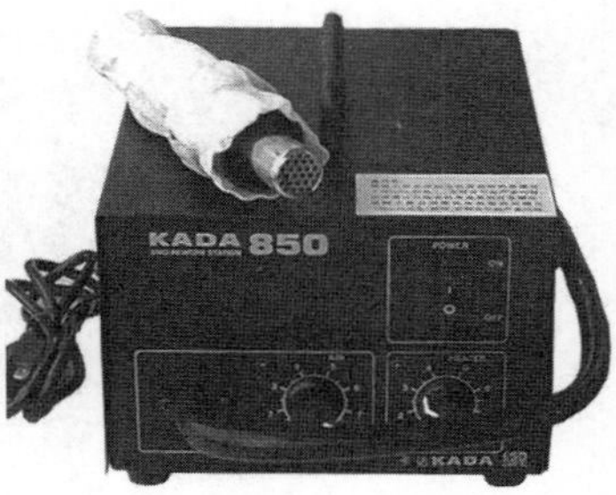

图1-22 850型热风枪

1. 热风枪使用方法

热风枪使用方法如下：

1）将热风枪的温度开关调至适当的挡（1～5级），再将风速开关调至适当的挡（1～5级），然后打开热风枪的电源开关。

2）将元器件的引脚蘸少许焊锡膏。

3）将元器件放在焊接位置，然后将风枪垂直对着贴片元器件加热。

4）加热3秒后，待焊锡熔化停止加热。最后用电烙铁给元器件的引脚补焊，加足焊锡。

5）关闭热风枪的电源开关。注意如果需要拔掉电源线或关上插板开关，应等热风枪的风扇停止散热之后再拔电源线。

2. 热风枪使用注意事项

使用热风枪时应注意以下事项。

1）首次使用热风枪前必须仔细阅读使用说明。

2）使用热风枪前必须接好地线，以备泄放静电。

3）禁止在焊接前端网孔放入金属导体，这样会导致发热体损坏并使人体触电。

4）电源开关打开后，根据需要选择不同的风咀和吸锡针（已配附件），然后把热风温度调节钮（HEATER）调至适当的温度，同时根据需要把热风风量调节钮（AIRCAPACITY）调到所需风量，待预热温度达到所调温度时即可使用。

5）如果短时间内不用热风枪，可将热风风量调节钮调至最小，热风温度调节钮调至中间位置，使加热器处在保温状态，要使用时再调节热风风量调节钮和热风温度调节钮即可。

6）在热风枪内部装有过热自动保护开关，枪嘴过热时保护开关动作，机器停止工作。必须把热风风量调节钮调至最大，延迟2分钟左右，加热器才能工作，机器恢复正常。

7）使用后要注意冷却机身：关电后，发热管会自动短暂喷出冷风，在此冷却阶段不要拔掉电源插头。

8）不使用时请把手柄放在支架上，以防意外。

熔锡炉

熔锡炉是一个金属炉，炉内有电热棒，通电加热后将锡放到炉内，锡受热便熔解成锡水。在拆卸引脚较多的插槽或接口时，将插槽或接口的引脚适当浸入锡水中，稍稍用力左右移动便可使插槽或接口松开，然后就可以把它拆卸下来。如图1-23所示为熔锡炉。

图1-23 熔锡炉

技巧6　焊料与焊剂的使用技巧

焊接材料

凡是用来融合两种或两种以上的金属面，使之成为一个整体的金属或合金都叫焊料。焊接时，常用的材料是焊锡。焊锡实际上是一种锡铅合金，不同的锡铅比例的焊锡熔点温度不同，一般为180℃ ~ 230℃。手工焊接中最适合使用的是管状焊锡丝，焊锡丝中间夹有优质松香与活化剂，使用起来异常方便。管状焊锡丝有0.5、0.8、1.0、1.5等多种规格，可以根据需要选用。

常用的锡焊材料主要包括下面几种：

1）管状焊锡丝，如图1-24所示。

2）抗氧化焊锡。

3）含银的焊锡。

4）焊膏。

图1-24　焊锡丝

焊剂

焊剂又称助焊剂，是一种在受热后能对金属表面起清洁及保护作用的材料。在空气中金属表面很容易被氧化生成氧化膜，这种氧化膜能阻止焊锡对焊接金属的浸润作用。适当地使用助焊剂可以去除氧化膜，使焊接质量更可靠，使焊点表面更光滑、圆润。

焊剂有无机系列、有机系列和松香系列3种。无机焊剂活性最强，但对金属有强腐蚀性，电子元器件的焊接中不允许使用。有机焊剂（例如盐酸二乙胺等）活性次之，也有轻度腐蚀性。应用最广泛的是松香助焊剂。将松香溶于酒精（1：3）形成“松香水”，焊接时在焊点处蘸以少量松香水，就可以达到良好的助焊效果。因用量过多或多次焊接形成黑膜时，说明松香已失去助焊作用，需清理干净后再焊接。对于用松香焊剂难于焊接的金属元器件，可以添加4%左右的盐酸二乙胺或三乙醇胺（6%）。至于市场上销售的各种助焊剂，一定要了解其成分对元器件的腐蚀作用，然后再使用，切勿盲目使用，以免对元器件造成腐蚀。

技巧7　学用吸锡器

吸锡器用来在拆卸电路板上的元器件时将元器件引脚上的焊锡吸掉，以方便拆卸。吸锡器分为自带热源的和不带热源的两种，如图1-25所示。

吸锡器的使用方法如下：

1）将吸锡器后部的活塞杆按下。

2）用右手拿电烙铁将元器件的焊锡点加热，直到元器件上的锡熔化（如果吸锡器自带加热部件，则不用电烙铁加热，直接用吸锡器加热即可）。

3）等焊点上的锡熔化后，用左手拿吸锡器，并将吸锡器的嘴对准熔化的焊点，同时按下吸锡器上的吸锡按钮，元器件上的锡就会被吸走，如图1-26所示。

图 1-25　吸锡器

图 1-26　使用吸锡器

技巧 8 焊接操作姿势

手工锡焊接技术是一项基本功，就是在大规模生产的情况下，维护和维修也必须使用手工焊接。因此，必须通过学习和实践操作练习才能熟练掌握。

电烙铁常见的拿法主要有正握法、反握法和握笔法 3 种。其中，正握法适于中等功率电烙铁或带弯头电烙铁的操作；而反握法动作稳定，长时间操作不宜疲劳，适于大功率电烙铁的操作。至于握笔法，一般在操作台上焊印制板等焊件时采用。如图 1-27 所示为反握、正握及握笔法 3 种握法的示意图。

在电焊时，焊锡丝一般有两种拿法，如图 1-28 所示。由于焊锡丝中含有一定比例的铅，而铅是对人体有害的一种重金属，因此操作时应该戴手套并在操作后洗手，避免食入铅尘。

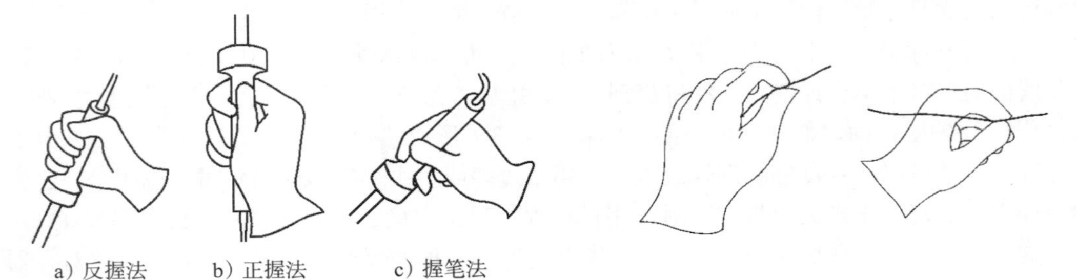

a）反握法　b）正握法　c）握笔法

图 1-27　正、反及握笔法三种握法

图 1-28　焊锡丝的两种拿法

另外，为减少焊剂加热时挥发出的化学物质对人的危害，减少有害气体的吸入量，一般情况下，电烙铁与鼻子的距离应该不少于 20cm，通常以 30cm 为宜。

技巧 9 焊接操作方法

焊接电路板时，一般需要进行焊前处理、焊接、检查焊接质量和清理工具 4 个步骤，下面详细讲解。

焊前处理

焊前处理主要包括焊盘处理和清洁电子元件引脚两方面工作。

1）焊盘处理：将印刷电路板焊盘铜箔用细砂纸打光后，均匀地在铜箔面涂一层松香酒精溶液。若是已焊接过的印刷电路板，应将各焊孔扎通（可用电烙铁熔化焊点焊锡后，趁热用针将焊孔扎通）。

2）清洁电子元件引脚：可用小刀或细砂纸轻微刮擦一遍引脚，然后对每个引脚分别镀锡。

焊接方法

焊接操作的基本方法如下：

1）准备好被焊件、焊锡丝和电烙铁，并清洁电烙铁头。

2）预热电烙铁，待电烙铁变热后，用电烙铁给元件引脚和焊盘同时加热。

【注意】

加热时，烙铁头要同时接触焊盘和引脚，尤其一定要接触到焊盘。电烙铁头的椭圆截面的边缘处要先镀上锡，否则不便于给焊盘加热。加热时，烙铁头切不可用力压焊盘或在焊盘上转动，由于焊盘是由很薄的铜箔贴敷在纤维板上的，高温时，机械强度很差，稍一用力焊盘就会脱落。

3）给元件引脚和焊盘加热 1 ～ 2 秒后，这时仍保持电烙铁头与它们的接触，同时向焊盘上送焊锡丝，随着焊锡丝的熔化，焊盘上的锡将会注满整个焊盘并堆积起来，形成焊点。

【注意】

正常情况下，焊接形成的焊点应该流满整个焊盘，表面光亮、无毛刺，形状如干沙堆，焊锡与引脚及焊盘能很好地融合，看不出界限。

4）在焊盘上形成焊点后，先将焊锡丝移开，电烙铁在焊盘上再停留片刻，然后迅速移开，使焊锡在熔化状态下恢复自然形状。烙铁移开后要保持元器件和电路板不动，因为此时的焊点处在熔化状态，机械强度极弱，元件与电路板的相对移动会使焊点变形，严重影响焊接质量。

焊后质量检查方法

焊接时，要保证每个焊点焊接牢固、接触良好，要保证焊接质量。好的焊点应是光亮、圆滑、无毛刺、锡量适中，如图 1-29a 所示。元件引脚应尽量伸出焊点之外，锡和被焊物融合牢固，不应有“虚焊”和“假焊”。“虚焊”是焊点处只有少量锡焊住，时间久了，会因振动造成焊点脱开，引起接触不良，时通时断。“假焊”是指表面上好像焊住了，但实际上并没有焊上，有时用手一拔，引线就可以从焊点中拔出，这也可以称为“夹焊”。这两种情况都会给维修和调试带来极大的困难，只有经过大量的、认真的焊接实践，才能避免。

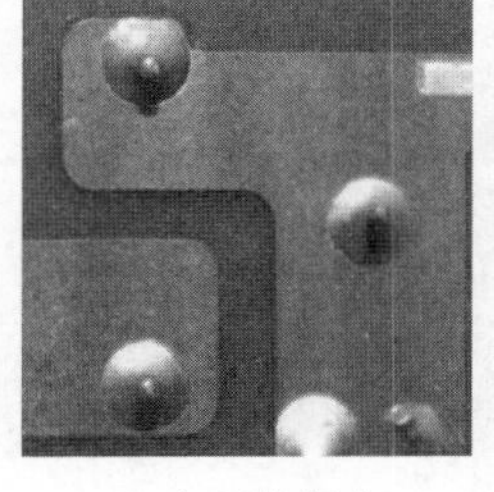

a）好的焊点

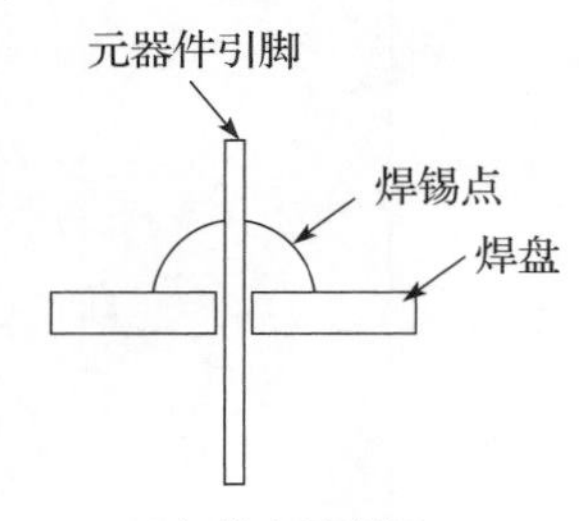

b）焊点示意图

图 1-29　焊接质量良好的焊点

另外，相邻两个焊点不可因焊锡过多而互相连在一起，或焊点与相邻导电铜箔相接触。

清理工具

焊完后，须将电烙铁放到专用架上，以防将其他物品烧坏。长时间不用时，最好拔下电烙铁的电源插头，以防烙铁头“老化”。

电烙铁使用时间较长时，烙铁头上会有黑色氧化物和残留的焊锡渣，会影响以后的焊接，应该用松香不断地清洁烙铁头，使它保持良好的工作状态。

实例 4 焊接直插式元器件

直插式元器件包括直插式电阻器、直插式电容器、直插式电感器、直插式二极管及直插式晶体管等，它们的焊接方法基本相同。下面将详细介绍直插式元器件的焊接方法。

焊前处理方法

对于直插式元器件，元器件的引线是焊接的关键部位。由于直插式元器件在生产、运输、储存等各个环节中，其引线都会接触空气，表面容易产生氧化膜，使引线的可焊性严重下降，因此需要在焊接前对元器件的引线进行处理。

对直插式元器件引线处理的方法如下：

1）对引线进行校直。校直时，使用平嘴钳将元器件的引线沿原始角度拉直，直至引线没有凹凸块为止，如图 1-30 所示为校直直插式电阻器引脚。

2）清洁直插式元器件引脚的表面（由于直插式元器件的引脚上通常都会形成氧化层而影响焊接质量，因此，在焊接前必须清洁元器件引脚表面）。一般较轻的污垢可以用酒精或丙酮擦洗，较严重的腐蚀性污点可以用刀刮或用细砂纸打磨去除。对于镀金引线可以使用绘图橡皮擦除引线表面的污物。镀铅锡合金的引线一般不会被氧化，因此一般不用清洁。镀银引线容易产生不可焊接的黑色氧化膜，必须用小刀轻轻刮去镀银层。刮引线时可采用手工刮或自动刮净机刮。如图 1-31 所示为手工刮电阻器引线。

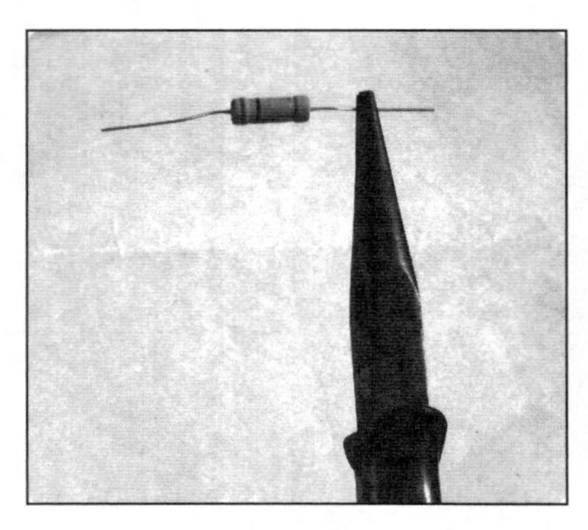

图 1-30 校直直插式电阻器引脚

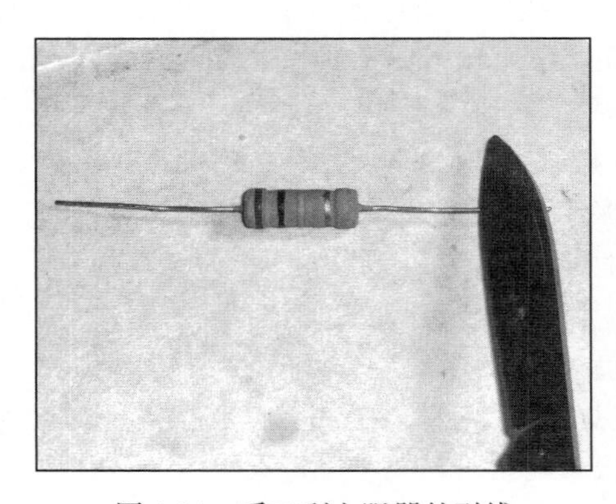

图 1-31 手工刮电阻器的引线

3）在清洁完直插式元器件引线后，将元器件的引线浸蘸助焊剂，如图 1-32 所示。助焊剂的作用是去除引线表面的氧化膜，防止氧化，减少液体焊锡表面张力，增加流动性，有助于焊锡润湿焊件。引线浸蘸助焊剂后，焊接后的焊点表面上会浮一层助焊剂，形成隔离层，防止焊接面的氧化。

4）为引线镀锡。为引线镀锡可以提高焊接的质量和速度，尤其是对于一些可焊性差的元器件，镀锡是非常重要的一步。若焊接单个元器件，可以使用电烙铁将元器件引线加热，然后将锡熔到引线上即可，如图 1-33 所示。在小批量焊接时，可以使用锡锅进行镀锡，将元器件适当长度的引线插入熔融的锡铅合金中，待润湿后取出即可。镀锡时，元器件外壳距离液面须保持 3mm 以上，浸涂时间为 2 ~ 3 秒。

图 1-32　浸蘸助焊剂

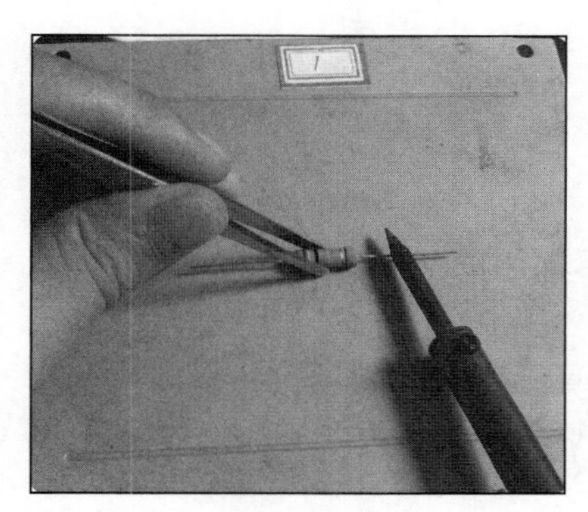

图 1-33　为元器件引线镀锡

5）根据焊盘插孔的设计要求，将元器件引线加工成需要的形状。一般情况下，都是将元器件引线折弯，使元器件能迅速而准确地插入印制电路板的插孔内。如图 1-34 所示为引脚折弯后的电阻器。

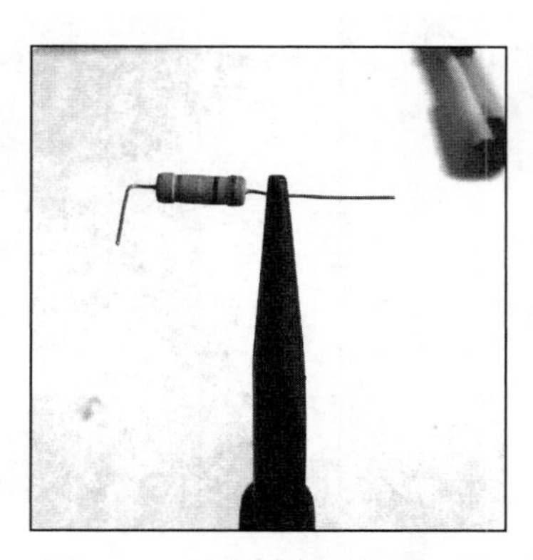

图 1-34　引脚折弯后的电阻器

6）将元器件插入电路板中，如图 1-35 所示。插入时，元器件的安装高度应符合规定要求，同一规格的元器件应尽量安装在同一高度上。安装顺序一般为先低后高，先轻后重，先易后难，先一般元器件后特殊元器件。元器件外壳与引线不能相碰，要保持 1mm 左右的安全间隙，无法避免时，应套绝缘套管。元器件的引线直径与印制电路板焊盘孔径应有 0.2 ~ 0.4mm 的合理间隙。元器件的极性不得装错，要根据电路板标识或安装前套上相应的套管。应注意元器件安装标识方向要一致，易于辨认，并按从左到右、从下到上的顺序，以符合阅读习惯。安装时尽量不要用手直接碰元器件引线和印制电路板上的铜箔。安装操作尽量在电位工作台上进行，以免产生静电损坏器件。

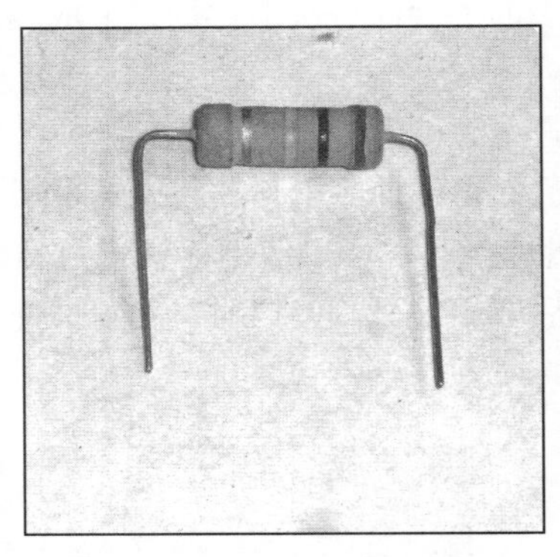
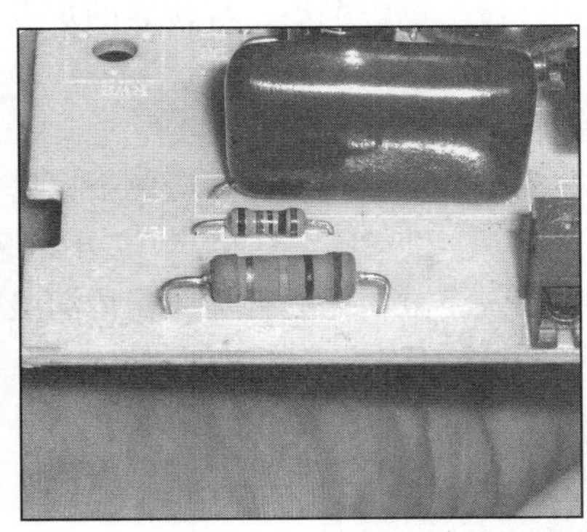

图 1-35　安装元器件

直插式元器件焊接操作

直插式元器件焊接操作方法如下：

1）在焊接前的准备工作做完后，首先准备焊锡丝和电烙铁，并清洁电烙铁头。

2）预热电烙铁，待电烙铁变热后，用左手拿焊锡丝，右手握经过预镀锡的电烙铁，并用电烙铁给元件引脚和焊盘同时加热，如图 1-36 所示。

3）给元件引脚和焊盘加热 1 ~ 2 秒后，这时仍保持烙铁头与它们的接触，同时向焊盘上送焊锡丝，随着焊锡丝的熔化，焊盘上的锡将会注满整个焊盘并堆积起来，形成焊点，如图 1-37 所示。

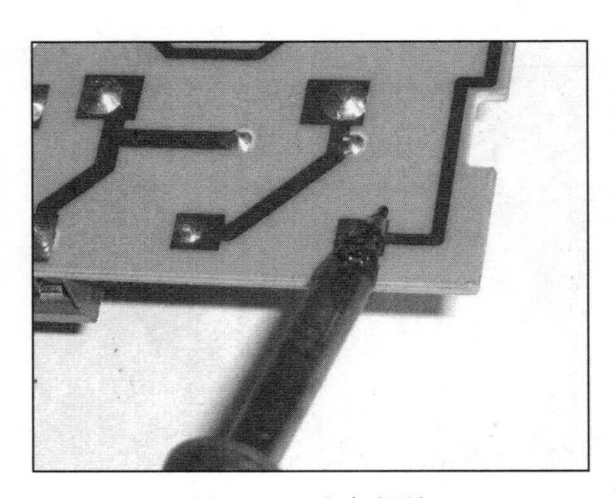

图 1-36　准备焊接

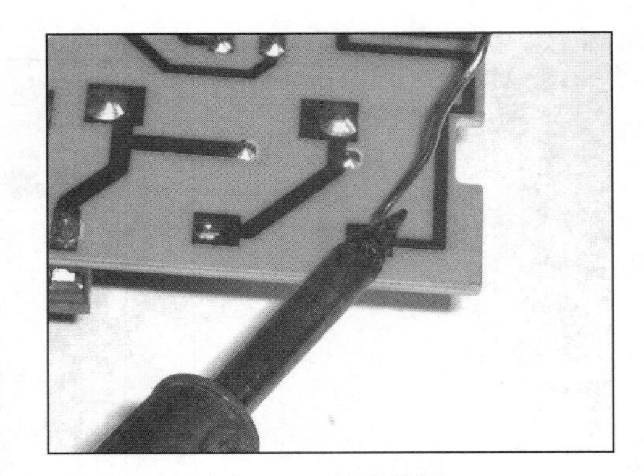

图 1-37　熔化焊锡

4）在焊盘上形成焊点后，先将焊锡丝移开，电烙铁在焊盘上停留片刻，然后再迅速移开，使焊锡在熔化状态下恢复自然形状。电烙铁移开后要保持元器件和电路板不动，如图 1-38 所示。

【注意】

移开电烙铁的方向应该与电路板呈大致 45° 的方向。

5）焊接好一个引脚后，接着焊接另一引脚，操作方法同上，最后完成电阻器的焊接，如图 1-39 所示。

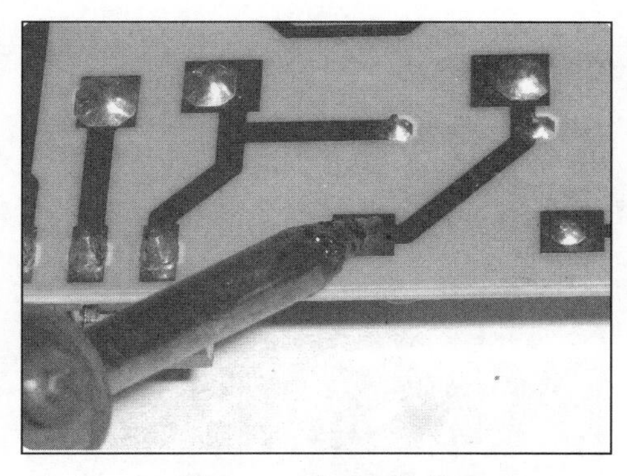

图 1-38　移开电烙铁

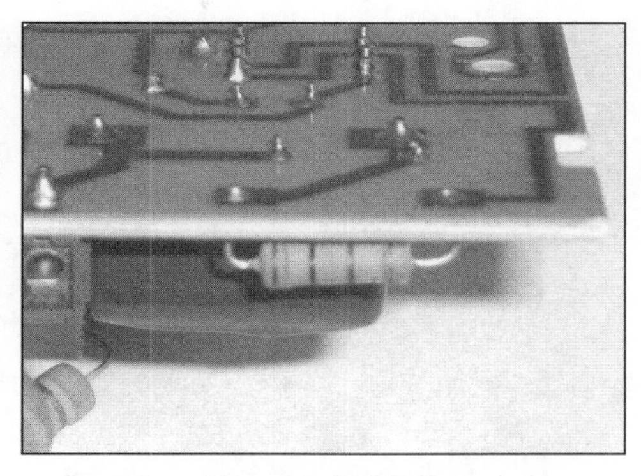

图 1-39　完成焊接

实例 5　焊接贴片式元器件

贴片式元器件一般包括贴片电阻器、贴片电容器、贴片电感器、贴片二极管、贴片晶体管和贴片集成电路等。其中贴片电阻器、贴片电容器和贴片电感器、贴片二极管、贴片晶体管等的焊接方法基本相同，而贴片集成电路的则有所不同。下面分别介绍这些贴片元器件的焊接方法。

焊接贴片电阻器

贴片电阻器一般耐高温性能较好，可以采用热风枪进行焊接。在使用热风枪焊接时，温度不要太高，时间不要太长，以免损坏相邻元件或使电路板的另一面的元件脱落；风量不要太大，以免吹跑元件或使相邻元件移位。

焊接贴片电阻器的方法如下：

1）将热风枪的温度开关调至 5 级，风速调至 2 级，然后打开热风枪的电源开关，如图 1-40 所示。

图 1-40　调节热风枪

2）用镊子夹着贴片元器件，然后将电阻器的两端引脚蘸少许焊锡膏。

3）将电阻器件放在焊接位置，然后将风枪垂直对着贴片电阻器加热，如图 1-41 所示。

4）加热 3 秒，待焊锡熔化后停止加热，然后用电烙铁给元器件的两个引脚补焊，加足焊锡，如图 1-42 所示。

【提示】

对于贴片电阻器的焊接一般不用电烙铁，因为用电烙铁焊接时，由于两个焊点的焊锡不能同时熔化可能焊斜；另一方面，焊第二个焊点时，由于第一个焊点已经焊好，如果下压第二个焊点，可能会损坏电阻器或第一个焊点。拆焊这类元件时，要用两个电烙铁同时加热两个焊点使焊锡融化，在焊点熔化状态下用烙铁尖向侧面拨动使焊点脱离，然后用镊子取下。

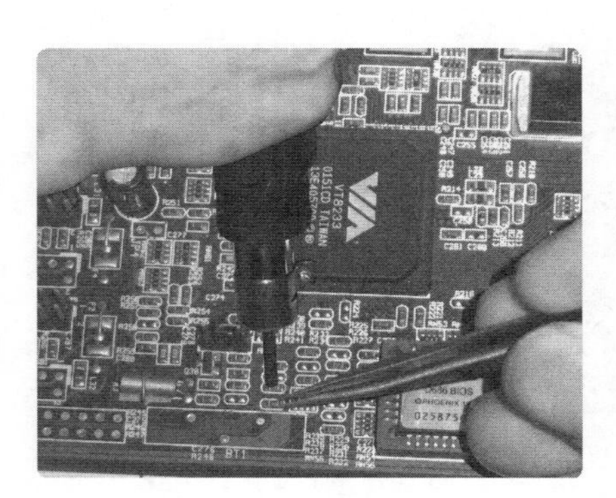

图 1-41　加热电阻器

图 1-42　焊好的电阻器

焊接贴片电容器

对于普通贴片电容器（表面颜色为灰色、棕色、土黄色、淡紫色和白色等），焊接的方法与焊接贴片电阻器相同，可参考贴片电阻器的焊接方法进行焊接，这里不赘述。对于上表面为银灰色、侧面为多层深灰色的涤纶贴片电容器和其他不耐高温的电容器，不能用热风枪加热，用热风枪加热可能会损坏电容器，而要用电烙铁进行焊接。具体焊接方法如下：

1）在电路板两个焊点上涂上少量焊锡，然后用电烙铁加热焊点，当焊锡熔化时迅速移开电烙铁，这样可以使焊点光滑，如图 1-43 所示。

2）用镊子夹住电容器放正并下压，再用电烙铁加热一端焊好，然后用电烙铁加热另一个焊点，这时不要再下压电容器，以免损坏第一个焊点，如图 1-44 所示。

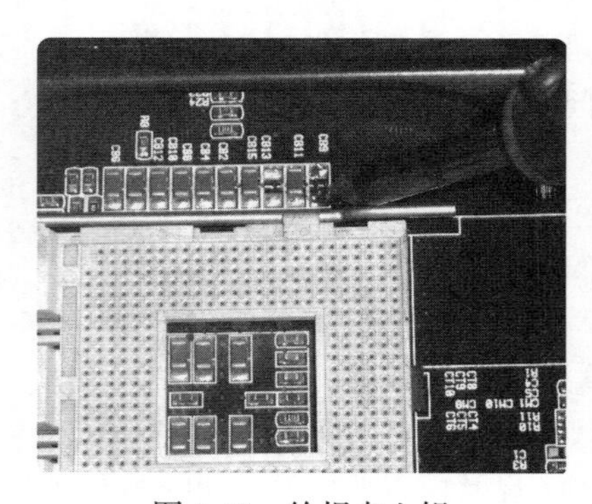

图 1-43　给焊点上锡

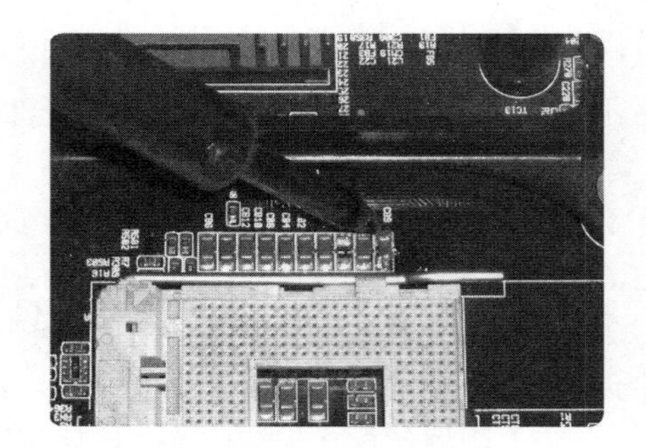

图 1-44　给焊点加热

【提示】

采用上述方法焊接的电容器一般不正，如果要焊正，可以将电路板上的焊点用吸锡线将锡吸净，再分别焊接。如果焊锡少可以用烙铁尖从焊锡丝上带一点锡补上，如果体积小，不要把焊锡丝放到焊点上用电烙铁加热取锡，以免焊锡过多引起连锡。

焊接贴片电感器

贴片电感器的焊接方法与贴片电阻器的焊接方法相同，可参考贴片电阻器焊接方法进行焊接，这里不赘述。如图1-45所示为焊接贴片电感器。

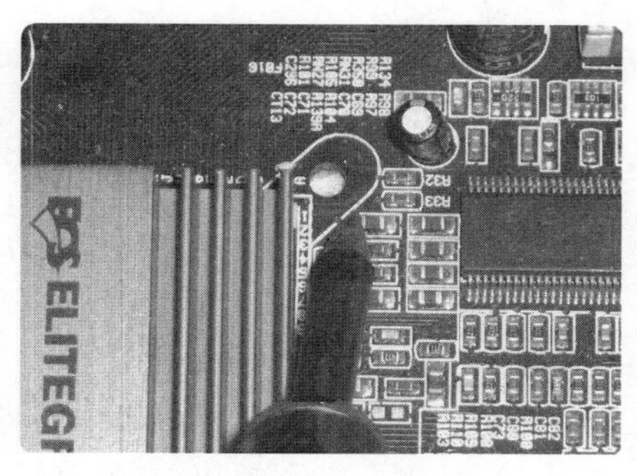

图1-45　焊接贴片电感器

焊接贴片二极管、晶体管、场效应管

贴片二极管、贴片晶体管、贴片场效应管的耐热性较差，加热时需要注意温度不能过高，时间不能过长。

焊接贴片二极管、晶体管、场效应管的方法如下（以贴片二极管为例）：

1）将热风枪的温度开关调至5级，风速调至2级，然后打开热风枪的电源开关，如图1-46所示。

2）用镊子夹着贴片二极管，将二极管的两端引脚蘸少许焊锡膏，如图1-47所示。

图1-46　调节热风枪

图1-47　两端蘸焊锡膏

3）将此元器件放在焊接位置，然后将风枪垂直对着贴片元器件加热，如图1-48所示。

4）待焊锡熔化后迅速移开热风枪停止加热，然后用电烙铁给元器件的两个引脚补焊，加足焊锡，如图1-49所示。

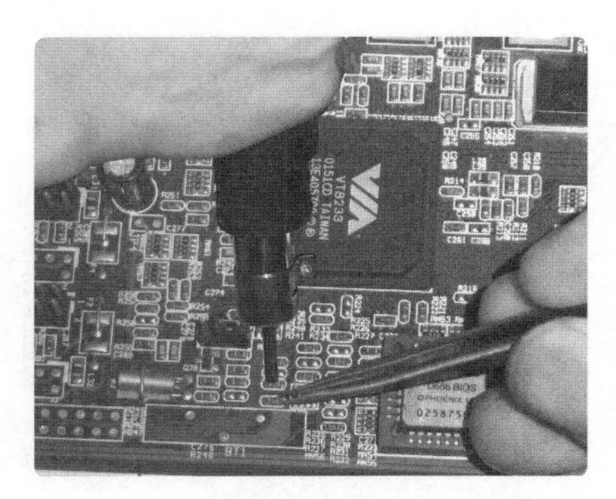

图1-48　加热贴片二极管

图1-49　焊好的贴片二极管

【提示】

拆卸这类元器件时，要用热风枪垂直于电路板均匀加热，焊锡熔化时迅速用镊子取下。由于体积稍大的镊子对热风阻挡作用不大，也可以用镊子夹住元件并略向上提，同时用热风枪加热，当焊点焊锡刚熔化时即可分离。取下前注意记下元件的方向，必要时要标在图上。

焊接两面引脚贴片集成电路

两面引脚贴片集成电路的焊接方法如下：

1）将热风枪的温度开关调至5级，风速调至4级，然后打开热风枪的电源开关，如图1-50所示。

2）将贴片集成电路的引脚上蘸少许焊锡膏。

3）用镊子将元器件放在电路板中的焊接位置，并按紧，然后用电烙铁焊牢集成电路的一个引脚，如图1-51所示。

图1-50 调节热风枪

图1-51 固定集成电路

【注意】

如果电路板上的焊锡高低不平，可先用电烙铁蘸少许松香，一一刮平凸出的焊锡。

4）将风枪垂直对着贴片集成电路旋转加热，待焊锡熔化后，迅速停止加热，并关闭热风枪，如图1-52所示。

5）焊接完毕后，检查一下有无焊接短路的引脚。如果有，用电烙铁修复，同时为贴片集成电路加补焊锡，如图1-53所示。

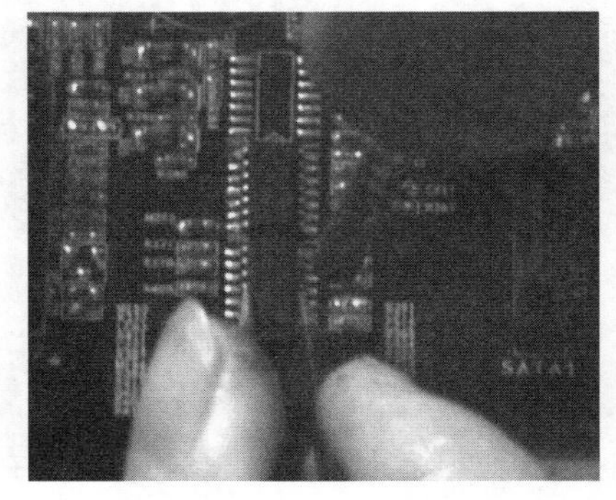

图1-52 加热贴片集成电路

图1-53 给集成电路加补焊锡

焊接四面引脚贴片集成电路

四面引脚贴片集成电路的焊接方法如下：

1）将热风枪的温度开关调至 6 级，风速调至 3 级，然后打开热风枪的电源开关，如图 1-54 所示。

2）将贴片集成电路的引脚上蘸少许焊锡膏。

3）用镊子将元器件放在电路板中的焊接位置，并按紧，然后用电烙铁在集成电路 4 个面上各焊一个引脚，如图 1-55 所示。

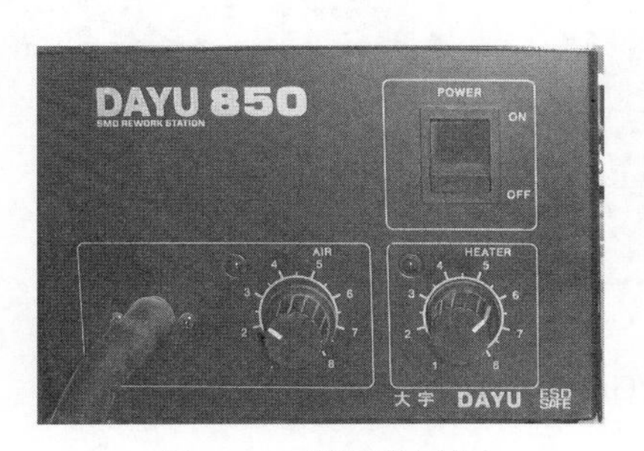

图 1-54　调节热风枪

图 1-55　固定集成电路

4）将风枪垂直对着贴片集成电路旋转加热，待焊锡熔化后，停止加热，并关闭热风枪，如图 1-56 所示。

5）焊接完毕后，检查一下有无焊接短路的引脚，如果有，用电烙铁修复，同时为贴片集成电路加补焊锡，如图 1-57 所示。

图 1-56　加热贴片集成电路

图 1-57　给集成电路加补焊锡

【提示】

这类元件耐热较差，加热时注意温度不要过高，时间不要过长。

技巧 10　BGA 拆焊技术

目前在一些新型电子设备（如数码相机、手机等）中，普遍采用了先进的 BGA 芯片。

BGA 是球栅阵列封装（Ball grid arrays）的缩写，BGA 技术可大大缩小电子设备的体积，增强功能，减小功耗，降低生产成本。不过由于 BGA 封装的特点，BGA 芯片故障一般是由芯片损坏或虚焊引起的。由于电子设备中使用 BGA 技术焊接的元器件越来越多，因此，只有更好地掌握 BGA 芯片的拆焊技术，才能适应未来电子设备维修的发展需要。如图 1-58 所示为打印机电路板中采用 BGA 技术焊接的芯片。

a）打印机电路板

b）BGA 焊接的芯片底部

图 1-58　打印机电路板中采用 BGA 技术焊接的芯片

如何选用植锡板

目前市面上销售的植锡板大体分为两类：一类是把所有型号都做在一块大的连体植锡板上，另一类是每种芯片一块的小植锡板。这两种植锡板的使用方式不一样。

（1）连体植锡板

连体植锡板的使用方法是将锡浆印到 BGA 芯片上后，就把植锡板扯开，然后再用热风枪吹成球。这种方法的优点是操作简单、成球快，缺点是对于有些不容易上锡的芯片，锡浆不能太稀；例如软封的 flash 或去胶后的 CPU，吹球的时候锡球会乱滚，极难上锡；一次植锡后不能对锡球的大小及空缺点进行二次处理；植锡时不能连植锡板一起用热风枪吹，否则植锡板会变形隆起，造成无法植锡。连体植锡板如图 1-59 所示。

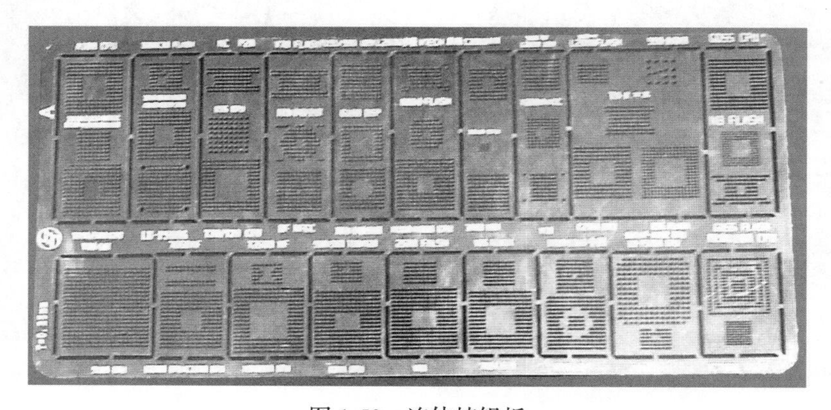

图 1-59　连体植锡板

（2）小植锡板

小植锡板的使用方法是将芯片固定到植锡板下面后，刮好锡浆后连板一起吹，成球冷却后再将芯片取下。它的优点：热风吹时植锡板基本不变形，一次植锡后若有缺脚或锡球过大过小现象可进行二次处理，特别适合新手使用。小植锡板如图 1-60 所示。

锡浆的选择

锡浆建议使用瓶装的，多为 0.5 ~ 1kg 一瓶，颗粒细腻均匀，稍干的为上乘。不建议购买那种注射器装的锡浆。

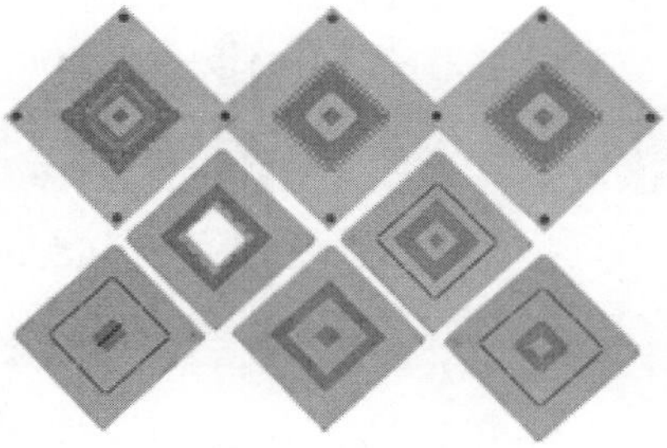

图 1-60　小植锡板

刮浆工具的选择

刮浆工具用于刮除锡浆，可选用 GOOT 六件套的助焊工具中的扁口刀。一般的植锡套装工具都配有钢片、刮刀或胶条。

实例 6　BGA 焊接实操

植锡的操作方法

1. 准备工作

首先在芯片表面涂上适量的助焊膏。对于拆下的芯片，建议不要将芯片表面上的焊锡清除，只要不是过大，且不影响与植锡板配合即可。如果某处焊锡较大，可在 BGA 芯片表面涂上适量的助焊膏，用电烙铁将芯片上的过大焊锡去除，然后用清洗液洗净。

2. 芯片的固定

将芯片对准植锡板的孔后，可以用标签贴纸将芯片与植锡板贴牢，芯片对准后，用手或镊子把植锡板按牢不动，然后准备上锡。

3. 上锡浆

接下来准备上锡。如果锡浆太稀，吹焊时比较容易沸腾导致成球困难，因此锡浆干一些较好。如果锡浆太稀，可将锡浆放在锡浆瓶的内盖上，让它自然晾干一点，也可用餐巾纸压一压吸干一点。用平口刀挑适量锡浆到植锡板上，用力往下刮，边刮边压，使锡浆均匀地填充于植锡板的小孔中。上锡浆时的关键在于要压紧植锡板，如果植锡板与芯片之间存在空隙，空隙中的锡浆将会影响锡球的生成。

4. 吹焊成球

在上锡完成后，将热风枪的风量调至最大，将温度调至 330 ~ 340℃，对着植锡板旋转、缓缓均匀加热，使锡浆慢慢熔化。当看见植锡板的个别小孔中已有锡球生成时，说明温度已经到位，这时应当抬高热风枪的风嘴，避免温度继续上升。过高的温度会使锡浆剧烈沸腾，会造成植锡失败，严重的还会使芯片因过热而损坏。

BGA 芯片的定位与焊接

在植锡完成后，接着准备焊接芯片。先将芯片有焊脚的那一面涂上适量助焊膏，用热风枪轻轻吹一吹，使助焊膏均匀地分布于IC的表面，为焊接作准备。

焊接BGA芯片的方法如下：

1）将芯片在电路板中定好位。

【提示】

如果电路板中没有定位线，可以用笔或针头在BGA芯片的周围画好线，记住方向，作好记号。

2）在BGA芯片定好位后，接着就可以焊接了。先把热风枪调节至合适的风量和温度，让风嘴的中央对准芯片的中央位置，缓慢加热。当看到芯片往下一沉且四周有助焊膏溢出时，说明锡球已和线路板上的焊点融合在一起。这时可以轻轻晃动热风枪使加热均匀充分。由于表面张力的作用，BGA芯片与线路板的焊点之间会自动对准定位，注意在加热过程中切勿用力按BGA芯片，否则会使焊锡外溢，极易造成脱脚和短路。

【提示】

拆焊时，如果四周和底部涂有密封胶，可以先涂专用溶胶水溶掉密封胶。不过由于密封胶种类较多，适用的溶胶水不易找到。一般集成电路的对角有定位标记，如果没有定位标记还要在集成电路周围用划针划线，以保证焊接时的精确定位。划线时不要损坏铜箔导线，也不要太浅，如果太浅涂松香焊油处理后会看不清划线。要记住集成电路的方向。

技巧11 电路板焊接问题处理

铜箔导电线路断裂问题处理

铜箔导电线路断裂问题一般是由于电路板受外力被折断，使导电铜箔断开所致。此故障通常会引起电路不能导电。如图1-61所示为出现线路断裂的电路板。

修复此电路板问题时，首先用小刀刮去断点两端的铜质导电铜箔上的绝缘漆。从铜质导线中抽出几根细铜线，将其拧在一起，先镀上一次锡。然后将导线焊在导电铜箔上，最后，将多余的导线剪掉即可，如图1-62所示。

图1-61　线路断裂的电路板

图1-62　修复线路断裂后的电路板

焊盘脱落问题处理

焊盘脱落问题一般是由于某种原因或在检修过程中对某一点进行了多次焊接，导致焊接点处的焊盘脱开，从而造成的不能直接焊接的问题。如图 1-63 所示为电路板中焊盘脱落。

当焊盘出现脱落现象后，首先用小刀将断点处铜箔上的绝缘漆刮掉，从铜质导线中抽出几根细铜线，将其拧在一起，先镀上一次锡。然后将一个端头剪齐，焊在导电铜箔上，另一端绕在元件引脚上，再焊接好。最后，将多余的导线剪掉即可，如图 1-64 所示。

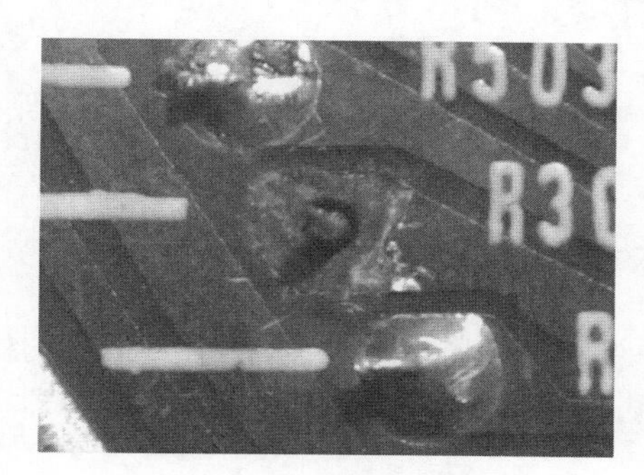

图 1-63　电路板中焊盘脱落现象

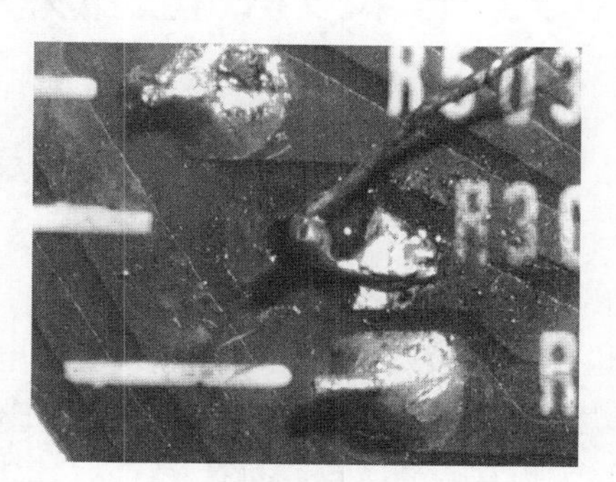

图 1-64　焊盘脱落后的修复

脱焊导致接触不良产生打火问题处理

脱焊导致接触不良产生打火，电路板被烧焦碳化的问题，主要发生在电压较高的区域。电路板原本是不导电的，但电路因接触不良或其他原因产生打火后，火花会将电路板烧焦碳化。碳化物在高电压下可以导电，从而使高电压幅度不够，造成故障。

处理此问题时，首先将被烧焦碳化的区域用小刀清除干净，然后将元件用导线连接，在各焊接点刷上一层绝缘漆，或者用绝缘纸将各焊点隔离开即可，同时要排除产生电火花的原因。

电路板漏电问题处理

电路中经常使用大容量电解电容器，当电容器两端电压过高击穿损坏时，其内部的电解液泄漏，一般会引起电路板漏电。

对于电路板的漏电问题，一般用无水酒精仔细清洗电路板即可。

第 2 章 万用表判断主板元器件好坏

电脑的主板是由不同功能和特性的电子元器件组成的。掌握常见电子元器件好坏的检修方法，是学习主板维修技术的必修课。主板中的常见电子元器件主要包括电阻器、电容器、电感器、二极管、晶体管、场效应管以及稳压器等。

技巧 12 电阻器实用知识

电阻器简称电阻，是对电流流动具有一定阻抗作用的电子元器件，其在各种供电电路和信号电路中都有着广泛的应用。

电阻器通常使用大写英文字母“R”表示，热敏电阻通常使用大写英文字母“RM”或“JT”等表示。保险电阻通常使用大写英文字母“RX”“RF”“FB”“F”“FS”“XD”或“FUSE”等表示，排阻通常用大写英文字母“RN”“RP”或者“ZR”表示。

描述电阻器阻值大小的基本单位为欧姆，用 Ω 表示。此外还有千欧（kΩ）和兆欧（MΩ）两种单位，它们之间的换算关系为：1kΩ=1000Ω，1MΩ=1000kΩ。

电阻器的种类很多：

1）根据电阻器的材料可分为线绕电阻器、膜式电阻器以及碳质电阻器等。

2）根据按电阻器的用途可分为高压电阻器、精密电阻器、高频电阻器、熔断电阻器、大功率电阻器以及热敏电阻器等。

3）根据电阻器的特性和作用可以分为固定电阻和可变电阻两大类。固定电阻器是阻值固定不变的电阻器，主要包括碳膜电阻器、碳质电阻器、金属电阻器以及线绕电阻器等。可变电阻是阻值在一定范围内连续可调的电阻器，又被称为电位器。

4）根据电阻器的外观形状可分为圆柱形电阻器、纽扣电阻器和贴片电阻器等。

主板上应用最多的电阻器为贴片电阻器。图 2-1 所示为电阻器的电路图形符号，图 2-2 所示为主板上的常见电阻器。

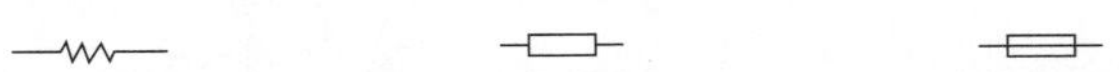

a）国际电阻器符号　　b）国内电阻器符号　　c）保险电阻器符号

图 2-1　电阻器的电路图形符号

图 2-2　电路板上的常见电阻器

实例 7　贴片电阻器好坏检测

贴片电阻器在检测时主要分为两种方法：一种是在路检测；另一种是开路检测（这一点和柱形电阻器很像）。实际操作时一般都采用在路检测，只有当在路检测无法判断其好坏时才采用开路检测。

贴片电阻器的在路测量方法如下：

1）将电阻器所在电路板的供电电源断开，对贴片电阻器进行观察，如果有明显烧焦、虚焊等情况，基本可以锁定故障了。接着根据贴片电阻的标称电阻读出电阻器的阻值。如图 2-3 所示，本次测量的贴片电阻标称为“473”，即它的阻值为 47kΩ。

图 2-3　待测贴片电阻

2）清理待测电阻器各引脚上的尘土，如果有锈渍，也可以用细砂纸打磨一下，否则会影响检测结果。如果问题不大，拿毛刷轻轻擦拭即可，如图 2-4 所示。擦拭时不可太过用力，以免损坏器件。

3）清洁完毕后就可以开始测量了，根据贴片电阻器的标称阻值调节万用表的量程。此次被测贴片电阻器的标称阻值为 47kΩ，根据需要将量程选择在 200kΩ。将黑表笔插进 COM 孔，将红表笔插进 VΩ 孔，如图 2-5 所示。

4）将万用表的红、黑表笔分别搭在贴片电阻器两脚的焊点上，观察万用表显示的数值，记录测量值为 46.5，如图 2-6 所示。

图 2-4　清洁待测贴片电阻

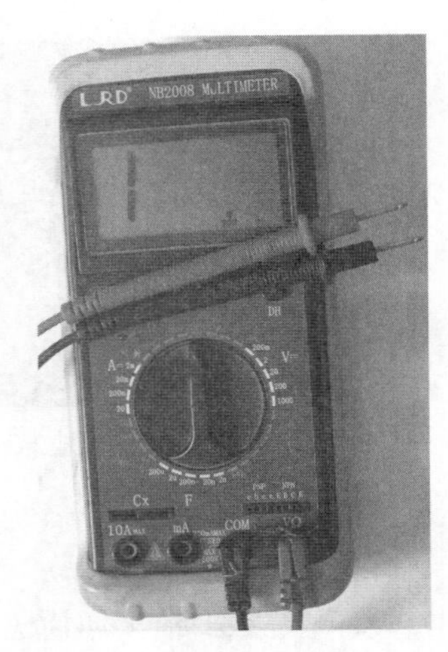

图 2-5　本次测量所使用的量程

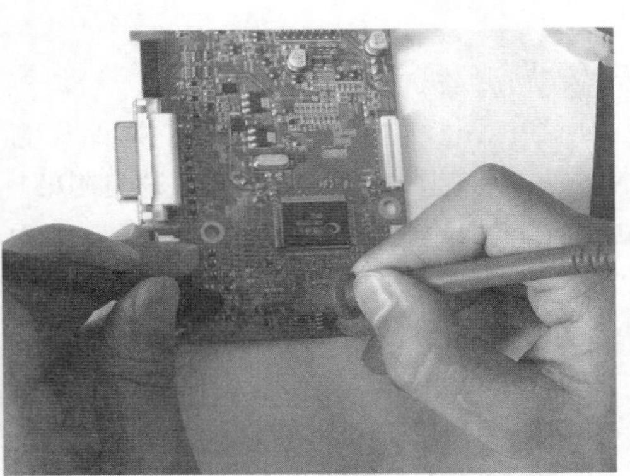

图 2-6　第一次测量

5）将红、黑表笔互换位置，再次测量，记录第 2 次测量的值为 47.1，如图 2-7 所示。

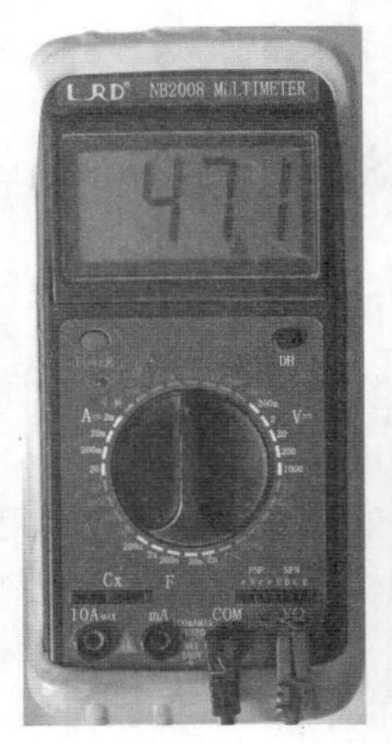

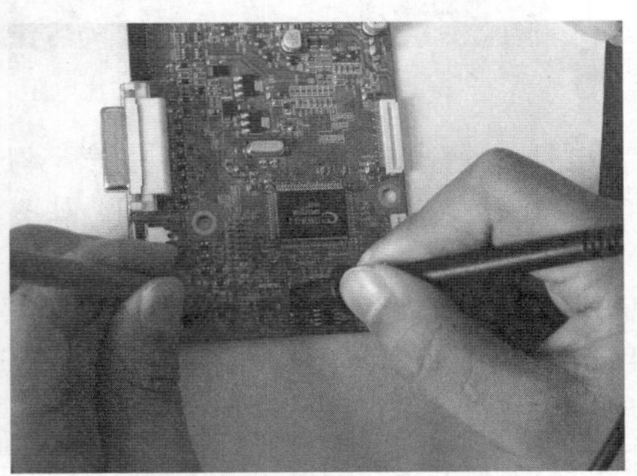

图 2-7　第二次测量

6）从两次测量中，取测量值较大一次的测量值作为参考阻值，即取 47.1kΩ 作为参考阻值。

实例 8　贴片排电阻器好坏检测

检测贴片排电阻器好坏的在路测量方法如下：

1）将排电阻器所在的供电电源断开，如果是测量主板 CMOS 电路中的排电阻器，还应把 CMOS 电池卸下。对排电阻器进行观察，如果有明显烧焦、虚焊等情况，基本可以锁定故障所在了。如果待测排电阻器的外观没有明显问题，那么可以根据排电阻的标称电阻读出电阻器的阻值。如图 2-8 所示，本次测量的排电阻标称为 103，即它的阻值为 10kΩ，也就是说，它的 4 个电阻器的阻值都是 10kΩ。

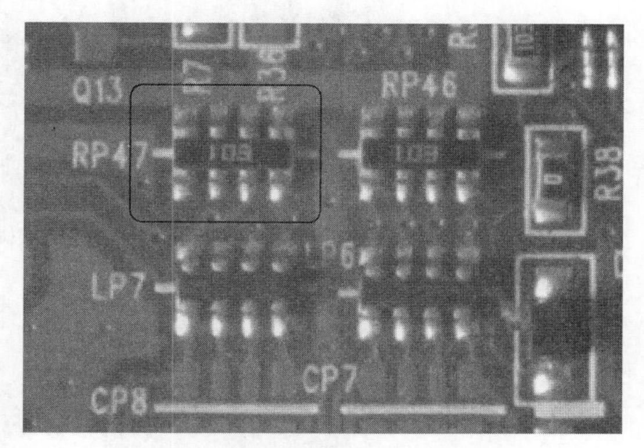

图 2-8　排电阻的标称阻值读取

2）清理待测电阻器各引脚上的尘土，如果有锈渍，也可以拿细砂纸打磨一下，否则会影响检测结果。如果问题不大，拿毛刷轻轻擦拭即可，如图 2-9 所示，清理电阻器引脚的尘土，擦拭时不可太过用力，以免损坏器件。

3）清洁完毕后就可以开始测量了，根据排电阻器的标称阻值调节万用表的量程。此次被测排电阻器标称阻值为 10kΩ，根据需要将量程选择在 20kΩ。将黑表笔插进 COM 孔，将红表笔插进 VΩ 孔，如图 2-10 所示。

图 2-9　清洁待测贴片排电阻

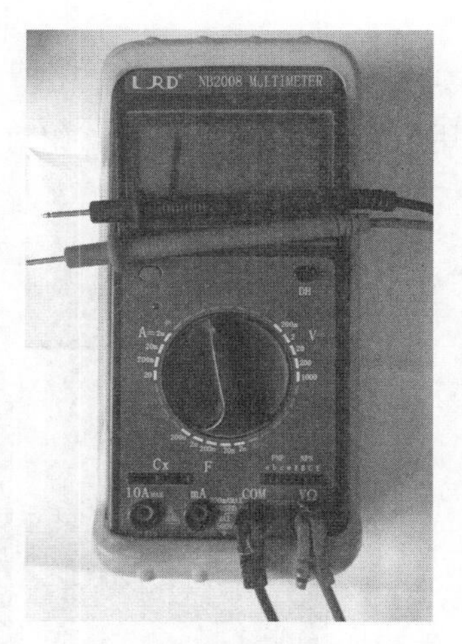

图 2-10　本次测量所使用的量程

4）将万用表的红、黑表笔分别搭在排电阻器第 1 组（从左侧记为第一，然后顺次下去）对称的焊点上观察万用表显示的数值，记录测量值 9.94；接下来将红、黑表笔互换位置，再次测量，记录第 2 次测量的值 9.95，取两次测量中的较大值作为参考，如图 2-11 所示。

a）第 1 组顺向电阻测量

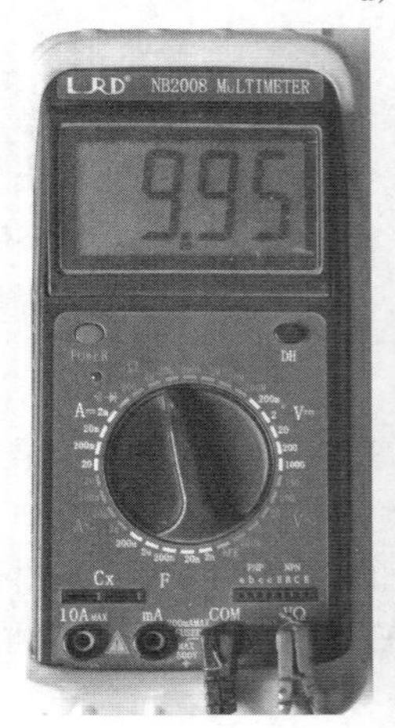

b）第 1 组逆向电阻测量

图 2-11　排电阻第 1 组电阻的测量

5）用上述方法对排阻的第 2 组对称的引脚进行测量，如图 2-12 所示。

a）第 2 组顺向电阻测量

图 2-12　排电阻第 2 组电阻的测量

b）第 2 组逆向电阻测量

图 2-12 （续）

6）用上述方法对排阻的第 3 组对称的引脚进行测量，如图 2-13 所示。

a）第 3 组顺向电阻测量

b）第 3 组逆向电阻测量

图 2-13　排电阻第 3 组电阻的测量

7）用上述方法对排阻的第 4 组对称的引脚进行测量，如图 2-14 所示。

a）第 4 组顺向电阻测量

b）第 4 组逆向电阻测量

图 2-14　排电阻第 4 组电阻的测量

这 4 次测量的阻值分别为 9.95kΩ、9.99kΩ、9.95kΩ、9.99kΩ，与标称阻值 10kΩ 相比基本正常，因此该排阻可以正常使用。

技巧 13　电容器实用知识

电容器通常简称为电容，是主板供电电路和信号电路中经常采用的一种电子元器件。

电容器是由两片接近的导体，中间用绝缘材料隔开而构成的电子元器件，其具有储存电荷的能力。电容器的基本单位用法拉（F）表示，其他常用的电容器单位还有毫法（mF）、微法（μF）、纳法（nF）以及皮法（pF）。

这些单位之间的换算关系是：1 法拉（F）=10^3 毫法（mF）=10^6 微法（μF）=10^9 纳法（nF）=

10^{12} 皮法（pF）。

电容器的种类很多，分类方法也有很多种。

1）按照结构主要分为固定电容器和可变电容器。

2）按照电解质主要分为有机介质电容器、无机介质电容器、电解电容器及空气介质电容器等。

3）按照用途主要分为旁路电容、滤波电容、调谐电容及耦合电容等。

4）按照制造材料主要分为瓷介电容、涤纶电容、电解电容及钽电容等。

电容器在电路中，通常使用英文大写字母“C”表示，贴片电容通常用英文大写字母“C”“MC”或“BC”等表示，排容用英文大写字母“CP”或“CN”表示，电解电容用英文大写字母“C”“EC”“CE”或“TC”表示。

图 2-15 所示为电容器的图形符号，图 2-16 所示为主板上的常见电容器。

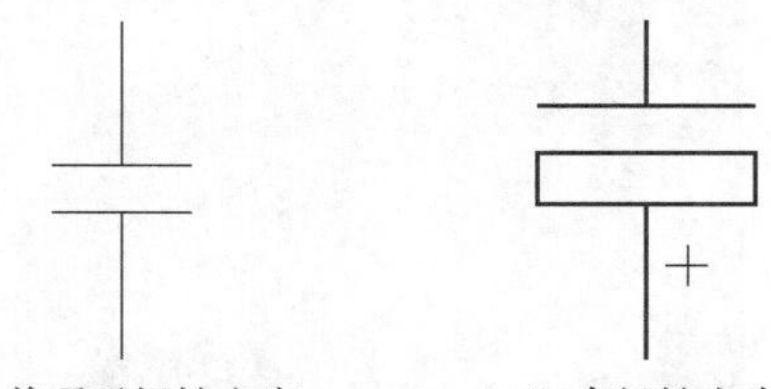

a）普通无极性电容　　b）有极性电容

图 2-15　电容器的图形符号

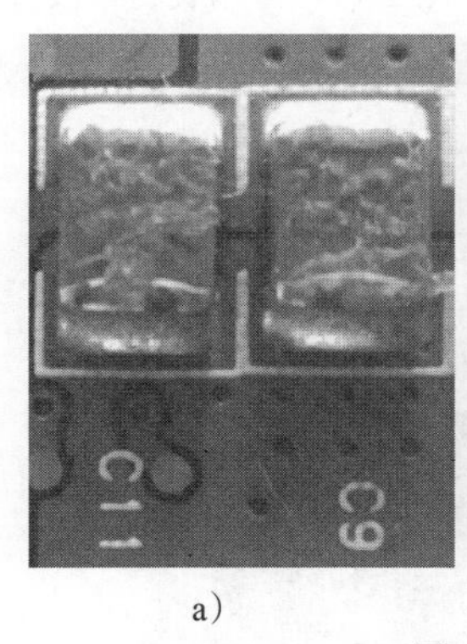

a）

b）

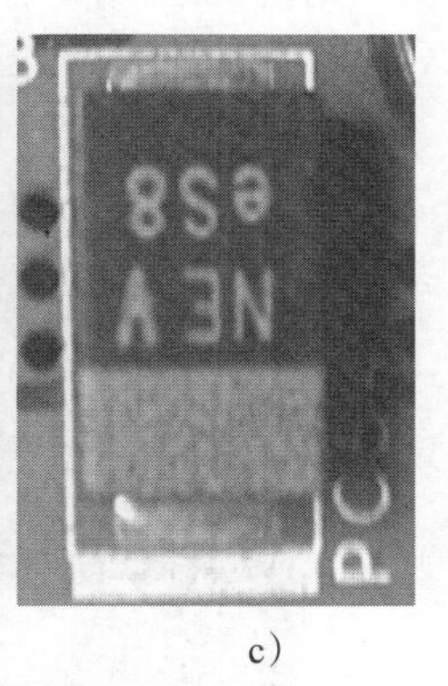

c）

图 2-16　主板上的常见电容器

实例 9　贴片电容器好坏检测

数字万用表一般都有专门用来测量电容的插孔，遗憾的是，贴片电容上并没有一对可以插进去的合适引脚，因此只能使用万用表的欧姆挡对其进行粗略的测量。即便如此，测量的结果仍具有一定的说服力。

用数字万用表检测贴片电容器好坏的方法如下：

1）观察电容器有无明显的物理损坏，如果有说明电容器已发生损坏，如果没有还需要进一步进行测量。

2）用毛刷将待测贴片电容器的两极刷干净，如图 2-17 所示。避免残留在两极的污垢影响测量结果。

3）为了测量的精确性，用镊子对其进行放电，如图 2-18 所示。

图 2-17　用毛刷刷贴片电容器的两极

4）选择数字万用表的二极管挡，并将红表笔插在万用表的 VΩ 孔，黑表笔插在万用表的 COM 孔，如图 2-19 所示。

图 2-18　用镊子对贴片电容放电

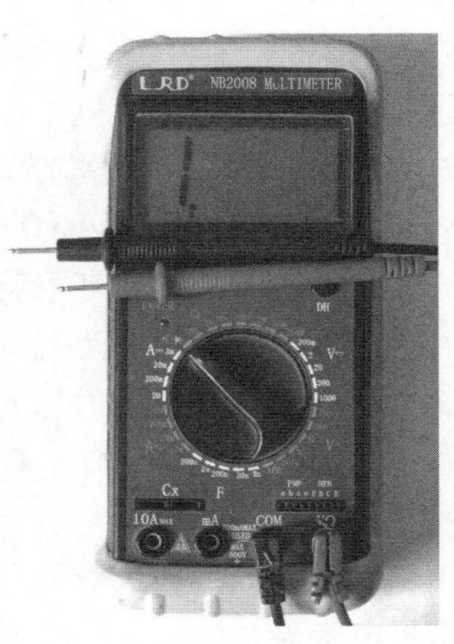

图 2-19　万用表的二极管挡

5）将红、黑表笔分别接在贴片电容器的两极，并观察表盘读数的变化，如图 2-20 所示。

a）表盘先有一个闪动的阻值

b）静止后读数为“1.”

图 2-20　贴片电容的顺向检测

6）交换两表笔再测一次，注意观察表盘读数的变化，如图 2-21 所示。

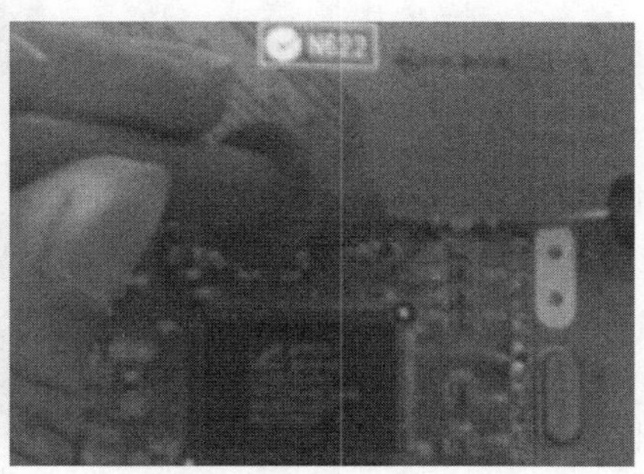

a）表盘先有一个闪动的阻值

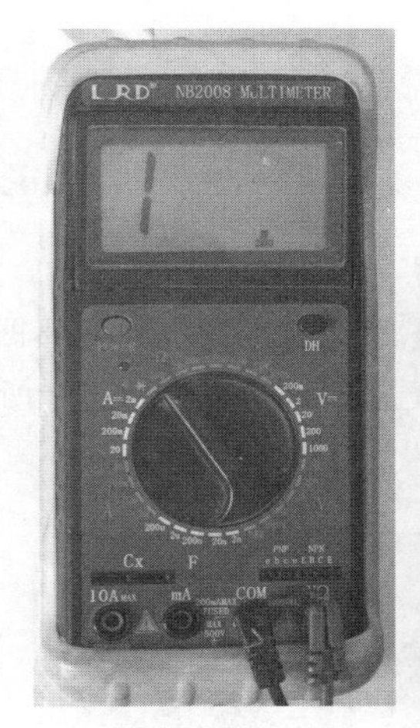

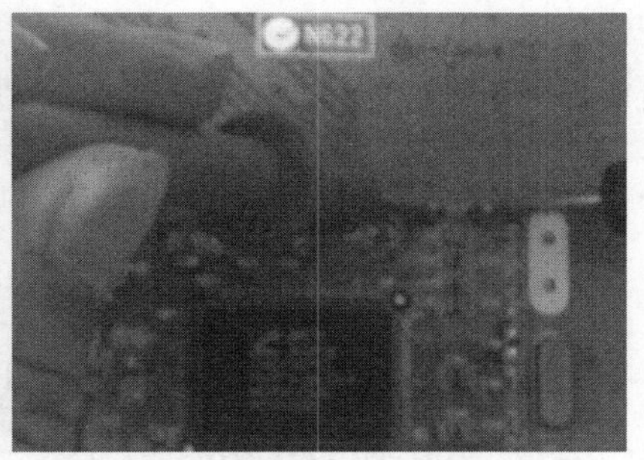

b）静止后读数为“1.”

图 2-21　贴片电容的逆向检测

两次测量数字表均先有一个闪动的数值，而后变为“1.”，即阻值为无穷大，所以该电容器基本正常。如果用上述方法检测，万用表始终显示一个固定的阻值，说明电容器存在漏电现象；如果万用表始终显示“000”，说明电容器内部发生短路；如果始终显示“1.”(不存在闪动数值，直接为“1.”)，说明电容器内部极间已发生断路。

技巧 14　电感器实用知识

电感器是能够把电能转化为磁能而储存起来的电子元器件，在主板的供电电路和信号电路中都有着广泛的应用。

电感器的结构类似于变压器，但是其只有一个绕组。电感器是根据电磁感应原理制作而成的，其对直流电压具有良好的阻抗特性。

电感器的种类和分类方法也有很多种，如按其结构的不同可分为线绕式电感器和非线绕式电感器；按用途可分为振荡电感器、校正电感器、阻流电感器、滤波电感器、隔离电感器等；按工作频率可分为高频电感器、中频电感器和低频电感器。

电感器通常使用大写英文字母“L”表示，其基本单位是亨利（H），常用的单位还有毫亨（mH）和微亨（μH），它们之间的换算关系是1H=1000mH，1mH=1000μH。图 2-22 所示为电感器的图形符号，图 2-23 所示为主板上的常见电感器。

图 2-22　电感器的图形符号

图 2-23　主板上常见的电感器

实例 10　电感器好坏检测

用数字万用表检测电路板中磁棒电感器好坏的方法如下：

1）断开电路板的电源，接着对待测磁棒电感器进行观察，看待测电感器有无损坏，有无烧焦、虚焊、线圈变形等情况。如果有，说明电感器已发生损坏。图 2-24 所示为一待测磁棒电感器。

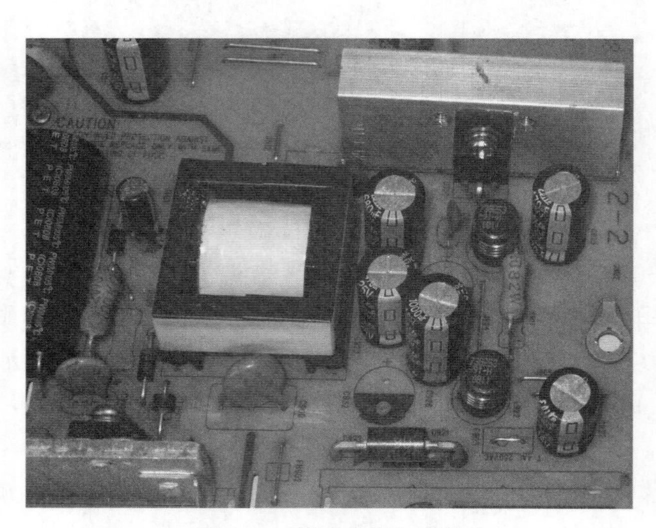

图 2-24　待测磁棒电感器

2）如果待测磁棒电感器外观没有明显损毁，用电烙铁将待测磁棒电感器从电路板上焊下，并清洁磁棒电感器两端的引脚，去除两端引脚上存留的污渍，确保测量时的准确性。磁棒电感器的拆焊方法如图 2-25 所示。

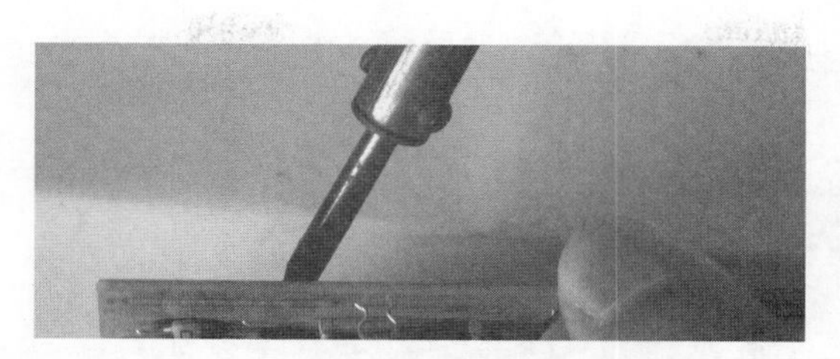

图 2-25　磁棒电感器的拆焊方法

3）将数字万用表旋至欧姆挡的 200 挡，如图 2-26 所示。

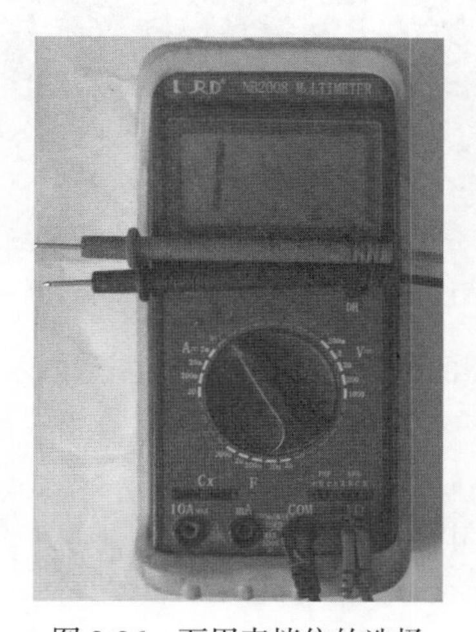

图 2-26　万用表挡位的选择

4）将万用表的红、黑表笔分别搭在待测磁棒电感器两端的引脚上，检测两引脚间的阻值，如图 2-27 所示。

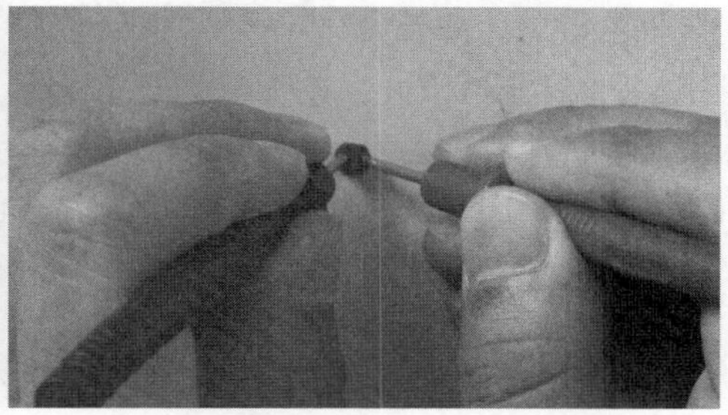

图 2-27　测量磁棒电感器

由于测得磁棒电感器的阻值非常接近于 00.0，因此可以判断该电感器没有断路故障。

然后选择万用表的 200M 挡，检测电感器的线圈引线与铁心之间、线圈与线圈之间的阻值，如图 2-28 所示。正常情况下，线圈引线与铁心之间、线圈引线与线圈引线之间的阻值均为无穷大，即测量时数字万用表的表盘应始终显示为“1.”。

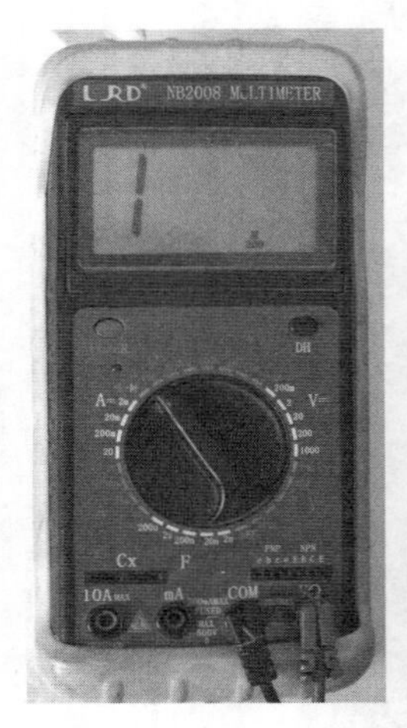

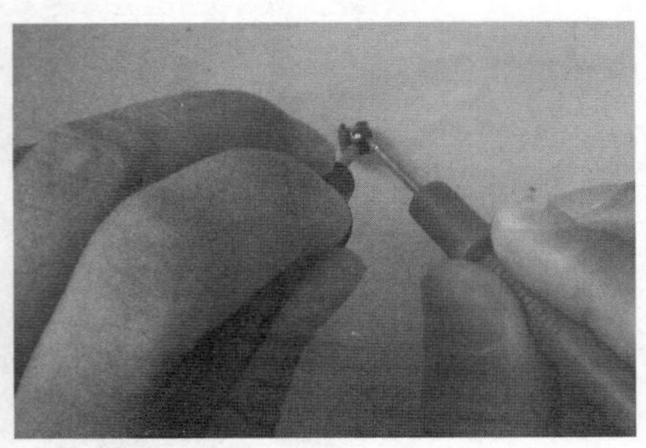

图 2-28 磁棒电感器绝缘性检测

经检测，确定该磁棒电感器的绝缘性良好，不存在漏电现象。

技巧 15 二极管实用知识

二极管是利用半导体材料硅或锗制成的一种电子元器件，其在电脑中有十分广泛的应用，二极管通常简称为二极管。二极管的图形符号如图 2-29 所示。

二极管由 P 型半导体和 N 型半导体构成，P 型半导体和 N 型半导体相交界面形成 PN 结。

由于二极管的结构特点，使其在正向电压的作用下导通电阻极小，而在反向电压的作用下导通电阻极大或无穷大，这也就是二极管最重要的特性——单向导电性。

制作二极管的材料硅和锗在物理参数上有所不同，而比较明显的区别是硅管的导通压降通常为 0.7V 左右，锗管的导通压降通常为 0.3V 左右。

二极管按照构成材料主要分为锗管和硅管两大类。两者之间的区别是，锗管正向压降比硅管小，锗管的反向漏电流比硅管大。

二极管按照用途主要分为检波二极管、整流二极管、开关二极管、稳压二极管及光电二极管、发光二极管等。

二极管通常用英文大写字母“D”表示，其常用图形符号如图 2-29 所示。电脑上常见的二极管如图 2-30 所示。

一般二极管

发光二极管

图 2-29 二极管的图形符号

图 2-30 电脑上常见的二极管

实例 11　二极管好坏检测

用数字万用表检测电路板中二极管好坏的方法如下：

1）将待测稳压二极管的电源断开，接着对待测稳压二极管进行观察，看待测稳压二极管有无损坏，有无烧焦、虚焊等情况。如果有，说明稳压二极管已损坏。本次待测的稳压二极管如图 2-31 所示，外形完好，没有明显的物理损坏。

2）为使测量结果更加准确，用毛刷清洁稳压二极管的两端，去除两端引脚下的污渍，如图 2-32 所示，避免因此使表笔与引脚间的接触不实而影响测量结果。

图 2-31　待测稳压二极管

图 2-32　对待测稳压二极管进行清洁

3）清洁完毕后，选择数字万用表的二极管挡，如图 2-33 所示。

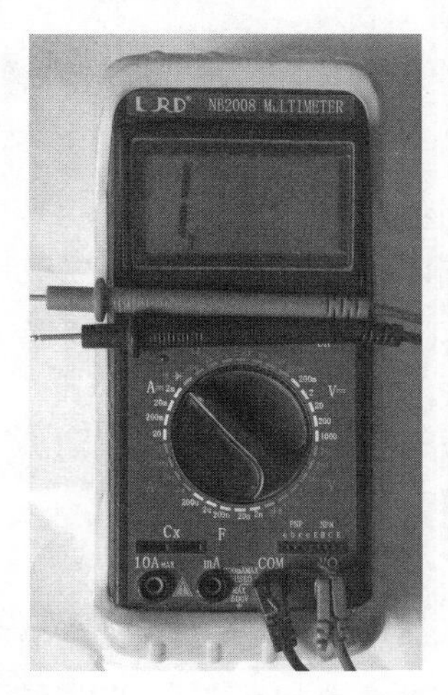

图 2-33　数字万用表的选择

4）将数字万用表的两表笔分别接待测稳压二极管的两极，如图 2-34 所示。测出一固定阻值。

5）交换两表笔再测一次，如图 2-35 所示。发现读数为无穷大。

两次检测中出现固定电阻的那一组的接法即为正向接法（红表笔所接的为万用表的正极），经检测待测稳压二极管正向电阻为一固定电阻值，反向电阻为无穷大，因此该稳压二极管的功能基本正常。

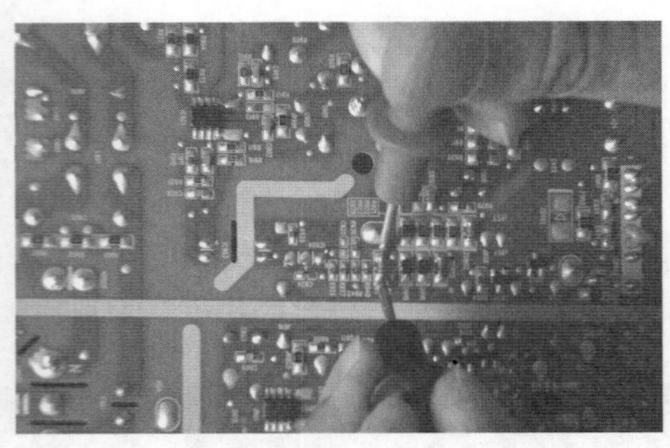

图 2-34　稳压二极管正向电阻的检测

图 2-35　稳压二极管反向电阻的检测

如果待测稳压二极管的正向阻值和反向阻值均为无穷大，则二极管很可能有断路故障；如果测得稳压二极管正向阻值和反向阻值都接近于 0，则二极管已被击穿短路；如果测得稳压二极管正向阻值和反向阻值相差不大，则说明二极管已经失去了单向导电性或单向导电性不良。

技巧 16　晶体管实用知识

晶体管是主板上广泛采用的一种电子元器件类型，常简称为晶体管。

晶体管是使用硅或锗材料制成两个能相互影响的 PN 结，组成一个 PNP 或 NPN 结构。中间的 N 区或 P 区称为基区，两边的区域称为发射区和集电区，这三部分各有一条电极引线，分别称为基极（B）、发射极（E）以及集电极（C）。

晶体管是具有放大能力的特殊器件。

1）晶体管按照制造材料可以分为硅晶体管和锗晶体管。

2）晶体管按照导电类型可以分为 PNP 型和 NPN 型。

3）晶体管按照工作频率可分为低频晶体管和高频晶体管。

4）晶体管按照外形封装可以分为金属封装晶体管、玻璃封装晶体管、陶瓷封装晶体管以及塑料封装晶体管等。

5）晶体管按照功耗大小可以分为小功率晶体管和大功率晶体管。

晶体管在电路中常使用字母“Q”表示。而NPN型晶体管和PNP型晶体管的图形符号是有区别的，图2-36所示为NPN型晶体管和PNP型晶体管的图形符号，图2-37所示为电脑上常见的晶体管。

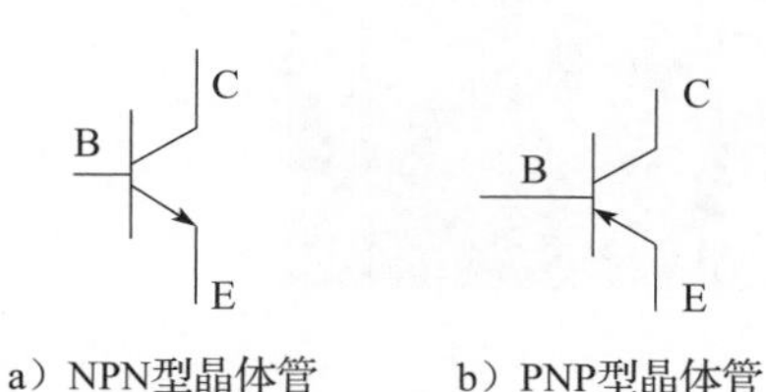

a）NPN型晶体管　　b）PNP型晶体管

图2-36　晶体管的图形符号

图2-37　电脑上常见的晶体管

实例12　晶体管好坏检测

直插式晶体管通常被应用在电源供电电路板中，为了准确测量，一般采用开路测量。

1）将待测晶体管所在电路板的电源断开，接着对晶体管进行观察，看待测晶体管有无烧焦、虚焊等明显的物理损坏。如果有，则说明晶体管已发生损坏。

2）如果待测晶体管没有明显的物理损坏，接着用电烙铁将待测晶体管从电路板上焊下。用一小刻刀清洁晶体管的引脚，去除引脚上的污渍，如图2-38所示。避免因污物的隔离作用而影响测量的准确性。

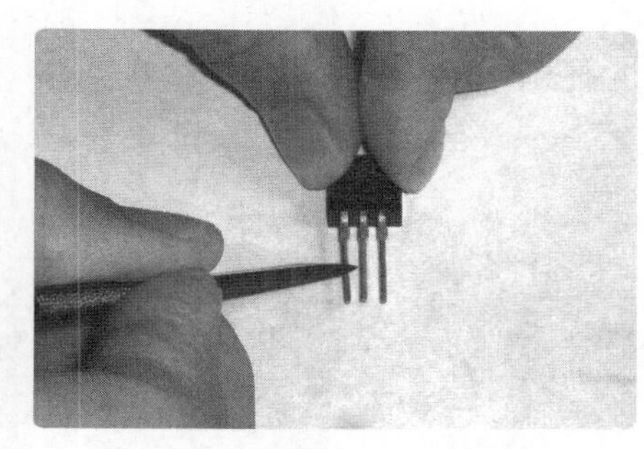

图2-38　清洁待测晶体管的引脚

3）清洁完成后，将指针式万用表的功能旋钮旋至R×1k挡，然后短接两表进行调零校正，如图2-39所示。

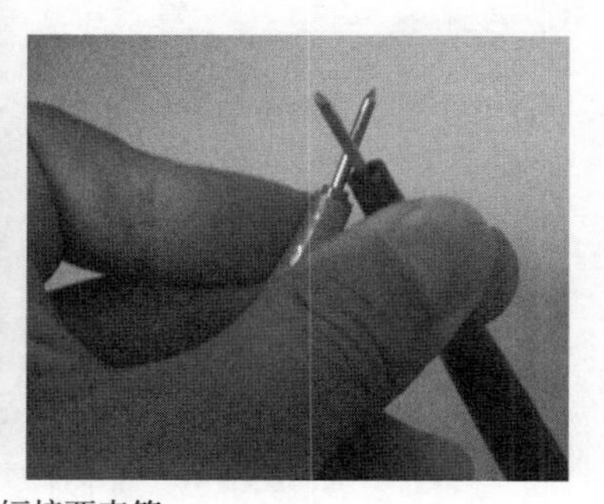

a）短接两表笔

图2-39　指针万用表的调零校正

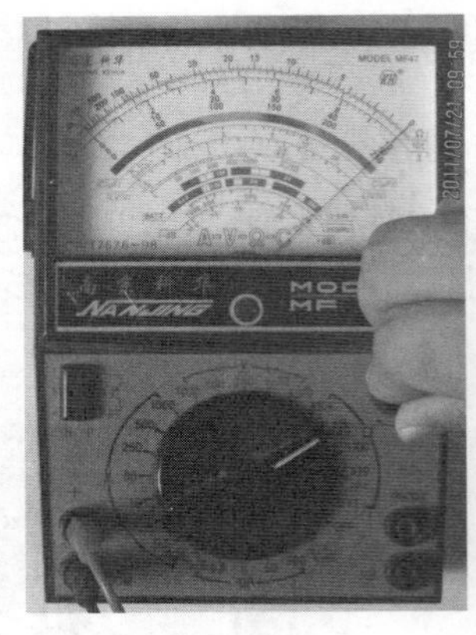
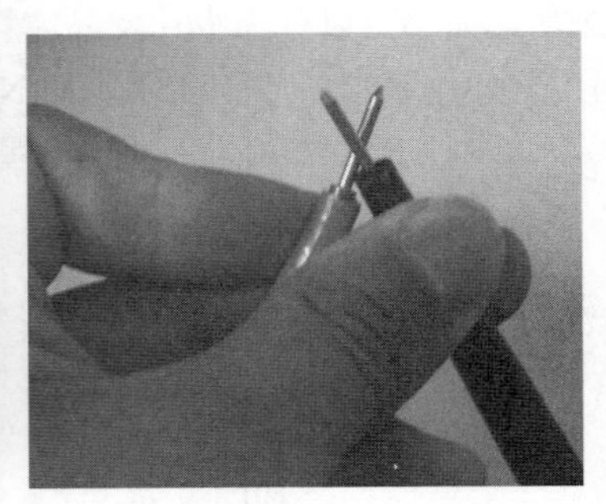

b）进行调零校正

图 2-39 （续）

4）将万用表的黑表笔接在晶体管的某一只引脚上不动（为操作方便，一般从引脚的一侧开始），然后用红表笔分别和另外两只引脚相接，去测量该引脚与另外两引脚间的阻值，如图 2-40 所示。

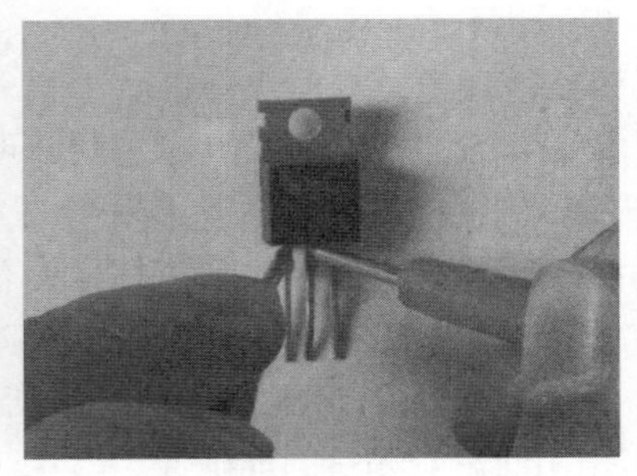

a）第 1 次测量

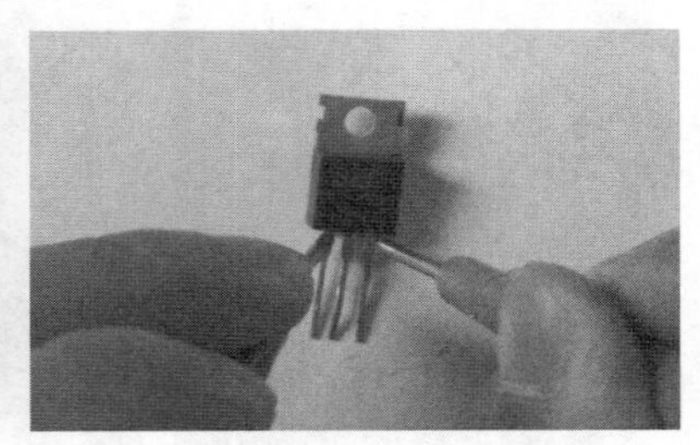

b）第 2 次测量

图 2-40 晶体管类型的判断

由于两次测量的阻值十分相似，因此可以判断该晶体管为 NPN 型晶体管，且黑表笔所接的引脚为该晶体管的基极。

5）将指针式万用表的功能旋钮旋至 R×10k 挡，然后短接两表进行调零校正，如图 2-41 所示。

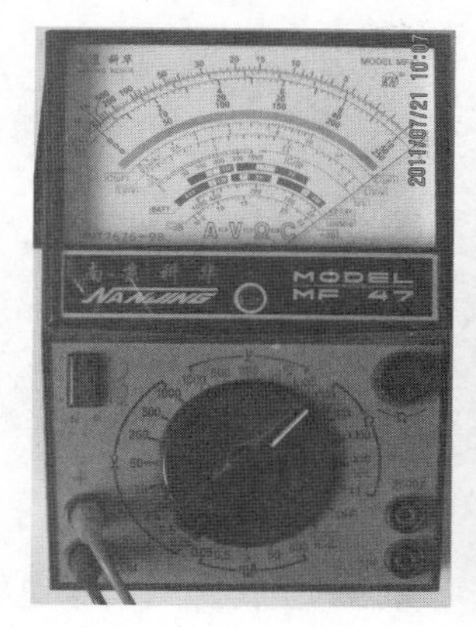
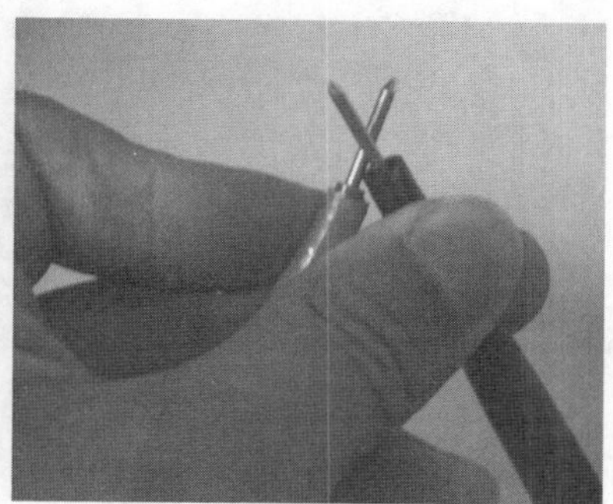

a）短接两表笔

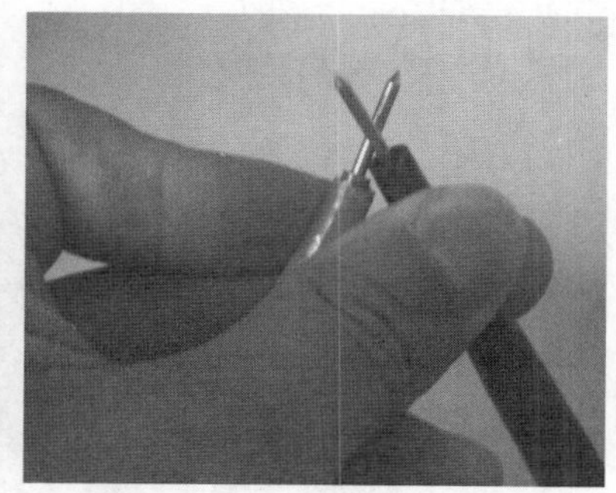

b）进行调零校正

图 2-41 指针万用表的调零校正

6）将万用表的红、黑表笔分别接在基极外的两只引脚上，并用手指同时接触晶体管的基极与万用表的黑表笔，观察指针偏转，如图 2-42 所示。

图 2-42 晶体管极性测试 1

7）交换红、黑表笔所接的引脚，用同样的方法再测一次，如图 2-43 所示。

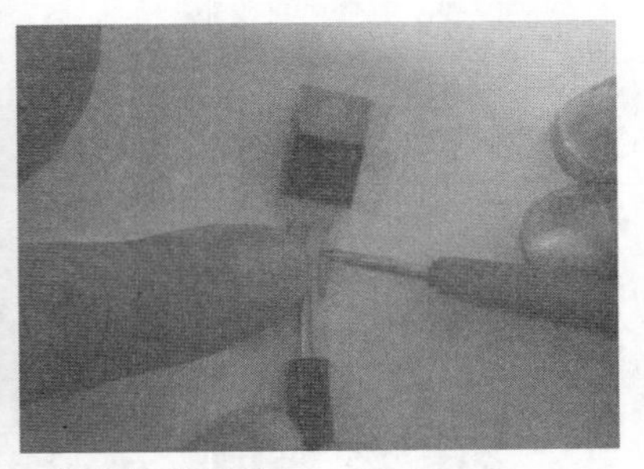

图 2-43　晶体管极性测试 2

在两次测量中，指针偏转量较大的那次，黑表笔所接的是晶体管的集电极，红表笔所接的是晶体管的发射极。

8）识别出晶体管的发射极和集电极后，将指针式万用表的功能旋钮旋至 R×1k 挡，然后短接两表进行调零校正，如图 2-44 所示。

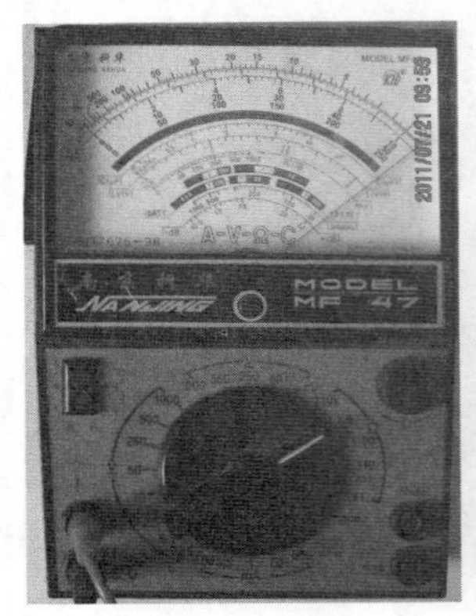

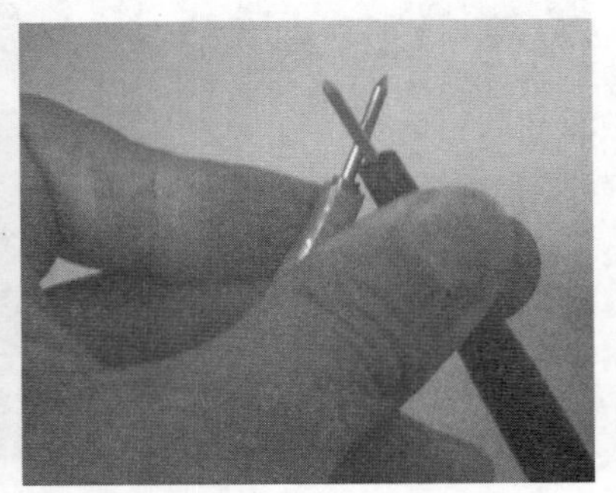

a）短接两表笔

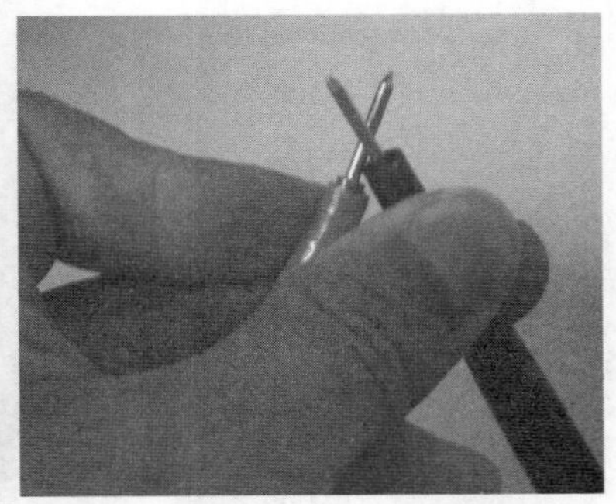

b）进行调零校正

图 2-44　指针万用表的调零校正

9）将万用表的黑表笔接在晶体管的基极引脚上，将红表笔接在晶体管的集电极引脚上，观察表盘读数，如图 2-45 所示。

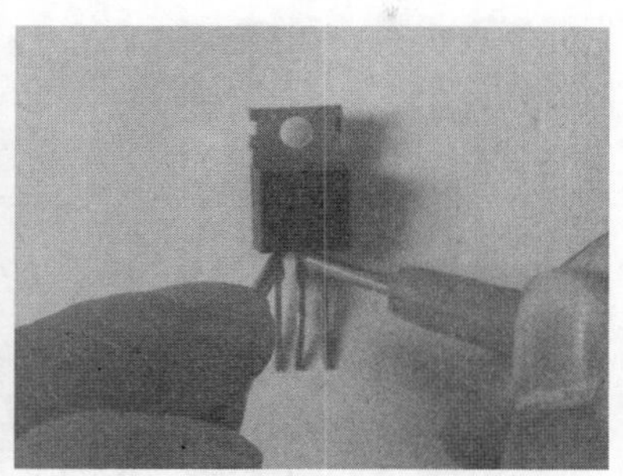

图 2-45　基极到集电极间阻值的检测

10）交换两表笔，将红表笔接在晶体管的基极引脚上，黑表笔接在晶体管的集电极引脚上，观察表盘读数，如图 2-46 所示。

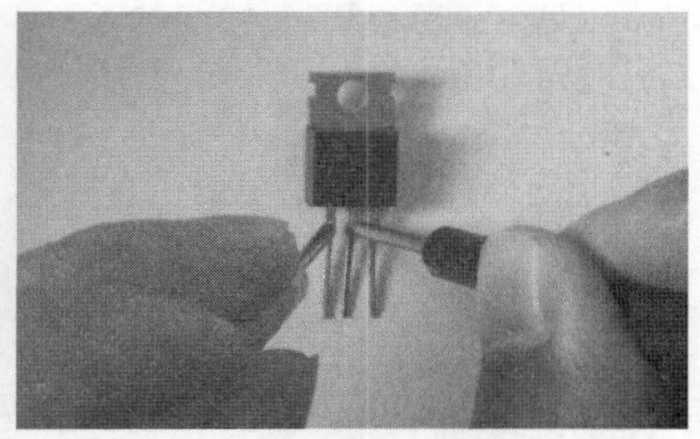

图 2-46　集电极到基极间阻值的检测

由于晶体管基极到集电极间为一较小的固定阻值，且集电极到基极间的阻值无穷大，所以晶体管的集电结功能正常。

11）将万用表的黑表笔接在晶体管的基极引脚上，将红表笔接在晶体管的发射极引脚上，观察表盘读数，如图 2-47 所示。

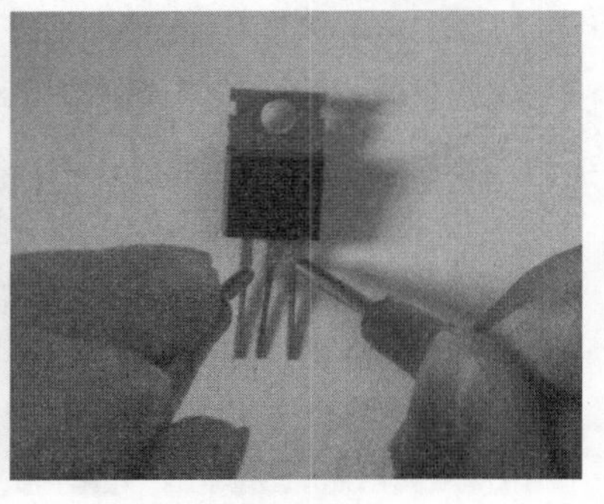

图 2-47　基极到发射极间阻值的检测

12）交换两表笔，将红表笔接在晶体管的基极引脚上，黑表笔接在晶体管的发射极引脚上，观察表盘读数，如图 2-48 所示。

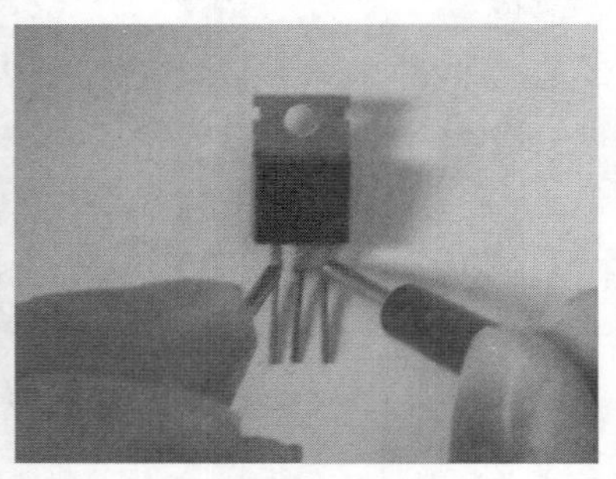

图 2-48　发射极到基极间阻值的检测

由于晶体管基极到发射极间为一较小的固定阻值，且发射极到基极间的阻值为无穷大，所以晶体管的发射结功能正常。

13）将万用表的黑表笔接在晶体管的集电极引脚上，将红表笔接在晶体管的发射极引脚上，观察表盘读数，如图 2-49 所示。

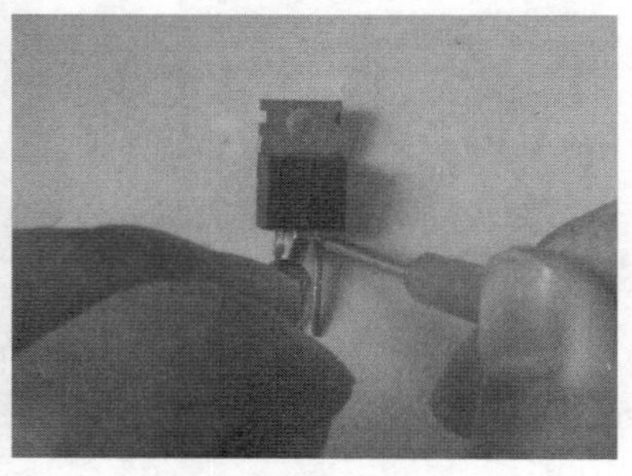

图 2-49　集电极到发射极间阻值的检测

14）交换两表笔，将红表笔接在晶体管的集电极引脚上，黑表笔接在晶体管的发射极引脚上，观察表盘读数，如图 2-50 所示。

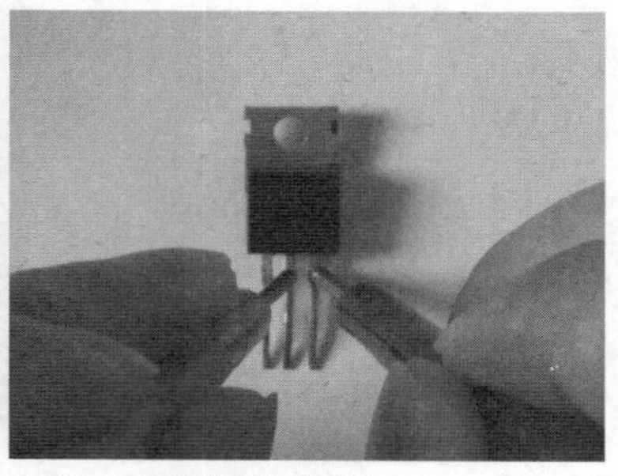

图 2-50　发射极到集电极间阻值的检测

由于晶体管集电极到发射极间的阻值为无穷大，且发射极到集电极间的阻值为无穷大，所以晶体管集电极到发射极间的绝缘性良好。

经上述检测得出结论，该晶体管的功能正常。

技巧 17　场效应管实用知识

场效应晶体管简称场效应管，是一种常用的电子元器件，被广泛应用于电脑的供电电路及保护隔离电路中。

场效应管利用多数载流子导电，所以也称为单极型晶体管。

场效应管与晶体管的区别是，晶体管是电流控制元器件，而场效应管是一种电压控制元器件。

1）场效应管按其结构可以分为绝缘栅型场效应管（JGFET）和结型场效应管（JFET）两种，每种类型又分为 N 沟道和 P 沟道。

2）场效应管按导电方式可以分为耗尽型与增强型。结型场效应管均为耗尽型；绝缘栅型场效应管既有耗尽型，也有增强型。

电脑电路中，主要采用的是增强型 N 沟道和 P 沟道绝缘栅型场效应管。绝缘栅型场效应管中，应用最为广泛的是金属氧化物半导体场效应管（MOSFET，简称 MOS 管）。

场效应管在电路中通常用大写英文字母“Q”或“U”表示。

场效应管也有 3 个电极，分别是栅极（G）、漏极（D）以及源极（S），漏极（D）常与场效应管的散热片相连接。图 2-51 所示为场效应管的图形符号。

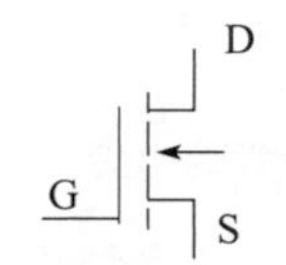

a）增强型N沟道MOS管

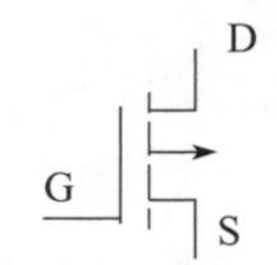

b）增强型P沟道MOS管

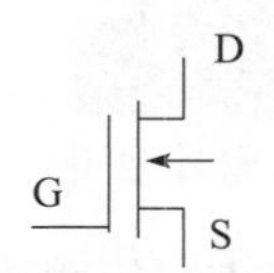

c）耗尽型N沟道MOS管

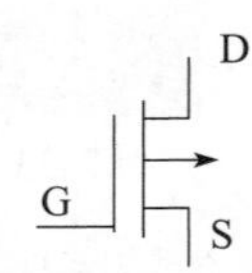

d）耗尽型P沟道MOS管

图 2-51　场效应管的图形符号

电脑主板上应用的场效应管，有很大一部分都是采用的 8 个引脚的封装形式，而其内部也基本上都集成了保护二极管，防止静电击穿。图 2-52 所示为电脑上常见的场效应管。

图 2-52　电脑上常见的场效应管

实例 13 场效应管好坏检测

一般采用数字万用表的二极管（蜂鸣挡）检测场效应管的好坏。测量前，须将 3 只引脚短接放电，避免测量中发生误差。用两表笔任意触碰场效应管 3 只引脚中的两只，好的场效应管测量结果应只有一次有读数，并且在 400 ~ 800 之间。如果在数次测量中只有一次有读数，并且为 0，须用小镊子短接该组引脚重新进行测量。如果重测后阻值在 400 ~ 800 之间，说明场效应管正常；如果其中有一组数据为 0，则说明场效应管已经被击穿。

场效应管的检测步骤如下：

1）观察待测场效应管外观，检查待测场效应管有无物理损坏，如果存在烧焦或引脚断裂等情况，说明场效应管已发生损坏。如图 2-53 所示，本次待测的场效应管外形完好，没有明显的物理损坏。

2）待测场效应管的外形完好，没有明显损坏，需进一步进行测量，用一小镊子夹住待测场效应管，用热风焊台将待测场效应管焊下。

3）将场效应管从主板中卸下后，须用小刻刀清洁待测场效应管的引脚，如图 2-54 所示。去除引脚上的污渍，避免因油污的隔离作用影响测量结果的准确性。

图 2-53 待测场效应管外型

图 2-54 清洁场效应管的引脚

4）清洁完毕后，用小镊子对待测场效应管进行放电，避免残留电荷对测量结果的影响（场效应管极易存储电荷），如图 2-55 所示。

5）选择数字万用表的二极管挡，如图 2-56 所示。

图 2-55 对场效应管放电

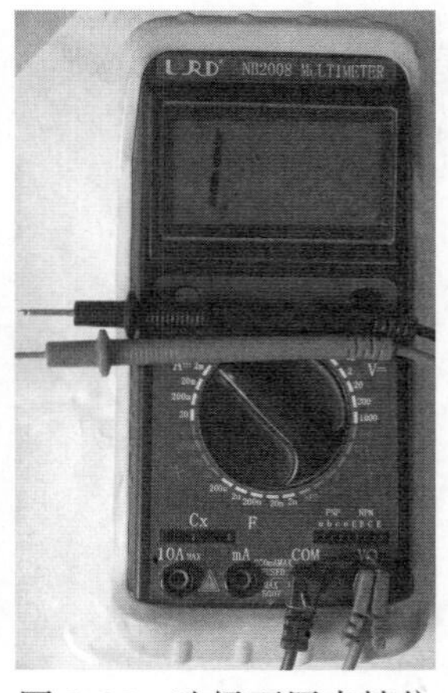

图 2-56 选择万用表挡位

6）将黑表笔接待测场效应管左边的第 1 只引脚，用红表笔分别去测与另外两只引脚间的阻值，如图 2-57 所示。两次检测结果均为无穷大。

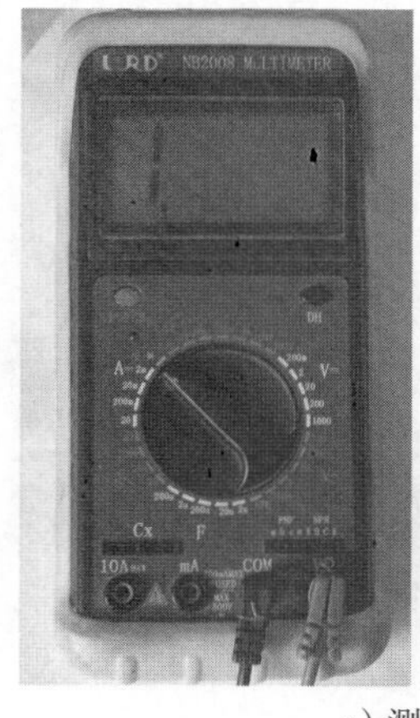

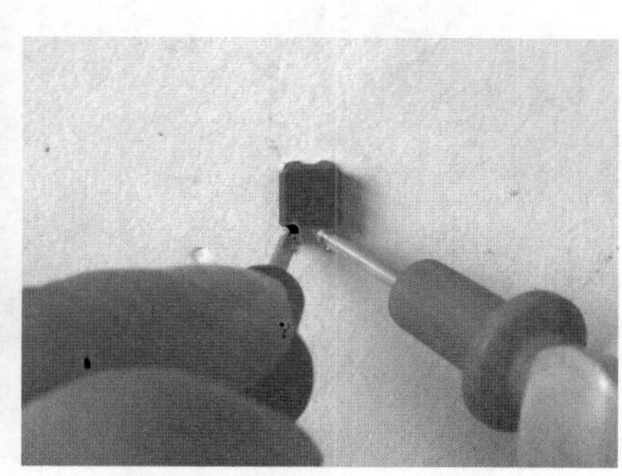

a）测量左边两只引脚间的阻值

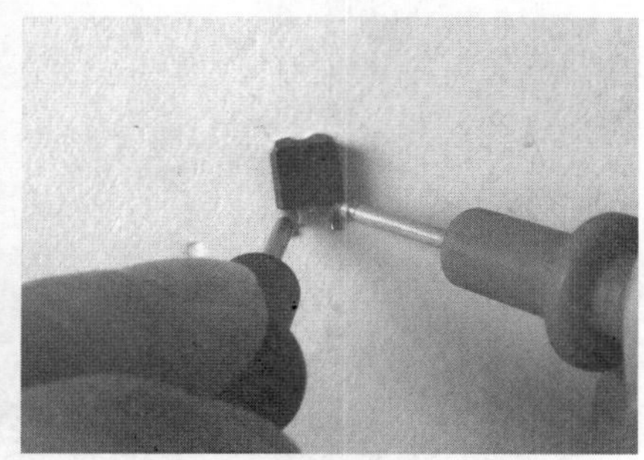

b）测量右边两只引脚间的阻值

图 2-57　测量场效应管引脚间的阻值

7）将黑表笔接中间的引脚，用红表笔分别去测与另外两只引脚间的阻值，如图 2-58 所示。

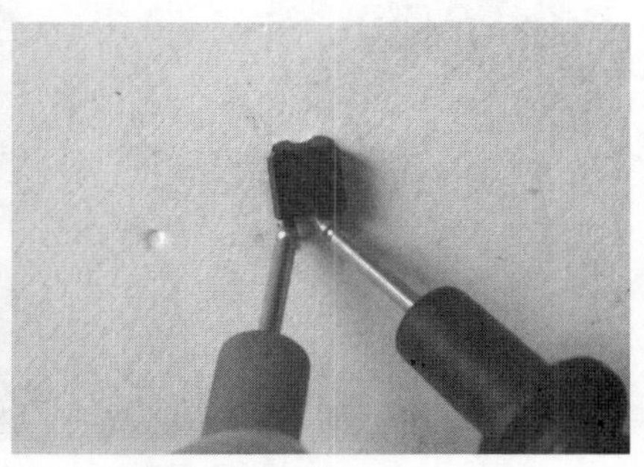

a）测量左边两只引脚间的阻值

图 2-58　测量场效应管引脚间的阻值

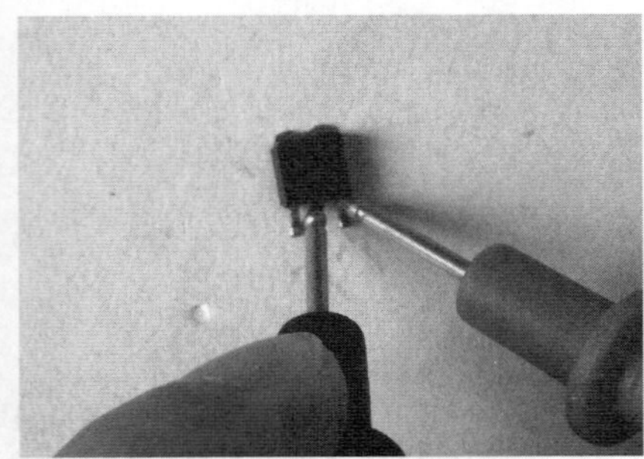

b）测量右边两只引脚间的阻值

图 2-58 （续）

8）将黑表笔接在第 3 只引脚上，用红表笔分别去测另外两只引脚与该引脚间的阻值，如图 2-59 所示。

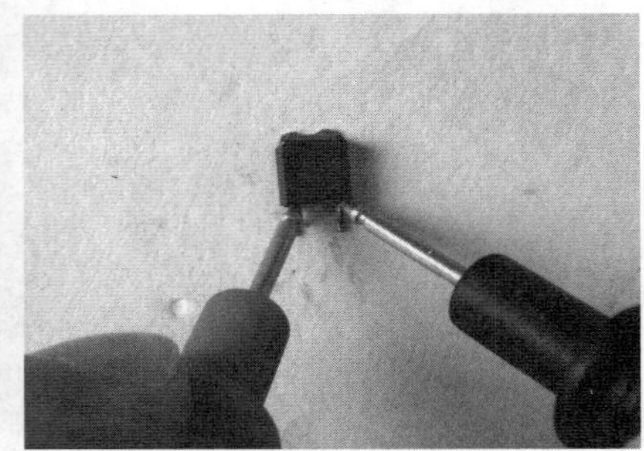

a）测量左边两只引脚间的阻值

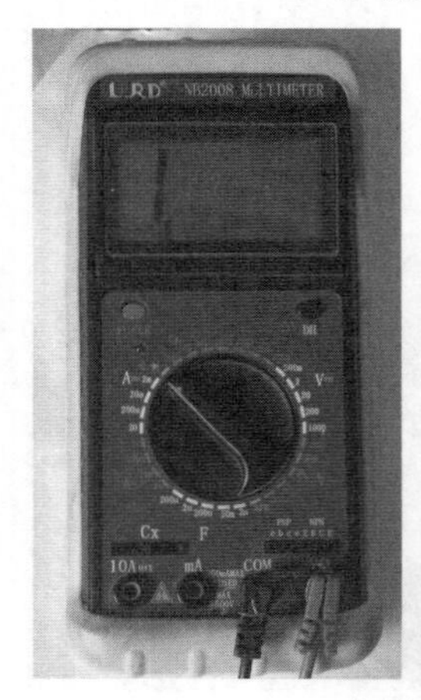

b）测量右边两只引脚间的阻值

图 2-59 测量场效应管引脚间的阻值

9）由于所测场效应管的 3 只引脚中的任意两只引脚的阻值只有一次有读数（540），且阻值在 400 ~ 800 之间，因此判断此场效应管正常。

技巧 18 集成稳压器实用知识

集成稳压器又叫集成稳压电路，是一种将不稳定的直流电压转换成稳定的直流电压的集成电路。与用分立元件组成的稳压电源相比，集成稳压器具有稳压精度高、工作稳定可靠、外围电路简单、体积小、质量轻等显著优点。集成稳压器一般分为多端式（稳压器的外引线数目超过 3 个）和三端式（稳压器的外引线数目为 3 个）两类。图 2-60 所示为电路中常见的集成稳压器。

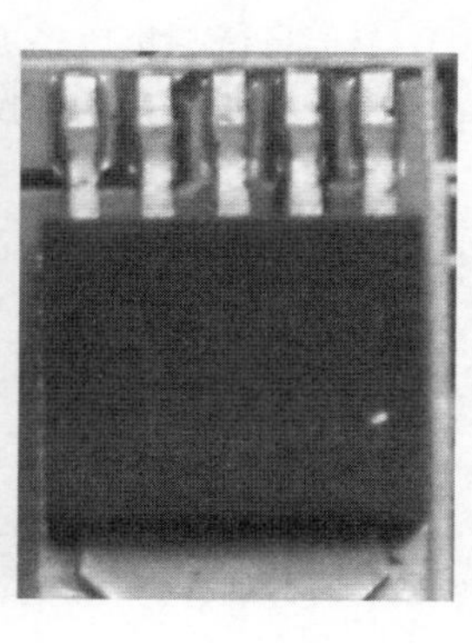

图 2-60 集成稳压器

在电路图中，集成稳压器常用字母“Q”表示，电路图形符号如图 2-61 所示，其中 a 为多端式，b 为三端式。

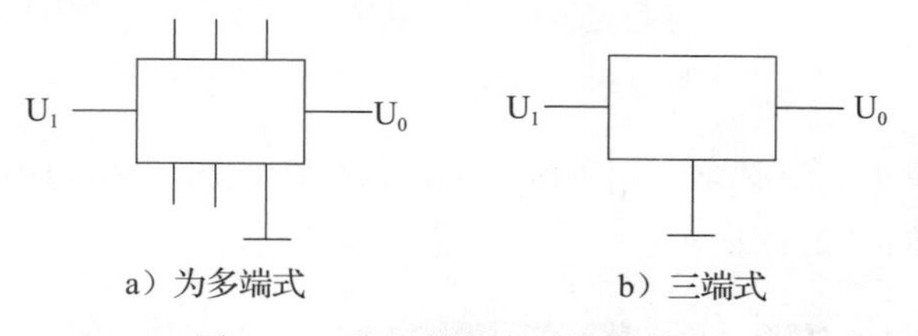

图 2-61 稳压器的电路图形符号

实例 14 集成稳压器好坏检测

用对地电压法检测集成稳压管好坏的方法如下：

1）检查待测集成稳压器的外观，看待测集成稳压器是否有烧焦或引脚断裂等明显的物理损坏。如果有，则说明该集成稳压器已不能正常使用了。如图 2-62 所示，本次检测的双向晶闸管外形完好，需要进一步进行检测是否正常。

2）清洁待测集成稳压管的引脚，避免因油污的隔离作用影响测量结果的准确性，如图 2-63 所示。

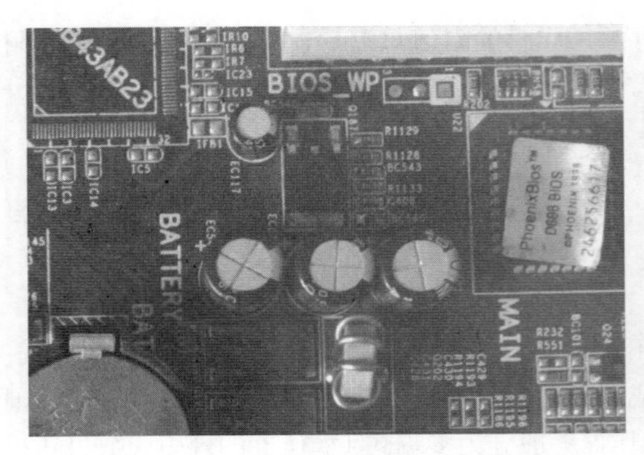

图 2-62 观察待测集成稳压管

图 2-63 清洁待测集成稳压管的引脚

3）将待测集成稳压管电路板接上正常的工作电压。

4）将数字万用表旋至电压挡的量程“20”，如图 2-64 所示。

图 2-64 数字万用表的电压挡

5）先给电路板通电，将数字万用表的红表笔接集成稳压器的电压输出端引脚，将黑表笔接地，记录其读数，如图 2-65 所示。

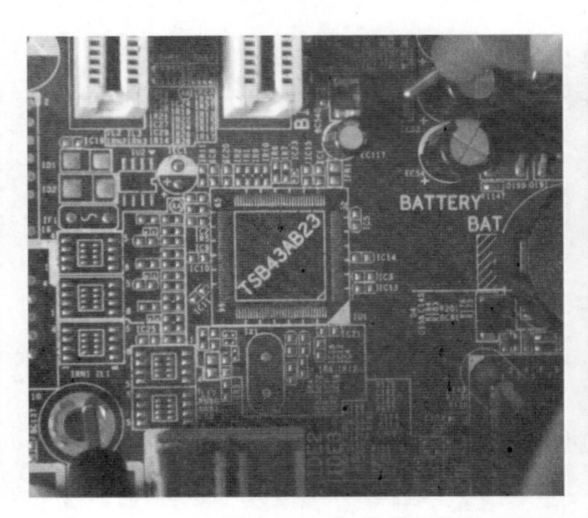

图 2-65 集成稳压器输出端的对地电压

6）如果输出端的电压正常，则说明稳压器正常。如果输出端的电压不正常，则接着测量输入端电压。将数字万用表的红表笔接集成稳压器的输入端，将黑表笔接地，记录其读数，如图 2-66 所示。

图 2-66　集成稳压管输入端的对地电压

7）如果输入端的电压正常，输出端的电压不正常，则稳压器或稳压器周边的元器件可能有问题。接着检查稳压器周边的元器件，如果周边的元器件正常，则说明稳压器有问题，更换稳压器。

技巧 19　集成运算放大器实用知识

集成运算放大器（Integrated Operational Amplifier）简称集成运放，是由多级直接耦合放大电路组成的高增益（对元器件、电路、设备或系统，其电流、电压或功率增加的程度）模拟集成电路。集成运算放大器通常结合反馈网络共同组成某种功能模块，可以进行信号放大、信号运算、信号的处理（滤波、调制）以及波形的产生和变换等功能。图 2-67 所示为电路中常见的集成运算放大器。

LM358

LM356

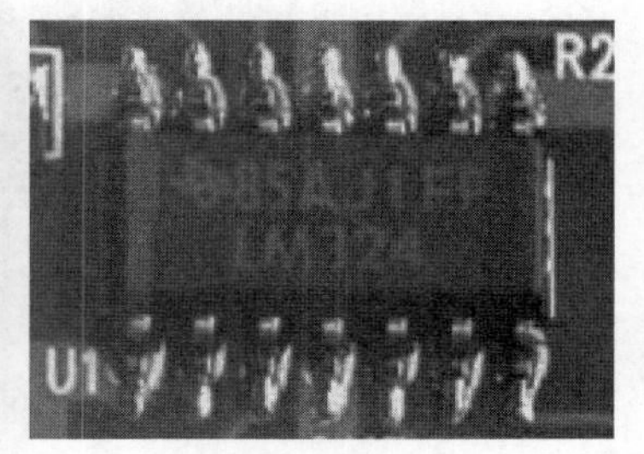

LM324

图 2-67　电路中常见的集成运算放大器

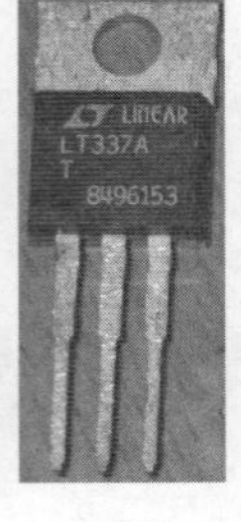

TL082　　LT337　　TLE2072

图 2-67 （续）

在电路中，集成运算放大器常用字母“U”表示，常用的电路图形符号如图 2-68 所示。

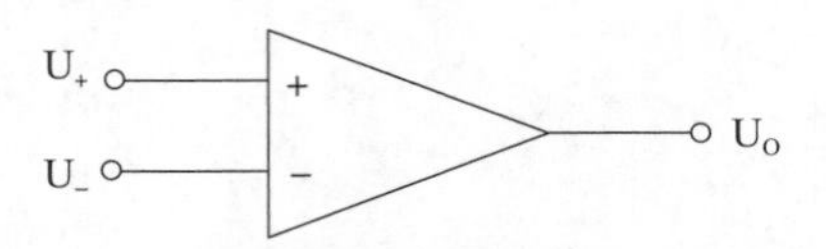

图 2-68　集成运算放大器的电路图形符号

实例 15　数字集成电路好坏检测

通常采用开路检测数字集成电路对地电阻的方法来检测数字集成电路的好坏。

1）观察待测数字集成电路的物理形态，看待测数字集成电路是否有烧焦或引脚断裂等明显的物理损坏。如果有，则说明数字集成电路已发生损坏。如图 2-69 所示，本次检测的数字集成电路外形完好，需进一步进行测量。

图 2-69　观察待测集成电路

2）用热风焊台将待测数字集成电路焊下，清洁数字集成电路的引脚，去除引脚上的污渍，避免因油污的隔离作用影响检测结果，如图 2-70 所示。

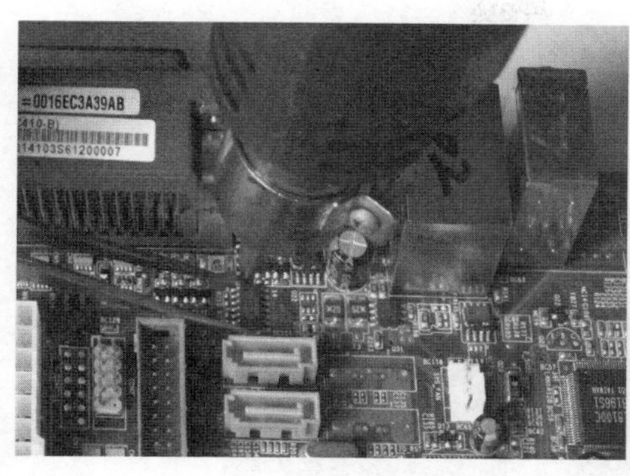

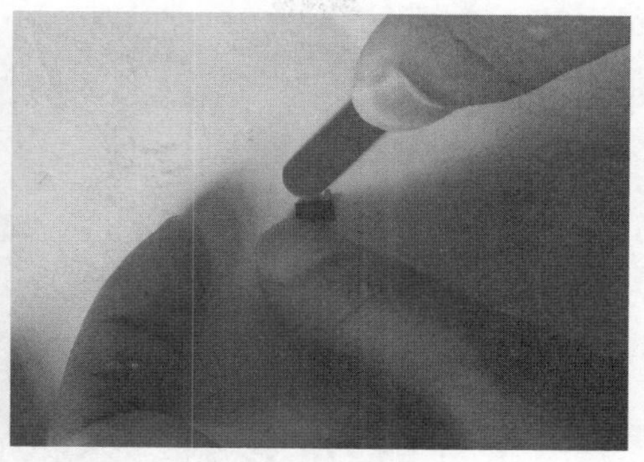

图 2-70　焊下并清洁待测集成电路引脚

3）清洁完成后，将数字万用表的功能旋钮旋至二极管挡，如图 2-71 所示。

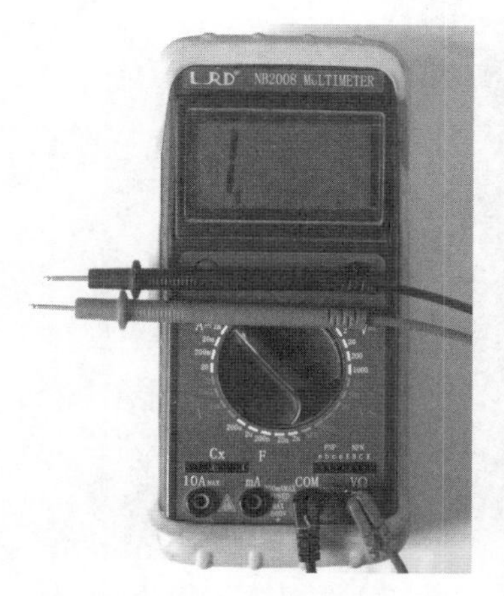

图 2-71　数字万用表的二极管挡

4）将数字万用表的黑表笔接数字集成电路的地端，将红表笔依次与其他引脚相接，测量其他引脚与地端的正向电阻，如图 2-72 所示。

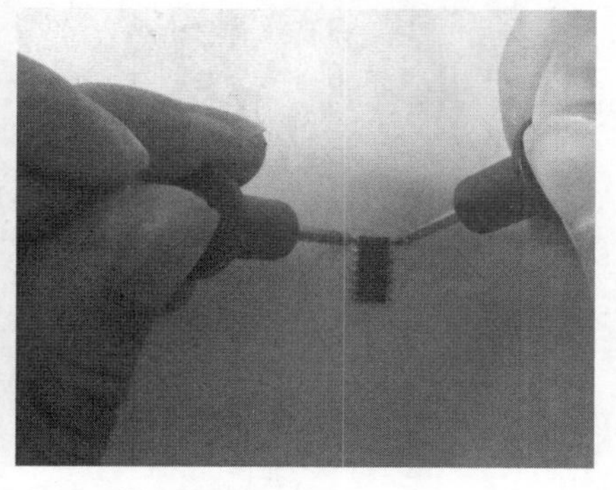

a）测量第 1 个引脚

图 2-72　测量集成电路各引脚的正向对地电阻

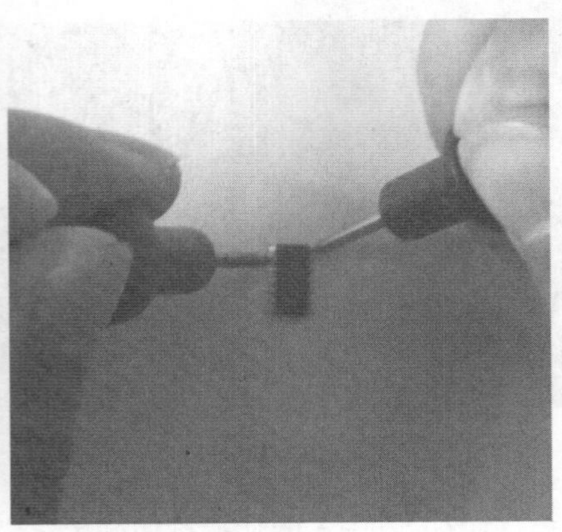

b）测量第 2 个引脚

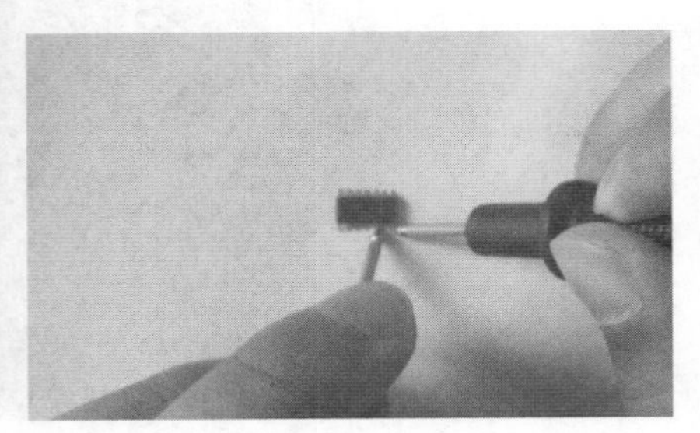

c）测量最后一个引脚

图 2-72 （续）

5）将红表笔接地端，用黑表笔依次去接其他引脚，测量地端到其他引脚间的反向电阻，如图 2-73 所示。

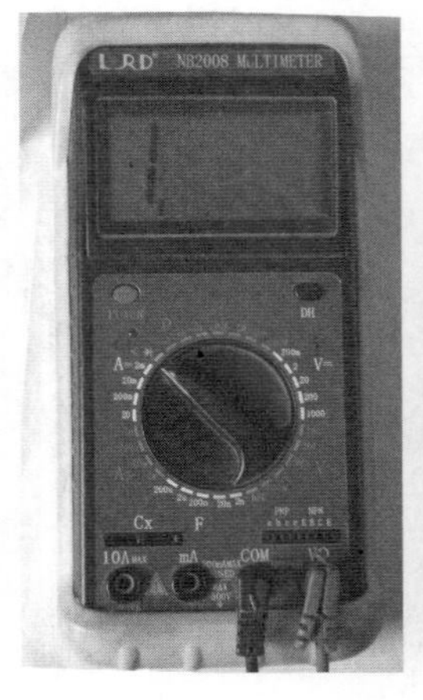

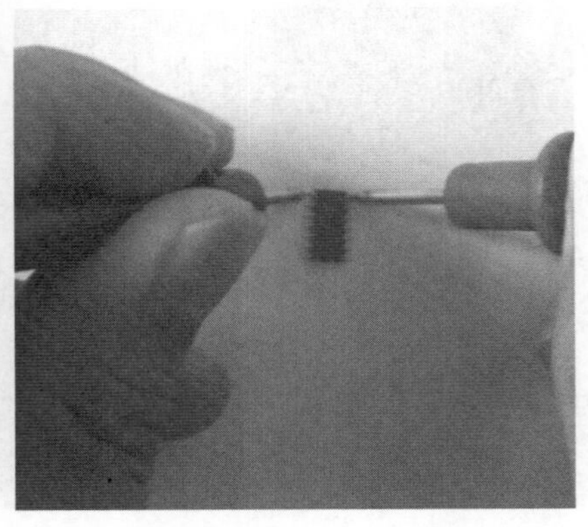

a）测量第 1 个引脚

图 2-73 测量数字集成电路各引脚对地反向电阻

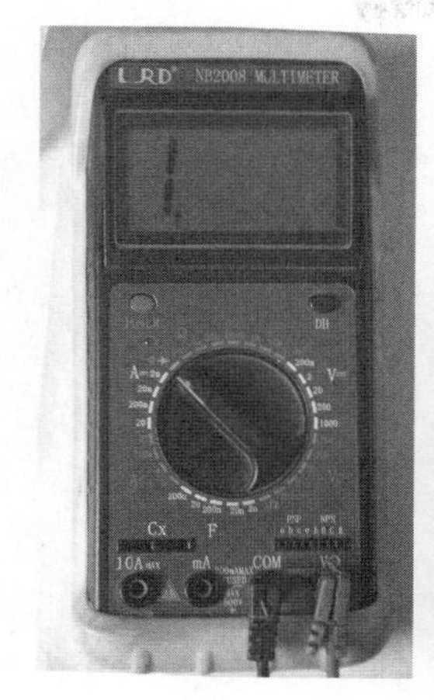

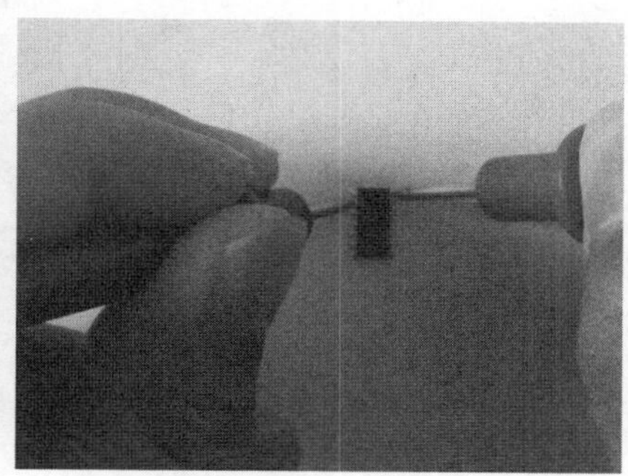

b）测量第 2 个引脚

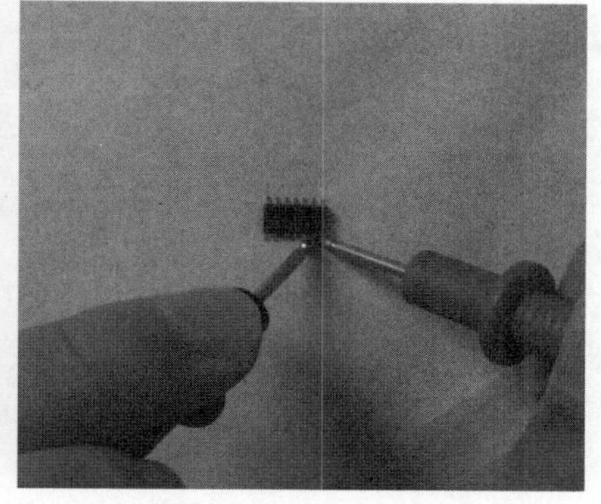

c）测量最后一个引脚

图 2-73 （续）

由于测得地端到其他引脚间的正向阻值为一固定值，反向阻值为无穷大，因此该数字集成电路功能正常。

第 3 章

主板故障维修常用方法

本章主要介绍主板常见故障、常用检修方法，以及在主板故障检修中的注意事项。

技巧 20 主板维修怎样学

主板维修技能是指运用主板检修的相关理论知识以及经验，完成主板故障检修过程的能力。想要掌握主板维修技能，必须进行不断的理论学习和实践。

主板维修技能主要包括 3 个方面：主板检修的相关理论知识、主板故障分析能力以及主板检修操作技能。

主板检修的相关理论知识包括主板系统架构知识、功能模块相关知识、硬件工作原理及各种参数知识、主板供电电路和信号电路相关知识、主板常见电子元器件以及常用检修工具的相关知识等。

主板故障分析能力主要是指运用主板的相关理论知识，对主板出现的各种故障现象进行分析和判断，从而迅速、准确地推断故障原因的能力。

主板故障分析能力的获得是建立在熟练掌握主板的相关理论知识基础之上的。但仅有理论知识是不够的，还要通过不断的实践，将理论知识转化为自身经验，才能最终掌握这种技能。

主板检修操作技能则是指完成主板检修中各种检修操作过程的能力。其主要包括使用万用表、示波器等检测工具对主板进行检测，以及使用热风焊台、电烙铁等维修工具对主板进行修复等。

主板检修操作技能必须通过不断的实践和反复练习才能掌握。

综合上述内容可以看出，主板的相关理论知识只要多学习、肯下功夫，是比较容易掌握的。而主板检修操作技能，只要掌握了常用检修工具等相关基础技能，再经过反复实践和练习，也是比较容易掌握的。

主板故障分析能力则是一种相对难以掌握的能力。同时，主板故障分析能力也是主板维修技能的核心。只有真正熟练掌握了主板故障分析的能力，才能真正掌握主板维修技能。

本书针对主板维修技能的这种特点，将重点详述主板故障分析的知识，同时列举大量故障分析实例，增加读者故障分析的经验。

技巧 21　主板常见故障分析

了解主板常见故障的故障现象及故障原因，是学习主板维修技能的重要组成部分，也是主板检修过程得以顺利进行的基础。

主板常见故障现象

主板出现问题后，经常导致的故障现象包括不能正常开机启动、死机、自动重启、不能正常关机、黑屏、花屏、蓝屏、图像显示不全、网络故障、音频故障、接口故障、不能进入操作系统等。

在主板检修过程中，应首先了解故障发生前的情况，清晰掌握故障现象，这两步操作看似简单，却是后面检修过程能够顺利进行的基础。

对出现故障的主板，应首先询问使用者故障发生前的具体情况。如故障发生前进行了升级或装卸了软件，应联想到故障是由于软件不兼容等问题所引起的，而不要盲目地去检修主板，进行硬件问题的检修。若故障发生前有移动主机、雷雨天使用、更换硬件、清理主板等情况，应联想到故障是由于上述情况导致的硬件设备或电子元器件出现了损坏、虚焊、脱焊或接触不良等问题引起的。

常见的黑屏故障，其故障原因可能是内存条与主板内存插槽接触不良，也有可能是主板上的硬件设备或相关电路出现问题造成的。由此可以看出，确认故障现象，将影响检修的方向，如果检修的方向错误，就不能顺利地找到故障点，并影响故障的排除。

从本质上说，电脑出现的各种故障，可以分为软件故障和硬件故障两个大类。

1. 软件故障

软件故障主要是指软件设置错误、软件不兼容、BIOS 设置问题、病毒、驱动问题以及操作系统文件丢失等问题导致的故障。此类故障通过更新驱动程序、更换操作系统、恢复 BIOS 设置以及杀毒等操作后就可以排除。

在电脑出现的软件故障中，最为严重的就是由病毒入侵引起的故障。不同的病毒对主板的损害程度不同，有的病毒仅盗取用户信息，不对系统或硬件造成伤害。有的病毒会造成系统运行速度缓慢、程序运行出错、蓝屏、死机或自动重启等故障。部分病毒还能造成操作系统损坏或数据大量丢失等故障。某些病毒甚至具有破坏计算机硬件的能力。如果电脑由于病毒导致了相关故障，应根据故障做相应的处理，如使用杀毒软件杀毒、重新安装操作系统或格式化硬盘等。

软件不兼容故障主要表现为死机或无法上网等，这是由于安装了不兼容的软件造成系统无法正常运行所导致的，如更换部分杀毒软件后，就比较容易出现不能上网的故障。

某些蓝屏、死机、反复自动重启或不能启动的故障，有可能是因为 BIOS 设置错误导致的，处理此类故障时应恢复 BIOS 设置，查看是否能够排除故障。

2. 硬件故障

硬件故障主要是指主板使用的各种电子元器件和硬件设备，出现开焊、脱落、损坏、老化、性能不良等问题而导致的故障。主板检修中，经常需要解决的问题就是硬件故障。硬件故障的现象、原因都相对复杂。

主板供电电路为CPU、内存和硬盘等设备提供所需的电源，一旦其出现问题，将导致这些硬件出现无法正常工作的故障。主板供电电路出现问题的原因主要有供电电路中的稳压器芯片、电容器、电感器、场效应管和电源控制芯片等电子元器件出现虚焊、短路或击穿等问题，从而造成供电电路无法正常输出供电。

主板时钟电路为主板内各种总线和相关设备提供时钟信号，一旦其出现故障，就会造成这些设备无法正常工作的问题。时钟电路中的晶振、电阻器、电容器或时钟发生器芯片损坏，都会造成时钟电路无法正常工作的故障。

主板接口电路出现故障将导致相关接口无法使用的问题，接口电路的主要组成部分除了电容器、电阻器和相关接口设备外，还包括南桥芯片、北桥芯片和I/O芯片等。所以当出现很多接口都无法正常使用的故障时，很可能是由于南桥芯片、北桥芯片和I/O芯片出现问题导致的。

在主板各种硬件故障中，最为常见的是芯片组、I/O芯片以及供电电路中的电容器、电感器、场效应管和电源控制芯片出现问题。

图3-1所示为主板上有明显损坏问题的电容器。

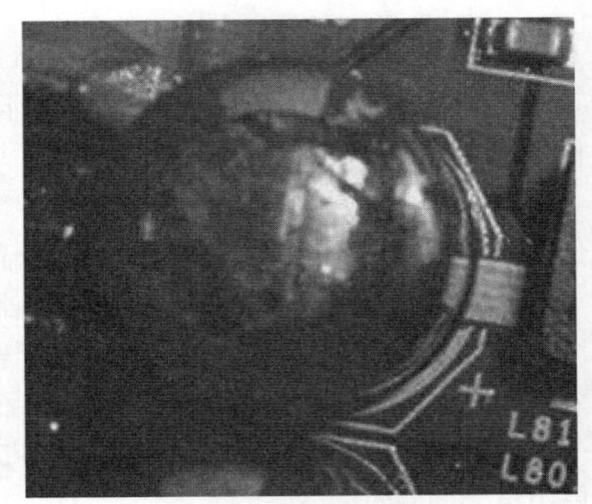

图3-1　主板上存在明显损坏问题的的电容器

主板故障产生的原因

综合来看，造成主板出现各种故障的原因主要包括人为因素、环境因素以及主板自身品质问题。

人为因素是导致主板出现各种故障最常见的故障原因，其主要包括操作不当、更新或安装软件时没有按要求重启、软件设置错误、病毒、驱动以及操作系统问题、检修过程造成的二次故障等。

由于操作不当引起的故障主要是因为使用者没有按照正规的操作方法进行操作，从而造成主板出现故障。如没有正常开、关机，使系统文件损坏而无法正常进入操作系统等。

环境因素导致的故障常见于使用时间较长或在恶劣环境下使用的主板，恶劣环境主要包括灰尘、潮湿、雷击、散热问题等。

潮湿和灰尘可能导致主板上的电子元器件和相关硬件设备出现短路、散热不良等问题，并引发相关故障。在雷雨天或温度较高的环境下使用主板，可能造成主板上的电子元器件和相关硬件设备出现损坏或虚焊、脱焊等问题，并引发相关故障。

图3-2所示为积了太多灰尘的主板。主板上积太多的灰尘，会使其上的电子元器件与空气隔绝，导致电子元器件散热不良，最终损坏。

图3-3所示为被腐蚀的主板。若主板长期处于潮湿环境，或被泼洒了其他液体，会造成主板上的电子元器件被腐蚀进而损坏。

图 3-2　积了太多灰尘的主板

图 3-3　被腐蚀的主板

主板是一个构成相对复杂的系统，其集成的电子元器件和硬件设备较多，虽然目前主板的制造工艺已经相当成熟，但仍会出现不同程度的品质问题。特别是一些廉价、小品牌或定位低端的主板，其使用的电子元器件和硬件设备本身的品质可能就是不太好的，再加上电路设计上的一些缺陷，所以比较容易导致各种问题。

技巧 22　主板常用维修方法

主板故障检修的基本原则是先检修软件故障，再检修硬件故障。主板的维修技能是一种综合技能，不仅要求熟练掌握主板基础理论知识、检修操作技能，还要求掌握故障分析及检修方法。下面列举主板检修过程中常用的检修方法。

观察法

观察法是主板检修过程中最基本、最直接的一种检修方法。

观察法主要是指通过看、听、闻和摸等方式，判断故障主板内主要电子元器件和硬件设备是否存在明显损坏，从而寻找故障原因的检测方法。

首先使用观察法，查看主板上是否有异物或淤积过多灰尘，遇到这两种情况应及时进行清理。

然后查看主板上的电子元器件是否存在明显的物理损坏，如芯片烧焦、开裂问题，电容器有鼓包或漏液问题，电路板破损问题，插槽或电子元器件有脱焊、虚焊等问题。如果存在严重的烧毁情况，能闻到明显的焦糊味道，对于这类明显的物理损坏，应先更换元器件后再用其他方式的检修。

在使用观察法进行主板的检测时，应重点对初步故障判断中怀疑的故障点及其周围进行仔细观察。

图 3-4　主板上引脚断裂的电子元器件

图 3-4 所示为主板上引脚断裂的电子元器件。进行主

板检修时，如果观察到如此明显的问题，应先将该问题处理后，再进行其他检修操作。

清理烘干法

主板在使用时间较长或使用环境较为恶劣的情况下，常常因为灰尘、潮湿等引发主板上的电子元器件出现短路、散热不良等问题。对于上述情况，应仔细对故障主板进行清理、烘干等操作。在清理后，部分主板出现的故障就可排除。

在对主板进行清理和烘干操作时，应使用专用的防静电毛刷和清洁剂等工具，操作手法也应尽量轻柔，防止产生二次故障。

替换法

替换法是主板检修过程中经常使用的一种方法，通常是采用性能良好的硬件设备或电子元器件替换在故障分析过程中怀疑存在问题的硬件设备或电子元器件。

对于内存条、硬盘以及光驱等通过相关接口与主板相连的设备，替换起来比较方便，也是主板检修过程中经常采取的检修操作。当怀疑内存条不能正常工作导致了黑屏或不能开机启动等故障时，可先替换一根性能良好的内存条，如果是原内存条自身存在问题而导致了相关故障，此时就可以将故障排除了。如果不能排除故障，则再进一步检修主板内存插槽和主板内存供电电路等是否存在问题。

而主板上的芯片组、时钟发生器芯片以及I/O芯片等，其外部连接的电路和电子元器件较多，电路构成相对复杂，有时很难判断是由于这些芯片内部损坏，还是由于其外部连接的电路出现了问题才导致了相关故障。特别是在常规检测之后仍无法确定故障原因的检修操作中，使用替换法是一条迅速排除故障和解决“疑难杂症”的方法。

内存条、硬盘等硬件使用替换法时，其操作是相对简单的，而对主板上的各种芯片使用替换法确定故障原因及排除故障时，操作则相对复杂，也容易造成二次故障的产生。所以不要盲目地对芯片组、时钟发生器芯片以及I/O芯片等进行替换，一定要在合理的故障分析基础之上再使用替换法。

电压法

主板上的各种芯片和硬件设备在正常工作时所需的供电不同，通过使用万用表等检测仪器，测量各种芯片和硬件设备的供电电压是否正常，能够判断出故障是否是由于供电问题而导致的，从而判断故障原因或确认故障点。

通过检测供电电压，从而判断故障原因的方法是主板检修过程中经常使用到的一种方法。图3-5所示为使用万用表检测电子元器件供电电压操作的实物图。

电阻法

在主板检修过程中，通过测量电子元器件的阻值，能够判断部分电子元器件是否存在问题，从而确定故障点并排除故障。

检测电子元器件的阻值是否正常也是主板检修过程中经常用到的一种检修方法。图3-6所示为使用万用表测量电子元器件阻值操作实物图。

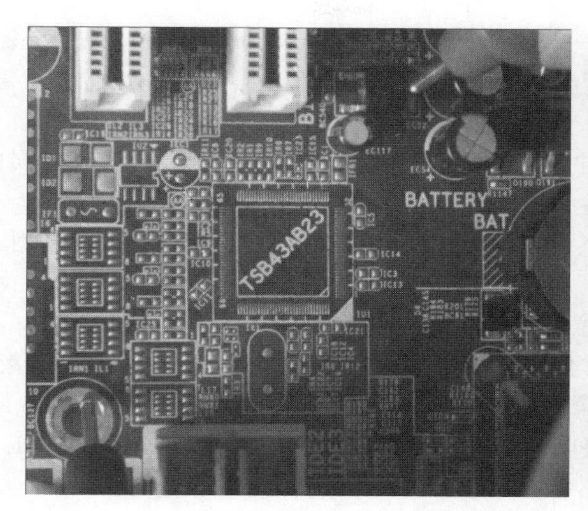

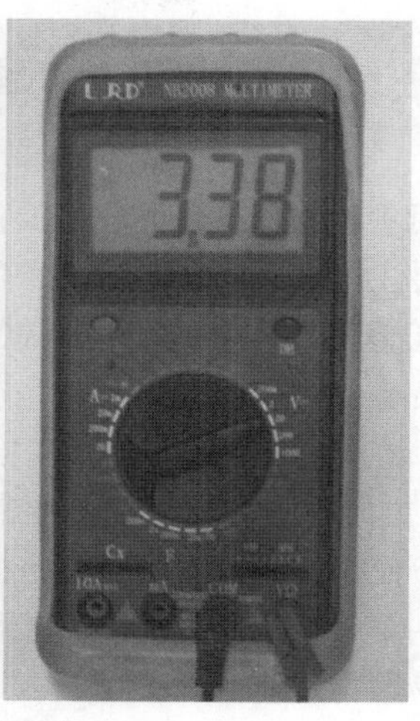

图 3-5　使用万用表检测电子元器件供电电压

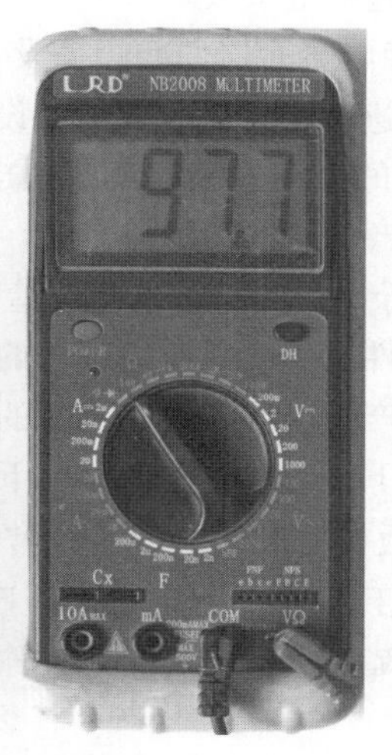

图 3-6　使用万用表测量电子元器件阻值

补焊法

由于主板上的电子元器件、功能芯片或插槽等硬件设备存在虚焊、脱焊等问题，而导致主板出现各种故障，是主板检修过程中经常遇到的故障原因。

在检修过程中，如果怀疑某芯片或硬件设备存在虚焊问题，对其进行加焊处理后也许就可以排除故障。

在检修过程中，遇到的大部分芯片开焊或虚焊现象并不十分明显，但当故障分析中将故障点聚焦于某芯片时，补焊法是经常使用的故障检修方法。

工具卡法

主板检修过程中，使用 CPU 假负载、故障诊断卡以及打阻值卡等检测工具对主板进行检测，可迅速判断故障原因的范围，从而节省检修的时间，提高主板检修效率。

技巧 23 主板维修必知事项

在进行主板检修操作时，需要注意的事项主要有两个方面：一是要注意检修人员的人身安全；二是要注意设备安全，防止产生二次故障。

主板检修过程中使用的电烙铁、热风焊台，以及在加电检测主板等相关硬件时，都可能对检修人员造成伤害。

所以，在主板检修操作时应注意以下几点：

1）在主板检修的过程中，经常会使用电烙铁、热风焊台等焊接工具，由于焊接工具是在通电情况下使用，并且温度很高，操作人员要正确使用焊接工具，以免烫伤或触电。

2）焊接工具使用完毕后，要将电源切断，放到不易燃的容器中，以免因焊接工具温度过高而引起易燃物燃烧。

3）加电检测主板等硬件时，切忌用湿手触摸电子元器件，也不可用湿布擦拭电路板上的灰尘，以免引起触电事故。

4）在更换电子元器件或相关设备之前，一定要先断电、再更换。

在对主板进行检修时也要注意设备的安全，不然会造成二次故障的产生。

由于主板的结构复杂，集成的电子元器件较多，各种连线和设备都相对脆弱，如果检修操作不慎就会产生新的故障。

1）在进行主板的检修之前，检修人员要采取一定的防静电处理措施，以免静电损坏主板上的电子元器件。静电对于主板上的电子元器件是一个很大的冲击，很有可能造成电子元器件被击穿等故障产生。如果没有良好的人体静电防护装备，在检修之前，可以采用简单的放电措施，比如洗一下手或者双手抓握一下金属器械等。

2）在主板检修的过程中，经常会用到一些专业检修工具对主板内的各种设备进行检测维修。使用检修工具时，要按照检修工具的相关规范进行操作，以免因错误使用造成故障扩大化或引起其他故障。如进行焊接等操作时，要千万注意不要烫坏电路板，其损坏后通常是不可修复的。

3）在插拔主板上的设备前，应查看是否有卡扣将设备固定在主板上。插拔时不要太用力，以免损坏接口和插槽。

技巧 24 主板故障处理步骤

主板出现故障后，可以按如下步骤进行处理。

1. 观察主板

首先观察主板有无烧焦、烧断、起泡、板面断线、插口锈蚀的地方；然后用万用表测量+5V、GND电阻是否太小（在50Ω以下）。接着通电检查，对明确已坏的主板，可略调高电压0.5 ~ 1V，开机后用手搓主板上的芯片，让有问题的芯片发热，从而感知出问题芯片；接下来用逻辑笔检查，检查重点怀疑芯片的输入、输出、控制极等各端的信号有无及其强弱，以判断芯片的好坏；最后辨别各大工作区，大部分主板都有区域上的明确分工，如控制区（CPU）、时钟区（晶振、分频）、供电区、网络区、声音产生合成区等，这对电脑主板的深入维修十分重要。

2. 先检查电源部分，后加电检查

由于主板的电源部分是主板故障高发区，且如果电源部分有短路问题，可能会烧坏其他部件，因此在维修时应先检查主板的电源部分。如果电源部分没有短路等问题，再给主板加电进行测试。

3. 先检查时钟信号，再检查芯片

时钟信号是主板工作的基本条件之一，如果时钟信号不正常，主板就无法开机工作，因此应先检查时钟信号。如果时钟信号不正常，则检查时钟电路；如果时钟信号正常，再检查其他芯片。

检查芯片的方法如下：

1）对于所怀疑的芯片，根据手册的指示，首先检查输入、输出端是否有信号（看波形）。如有入无出；再查芯片有无控制信号（时钟），若有，则此芯片坏的可能性极大；若无控制信号，再查它的前一级，直到找到损坏的芯片为止。

2）找到后暂时不要从主板上取下芯片，可选用同一型号或程序内容相同的芯片接在它上面，开机观察是否好转，如好转则该芯片损坏。

3）如不行，用切线、借跳线法寻找短路线。若发现有的信号线和地线、+5V或其他多个芯片不应相连的引脚短路，可切断该线再测量，以判断是芯片问题还是主板走线问题；或从其他芯片上借用信号焊接到波形不对的芯片上，看现象画面是否变好，以判断该芯片的好坏。

4）如不行，用对照法找一块相同规格型号的好的主板对照测量相应芯片的引脚波形及其数据，以确认芯片是否损坏。

第4章 主板开机电路诊断与问题解决

主板的开机电路不是一个独立的电路单元，而不同品牌和型号的主板，开机电路的设计以及使用的硬件设备和电子元器件还存在一定的差异，这给学习主板开机电路的检修带来一定的困难。

但从本质上来讲，主板开机电路的基本原理都是一样的。因此只要熟练掌握了主板 AXT 电源插座、芯片组、前端控制面板接脚以及 I/O 芯片等重要硬件设备的特性，了解开机电路的基本工作原理，掌握主板开机电路的检修也并非难事。

技巧 25 开机电路的作用

主板开机电路是主板中的重要单元电路，它的主要任务是控制 ATX 电源给主板输出工作电压，使主板开始工作。

主板开机电路通过电源开关（PW-ON）触发主板开机电路，开机电路中的南桥芯片或 I/O 芯片对触发信号进行处理后，最终发出控制信号，控制开机控制晶体管或门电路将 ATX 电源的第 16 脚的高电位拉低（ATX 电源关闭状态下此脚的电压为 3.5V 以上），以触发 ATX 电源主电源电路开始工作，使 ATX 电源各引脚输出相应的工作电压，为主板等设备提供工作电压。

尽管不同型号主板各部分电路的设计与应用中元器件及芯片的组合布局方式不完全相同，但是实现的原理与目的始终是一致的，即通过控制 ATX 电源的 PSON 引脚（第 16 脚）的电位高低来控制 ATX 电源的开启与关闭，继而控制主板的开启与关闭。当 PSON 引脚的电压为高电平时，ATX 电源中的主电源电路处于关闭状态；当 PSON 引脚的电压变为低电平时，ATX 电源中的主电源电路便启动，开始输出各种电压。因此通过控制 PSON 引脚的电压高低，就可以控制主板的开启与关闭。

技巧 26 开机电路的组成结构

主板的开机电路主要由主板 ATX 电源插座、芯片组（双芯片架构为南桥芯片）、前端控制面板接脚、I/O 芯片以及电阻器、电容器、二极管、晶体管、稳压器芯片等电子元器件和相关硬件设备组成。如图 4-1 所示为主板开机电路实物图。

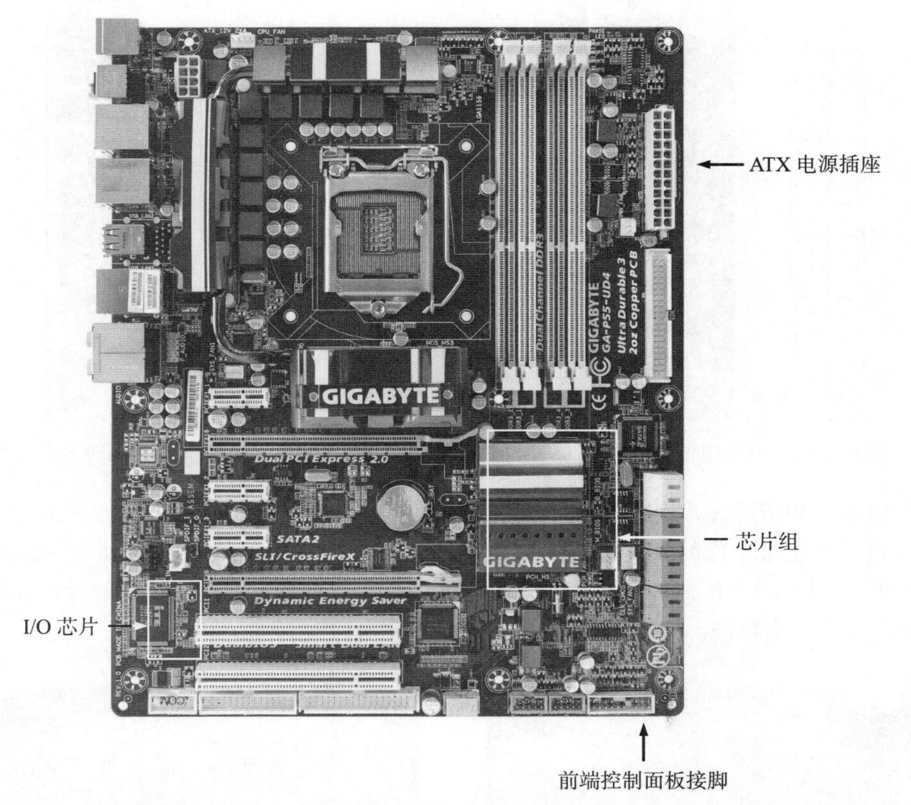

图 4-1　主板开机电路实物图

主板 ATX 电源插座

目前主板上常用的 ATX 电源插座为 24 针，在一些旧主板上还可以看到 20 针的 ATX 电源插座，但是基本上 20 针的 ATX 电源插座已经被淘汰了。

主板 ATX 电源插座的第 9 引脚为待机供电输出端。当电脑主机有 220V 市电输入时，主板 ATX 电源插座的第 9 引脚就会给主板输送 5V 的供电，为主板上需要待机电压的硬件设备或电路提供供电。

主板 ATX 电源插座的第 16 引脚（20 针的 ATX 电源插座为第 14 引脚）为开机控制引脚，在整个开机过程中，具有十分重要的作用。

如图 4-2 所示为主板 20 针 ATX 电源插座框图及实物图，如图 4-3 所示为主板 24 针 ATX 电源插座框图及实物图。

芯片组

芯片组在开机启动时，负责重要信号的检测和发送，是主板开机电路中的核心部件，一旦其出现问题，就可能造成无法正常开机启动的故障。

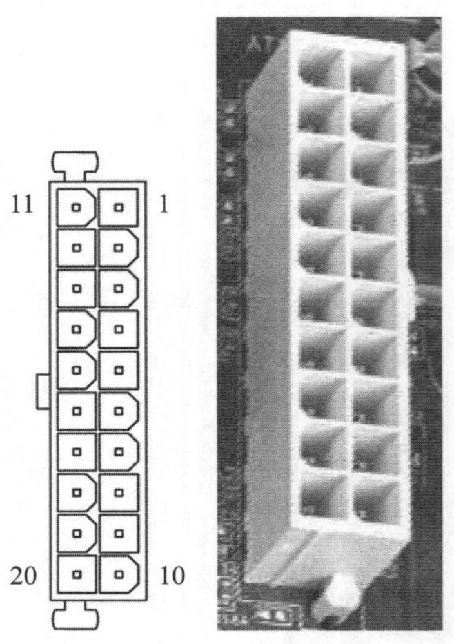

图 4-2 主板 20 针 ATX 电源插座框图及实物图

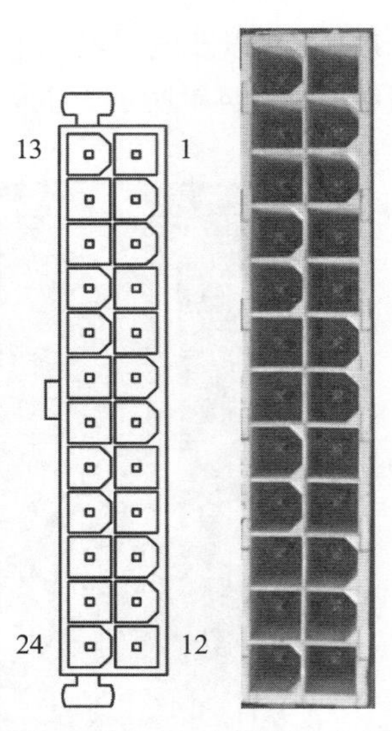

图 4-3 主板 24 针 ATX 电源插座框图及实物图

在北桥芯片和南桥芯片组成的芯片组中，南桥芯片主要负责开机启动的控制工作。

芯片组能够正常工作的条件包括：32.768kHz 实时时钟晶振为芯片组提供时钟信号、3.3V 待机供电正常、CMOS 电池供电正常、CMOS 跳线连接正常等。如图 4-4 所示为开机电路重要组成部分芯片组的实物图。

a）双芯片架构中的南桥芯片

b）单芯片架构中的芯片组

图 4-4 开机电路重要组成部分芯片组的实物图

I/O 芯片

I/O 芯片是很多主板开机电路的重要组成部分，其在开机过程中的主要功能是接收主机电源开关（前端控制面板接脚）输送的开机信号，然后给芯片组（双芯片架构中为南桥芯片）一个开机信号，在得到芯片组的开机反馈信号后，I/O 芯片输送给主板 ATX 电源插座的第 16 引脚或第 14 引脚（20 针 ATX 电源插座）主板供电开启信号。如图 4-5 所示为主板上常见的 I/O 芯片。

a）I/O 芯片 W83627EHF-A　　b）I/O 芯片 IT8728F

图 4-5　主板上常见的 I/O 芯片

前端控制面板接脚

主板的前端控制面板接脚用于连接电脑主机机箱的电源开关、系统重置开关、扬声器及系统运行指示灯等，从而实现开机启动、重新启动等操作。

当按下电脑主机机箱的电源开关时，主板的前端控制面板接脚会发送一个触发信号，用来触发主板开机电路开始工作。

如图 4-6 所示为主板的前端控制面板接脚实物图。

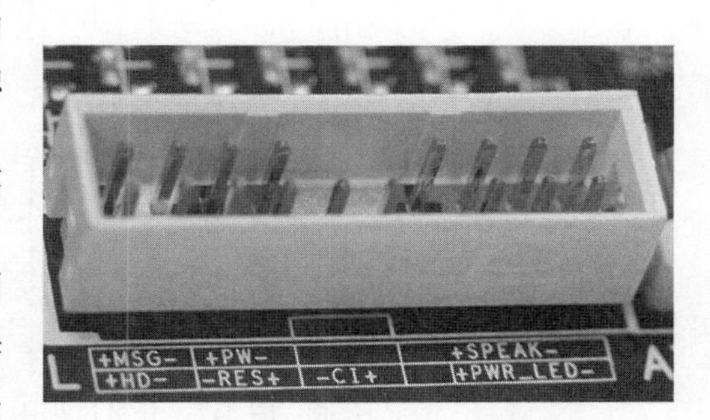

图 4-6　主板的前端控制面板接脚实物图

除了上述主板开机电路硬件设备外，还有用于将 ATX 电源在待机时输出的 5V 待机供电转换为 3.3V 待机供电的稳压器芯片，部分主板开机电路中还有用于信号变换的门电路芯片，华硕主板中还有用于开机操作的专用芯片。

不同主板的开机电路虽然在组成结构和使用的硬件设备方面有一定的区别，但是只要掌握开机过程中重要信号的特性，检修过程都是有迹可循、相对简单的。

技巧 27　开机电路的工作原理

不同品牌和型号的主板在开机电路的设计上都存在差别，但其基本工作原理都是相同的，即，经过电脑主机机箱的电源开关触发主板开机电路工作，开机电路将开机触发信号进行处理，最终触发 ATX 电源工作，使主板上的 ATX 电源插座输出各种规格的供电，为主板上的各种电路、芯片及硬件设备提供电源。

想要熟练掌握主板开机电路的工作原理，首先应掌握主板开机电路中各主要芯片及硬件设备的特性及作用，然后进一步掌握开机过程中各主要信号的特性、作用，以及它们之间的逻辑关系。

开机电路信号的逻辑关系框图

如图 4-7 所示为开机过程中，各主要信号的逻辑关系框图。

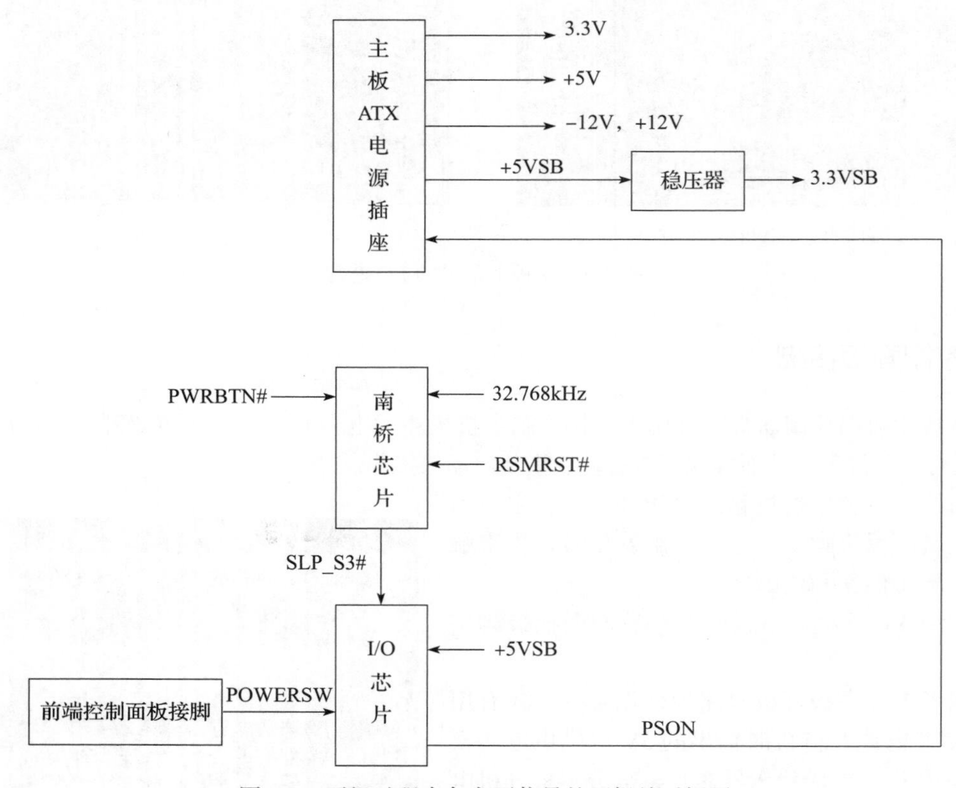

图 4-7　开机过程中各主要信号的逻辑关系框图

32.768kHz：由南桥芯片外接的 32.768kHz 晶振供给，主要用于南桥芯片内部 RTC 和电源管理逻辑的时序，所以当 32.768kHz 晶振损坏时，可能会造成不能正常开机启动故障。

RSMRST#：用于复位南桥芯片睡眠唤醒逻辑，当 BATT（CMOS 电池供电）和 +5VSB（5V 待机供电）等正常时，才能导出 RSMRST# 这个信号。这个信号不正常，将导致南桥芯片不能正常动作。该信号通常由 I/O 芯片或其他专用芯片提供给南桥芯片。

PWRBTN#：南桥芯片用于检测开机信号的引脚，通常在待机时处于 3.3V 或 5V 高电平状态。开机时，通常由 I/O 芯片等通过此引脚通知南桥芯片进行开机动作。

SLP_S3#：南桥芯片在其本身正常且工作条件都正常的情况下，在 PWRBTN# 引脚检测到 I/O 芯片等发送的开机信号后，发送此信号以通知主板上各部分电路和芯片进行开机动作。

POWERSW：当使用者按下主机机箱前面板的电源开关后，主板上的前端控制面板接脚发送该信号给 I/O 芯片等，用于通知主板开机电路进行开机操作。

+5VSB：在待机状态时，主板 ATX 电源插座第 9 引脚输出 5V 待机供电电压。该待机供电电压通常还会输送到一个以稳压器芯片为核心的电路中，从而转换成 3.3V 待机供电。

PSON：PSON 信号是控制 ATX 电源工作的开关信号，该信号一般由 I/O 芯片送出，给到主板 ATX 电源插座的第 16 引脚，或经过电阻器、晶体管等再连到第 16 引脚。只有当 PSON 信号拉低时，主板 ATX 电源插座才能正常输出 3.3V、+5V、–12V、+12V 这些供电电压。PSON 这个信号在开机前是处于 5V 左右的高电平，开机后变为低电平，一直到电脑关机后再回到高电平状态。对于 PSON 信号出现问题导致的故障，通常需要检测该信号电路中的电阻器、晶体管以及 I/O 芯片等是否存在问题，如电路中的晶体管损坏后，容易导致电脑主机在接入 220V 市电后就自动开机的故障。

由南桥和 I/O 芯片组成的开机电路

由南桥和 I/O 芯片组成的开机电路在现在的主板中被广泛应用，一般此类型的开机电路多是 I/O 芯片集成开机触发电路，南桥发出控制信号。

由南桥和 I/O 芯片组成的开机电路的电路图如图 4-8 所示。

图 4-8 中，APL1084 为三端稳压器，它的作用是将电源的 5V 待机电压转换成 3.3V 电压，为南桥、CMOS 电路、开机键供电。

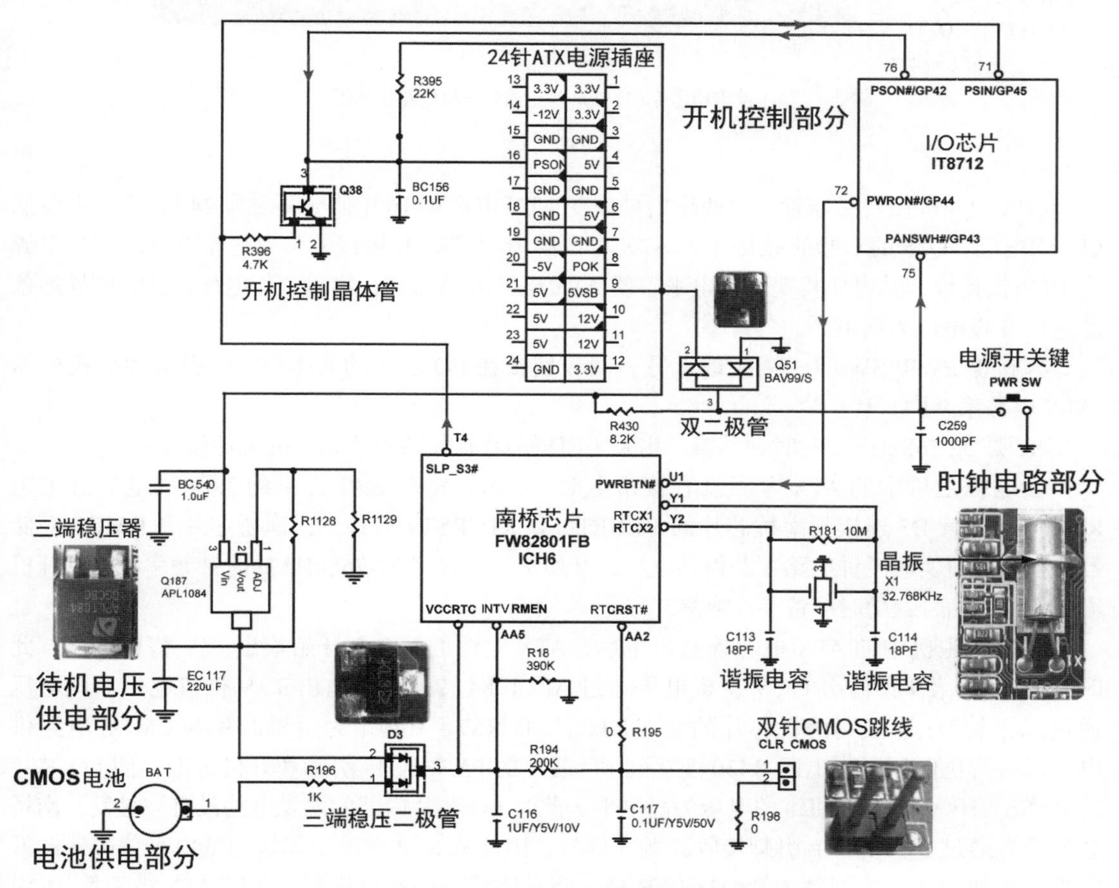

a）由南桥芯片和 I/O 芯片组成的开机电路原理图

图 4-8　由南桥和 I/O 芯片组成的开机电路图

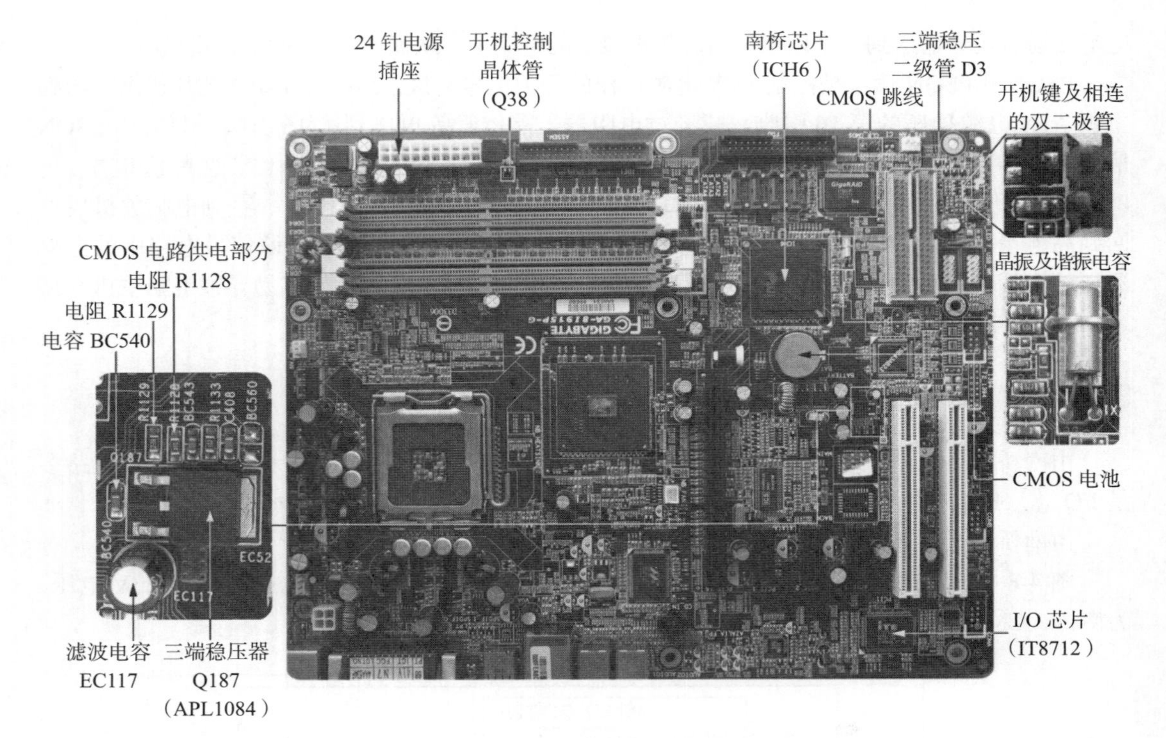

b）由南桥芯片和 I/O 芯片组成的开机电路实物图

图 4-8 （续）

Q38 为开机控制晶体管，它的作用是改变 ATX 电源第 16 引脚（图中为 24 针 ATX 电源插座）的电压。Q38 的 C 极直接接在了 ATX 电源第 16 引脚，E 极接地，当它导通时，ATX 电源第 16 脚被接地，其电压将变为低电平，使 ATX 电源开始启动，输出工作电压。Q38 的导通条件是其 B 极电压为高电平。

开机键 PWR_SW 的一端接地，另一端分别接在 I/O 芯片的 PANSWH# 引脚和待机电压（ATX 电源第 9 脚）上。

X1 是 32.768kHz 实时时钟晶振，用来为南桥芯片提供待机状态下的时钟信号。

当电脑主机中的 ATX 电源没有接市电时，CMOS 电池 BAT 提供的 3.0V 供电通过电阻 R196、二极管 D3 连接到南桥芯片的 VCCRTC 和 RTCRST# 引脚，为南桥芯片和 CMOS 存储器供电，此时实时时钟电路在获得供电后，开始工作，输出 32.768kHz 的时钟频率，提供开机需要的时钟信号，随时准备参与唤醒。

当电脑主机中的 ATX 电源连接市电后，ATX 电源的第 9 脚开始输出 +5V 待机电压。此时 ATX 电源第 9 脚输出的 5V 待机电压通过 APL1084 转换后，输出 3.3V 待机电压。此电压通过二极管 D3 连接到南桥芯片的 VCCRTC、RTCRST# 引脚，为南桥芯片和 CMOS 电路供电。同时待机电压通过电阻 R430 连接到 I/O 芯片的 PANSWH# 引脚和开机键上，使 I/O 芯片的 PANSWH# 引脚和开机键的电压为高电平。此时 I/O 芯片内部的触发电路没有被触发，南桥芯片没有通过 PWRBTN# 引脚接收到触发信号，因此从 SLP_S3# 引脚输出低电平信号。此低电平信号加在开机控制晶体管 Q38 的 B 极，使晶体管处于截止状态，所以 ATX 电源第 16 引脚的电压依然为高电平，ATX 电源处于关闭状态。

当按下开机键的瞬间，开机键被接地，电压变成了低电平，此时开机键的电压信号由高变低，此时I/O芯片的PANSWH#引脚的电压由高变低，I/O芯片内部的触发器没有被触发（触发器在得到由低到高的跳变信号后触发），其输出端保持原状态不变。南桥芯片的SLP_S3#引脚仍然输出低电平，ATX电源的第16引脚电压仍然为高电平，ATX电源没有工作。

当松开开机键的瞬间，开机键与地断开，开机键的电压又变成了高电平，此时开机键通过I/O芯片的PANSWH#引脚向I/O芯片内部的触发器发送一个触发信号，I/O芯片内部的触发器被触发。同时通过PWRON#引脚向南桥芯片的PWRBTN#引脚输出触发信号。南桥芯片在接到触发信号后，通过SLP_S3#引脚输出高电平控制信号加在开机控制晶体管Q38的B极，使开机控制晶体管Q38的B极为高电平，Q38导通接地，同时ATX电源的第16引脚电压变为低电平，ATX电源开始工作，输出工作电压，主板在得到供电后启动。

当关闭电脑时，在按下开机键的瞬间，开机键的电压再次变为低电平，I/O芯片内部触发器没有被触发，主板仍然保持开机状态。

在松开开机键的瞬间，开机键的电压变为高电平。此时I/O芯片内部触发器又被触发，I/O芯片通过PWRON#引脚向南桥芯片发出触发信号，南桥芯片在接到信号后，从SLP_S3#引脚输出低电平控制信号，使开机控制晶体管Q38的B极为低电平，Q38截止，同时ATX电源的第16引脚电压变为高电平，ATX电源停止工作，主板因没了供电而被关闭。

技巧28 主板开机电路信号深入研究

开机电路检修技能是一个从理论到实践、逐渐摸索积累经验的过程，所以在学习的过程中，要牢固掌握主板开机电路的基本概念、组成结构以及工作原理，同时不断积累开机电路故障分析的经验，从而最终掌握这种电路的检修技能。

主板的开机电路是主板正常启动和运行的基础，一旦出现问题就会造成主板不能开机等故障。

组成开机电路的电子元器件和硬件设备在主板上的位置比较分散，但根据电路图或逐渐积累经验，也是能够很容易辨别出这些电子元器件和硬件设备。

下面列举两个不同时代和型号的主板开机电路原理分析，多角度阐述主板的开机电路工作原理及要点。

技嘉主板开机电路深入研究

技嘉主板开机电路涉及的电子元器件和硬件设备主要包括南桥芯片、I/O芯片、主板24针ATX电源插座、前端控制面板接脚、CMOS电池、CMOS跳线、电阻器以及电容器等。

1. 没有插入电源时的主板准备上电状态

当电脑主机中的ATX电源没有接入220V市电时，CMOS电池为主板上的CMOS电路供电。主板CMOS电池提供的供电主要用于32.768kHz晶振起振，使RTC电路正常工作后提供实时时钟。同时，主板CMOS电池还为南桥芯片内的CMOS电路保存数据提供供电。

如图 4-9 所示，图中 BAT 为主板 CMOS 电池，CLR_CMOS 为主板 CMOS 跳线。BAT 输出供电经过电路中的二极管、电阻器后，转换为 RTCVDD 供电和 -RTCRST 信号等，并输送给南桥芯片。

a）CMOS 电池及跳线电路图

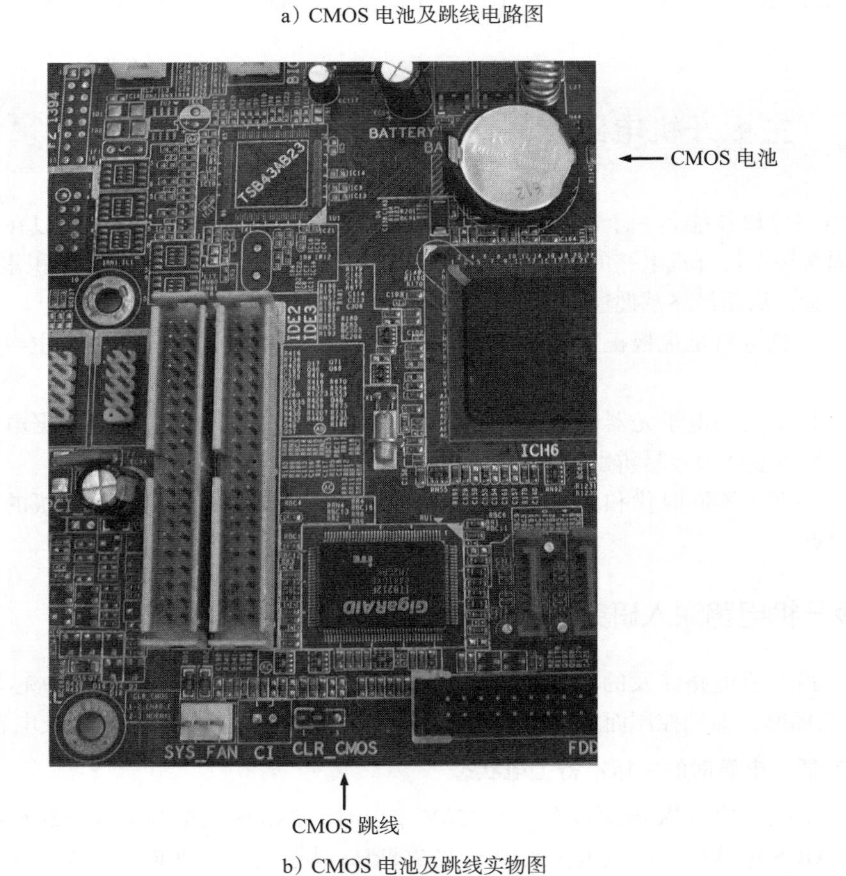

b）CMOS 电池及跳线实物图

图 4-9　CMOS 电池及跳线电路图和实物图

如图 4-10 所示，南桥芯片的 RTCX1、RTCX2 引脚外接 32.768kHz 晶振 X1 和谐振电容 C113、C114。

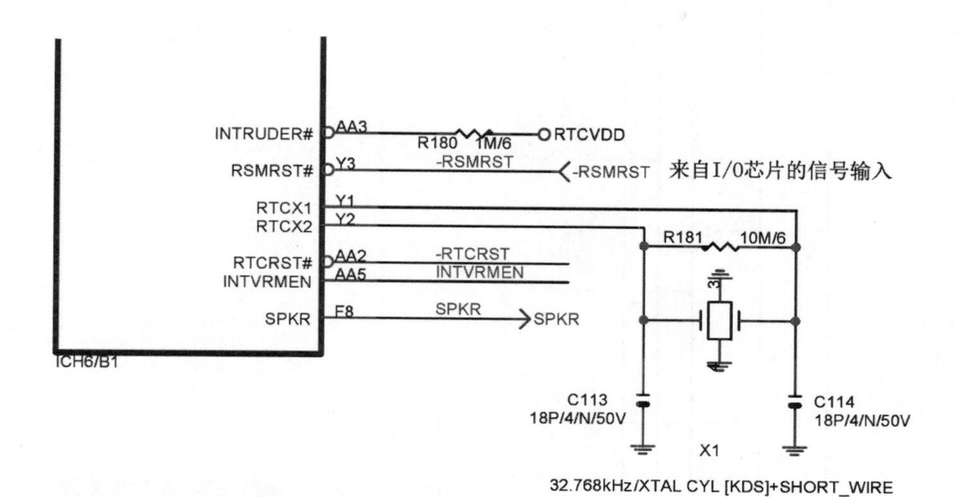

a）南桥芯片及 32.768kHz 晶振电路图

b）南桥芯片及 32.768kHz 晶振实物图

图 4-10　南桥芯片及 32.768kHz 晶振电路图和实物图

南桥芯片的 RTCRST# 引脚接收 –RTCRST 信号，该引脚用于 RTC 电路的复位。RSMRST# 引脚接收 –RSMRST 信号，该信号由 I/O 芯片发送给南桥芯片，用于复位南桥芯片睡眠唤醒逻辑，当 BAT 和 +5VSB 等供电和信号正常时，才能导出 –RSMRST 这个信号。

2. 插入电源后的主板待机状态

如图 4-11 所示，当电脑主机中的 ATX 电源连接 220V 市电后，主板 ATX 电源插座的第 9 引脚开始输出 5VSB 待机供电。

5VSB 待机供电主要输送到主板的前端控制面板接脚、I/O 芯片、南桥芯片、主板 ATX 电源插座的第 16 引脚以及各种指示灯等，为其提供 5V 待机供电。

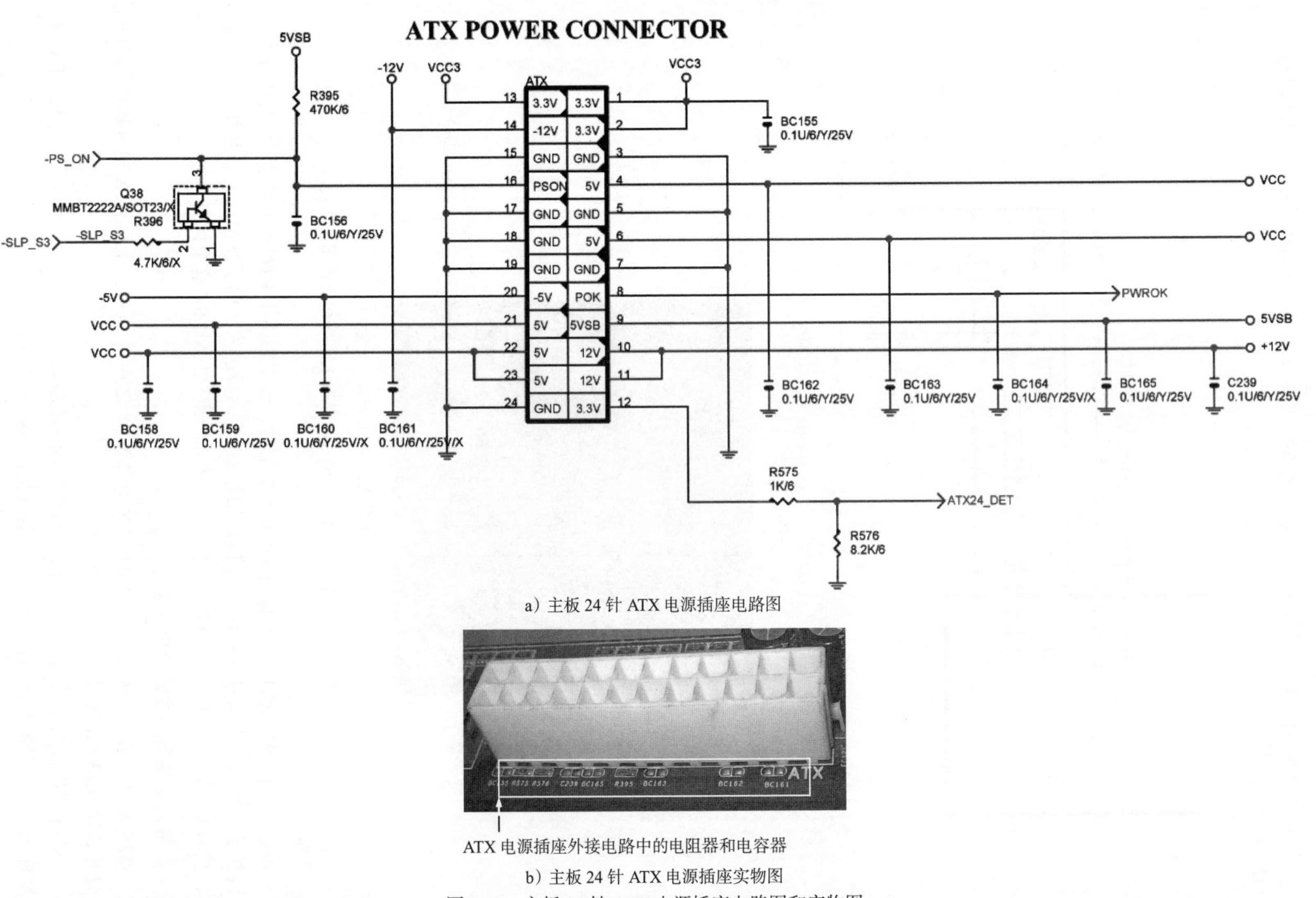

a）主板 24 针 ATX 电源插座电路图

ATX 电源插座外接电路中的电阻器和电容器

b）主板 24 针 ATX 电源插座实物图

图 4-11 主板 24 针 ATX 电源插座电路图和实物图

3. 按下主机电源开关后的动作时序

当使用者按下主机机箱上的电源开关后，就会触发主板上的开机电路进行开机动作，这些动作有着严格的逻辑顺序，如果某一个信号没有正常发送，下一个开机动作就无法正常产生，从而导致开机启动过程失败。因此在理解主板开机电路的原理以及检修的故障分析中，应重点掌握主板开机电路重要信号产生的条件和先后顺序。

（1）关键点：PWRBTSW-

图 4-12a 所示为主板的前端控制面板接脚电路图，图 4-13 所示为 I/O 芯片电路简图。

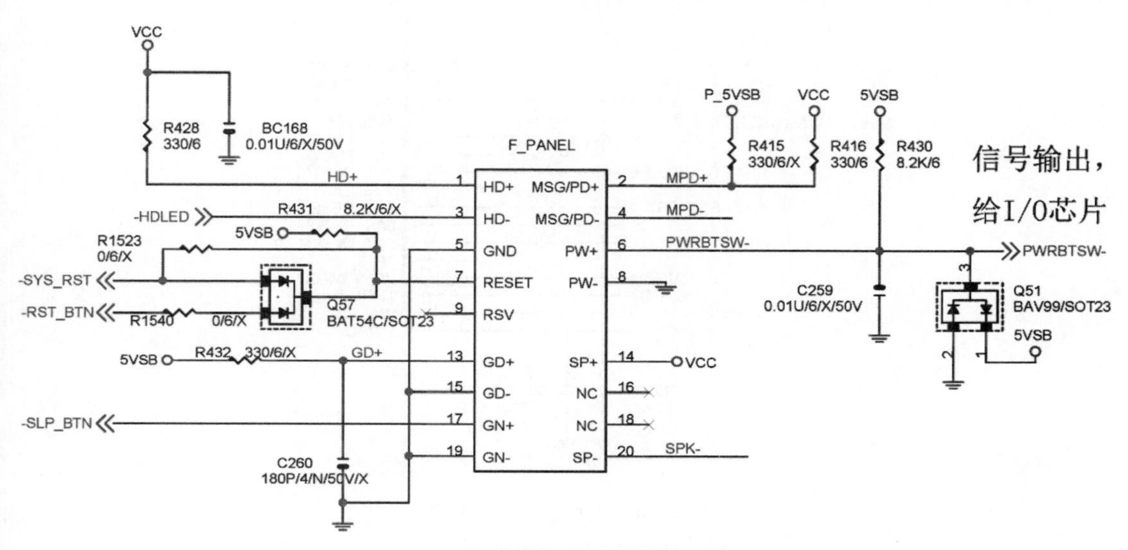

a）主板的前端控制面板接脚电路图

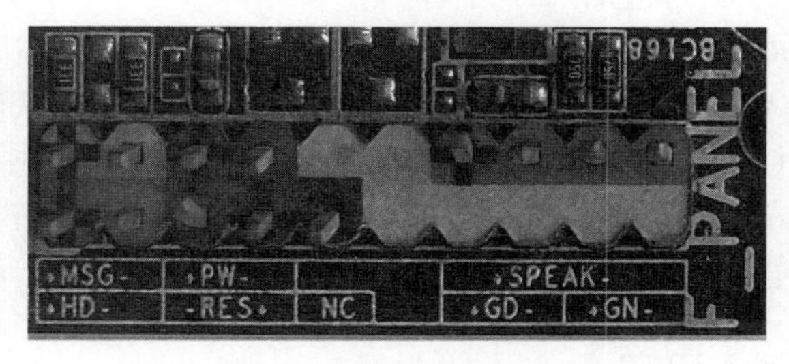

b）主板的前端控制面板接脚实物图

图 4-12　主板的前端控制面板接脚电路图及实物图

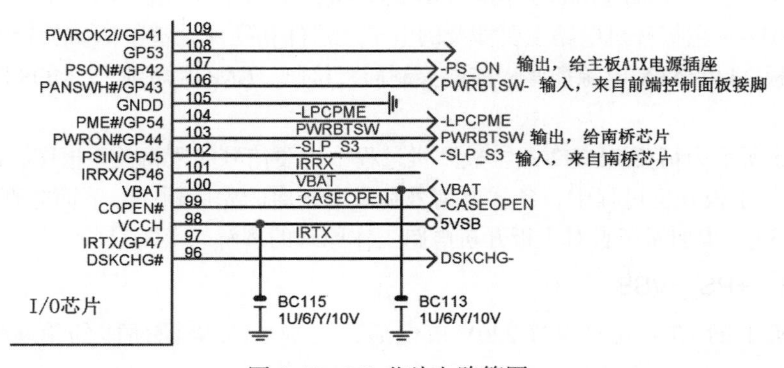

图 4-13　I/O 芯片电路简图

当使用者按下主机机箱的电源开关后，主板的前端控制面板接脚（图 4-12 中的第 6 引脚）发出 PWRBTSW- 信号到 I/O 芯片的 106 引脚 PANSWH#/GP43。

（2）关键点：PWRBTN#

I/O 芯片在接收到前端控制面板接脚发出的 PWRBTSW- 信号后，在其能够正常工作的条件下，会发送 PWRBTSW 信号给南桥芯片的 PWRBTN# 开机信号检测引脚。

如图 4-13 所示，I/O 芯片的 103 引脚 PWRON#GP44，输出 PWRBTSW 信号。

如图 4-14 所示，南桥芯片 PWRBTN# 端接收来自 I/O 芯片的 PWRBTSW 信号。

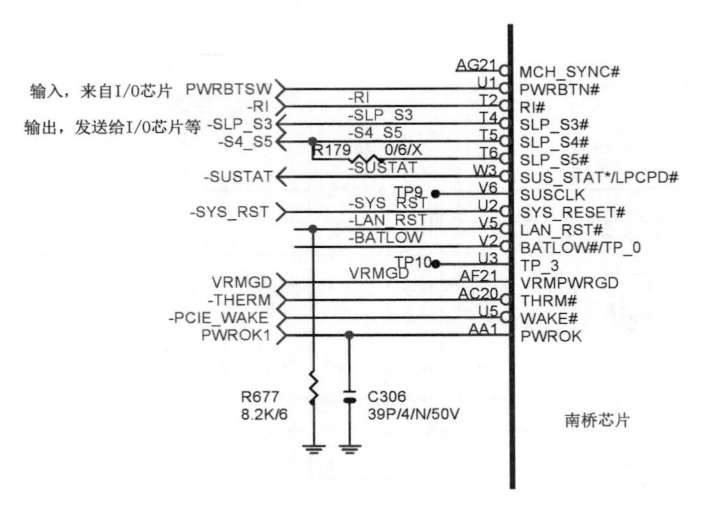

图 4-14 南桥芯片电路简图

（3）关键点：SLP_S3#、PSON

南桥芯片接收到 I/O 芯片发送的开机信号后，通过发送 -SLP_S3 等信号，使系统进入开机状态，其中 -SLP_S3 信号反馈给 I/O 芯片，I/O 芯片收到南桥芯片的确认信号后，其第 107 引脚 PSON#/GP42 发送 -PS_ON 信号（如图 4-13 中所示）到主板 ATX 电源插座的第 16 引脚 PSON。

主板 ATX 电源插座的第 16 引脚 PSON 在接收到开机信号后，会开启 3.3V、+5V、–12V、+12V 等各种规格的供电，并输送到主板的各种电路和硬件设备中。

精英主板开机电路深入研究

精英 P67H2-A 主板采用 Intel 公司的 P67 芯片组，该芯片组为单芯片设计。

精英 P67H2-A 主板开机电路主要涉及的电子元器件和硬件设备包括：芯片组（PCH 芯片）、I/O 芯片、主板 24 针 ATX 电源插座、前端控制面板接脚、CMOS 电池、CMOS 跳线、电阻器、电容器等。

如图 4-15 所示为精英 P67H2-A 主板开机过程中主要信号的逻辑关系框图，图中 1、2、3、4、5、6 表示在主板开机过程中，各主要信号和供电开启的先后顺序。下面分别对这些开机动作进行讲解，进一步加深读者对主板开机电路工作原理的理解。

1. 步骤 1：+PS_3VSB

电脑主机中的 ATX 电源连接 220V 市电后，主板 ATX 电源插座的第 9 引脚开始输出 5VSB 待机供电。

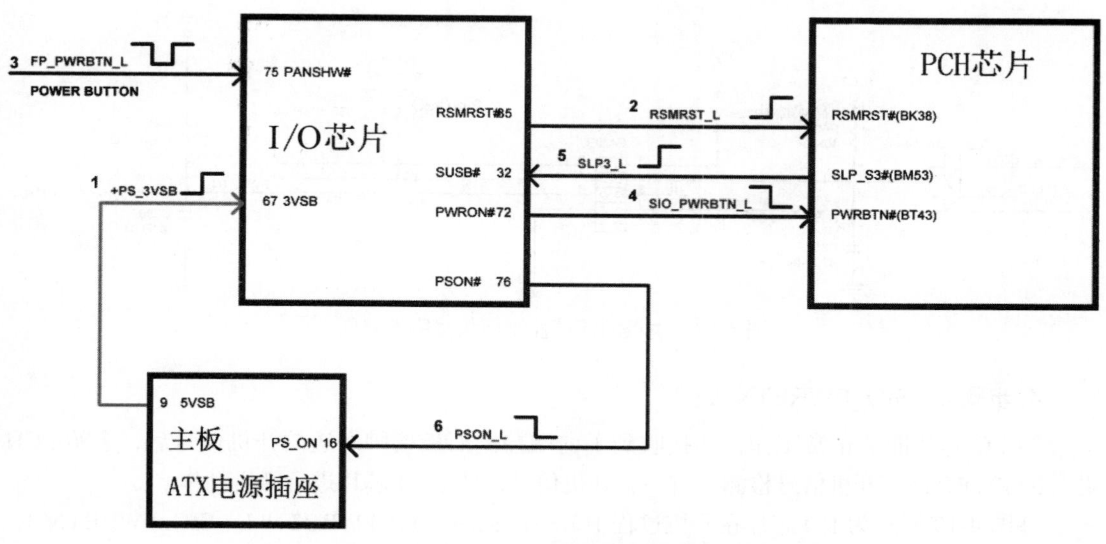

图 4-15　开机过程中主要信号逻辑关系框图

主板 ATX 电源插座输出的 5VSB 待机供电，经过一个三端可调稳压器 APL1086 及其外围电阻器和电容器的作用，输出 3VSB 待机供电，提供给需要此电压的芯片或相关电路，其中包括 I/O 芯片。如图 4-16 所示为 5VSB 待机供电转换出 3VSB 待机供电的电路图。

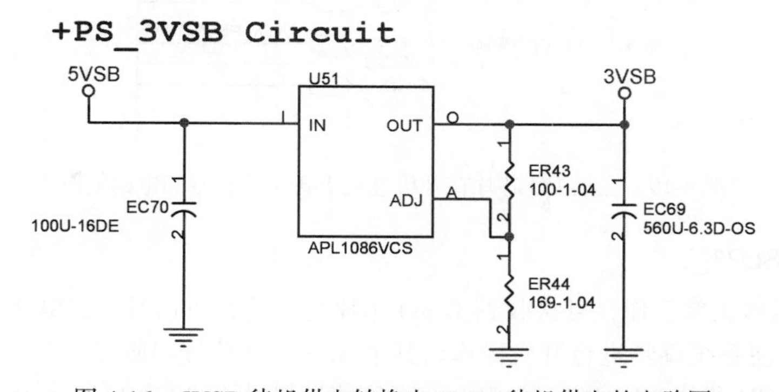

图 4-16　5VSB 待机供电转换出 3VSB 待机供电的电路图

2. 步骤 2：RSMRST_L

该信号为 I/O 芯片提供给 PCH 芯片的信号，用于复位 PCH 芯片睡眠唤醒逻辑。这个信号不正常时，将导致 PCH 芯片不能正常动作，造成系统无法正常开机启动的故障。如图 4-17 所示为 PCH 芯片 RSMRST_L 信号输入电路简图。

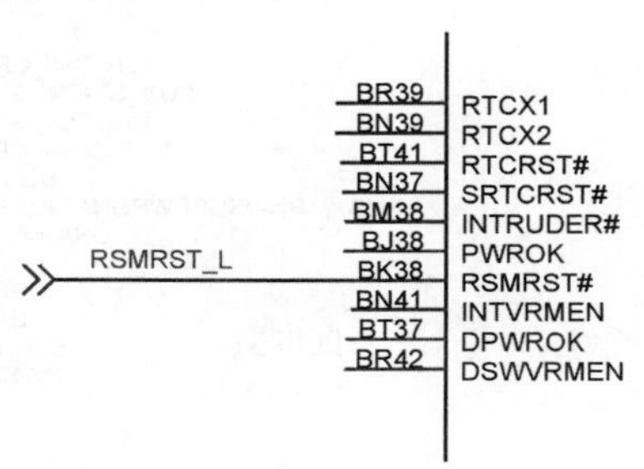

图 4-17　PCH 芯片 RSMRST_L 信号输入电路简图

3. 步骤 3：FP_PWRBTN_L

当使用者按下主机机箱上的电源开关后，主板的前端控制面板接脚发出开机信号到 I/O 芯片，这个信号是一个跳变信号，以通知 I/O 芯片进行开机启动操作。如图 4-18 所示为主板的前端控制面板接脚电路图，从图中可知，其第 6 引脚用于输送 FP_PWRBTN_L 信号。

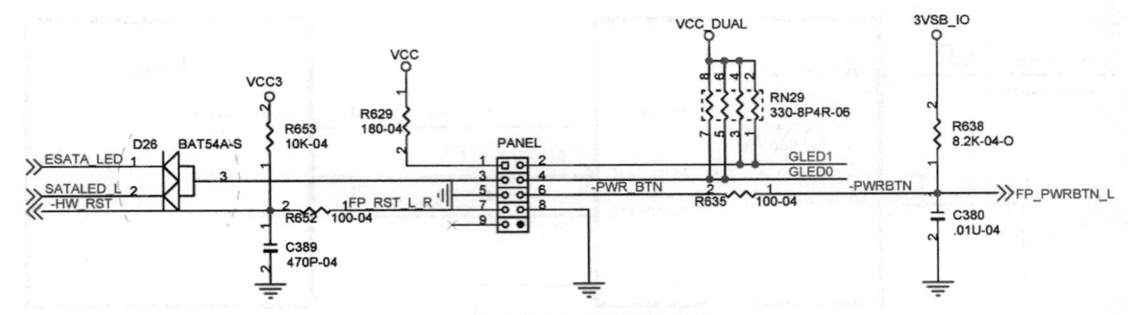

图 4-18　主板的前端控制面板接脚电路图

4. 步骤 4：SIO_PWRBTN_L

当 I/O 芯片能够正常工作，且接收到了前端控制面板接脚发送的开机信号后，会给 PCH 芯片的 PWRBTN# 开机信号检测引脚一个开机信号，使 PCH 芯片进行开机动作。

如图 4-19 所示为 I/O 芯片在开机过程中 RSMRST_L、FP_PWRBTN_L、SIO_PWRBTN_L、SLP3_L、PSON_L 等主要信号的电路简图。

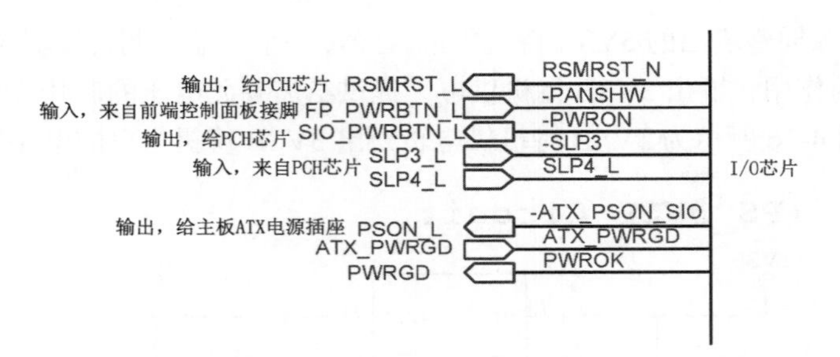

图 4-19　主板 I/O 芯片在开机过程中各主要信号的电路简图

5. 步骤 5：SLP3_L

PCH 芯片能够正常工作，且接收到了 I/O 芯片发送的开机信号后，SLP_S3# 等引脚依次发出控制信号，使系统逐步进行开机操作。其中 SLP_S3# 信号引脚输送信号给 I/O 芯片。如图 4-20 所示为 PCH 芯片 PWRBTN#、SLP_S3# 等信号与引脚的连接电路简图。

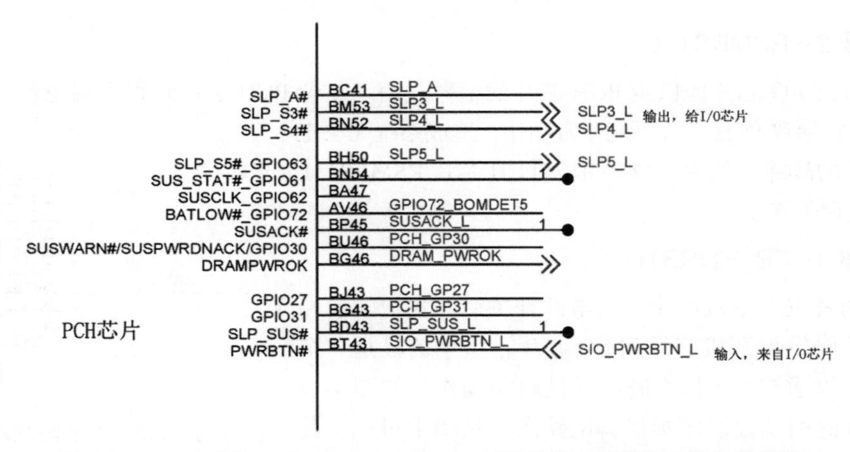

图 4-20　PCH 芯片 PWRBTN#、SLP_S3# 等信号与引脚的连接电路简图

6. 步骤 6：PSON_L

I/O 芯片在接收到了 PCH 芯片的开机确认信号后，会向主板 ATX 电源插座的第 16 引脚发送 PSON_L 信号。主板 ATX 电源插座开始输出 3.3V、+5V 以及 –12V、+12V 各种规格的供电，以提供给主板上的各种芯片、电路以及硬件设备。如图 4-21 所示为该主板的 ATX 电源插座的电路图及实物图。

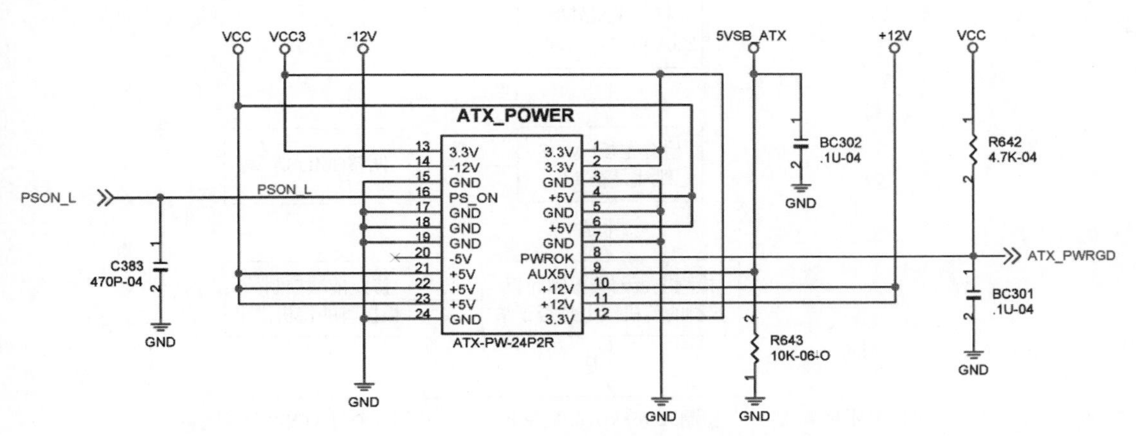

a）主板 ATX 电源插座的电路图

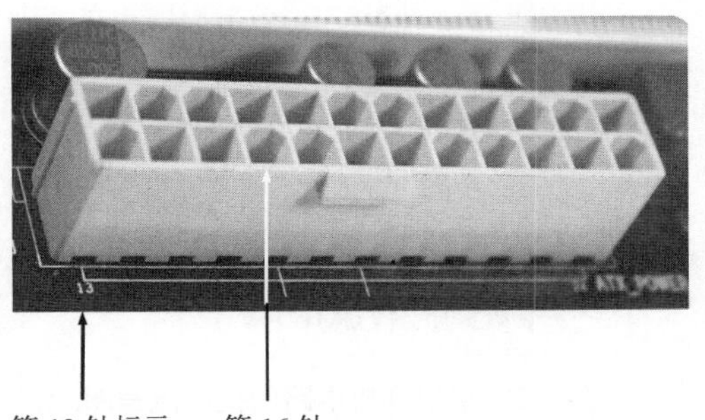

b）主板 ATX 电源插座的实物图

图 4-21　主板 ATX 电源插座的电路图及实物图

技巧 29　主板开机电路诊断流程

主板开机电路出现问题是主板检修过程中经常遇到的故障原因。

由于主板开机电路出现问题而导致的常见故障现象包括：自动关机、无法正常开机启动、无法正常关机以及电脑主机通电后自动开机等。

造成主板开机电路不能正常工作的原因主要包括：CMOS 跳线问题、32.768kHz 晶振或谐振电容损坏、开机电路中的稳压器损坏、I/O 芯片或芯片组不能正常工作或损坏、主板存在短路问题以及主板 ATX 电源插座外围的电子元器件损坏等。

如图 4-22 所示为主板开机电路检测流程图，通过该图可进一步加深对主板开机电路故障检修的认识，进一步提高主板开机电路的检修能力。

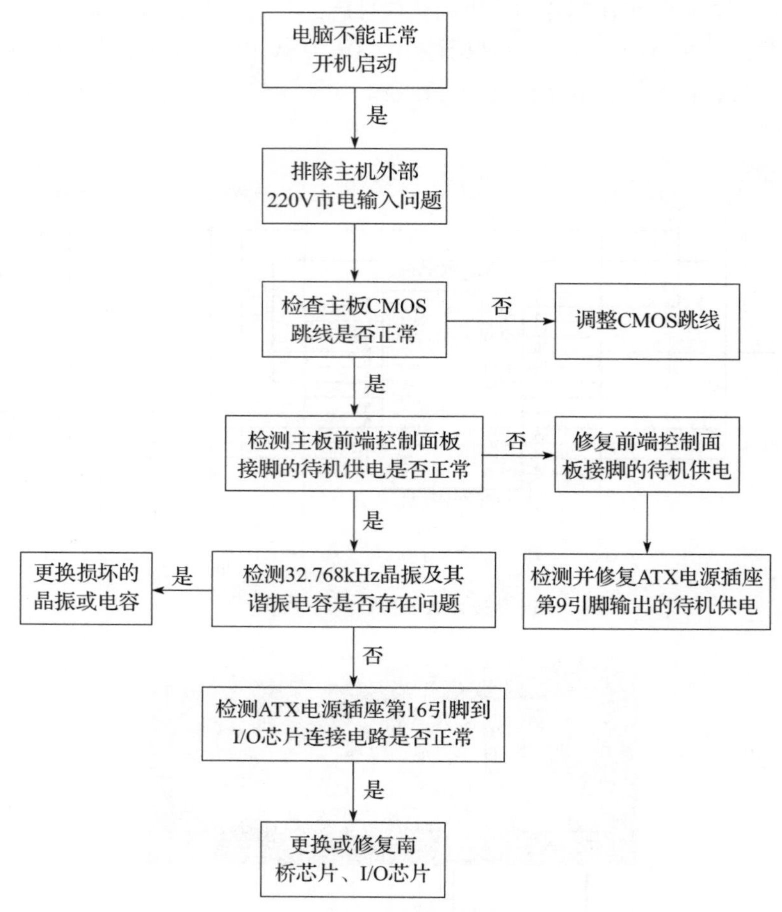

图 4-22　主板开机电路的检测流程图

技巧30　主板开机电路诊断与问题解决

从上述主板开机电路的电路分析可以看出，主板开机电路能够正常工作的前提是，组成开机电路的各种芯片和硬件设备能够正常工作，且各主要信号能够正确地发送和接收。

由于开机电路出现问题，而引起的不能正常开机启动故障，多半是因为主板开机电路中的组成硬件损坏或不能正常工作，从而使开机过程中各种信号的传递受阻。

在主板开机电路的实际检修中，常采用检测某一个信号是否正常，从而判断故障原因的范围，然后再通过更进一步的检测，确定故障点，并更换或修复出现问题的电子元器件和相关硬件设备，而最终排除故障。

对于主板加电不开机故障诊断方法如下。

1）目测主板中有没有明显损坏的元器件（如烧黑、爆裂等），如果有，更换损坏的元器件，然后才测试。如果没有，将主板插上电源，然后用镊子插入电源插座中的第 16 脚和第 18

脚（24针ATX电源插座），令主板强行开机。

2）如果不能开机，则是CPU供电电路或时钟电路或复位电路有故障，检查这几个电路的故障；如果可以开机，则是开机电路的故障，接着检查开机电路。

3）检查开机电路时先将万用表的量程调到电压挡的20量程，然后将万用表的黑表笔接地，红表笔接电池的正极，测量电池是否有电（正常为2.6 ~ 3.3V）。

【提示】

有些主板，电池电力不足也不能开机，但大部分主板没电池也不影响开机。

4）如果电池有电，接着检查COMS跳线，COMS跳线不正确，一般不能开机。

5）如果CMOS跳线连接正常，则用万用表的电压挡测量主板电源开关脚有无3.3V或5V电压。如果没有，则通过跑电路检查电源开关脚到电源插座间连接的元器件，一般主板会连接一些门电路、电阻、晶体管等电子元器件，而且门电路损坏的情况相对较多。如果连接的元器件损坏，更换即可。

6）如果电源开关脚电压正常，接着测量南桥芯片旁边的32.768kHz晶振是否起振，起振电压一般为0.5 ~ 1.6V。如果没有，则更换晶振旁边的滤波电容以及晶振本身。

【提示】

还有一种简便的方法是用手去摸32.768kHz晶振的两引脚，如果手摸主板可以加电开机，则晶振损坏。另外，如果更换晶振或谐振电容，尽量用颜色和大小相同的实时晶振和谐振电容来替换，否则会出现更换不成功。

7）如果晶振正常，接着测量电源开关脚到南桥芯片或I/O芯片之间是否有低电压输入南桥芯片或I/O芯片，如果没有，一般是开关脚到南桥芯片或I/O芯片之间的门电路或晶体管损坏，门电路损坏的情况较多。

【提示】

门电路在维修时一定要注意，门电路损坏后会鼓起些小包或小亮点。门电路用万用表来判断时灵敏度是有限的，所以不是很好判断。最快的方法就是用代换的方法。如果主板不能触发，且怀疑门电路出现故障，就直接将门电路替换掉，以检查门电路的好坏。

8）如果电源开关脚到南桥芯片或I/O芯片之间有低电压输入南桥芯片或I/O芯片，接着测ATX电源绿线到南桥（I/O芯片）是否有元器件损坏，一般会经过一些电阻、晶体管等。看有没有低电平输入南桥（I/O芯片），所以说跑开机电路是非常重要的。大家对这些线路一定要熟悉。

9）如果上面说的那些地方都是好的，则应该是南桥或I/O芯片坏了，只能更换I/O芯片或南桥。

【提示】

I/O芯片损坏是常见的故障，I/O芯片是开机电路中最重要的一个芯片，也是主板中故障率最高的。尤其是华邦公司的I/O芯片，它一般都参与开机电路，这点一定要引起大家的重视。

实例 16 开机电路跑线——开机键连接电路跑线

开机电路是主板维修中故障率最高，也是最容易修的一个电路，但大家在维修之前，一定要熟悉相关的开机线路，所以就要用到跑电路（跑线），把开机线路找出来。

在对开机电路进行检修时，对其进行跑线路是非常重要的，通过跑线路我们可以很方便地找出故障所在，及时排除故障。下面就参照图 4-23 来进行主板开机电路的跑线实战。

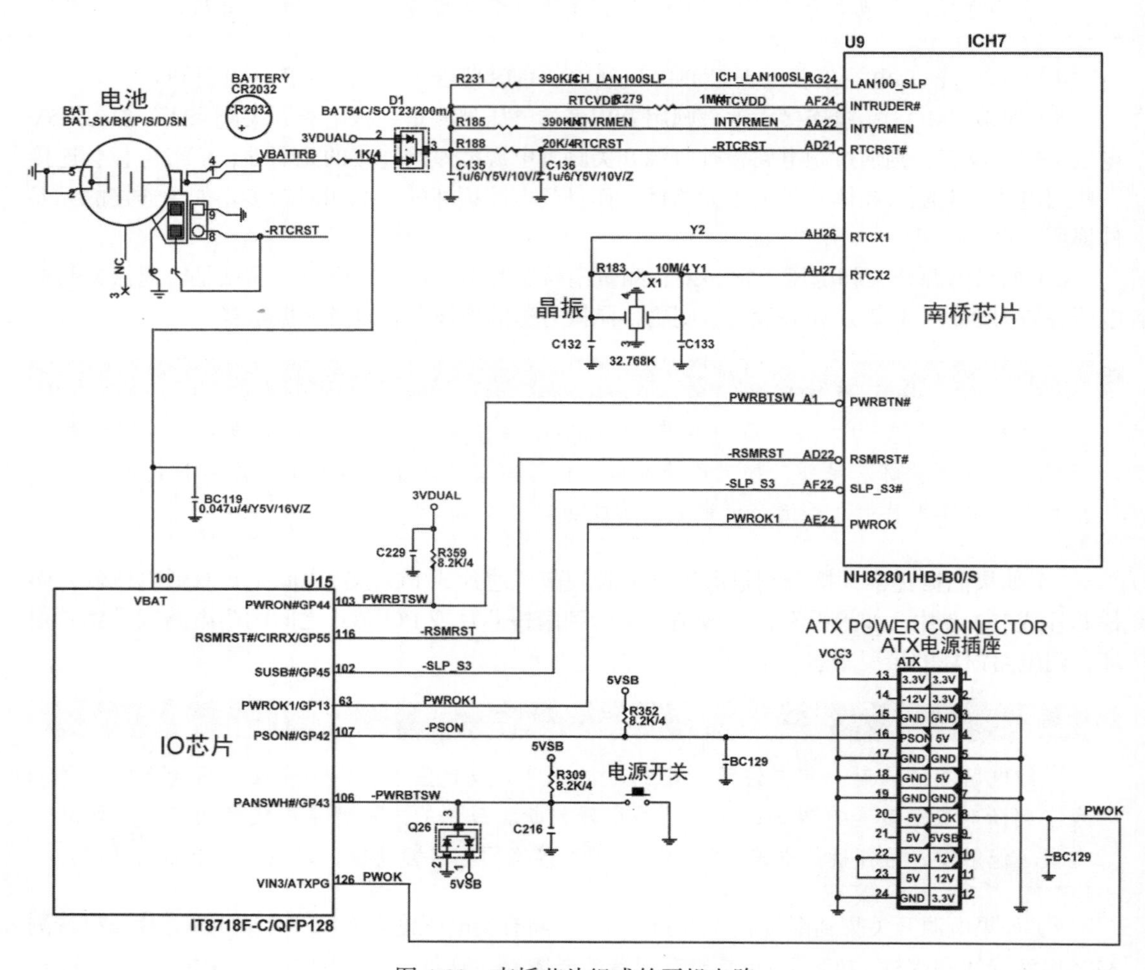

图 4-23 南桥芯片组成的开机电路

具体的方法如下：

1）将万用表调挡至“蜂鸣挡”，测量开机键的第 2 脚到接地间的线路，如图 4-24 所示。线路正常时数字万用表应发出报警声。

2）测量开机键的第 1 脚到电阻 R309 间的线路，如图 4-25 所示。线路正常时数字万用表应发出报警声。

3）测量电阻 R309 到 ATX 电源插座第 9 脚 5V 供电间的线路，如图 4-26 所示。线路正常时数字万用表应发出报警声。

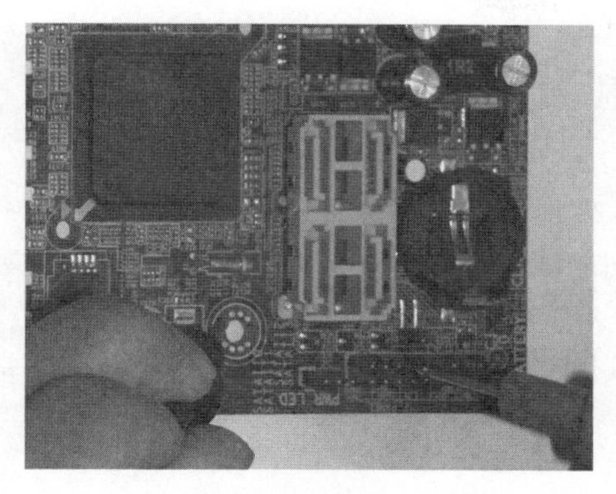

图 4-24　开机键的第 2 脚到接地间线路的检测

图 4-25　开机键的第 1 脚到电阻 R309 间线路的检测

4）测量开机键的第 1 脚到电容 C216 间的线路，如图 4-27 所示。线路正常时数字万用表应发出报警声。

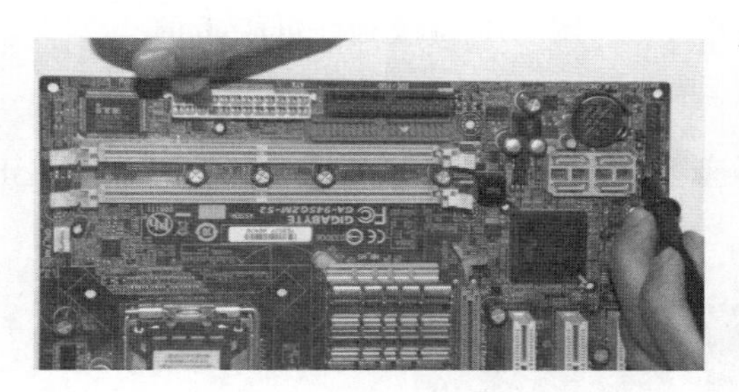

图 4-26　电阻 R309 到 ATX 电源插座第 9 脚 5V 供电间线路的检测

图 4-27　开机键的第 1 脚到电容 C216 间线路的检测

5）测量电容 C216 到地线间的线路，如图 4-28 所示。线路正常时数字万用表应发出报警声。

6）测量开机键的第 1 脚到 I/O 芯片第 106 脚间的线路，如图 4-29 所示。线路正常时数字万用表应发出报警声。

图 4-28　电容 C216 到地线间线路的检测

图 4-29　开机键的第 1 脚到 I/O 芯片第 106 脚间线路的检测

实例 17 开机电路跑线——开机控制信号线路跑线

主板开机电路中的控制信号线路原理图如图 4-23 所示。

1）测量 I/O 芯片的第 103 脚到南桥芯片 A1 间的线路，如图 4-30 所示。线路正常时数字万用表应发出报警声。

2）测量南桥芯片的 AF22 脚到 I/O 芯片第 102 脚间的线路，如图 4-31 所示。线路正常时数字万用表应发出报警声。

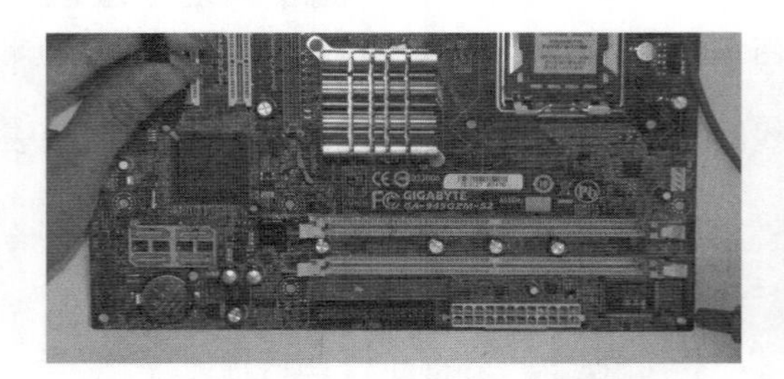

图 4-30 I/O 芯片的第 103 脚到南桥芯片 A1 间线路的检测

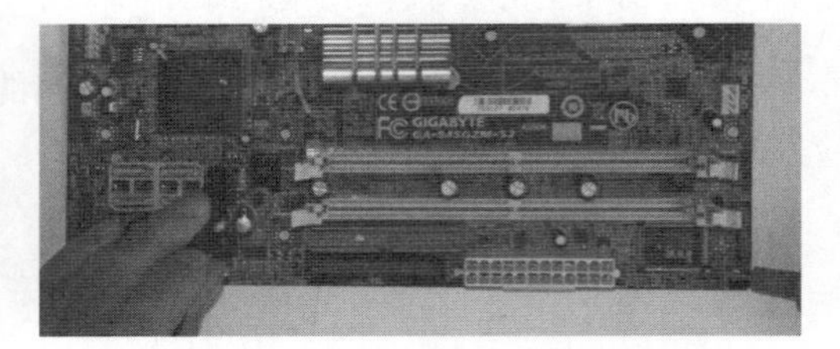

图 4-31 测量通过 I/O 芯片的开机键信号线路

3）测量 I/O 芯片的第 107 脚到 ATX 电源插座第 16 脚间的线路，如图 4-32 所示。线路正常时数字万用表应发出报警声。

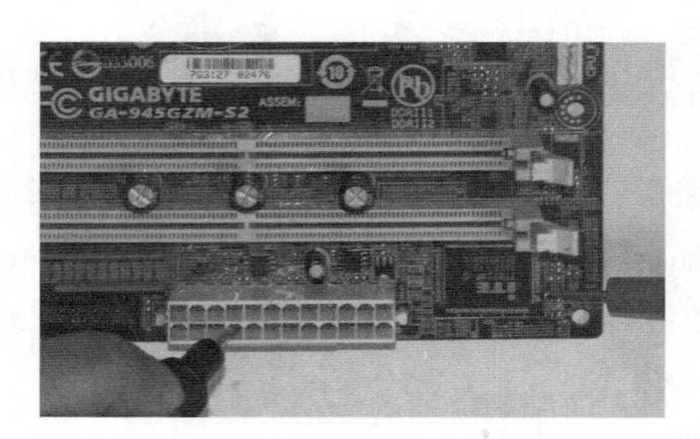

图 4-32 I/O 芯片的第 107 脚到 ATX 电源插座第 16 脚间线路的检测

实例 18 主板短路造成的开机电路故障

故障现象

一台电脑出现不能正常开机启动的故障。

故障判断

应对故障电脑的主板待机供电、开机电路、供电电路以及 I/O 芯片、芯片组等进行重点检修。

故障分析与排除过程

步骤 1　确认故障，排除主机外部供电存在问题。

步骤 2　打开电脑主机后，首先尝试重新插拔内存条、硬盘、光驱以及独立显卡等设备，并将光驱、独立显卡等非必需硬件移除，然后检查是否能够正常开机启动。

之前的操作结束后，可能依然不能正常开机启动。

如果主板上淤积灰尘或存在异物，容易造成主板的短路或相关电子元器件的散热问题，所以对故障主板进行清理是十分必要的，此操作可排除部分不能正常开机启动以及反复自动重启的故障。

在清理的过程中，还需要仔细观察主板上重要芯片、电子元器件以及硬件设备是否存在明显的物理损坏，如芯片烧焦、开裂，电容器鼓包、漏液，电路板破损，插槽或电子元器件脱焊、虚焊等问题。如果检查到存在明显的物理损坏，应首先对这些明显损坏的电子元器件或硬件设备进行加焊或更换后，再继续进行其他方式的检修。

若进行上述操作后，故障依旧，则下一步需根据电路图，做更进一步的检修操作。

步骤 3　将万用表量程选择开关扭转至 20V 电压挡，黑表笔接地，用红表笔连接主板 ATX 电源插座的引脚，短接前端控制面板接脚，进行开机操作，查看主板 ATX 电源插座是否正常输出 3.3V 和 5V、12V 等供电。

经检测，主板 ATX 电源插座没有供电输出，说明该故障主板的开机电路没有正常工作，此时的常规操作应为重点检修主板开机电路存在的故障。

在主板开机时，通过控制主板 ATX 电源插座 PSON 引脚（第 16 引脚）的电位高低来控制 ATX 电源的开启与关闭，继而控制主板的开启与关闭。当 PSON 引脚为高电平时，ATX 电源中的主电源电路处于关闭状态。当 PSON 引脚变为低电平时，ATX 电源中的主电源电路启动，开始输出各种供电。因此，通过控制 ATX 电源 PSON 引脚电位的高低，就控制了主板的开启与关闭。当用示波器检测出该引脚有 5V 电压时，表示未被拉低，若检测不出电压，表示已经拉低。

短接前端控制面板接脚进行开机操作，用示波器检测主板 ATX 电源插座第 16 引脚的 PSON# 信号是否拉低。

如果 PSON# 信号已拉低，但是主板 ATX 电源插座还是无法输出各种供电，这是由于电源内部保护电路动作了，产生这种情况的主要原因是主板上某部分电源之间相互短路或者对地短路。对于这种情况主要检查主板上的 +12V、+5V、3.3V 和 CPU 核心供电有没有对地或相互之间短路。

经检测，PSON# 信号已拉低，但是主板 ATX 电源插座没有输出各种供电，初步判断主板可能存在短路问题。

此时应再次仔细观察主板供电电路中的电容器、场效应管以及稳压器芯片等，这些电子元器件的损坏是造成主板短路的常见原因。

再次观察后发现内存供电电路中的一个场效应管有轻微的发黑迹象，于是拆下该场效应管后进行检测，发现其已经损坏。

步骤 4　更换出现问题的场效应管，加电进行测试时已经能够正常开机启动，故障排除。

故障检修经验总结：

主板出现短路问题，通常是主板供电电路中的电容器、场效应管、稳压器芯片导致的，还有比较常见的原因是 I/O 芯片、网卡芯片、时钟发生器芯片损坏导致的短路故障。当主板发生短路故障时，这些出现问题的电子元器件通常表现为温度过高、发黑、鼓包或有裂纹，甚至出现比较明显的烧毁情况。

实例 19 I/O 芯片损坏造成的开机电路故障

故障现象

电脑在使用过程中突然掉电关机，再次按下主机机箱的电源开关时，已经无法正常开机启动。

故障判断

针对该电脑的故障现象，应重点检测主板供电电路、开机电路以及 I/O 芯片、芯片组是否存在虚焊、性能不良或已经损坏的问题。

故障分析与排除过程

步骤 1 电脑的故障检修通常是先检修软件，后检修硬件，但对于这种开机无反应的故障，在确认主机外部供电正常后，便需要打开电脑主机进行检修。

步骤 2 打开电脑主机检测过程的第一步是，对故障电脑的主板进行清理。若电脑主板内淤积过多的灰尘或异物，可能造成主板上的某些电路、电子元器件产生短路或散热不良的问题，并引发相关故障。

在清理的过程中，应仔细观察电脑主板上的主要电子元器件和硬件设备是否存在明显的物理损坏，如芯片烧焦和开裂问题，电容器有鼓包或漏液问题，电路板破损问题，插槽或电子元器件脱焊、虚焊等问题。如果存在严重的烧毁情况，能闻到明显的焦糊味道，对于这种有明显物理损坏的元器件，应首先进行更换后再进行其他方式的检修。

清理并仔细观察该故障电脑后，若没有发现明显的问题，那么移除不必要的硬件设备（如光驱），重新插拔或直接更换内存条、硬盘等硬件设备后进行测试，故障依旧。说明故障多半出在电脑的主板上。此时，需根据电路图做进一步的检修操作。

步骤 3 检测该故障主板待机供电正常，但开机进行测试时，主板 ATX 电源插座没有正常输出 3.3V、5V、12V 等供电，重点检修主板开机电路是否存在问题而导致了故障。

短接前端控制面板接脚进行开机操作，用示波器检测主板 ATX 电源插座第 16 引脚的 PSON# 信号是否拉低。经检测，PSON# 未被拉低，于是检测南桥芯片发送给 I/O 芯片的 SLP_S3# 信号是否正常。

检测发现，SLP_S3# 信号没有被拉高，此时应检测南桥芯片在开机后，为什么没有正常拉高 SLP_S3# 信号，是其自身损坏导致，还是其工作条件存在问题导致。而在南桥芯片的供电、时钟和复位等工作条件中，应首先检测 RSMRST# 和 PWRBTN# 这两个信号，作为下一步故障检修的切入点。

当检测到 RSMRST# 信号异常时，需检测 I/O 芯片与南桥芯片之间 RSMRST# 信号传输电路是否存在问题，然后检测 I/O 芯片是否已经损坏或其工作条件存在问题，而无法正常给南桥芯片输送 RSMRST# 信号。

当检测到 PWRBTN# 信号异常时，先检修 RSMRST# 信号存在的问题，然后检修从前端控制面板接脚到 I/O 芯片，再到南桥芯片这条 PWRBTN# 信号传输电路是否存在问题。

经检测，I/O 芯片与南桥芯片之间 RSMRST# 信号传输电路没有问题，I/O 芯片的 3.3V 待机供电输入等工作条件没有问题。如图 4-33 所示为故障主板 I/O 芯片的 3.3V 待机供电及 RSMRST# 信号等电路连接简图。该 I/O 芯片的第 75 引脚为 RSMRST# 信号引脚输出端，第 61 引脚为 3.3V 待机供电输入端。

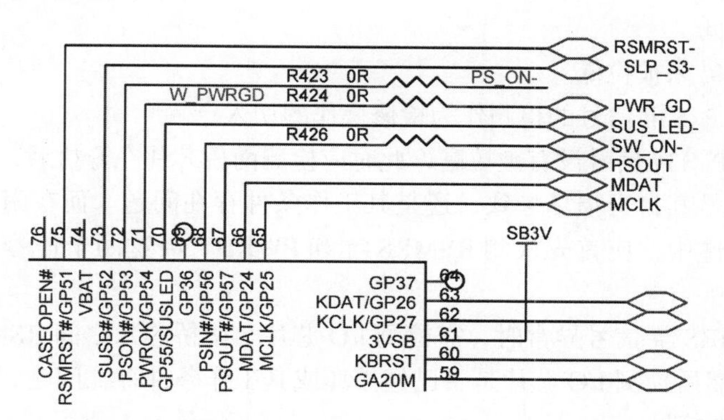

图 4-33　故障主板 I/O 芯片的 3.3V 待机供电及 RSMRST# 信号等电路连接简图

步骤 4　当 I/O 芯片的工作条件没有问题，但是无法正常输送出 RSMRST# 信号给南桥芯片时，通常怀疑 I/O 芯片自身存在问题。更换 I/O 芯片，开机进行测试，故障已经排除。

故障检修经验总结：

主板的故障分析与检修过程是一个持续判断、检测、排除的过程。要在牢固掌握电脑各功能模块工作原理的基础上，根据故障现象做出分析和判断，并最终找到故障点进行排除。当 I/O 芯片、芯片组等重要芯片的工作条件已经具备，但是没有信号输出时，很可能存在虚焊、不良或者已经损坏的问题。

实例 20　与 PWRBTN# 信号相关的开机电路故障

故障现象

清理灰尘后电脑出现不能正常开机启动的故障。

故障判断

对于此类故障，应重点检测主板上的电子元器件或相关硬件设备有无损坏或者脱焊、虚焊等问题。如果清理灰尘前没有问题，而清理后出现故障，则说明故障是由于清理操作不当，造成主板上的电子元器件击穿、脱落或出现其他形式的损坏所造成的。

故障分析与排除过程

步骤 1　确认故障，排除主机外部供电问题。

步骤 2　针对该故障电脑是清理灰尘后产生的故障，所以应更加仔细地查看主板上的电子元器件是否存在明显的物理损坏或脱落问题。

仔细观察后没有发现明显的物理损坏，开始进入下一步的检修操作。

步骤 3 插上电源进行检测，发现该故障电脑主板待机供电输出正常。进入下一步操作，检测主板 ATX 电源插座的输出供电。

经检测，主板 ATX 电源插座没有供电输出，说明该故障电脑主板的开机电路没有正常工作，此时的常规操作应为重点检修主板开机电路存在的故障。

短接前端控制面板接脚进行开机操作，用示波器检测主板 ATX 电源插座第 16 引脚的 PSON# 信号是否拉低。

经检测，PSON# 未被拉低。

下一步应从 SLP_S3# 信号的检测作为检修操作的切入点。

检测发现，SLP_S3# 信号没有被拉高，此时应检测南桥芯片在开机后，为什么没有正常拉高 SLP_S3# 信号，是其自身损坏导致，还是其工作条件存在问题。而在南桥芯片的供电、时钟和复位等工作条件中，应首先检测 RSMRST# 和 PWRBTN# 这两个信号，作为检修操作的切入点。

当检测到 RSMRST# 信号异常时，需检测 I/O 芯片与南桥芯片之间 RSMRST# 信号传输电路是否存在问题，然后检测 I/O 芯片是否已经损坏或其工作条件存在问题，而无法正常给南桥芯片输送 RSMRST# 信号。

当检测到 PWRBTN# 信号异常时，先检修 RSMRST# 信号存在的问题，然后检修从前端控制面板接脚到 I/O 芯片，再到南桥芯片这条 PWRBTN# 信号传输电路是否存在问题。

经检测，RSMRST# 信号正常，但在检修 PWRBTN# 信号传输电路时发现问题。如图 4-34 所示为故障电脑主板 I/O 芯片电路连接简图。

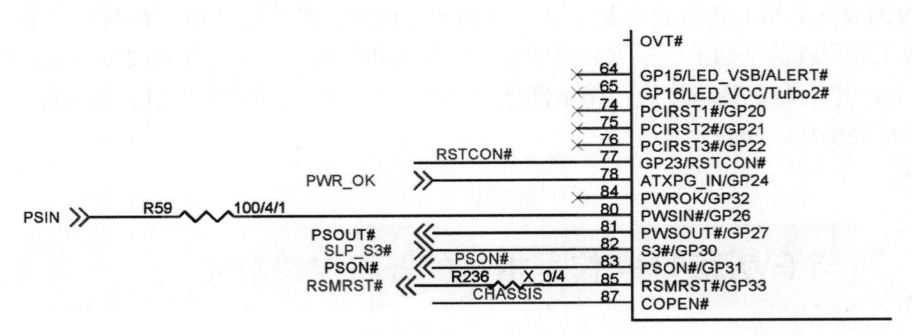

图 4-34　故障电脑主板 I/O 芯片电路连接简图

在短接前端控制面板接脚进行开机操作后，前端控制面板接脚发送名为 PSIN（这类命名根据不同品牌的主板和采用的芯片会有所不同，但只要从南桥芯片信号最终接收 PWRBTN# 端或前端控制面板接脚端的起始发送端追查，都是很容易理清的）的信号给 I/O 芯片的第 80 引脚 PWSIN# 端，I/O 芯片在能够正常工作的条件下，会从其第 81 引脚 PWSOUT# 端输出名为 PSOUT# 的信号给南桥芯片的 PWRBTN# 信号引脚。

检测过程中发现电阻器 R59 存在问题，判断该电阻器出现问题而导致了故障的产生。

步骤 4 更换出现问题的电阻器，开机进行测试，已经能够正常开机启动，故障已经排除。

故障检修经验总结：

主板上的电子元器件和硬件设备排列十分密集且脆弱。在检修过程中，一定要按照正规的操作方法进行操作，谨防出现静电以及检修工具操作不当而损坏电子元器件和硬件设备的问题。

实例21　与前端控制面板接脚相关的开机电路故障

故障现象

按下主机机箱的电源开关后，电脑无反应，不能开机启动。

故障判断

电脑出现不能正常开机启动的故障，首先应重点检测各种重要信号是否正常拉高、拉低或跳变，其次要重点检测I/O芯片和芯片组是否损坏，其工作条件是否具备。

故障分析与排除过程

步骤1　掌握故障电脑的故障现象及故障发生前的情况，是检修过程的第一步，同时也是检修过程中非常重要的一个步骤。

如故障发生前有移动主机、更换硬件设备或雷雨天使用等问题时，应首先联想到故障原因可能是移动主机、更换硬件设备或雷雨天使用等问题导致了相关接口接触不良或主板电子元器件、硬件设备损坏。

该故障电脑在故障发生前正常使用，无异常状况发生。

而针对该故障电脑在按下主机机箱电源开关的时候没有任何反应的故障现象分析，故障原因可能为主板待机供电存在问题，也可能是主机机箱与主板前端控制面板接脚的连接线和接口存在问题，或主板的开机电路、供电电路存在问题。由于造成电脑不能正常开机启动的故障原因很多，所以在检修时应选择好切入点，逐步进行检修。

步骤2　打开电脑主机后对故障电脑的主板进行清理，并仔细观察主板上的电子元器件和硬件设备是否存在明显的物理损坏。

清理后没有发现明显的物理损坏问题，需采取进一步的检修操作。

步骤3　加电进行检测，发现该故障电脑主板待机供电输出正常。进入下一步操作，检测主板ATX电源插座的输出供电。

经检测，主板ATX电源插座没有供电输出，说明该故障电脑主板的开机电路没有正常工作，此时的常规操作应为重点检修主板开机电路存在的故障。

短接前端控制面板接脚进行开机操作，用示波器检测主板ATX电源插座第16引脚的PSON#信号是否拉低。

经检测，PSON#信号未被拉低。

下一步应以SLP_S3#信号的检测作为检修操作的切入点。

检测发现，SLP_S3#信号没有被拉高，此时应检测PCH芯片在开机后，没有正常拉高SLP_S3#信号的原因是其自身损坏导致，还是其工作条件存在问题。而在PCH芯片的供电、时钟和复位等工作条件中，应首先检测RSMRST#和PWRBTN#这两个信号，作为下一步检修操作的切入点。

当检测到RSMRST#信号异常时，需检测I/O芯片与PCH芯片之间RSMRST#信号传输电路是否存在问题，然后检测I/O芯片是否已经损坏或其工作条件是否存在问题，而无法正常给PCH芯片输送RSMRST#信号。

当检测到PWRBTN#信号异常时，先检修RSMRST#信号存在的问题，然后检修从前端控制面板接脚到I/O芯片，再到PCH芯片这条PWRBTN#信号传输电路是否存在问题。

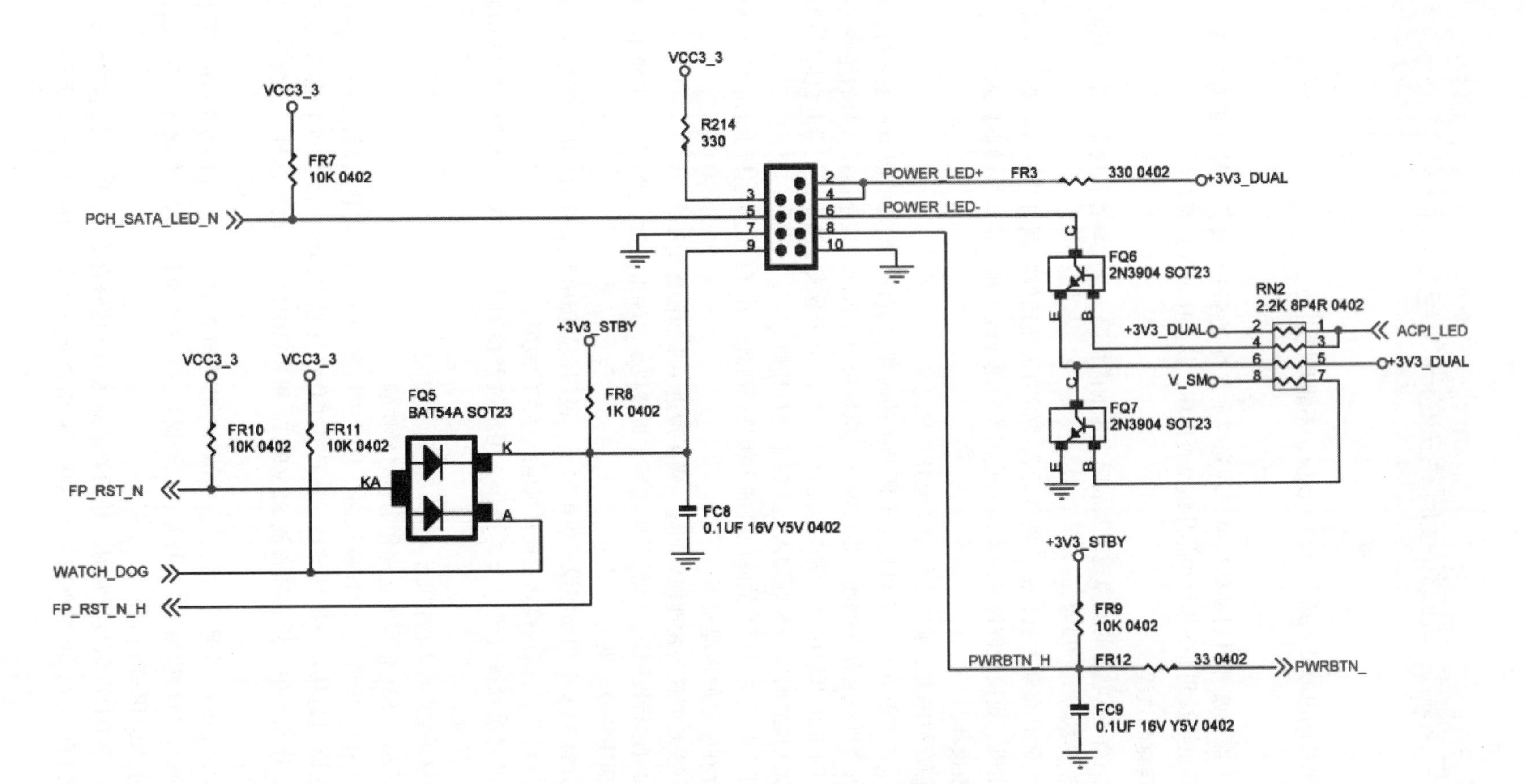

图 4-35 故障电脑主板前端控制面板接脚电路图

经检测，RSMRST# 信号正常，但在检修 PWRBTN# 信号传输电路时发现问题。如图 4-35 所示为故障电脑主板前端控制面板接脚电路图。

在短接前端控制面板接脚进行开机操作后，前端控制面板接脚的第 8 引脚应发送一个跳变信号 PWRBTN_ 给 I/O 芯片，I/O 芯片在能够正常工作的条件下，应将这个开机信号发送给 PCH 芯片，使 PCH 芯片内部电路开始动作，从而进行拉高 SLP_S3# 等信号的开机操作，最终使电脑开机。

图 4-35 中，+3V3_STBY 是 3.3V 待机供电，由主板 ATX 电源插座第 9 引脚输出的 5V 待机供电通过一个线性稳压电源电路转换而来，其作用是使前端控制面板接脚的第 8 引脚保持一个高电平。

在检测前端控制面板接脚电路时发现，电阻器 FR9 性能不良，判断由于该电阻器的问题导致 PWRBTN_ 信号不正常而引发故障。

步骤 4 更换性能不良的电阻器，开机进行测试后发现故障已经排除。

故障检修经验总结：

由于导致电脑出现不能正常开机启动的故障的原因很多，所以在检修过程中应从合理的切入点进行检修操作。很多检修操作都是为了确定故障原因的范围，为最终找到故障点而进行的准备，所以虽然看起来非常烦琐，但对初学者来说却是最稳健的检修流程。当检修经验足够丰富时，针对不同的故障表现，可省略部分检修操作而达到迅速排除故障的目的。

实例 22 I/O 芯片问题导致的开机电路故障

故障现象

一台电脑出现无法正常开机启动的故障。

故障判断

重点检测故障电脑主板的待机供电、开机电路以及主板供电电路、时钟电路中的电子元器件和相关硬件设备是否存在开焊、脱落或其他损坏等问题。

故障分析与排除过程

步骤 1 了解故障发生前的情景，确认故障。

故障发生前电脑可正常操作，无明显异常情况。

电脑的故障检修通常是先检修软件，后检修硬件。但对于这种开机无反应的故障，在确认主机外部供电及 ATX 电源正常后，便需要对故障电脑的主板进行检修。

步骤 2 对故障电脑的主板进行清理。

当电脑主板内淤积过多的灰尘或存在异物，可能造成主板上的某些电路、电子元器件散热不良或产生短路等问题，并引发相关故障。

在清理的过程中，应仔细观察主板上的主要电子元器件和硬件设备是否存在明显的物理损坏，如芯片烧焦和开裂问题，电容器有鼓包或漏液问题，电路板破损问题，插槽或电子元器件脱焊、虚焊等问题。如果存在严重的烧毁情况，能闻到明显的焦糊味道，对于此类有明显物理损坏的元器件，应首先进行更换或修复后再进行其他方式的检修。

该故障主板并未发现明显的物理损坏问题。

步骤 3 电脑出现不能正常开机启动的故障，在检修过程中通常需要根据故障现象进行分析，并找到一个切入点，进一步缩小、确认故障原因的范围。通常采用的切入点是检测故障电脑主板的待机供电是否正常。

如果待机供电正常，通常可以首先排除主机的 ATX 电源存在问题。如果待机不正常，需检修主机 ATX 电源是否存在问题，以及主板 ATX 电源插座和待机电路是否正常。

检测故障电脑主板的待机供电，发现其能够正常输出。

此时为了判断故障原因的范围，需检测主板 ATX 电源插座的输出供电是否正常，从而判断故障原因是在主板开机电路中，还是在主板供电电路等中。

将数字万用表量程选择开关扭转至 20V 电压挡，黑表笔接地，用红表笔连接主板 ATX 电源插座的引脚，然后短接前端控制面板接脚进行开机操作，查看主板 ATX 电源插座是否正常输出 3.3V、5V、12V 等供电。

经检测，主板 ATX 电源插座没有供电输出，说明该故障电脑主板的开机电路没有正常工作，此时的常规操作应为重点检修主板开机电路存在的故障。

短接前端控制面板接脚进行开机操作，用示波器检测主板 ATX 电源插座第 16 引脚的 PSON# 信号是否拉低。

如果 PSON# 已被拉低，但是主板 ATX 电源插座还是无法输出各种供电，这是由于 ATX 电源内部保护电路动作了，产生这种情况的主要原因是主板上某部分电源之间相互短路或者对地短路。对于这种情况主要检查主板上的 +12V、+5V、3.3V 和 CPU 核心供电有没有对地或相互之间短路。

当检测到 PSON# 未被拉低，下一步应以 SLP_S3# 信号的检测作为检修操作的切入点。

短接前端控制面板接脚进行开机操作，用示波器在 I/O 芯片端检测 SLP_S3# 信号是否拉高，如果正常，说明问题应该出在 I/O 芯片未拉低主板 ATX 电源插座第 16 引脚的 PSON# 信号，此时应检测 I/O 芯片到主板 ATX 电源插座第 16 引脚的 PSON# 信号传输电路是否存在问题，如果没有问题，则可能是 I/O 芯片损坏导致了故障的产生，需要进行更换 I/O 芯片的操作。

检测发现，SLP_S3# 信号动作正常，但是 I/O 芯片未拉低 PSON# 信号。检测 I/O 芯片到主板 ATX 电源插座第 16 引脚 PSON# 信号电路没有发现异常。

步骤 4 更换 I/O 芯片，加电进行检测，已经能够正常开机启动，故障已经排除。

故障检修经验总结：

在不能正常开机启动的故障检修中，检测重要的触发信号是否产生，可以判断故障原因的范围。而追查没有产生的关键信号，并检测其信号传送电路上的电子元器件，是找到故障点的常用方法。

通常情况下，只要将故障点找到，故障的排除就非常容易了。

其实这个过程的本质还是一直在强调的故障分析的逻辑性。电脑的检修过程是一个逻辑推理过程，而逻辑推理过程应建立在牢固掌握了电脑各功能模块工作原理以及相关知识的基础上。

实例 23 PSON# 信号电路问题导致的开机电路故障

故障现象

一台电脑搁置很久后再次使用，经常出现不能正常开机启动的故障。

故障判断

重点检修主板开机电路、供电电路，以及主板上的电子元器件是否存在虚焊、性能不良等问题。

故障分析与排除过程

步骤1　确认故障，并排除电脑主机外部供电及ATX电源存在问题的原因。

步骤2　拔除光驱等非必要硬件，重新插拔内存条、硬盘等硬件设备，开机进行测试，故障依旧。清理并仔细观察主板上的电子元器件，没有发现明显的物理损坏。

步骤3　检测待机供电输出正常，但开机进行测试，主板ATX电源插座没有正常输出3.3V、5V、12V等供电，重点检修主板开机电路是否存在的问题而导致了故障。

短接前端控制面板接脚进行开机操作，用示波器检测主板ATX电源插座第16引脚的PSON#信号是否拉低。

电脑启动过程中，通过控制ATX电源PSON引脚（第16引脚）的电位高低来控制ATX电源的开启与关闭，继而控制主板的开启与关闭。当PSON引脚为高电平时，ATX电源中的主电源电路处于关闭状态。当PSON引脚变为低电平时，ATX电源中的主电源电路启动，开始输出各种供电。因此，通过控制ATX电源PSON引脚电位的高低，就控制了主板的开启与关闭。在检修过程中，通常使用示波器检测出该引脚有5V电压，表示未被拉低，检测不出电压，表示已经拉低。

经检测，PSON#信号未被拉低。于是检测PCH芯片发送给I/O芯片的SLP_S3#信号是否正常，经检测，该信号已经被拉高。

该现象说明，问题应该出在I/O芯片没有正常发送信号给主板ATX电源插座的第16引脚，从而使其电平未拉低，ATX电源不工作，主板ATX电源插座的其他引脚也就无法正常输出各种供电。

此时应检测I/O芯片到主板ATX电源插座第16引脚的PSON#信号传输电路是否存在问题，如果没有问题，则多半是I/O芯片损坏导致了故障的产生，需要进行更换I/O芯片的操作。如图4-36所示为故障主板ATX电源插座电路图。

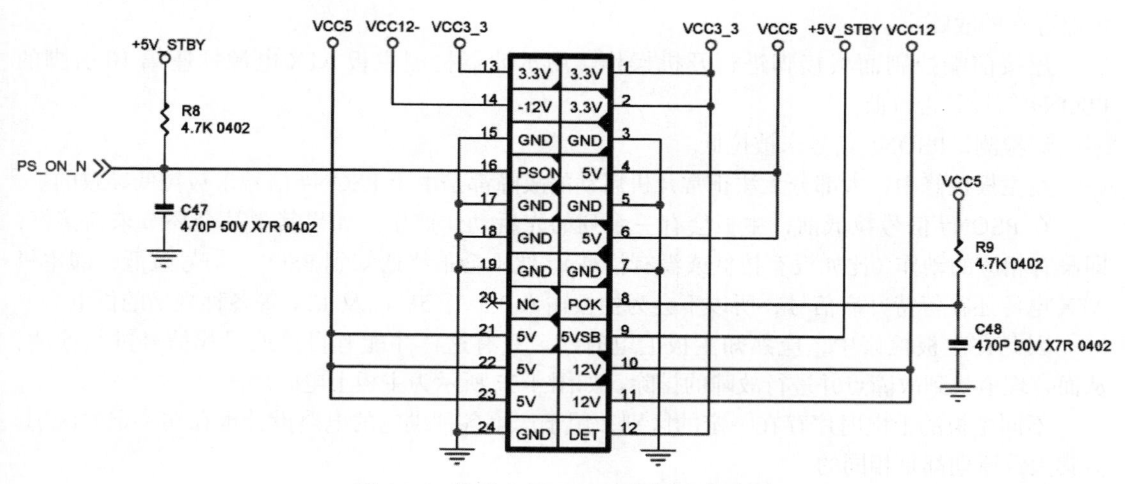

图4-36　故障主板ATX电源插座电路图

当PCH芯片发送给I/O芯片的SLP_S3#信号正常时，I/O芯片发送PS_ON_N信号给主板

ATX 电源插座第 16 引脚，该信号应为低电平有效。检测该信号电路上的电子元器件时发现电阻器 R8 存在问题，并推测此问题可能导致了故障的产生。

步骤 4 更换存在问题的电阻器，加电进行测试，已经能够正常开机启动，故障排除。

故障检修经验总结：

主板上的各种电子元器件出现虚焊、脱焊或性能不良等问题时，常导致信号异常或供电问题，并引发相关故障，所以在检修的时候应特别注意。

在每一次检修完成后，要及时地进行检修经验的总结，只有不断地总结经验，才能进一步提升主板的检修技能。

实例 24 南桥芯片问题导致的开机电路故障

故障现象

一台电脑出现不能正常开机启动的故障。

故障判断

应对故障电脑的主板开机电路、供电电路以及 I/O 芯片、芯片组等进行重点检测。

故障分析与排除过程

步骤 1 故障发生前无异常，在进一步确认故障后，打开故障电脑主机进行检修。

步骤 2 对主板进行清理，仔细观察后没有发现主板上有明显损坏的电子元器件或硬件设备。

步骤 3 插上电源，检测该故障电脑主板待机供电，发现其输出正常。

开机操作，检测主板 ATX 电源插座的 3.3V、5V 以及 12V 等输出供电，检测结果为没有供电输出。

说明该故障电脑主板的开机电路没有正常工作，此时的常规操作应为重点检修主板开机电路存在的故障。

短接前端控制面板接脚进行开机操作，用示波器检测主板 ATX 电源插座第 16 引脚的 PSON# 信号是否拉低。

经检测，PSON# 信号未被拉低。

在主板检修中，大部分无法正常开机启动的故障都是由于 PSON# 信号未被拉低导致的。

在 PSON# 信号拉低前，主板会有一系列的先后动作产生。如果其中某个环节未衔接好，即没有相应的动作（比如没有拉低或没有抬高），便不会最终通知到 PSON# 信号拉低，即主机 ATX 电源还在等待开启信号，所以不会为主板输入 3.3V、5V 以及 12V 等各种规格的供电。

因此在主板检修中，应熟知主板上电时序。只有这样才能有目的地寻找信号进行检测，从而合理地找到故障点并进行故障的排除。如图 4-37 所示为主板上电时序图。

不同主板的上电时序存在一定的区别，用于产生各种供电的电路设计也存在一定的区别，但其大致原理都是相同的。

图 4-37 显示了主板各主要供电和相关信号产生的先后顺序，以及其电压变化。

主板 ATX 电源插座接入电源，首先产生 SB5V 和 SB3V 两个主板待机供电。SB5V 由主

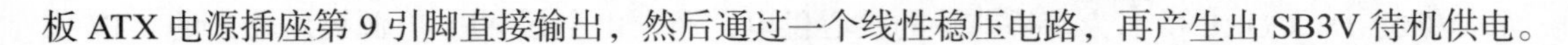

板 ATX 电源插座第 9 引脚直接输出，然后通过一个线性稳压电路，再产生出 SB3V 待机供电。

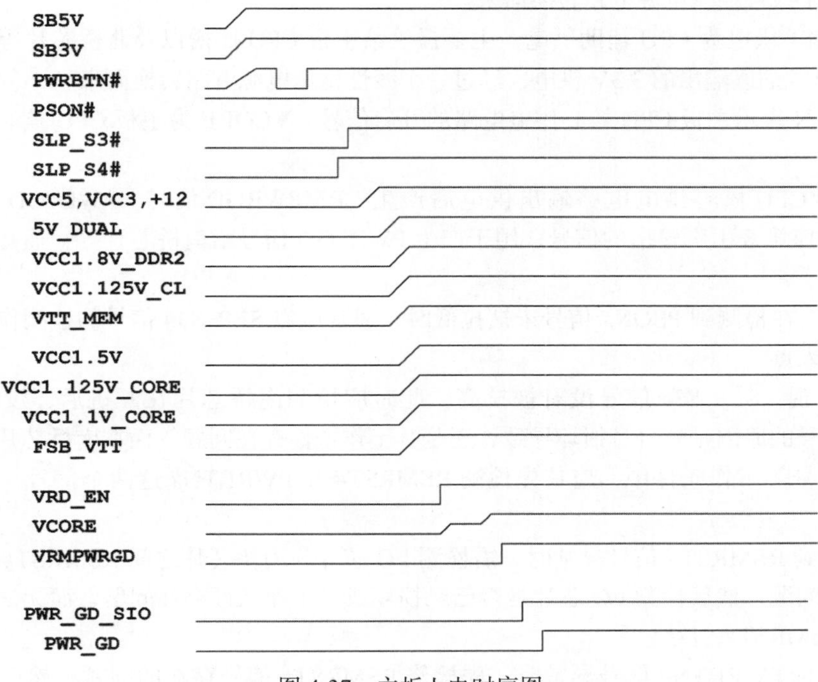

图 4-37　主板上电时序图

PWRBTN# 表示主板上电按钮，也有用 PWRSW# 等表示的，称为上电开关。其代表的意义为，当主板有待机供电后主板的前端控制面板接脚被拉到一个高电平状态，开机时则产生一个高 – 低 – 高的跳变信号，通知后级电路进行开机动作。

PSON# 表示主板 ATX 电源插座第 16 引脚的状态，开机前处于高电平无效状态，开机后被拉低。

SLP_S3# 和 SLP_S4# 是南桥芯片发送的解除休眠信号，开机前处于低电平状态，正常开机后被拉高，通知 I/O 芯片等进行开机动作。

当 SLP_S3# 和 SLP_S4# 拉高后，PSON# 被拉低，ATX 电源开始输出供电。

VCC5、VCC3 和 +12 表示 PSON# 被拉低后，主板 ATX 电源插座输出的 3.3V、5V 以及 12V 等各种规格的供电。

紧接着，主板各种供电电路开始工作，从而输出各种供电。首先产生的是 5V_DUAL 供电，此供电为主板相关电路或芯片提供供电。其中就包括为主板内存主供电电路中的场效应管和电源控制芯片供电。

主板内存主供电电路产生内存主供电 VCC1.8V_DDR2，这个供电除了提供给主板内存插槽外，还为两个线性稳压电源电路供电，分别产生 VCC1.125V_CL 和 VTT_MEM 供电，新产生的这两个供电为北桥芯片和内存插槽提供辅助供电。

VCC1.5V 供电主要为南桥芯片供电，其通常由主板 ATX 电源插座输出的 3.3V 供电，经过一个线性稳压电源电路转换而来。

VCC1.125V_CORE 供电为北桥芯片的核心供电，通常由主板 ATX 电源插座输出的 3.3V 供电，经过一个开关稳压电源电路产生。

VCC1.1V_CORE供电为南桥芯片的核心供电，通常由主板ATX电源插座输出的3.3V供电，经过一个线性稳压电源电路转换而来。

FSB_VTT供电为CPU辅助供电，主要提供给主板CPU插槽以及北桥芯片等，其通常由主板ATX电源插座输出的3.3V供电，经过一个线性稳压电源电路转换而来。

VRD_EN表示主板CPU核心供电电路的开启信号。VCORE为主板CPU核心供电电路输出的供电。

当主板CPU核心供电电路输出供电后产生VRMPWRGD信号。PWR_GD_SIO为主板ATX电源插座第8引脚输出的信号，用于产生PWR_GD信号给南桥芯片等，通知主板上电过程完成。

步骤4 在检测到PSON#信号未被拉低时，通常应以SLP_S3#信号的检测作为下一步检修操作的切入点。

检测发现，SLP_S3#信号没有被拉高，此时应检测南桥芯片在开机后，没有正常拉高SLP_S3#信号的原因是其自身损坏导致，还是其工作条件存在问题。而在南桥芯片的供电、时钟和复位信号等工作条件中，应首先检测RSMRST#和PWRBTN#这两个信号，作为检修操作的切入点。

当检测到RSMRST#信号异常时，需检测I/O芯片与南桥芯片之间RSMRST#信号传输电路是否存在问题，然后检测I/O芯片是否已经损坏或其工作条件存在问题，而无法正常给南桥芯片输送RSMRST#信号。

当检测到PWRBTN#信号异常时，先检修RSMRST#信号存在的问题，然后检修从前端控制面板接脚到I/O芯片，再到南桥芯片这条PWRBTN#信号传输电路是否存在问题。

经检测，RSMRST#和PWRBTN#信号都正常。

此时应重点检测南桥芯片的其他工作条件是否存在问题，或南桥芯片本身是否已经损坏。

检测南桥芯片供电正常，外接32.768kHz晶振及谐振电容正常，再仔细查看南桥芯片周围的电子元器件，没有发现脱焊或虚焊问题。当南桥芯片的工作条件都具备却不能正常工作时，通常为芯片自身存在虚焊、不良或损坏的问题。

步骤5 更换南桥芯片，经检测已能够正常开机启动，故障排除。

故障检修经验总结：

电脑的故障分析过程是一个逻辑推理过程。学习电脑检修技术首先要牢固掌握电脑各功能模块的基本工作原理，然后逐渐积累常见故障的检修方法和步骤，在不断的实践和总结中逐步提高电脑的检修技能。该故障检修实例的核心在于对主板开机电路工作原理的熟练掌握。

第 5 章

主板供电电路诊断与问题解决

主板供电电路出现问题后可能导致不能正常开机启动、反复自动重启以及死机等种种故障现象的产生。

学习主板供电电路故障的诊断与排除，首先应掌握其基本工作原理，其次要对主板供电电路出现问题后导致的常见故障现象进行了解，第三应不断总结和学习主板供电电路的检修经验和方法。

技巧 31 主板供电电路的作用

供电是主板能够正常工作最基本和最重要的条件，而主板上的各种芯片、电路和硬件设备对供电的要求是不同的，这就需要有专门的供电转换电路，输送出不同规格电压和电流的供电，满足主板上各种芯片、电路和硬件设备对供电的需求。

主板供电电路是主板重要的功能电路，其功能是对主机 ATX 电源输送到主板的供电进行转换处理，输送出不同规格电压和电流的供电。

主板供电电路将主机 ATX 电源输送到主板的供电进行转换处理，输送出不同规格电压和电流的供电，满足主板上各种芯片、电路和硬件设备对供电的需求。

主板上主要需要的工作电压包括：5V 电压、12V 电压、−12V 电压、3.3V 电压、2.5V 电压、1.8V 电压、1.5V 电压、1.25V 电压、0.9V 电压、0.75V 电压、VCCP 电压等。这些电压主要通过 ATX 电源输出的 ±3.3V 电压、±5V 电压、±12V 电压转换获得。下面详细进行分析。

如图 5-1 所示为华硕 PTGD2-LA 主板供电框图，从图 5-8a 中可以看出，主板 CMOS 电池和主板 ATX 电源插座向主板提供 3.3V、5V 和 12V 等不同规格的供电，但这些供电并不能完全满足主板上各种芯片、电路和硬件设备对供电的需求，所以主板上的 CPU 供电电路、内存供电电路以及芯片组供电电路等，还要将主板 ATX 电源插座的输入供电进行转换。

以华硕 PTGD2-LA 主板供电转换机制为例。

1）主板 ATX 电源插座输出的 +12V 供电，主要分为两路供电：

第 1 路为 +12V 供电输出，该供电主要提供给 PCI-E 插槽、风扇以及串口电路等电路和设备使用。

第 2 路，通过以 LM78L05ACM 三端稳压器为核心的供电转换电路，转换出 +5VA 供电，提供给音频芯片等设备使用。

2）主板 ATX 电源插座输出的 +5V 供电，主要分为三路供电：

第 1 路为 +5V 供电输出，该供电主要提供给并口电路、串口电路以及 PCI-E 插槽和南桥芯片等设备和电路使用。

第 2 路与主板 ATX 电源插座输出的 +5VSB 供电、输入场效应管 AP4502，生成 BUSB+5V 供电，提供给 USB 接口电路等设备或电路使用。

第 3 路与主板 ATX 电源插座输出的 +5VSB 供电，输入场效应管 AP70T03H 和 APM2301B 组成的电路，生成 FUSB+5V 供电，提供给主板上的相关电路和硬件设备。FUSB+5V 供电还被输送到以电源控制芯片 RT9202CS 为核心的开关稳压电源电路和以稳压器芯片 RT9173BCL5 为核心的线性稳压电源电路，从而输送出 +1.8V_DUAL 和 VTT_DDR 供电，提供给北桥芯片、内存插槽等芯片和相关硬件设备使用。

3）主板 ATX 电源插座输出的 +5VSB 供电，主要分为四路供电：

第 1 路为 +5VSB 供电，该供电为主板在待机状态下需要 5V 待机供电的各种芯片和电路供电。

第 2 路与主板 ATX 电源插座输出的 +5V 供电输入场效应管 AP4502，生成 BUSB+5V 供电，提供给 USB 接口电路等设备或电路使用。

第 3 路，输入相关供电转换电路生成 +3VSB 供电，该供电为待机状态下需要 3.3V 待机供电的芯片或电路供电。

第 4 路，与主板 ATX 电源插座输出的 +5V 供电输入场效应管 AP70T03H 和 APM2301B 组成的电路，生成 FUSB+5V 供电，提供给主板上的相关电路和硬件设备。

4）主板 ATX 电源插座输出的 +3V 供电，主要分为五路供电：

第 1 路为 +3V 供电输出，提供给时钟电路及 I/O 芯片等电路和相关硬件设备使用。

第 2 路，输入以电源控制芯片 RT9202CS 为核心的开关稳压电源电路，转换出 +1.5V、+1.5V_PCIEXPRESS、PCIE_PWR 供电，并提供给需要这些供电的芯片和相关硬件设备使用。

第 3 路，输入以电源控制芯片 LM324MX 为核心的开关稳压电源电路，转换出 +2.5V_DAC、+1.2V_FSB_VTT 供电，提供给 CPU、北桥芯片等芯片和相关电路使用。

第 4 路，与转换出的 +3VSB 供电，通过场效应管 AP4502 转换出 +3V_DUAL 供电，提供给主板时钟电路和 IEEE 1394 接口电路等使用。

第 5 路，与 CMOS 电池共同连接到二极管 BAT54CW，生成的供电名为 BATT，该供电提供给南桥芯片使用。

5）主板 ATX 电源插座的 –5V 供电，主板已经不采用。主板 ATX 电源插座输出的 –12V 供电，主要提供给串口电路和 PCI 插槽电路使用。

6）CPU_12V 供电是主板 4 针 ATX 电源插座的输出供电，该插座位于 CPU 供电电路附近，提供的 12V 供电也主要是输入 CPU 供电电路中，从而转换出 CPU 正常工作时所需要的供电。

而图 5-1b 所示为主板各种芯片、电路和硬件设备的供电输入。

如图 5-2 所示为微星 MS-7345 主板供电框图，其供电转换的基本原理与华硕 PTGD2-LA

主板都是相同的。主板 ATX 电源插座向主板输出 3.3V、5V 以及 12V 等供电，主板供电转换电路将 ATX 电源插座输送的供电，转换成主板上各种芯片、电路以及相关硬件设备所需的供电。

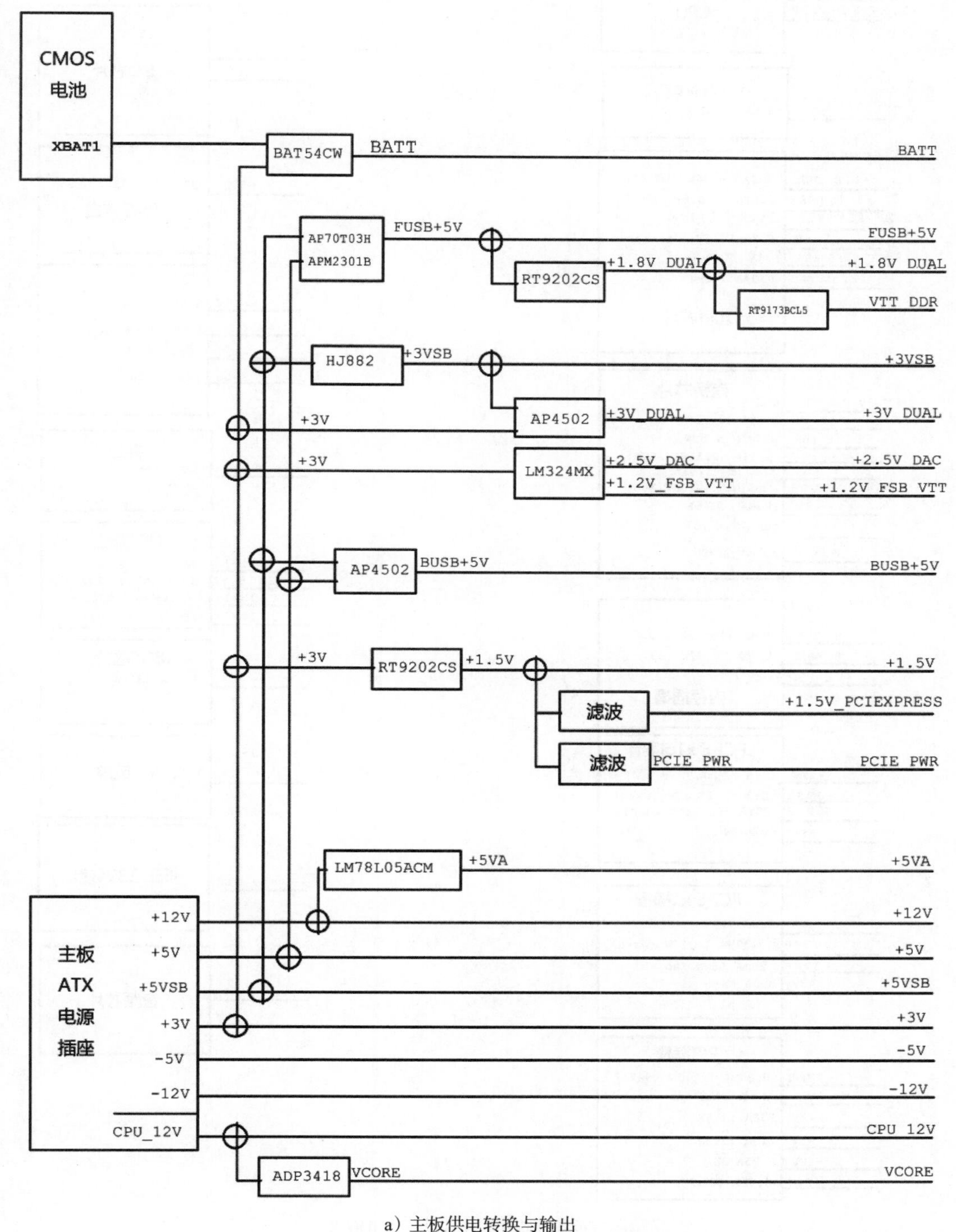

a）主板供电转换与输出

图 5-1　华硕 PTGD2-LA 主板供电框图

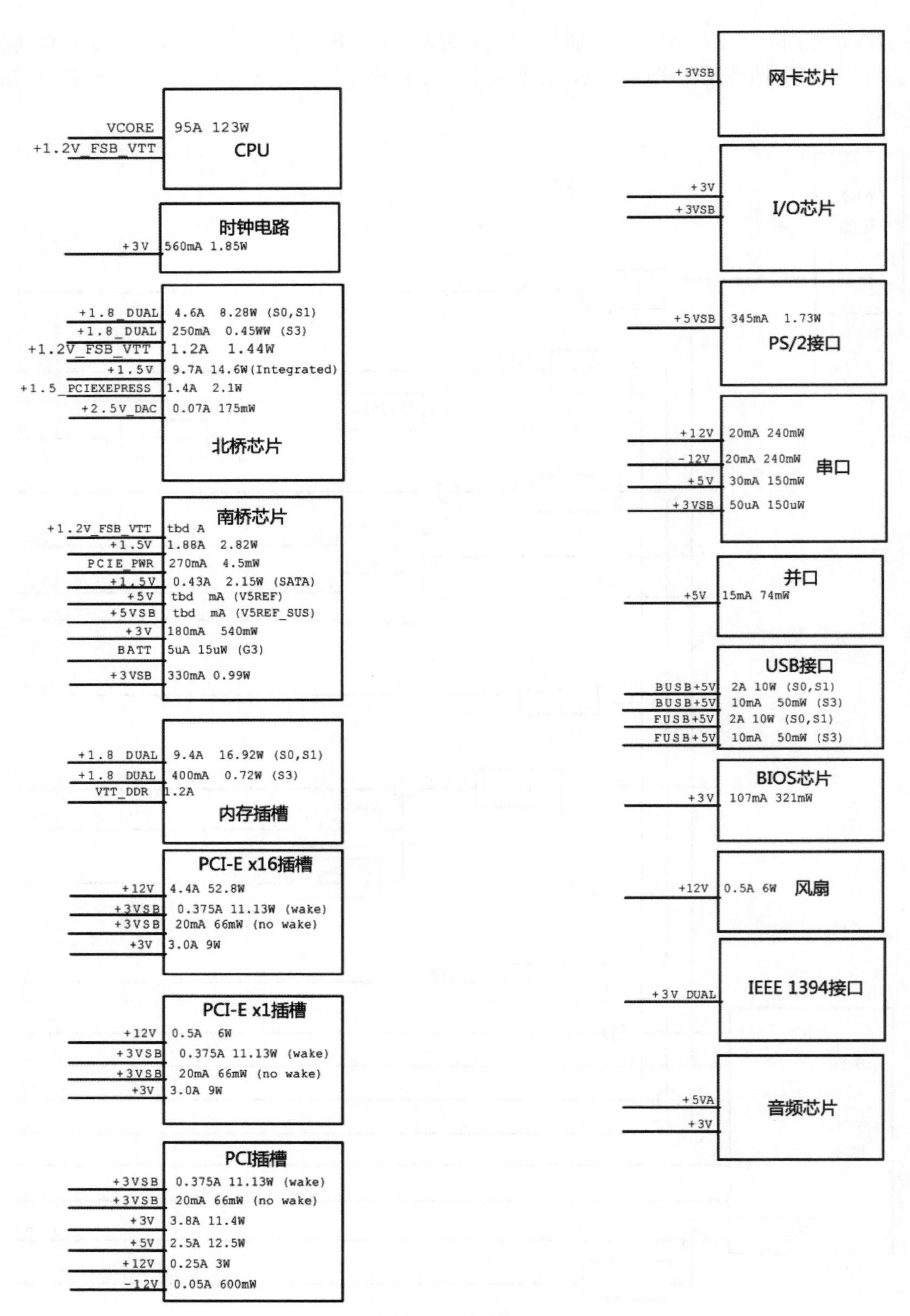

b）主板各种芯片和硬件设备供电输入

图 5-1 （续）

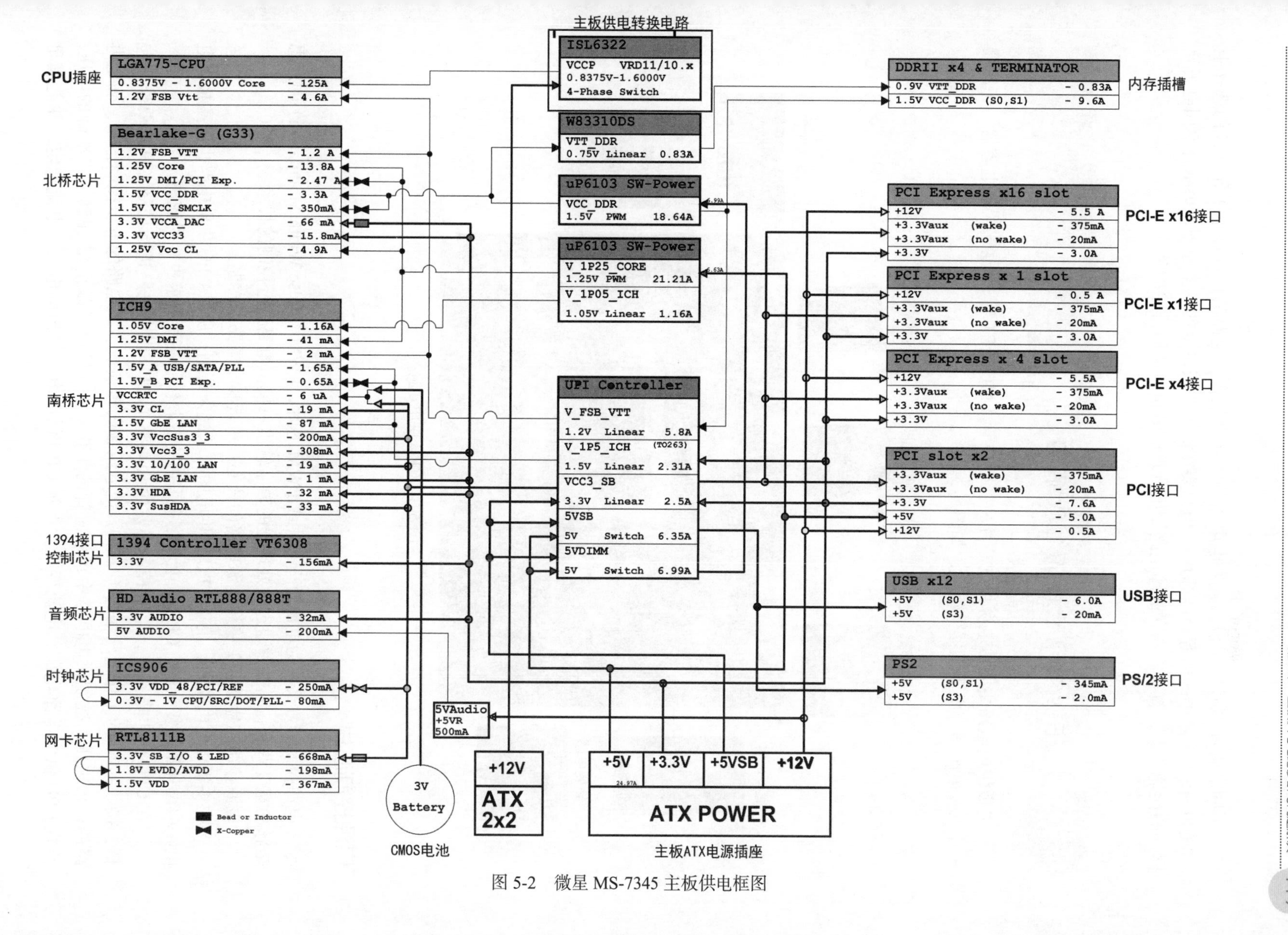

图 5-2　微星 MS-7345 主板供电框图

不同品牌和型号的主板，其供电电路的不同之处在于电路的设计和电子元器件的选择上(如 CPU 供电电路中的电源控制芯片)，但只要掌握了主板供电的基本原理，再结合不同电子元器件的性能特点，就很容易对故障电路做出合理的分析，从而排除故障。

技巧 32 主板供电电路的组成结构

主板供电电路主要由电源控制芯片、场效应管（MOSFET 管)、电感器、电容器、稳压器芯片以及电阻器等电子元器件组成，如图 5-3 所示。

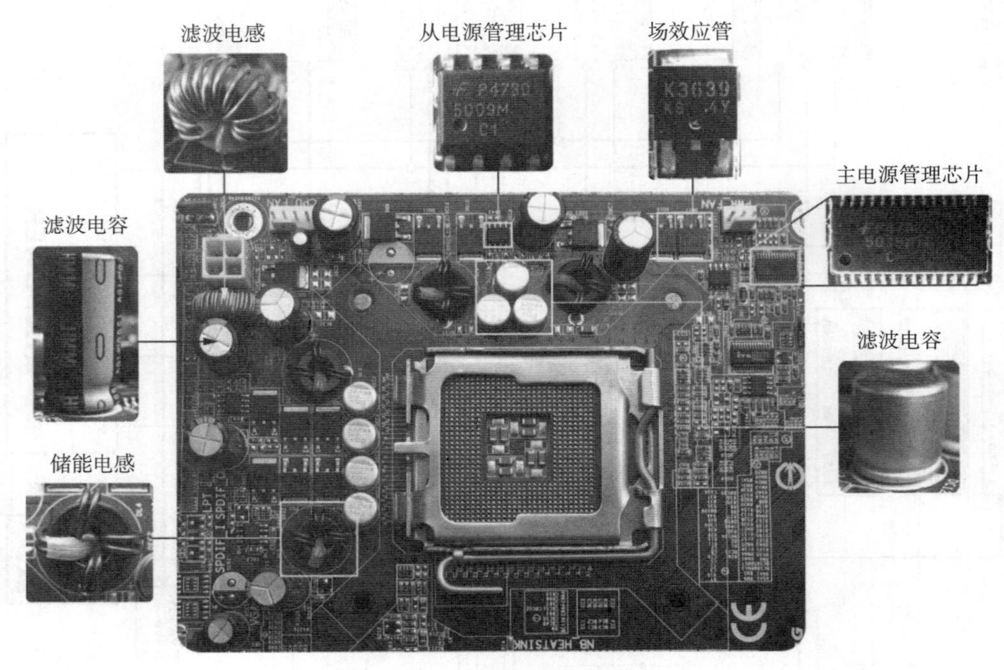

图 5-3　CPU 供电电路

电源控制芯片

电源控制芯片又称为电源管理芯片或 PWM 芯片，PWM（Pulse Width Modulation）的意思是脉冲宽度调制，是一种通过微处理器的数字输出对模拟电路进行控制的技术。

电源控制芯片是开关稳压电源电路的核心，负责整个电路的控制。

在主板供电电路中，由于 CPU 对供电的需求最为苛刻，所以 CPU 供电电路也是主板供电电路中设计最为复杂的，CPU 供电电路中采用的电源控制芯片要求也相对较高。

在 CPU 供电电路中，电源控制芯片负责对整个 CPU 供电电路进行控制，其主要作用包括：接收 CPU 的工作电压编码（VID)，把电压编码转换成后级电路的电压控制信号，确定电路的输出电压；控制供电电路中场效应管的工作状态（导通或截止)，使其输出准确的电压；监视 CPU 供电电路电压、电流变化，保证 CPU 供电电路输出的电压、电流稳定，并能满足

CPU 的实际需求。

VID 技术是一种电压识别技术，其基本原理为：在 CPU 上设置若干 VID 引脚，这些引脚输出的编码信号传送给电源控制芯片之后，电源控制芯片会对编码信号进行解码，从而获得 CPU 工作所需要的电压值，接着电源控制芯片会控制后级电路，将 CPU 所需的工作电压输送给 CPU。

VID 技术可实现对 CPU 电源管理的动态控制，当 CPU 低负荷工作时，VID 信号可使 CPU 供电电压降低，减少电能的浪费；当 CPU 大负荷运转时，VID 信号使 CPU 供电电压提升，保证其工作的稳定性。

如图 5-4 所示为主板供电电路中的常见电源控制芯片。

a）内存供电电路中的电源控制芯片 RT9214

b）北桥芯片供电电路中的电源控制芯片 RT9218

c）CPU 供电电路中的电源控制芯片 ISL6561

图 5-4　主板供电电路中的常见电源控制芯片

场效应管

场效应管在开关稳压电源电路中起“开关”作用，导通时允许电流通过，截止时不允许电流通过。场效应管在脉冲信号的控制下，分时段地导通和截止。通过改变导通和截止的时间比例就可以改变输出的供电规格。经过场效应管改变后的电能会储存到储能电感中。

场效应管具有开关速度快、内阻小、输入阻抗高、驱动电流小、热稳定性好、工作电流大、能够进行简单并联等特点。

开关稳压电源电路中使用的场效应管通常为MOSFET，俗称MOS管。如图5-5所示为主板供电电路中的场效应管。

a）CPU供电电路中的场效应管

b）常见场效应管

图5-5　主板供电电路中的场效应管

电感器

电感器在开关稳压电源电路中的作用是，将场效应管改变过的电能转变为磁能进行储存，当场效应管导通时，储能电感储存能量；当场效应管截止时，储能电感释放能量。电感器还能够与电容器组成直流EMI滤波电路，对供电进行滤波作用。

如图5-6所示为主板供电电路中的电感器。

a）CPU供电电路中的电感器

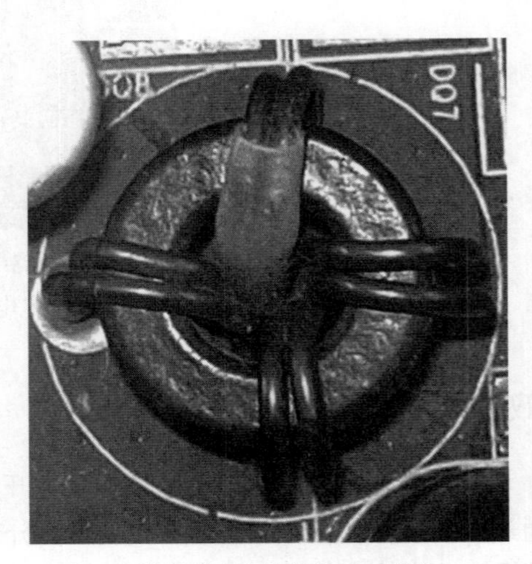

b）主板供电电路中常见电感器

图5-6　主板供电电路中的电感器

滤波电容

电容器在开关稳压电源电路中的主要作用是滤除电路输出供电中的杂波，使输送到 CPU、芯片组、内存等芯片的供电平滑、稳定。开关稳压电源电路中通常采用数目较多的电容器，以保障输出供电的稳定性。

如图 5-7 所示为主板供电电路中的电容器。

a）CPU 供电电路中的电容器

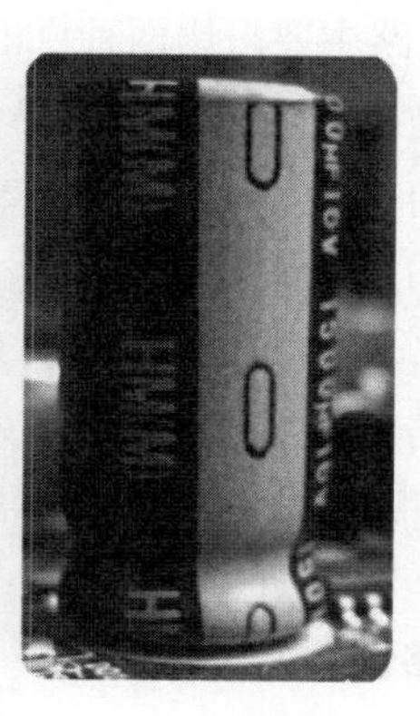

b）主板供电电路常见电容器

图 5-7　主板供电电路中的电容器

稳压器芯片

稳压器芯片是线性稳压电源电路的核心，其可将输入供电调节成外部电路或芯片所要求的输出供电。

稳压器芯片通常采用小型封装，并能够提供热过载保护、安全限流等功能。稳压器芯片还具有低噪声、低静态电流、低成本和所需外围器件少等特点。在主板上的内存供电电路以及芯片组供电电路中，都广泛采用了线性稳压电源，为其提供一路或多路供电。

如图 5-8 所示为主板供电电路中常见的稳压器芯片。

a）主板供电电路中常见三端稳压器芯片

b）内存辅助供电电路中的稳压器芯片

图 5-8　主板供电电路中常见的稳压器芯片

技巧 33　主板供电电路的供电方式

主板供电电路主要包括 CPU 供电电路、内存供电电路、芯片组供电电路、显卡供电电路等。这些供电电路主要采用两种供电方式：开关电源供电方式和调压电路供电方式。

1. 开关电源供电方式

开关电源供电方式，由电源管理芯片、双场效应管（MOSFET 管）、电感、电解电容组成。这种供电方式主要是由电源管理芯片发出脉冲控制信号，然后驱动两个场效应管分时段地导通与截止，从而将 ATX 电源输送的电能储存在电感中，再进行释放，为负载供电。这种供电方式主要通过控制场效应管的导通与截止时间的比例来调整输出电压。在主板上的 CPU 供电电路、内存供电电路、芯片组供电电路中，都广泛采用了开关稳压电源电路。

2. 调压电路供电方式

调压电路供电方式主要由低压差线性调压芯片组成，一般由精密稳压管、集成稳压器（如 LM358）、场效应管或晶体管等组成。这种供电方式由精密稳压管提供基准电压给集成稳压器，然后由集成稳压器输出供电电压，同时输出电压与基准电压进行实时比较，再由集成稳压器调整输出电压，直到输出负载需要的工作电压。如图 5-9 所示为主板供电电路分布。

技巧 34　主板待机电路工作原理

主板在待机状态下，由主板 ATX 电源插座第 9 引脚输出 5V 待机供电，提供给主板上在待机状态下需要 5V 待机供电的芯片和相关电路。

而在待机状态下，还有一些芯片和电路需要 3.3V 等待机供电，这些供电通常由 5V 待机供电通过一个线性稳压电源电路转换而来。如图 5-10 所示为常见的 3.3V 待机供电转换电路的电路图和实物图。

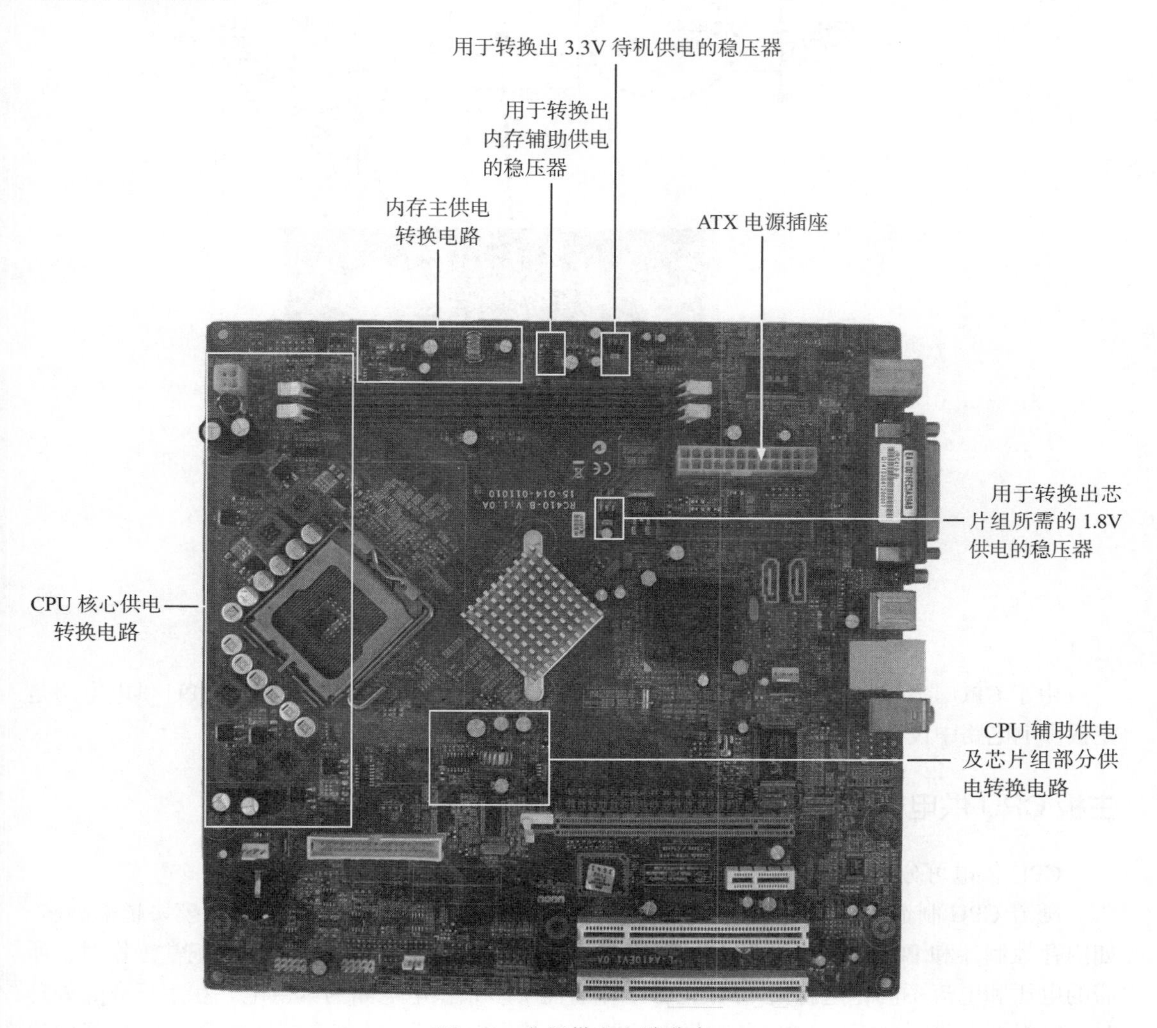

图 5-9　主板供电电路分布

图中的 U20 是一个三端稳压器芯片，该芯片通过外部电路中连接的几个电容器和电阻器组成一个线性稳压电源电路，将 5VSB 供电转换为 3VSB 供电，提供给主板上需要 3.3V 待机供电的芯片或电路使用。

技巧 35　主板 CPU 供电电路工作原理

主板的 CPU 供电电路为 CPU 提供电能，保证 CPU 能够正常、稳定地工作。

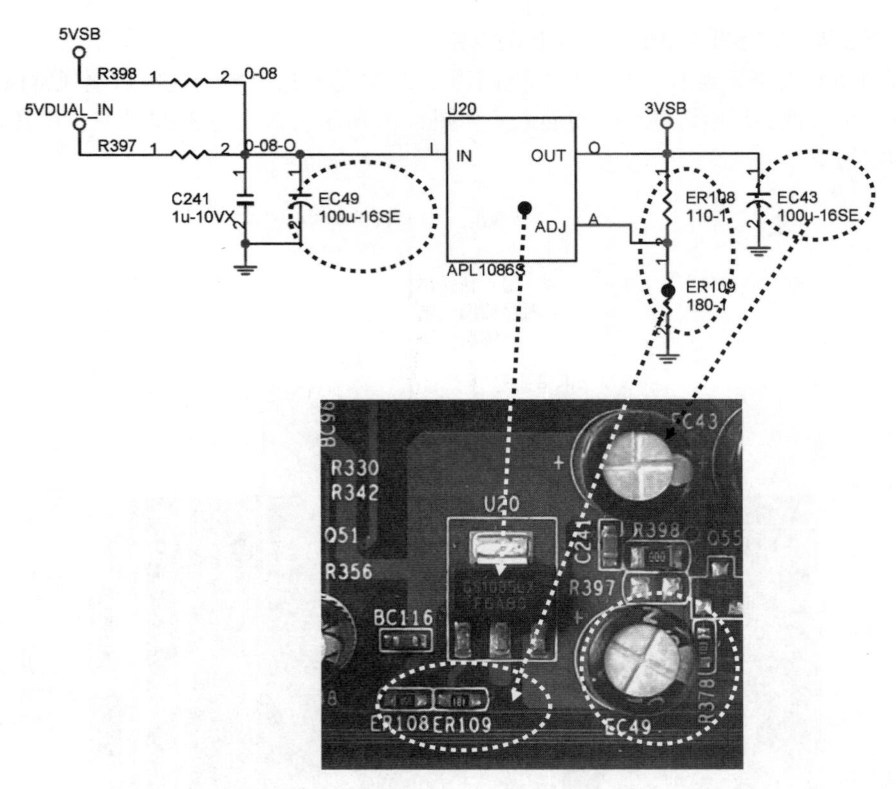

图 5-10　常见的 3.3V 待机供电转换电路的电路图和实物图

由于 CPU 是集成度和复杂度非常高的硬件，且工作条件比较苛刻，所以 CPU 供电电路是主板供电电路中设计要求最高的供电电路，同时也是故障率较高的电路之一。

主板 CPU 供电电路的组成结构

CPU 供电可分为核心供电和辅助供电等。

随着 CPU 制造工艺水平的提高以及架构设计的革新，CPU 内集成的功能模块越来越多，如内存控制器和 PCI-E 控制器等。而 CPU 内集成的不同功能模块和相关总线正常工作时，所需的电压和电流不同，这就使 CPU 正常工作时需要多条供电电路为其供电。在主板故障处理时，应根据电路图分析出 CPU 各种供电的要求及其供电来源，才能有效地排除由 CPU 供电出现问题导致的故障。

在主板上为 CPU 提供供电的电路中，CPU 核心供电电路最为重要，故障率也最高。

CPU 核心供电电路通常采用开关稳压电源电路，主要由电源控制芯片、从电源控制芯片、场效应管、电感器、电容器及电阻器等电子元器件组成。

主板 CPU 核心供电电路通常位于主板的 CPU 插槽附近，如图 5-11 所示为主板 CPU 核心供电电路实物图。

主板 CPU 核心供电电路工作机制

与固定电压输出的供电电路有所区别的是，CPU 核心供电的电压值是动态变化的，这就需要 CPU 核心供电电路中的电源控制芯片首先了解 CPU 所需的供电电压，然后再驱动供电电路，产生 CPU 所需的供电。

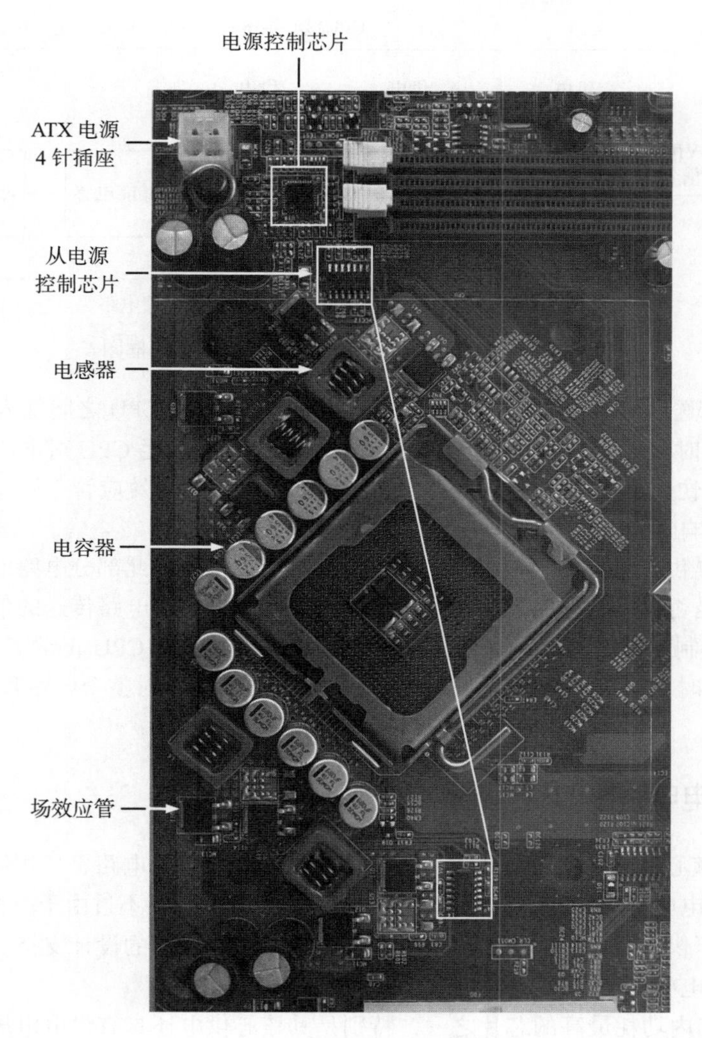

图 5-11 主板 CPU 核心供电电路实物图

CPU 与电源控制芯片之间通过 VID 技术传递供电信息。CPU 上的 VID 引脚输出编码信号，给 CPU 核心供电电路中的电源控制芯片。电源控制芯片内部相关功能模块会对 CPU 传送的编码信号进行解码，从而得到 CPU 需要的供电信息。根据 CPU 传送的供电信息，电源控制芯片会驱动后级电路，从而输出 CPU 所需要的供电。

CPU 核心供电电路中的电源控制芯片，通过连接 CPU 插座的 VID0 ~ VIDX(X 代表数字）引脚，识别 CPU 所需要的供电电压。当主板的 CPU 插座没有插入 CPU 时，VID0 ~ VIDX 都是高电平，电源控制芯片无动作，CPU 插座也就没有供电输入。如图 5-12 所示为主板 CPU 核心供电电路基本原理框图。

电源控制芯片输出控制信号给场效应管驱动器，场效应管驱动器接到信号后对信号进行处理，然后控制后级电路中场效应管的导通和截止。经过场效应管的电流会储存到电路中的储能电感中，场效应管和储能电感组成一个降压变压器，其过程是在电源控制芯片和场效应管驱动器的控制下，将 CPU 核心供电电路的输入供电转换成 CPU 所需要的供电。

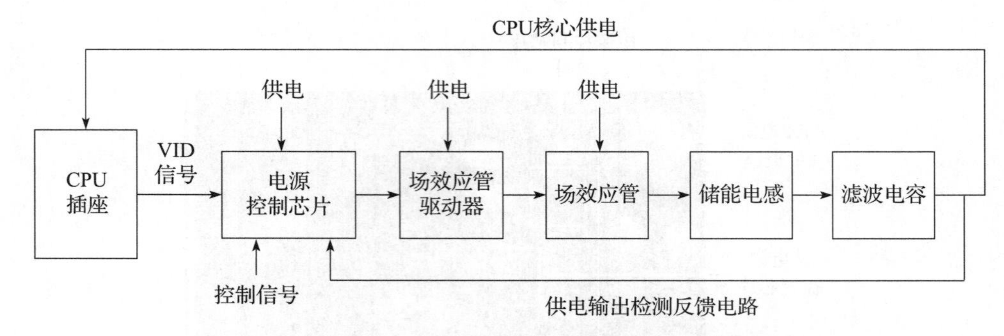

图 5-12 主板 CPU 核心供电电路基本原理框图

为了保证输送给 CPU 供电的稳定性，必须在储能电感和 CPU 之间加入滤波电容进行滤波。CPU 在工作时从低负荷到高负荷，电流变化很大，为了满足 CPU 对电流的要求，CPU 供电电路要求具有快速的大电流响应能力。CPU 供电电路中的场效应管、储能电感和滤波电容都会影响电路的响应能力。

在整个 CPU 供电电路中还包含了供电输出检测反馈电路，此部分电路的作用是检测输送给 CPU 的供电是否正常。电源控制芯片通过供电输出检测反馈电路传送的信号，调整控制脉冲的占空比，控制场效应管的导通顺序和频率，最终得到符合 CPU 正常工作所要求的供电。当供电电路异常时，电源控制芯片可关闭电路输出，从而达到对整个电路和 CPU 进行保护的目的。

主板 CPU 供电电路工作原理

主板 CPU 核心供电电路，可分为单相供电电路、两相供电电路、三相供电电路、四相供电电路、六相供电电路等几种，其基本工作原理都是相同的，只不过由于单相供电电路已经不能满足 CPU 对于供电的实际需求，以及部分主板对于超频操作的设计支持，所以目前的主板都是采用多相供电电路为 CPU 供电。

CPU 是电脑内功耗最高的芯片之一，特别是其核心供电还具有供电电压相对较低，但供电电流相对较大的特点。早期的 CPU 核心供电通常采用单相供电电路，但随着 CPU 性能的增强和工作条件的改变，单相供电电路已经基本被淘汰。

目前主流的四相供电电路、六相供电电路等，都是建立在单相供电电路的基础之上的，所以了解单相供电电路的工作原理，可以加强对多相供电电路工作原理的理解。

1. 单相供电电路工作原理

单相供电电路可以提供最大 25A 的电流，主要应用在搭配功率较低的 CPU 的主板中，作为 CPU 供电方式，已经不用。这里单独讲解单相供电电路，主要是为大家更好地理解 CPU 供电电路的工作原理。

单相供电通常由输入部分的一个滤波电感线圈、一个滤波电容，控制部分的一个电源管理芯片、两个场效应管和输出部分的一个储能电感线圈、一个滤波电容组成。如图 5-13 所示为单相供电电路的工作原理图及相应主板供电电路实物图。

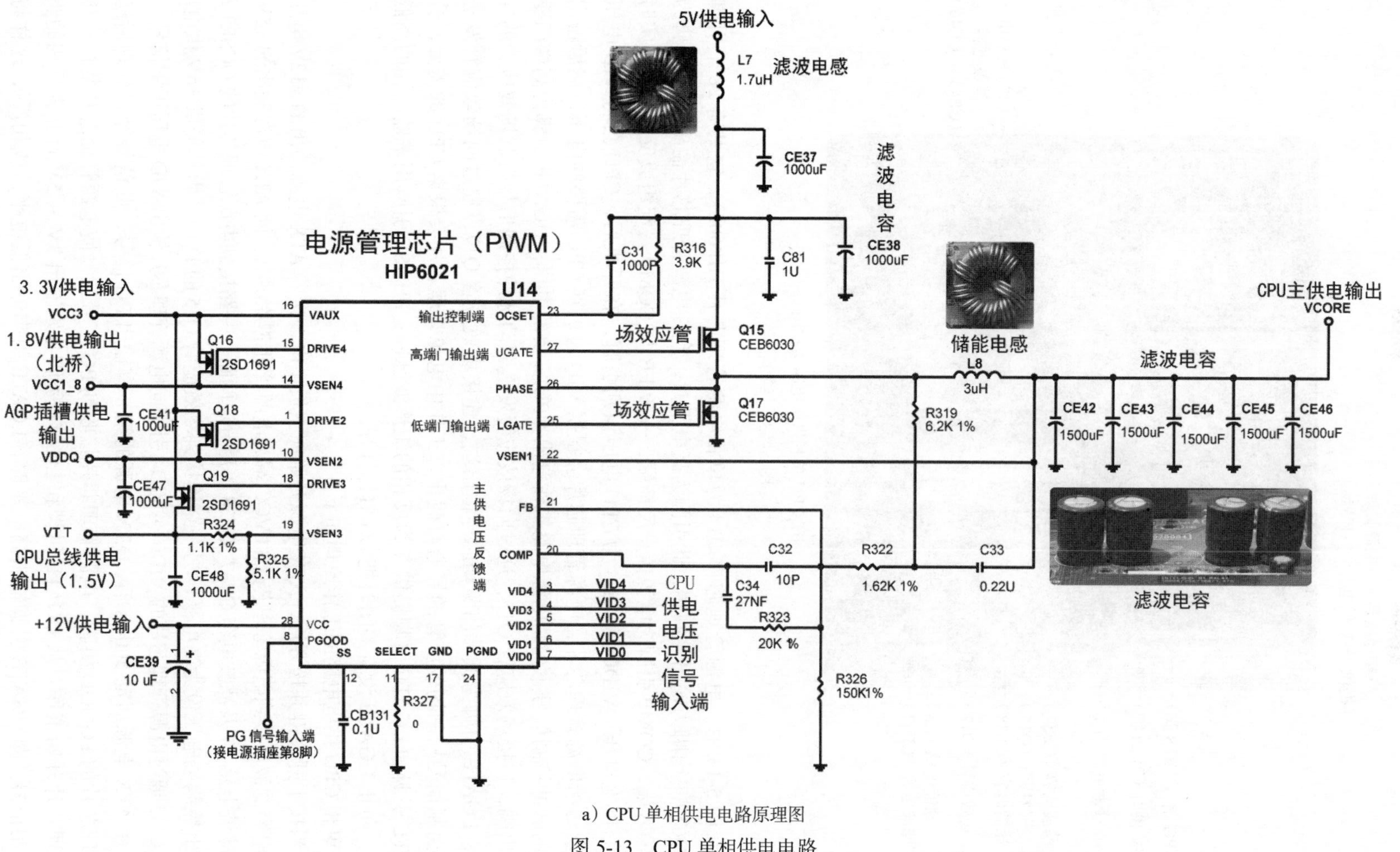

a）CPU 单相供电电路原理图

图 5-13　CPU 单相供电电路

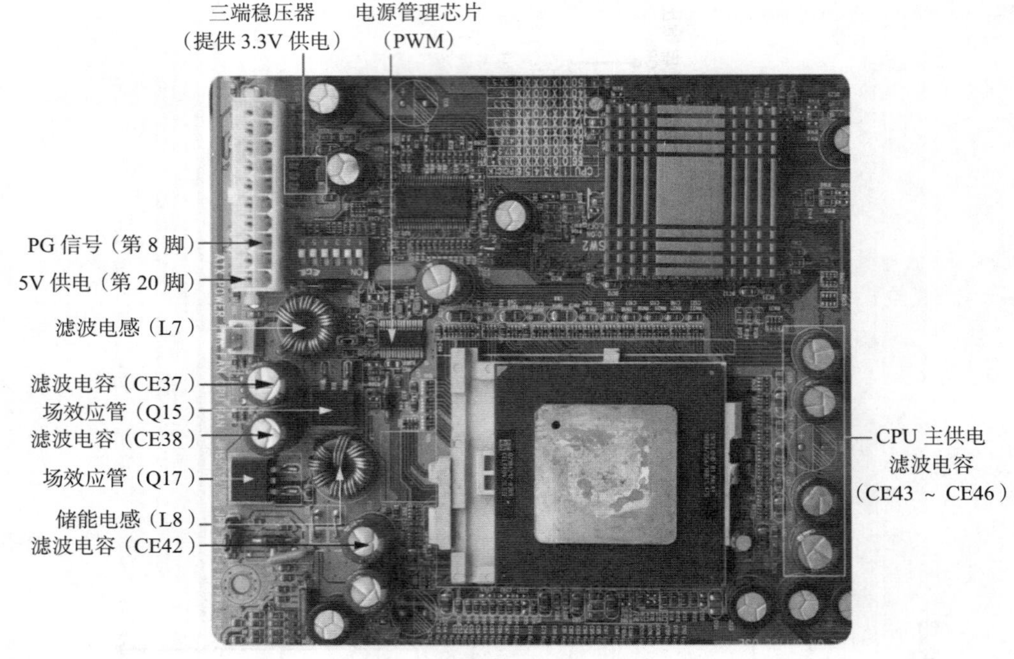

b）CPU单相供电电路实物图

图5-13 （续）

在图5-13中，电源管理芯片U14为单相电源管理芯片HIP6021，它共有28个引脚，其中，OCSET引脚为输出控制端，此引脚为高电平时，允许电源管理芯片输出；FB引脚为基准电压输入端，COMP引脚为电源信息反馈端，一般FB与COMP一起组成反馈电路，实时监测输出的供电电压；VID0 ~ VID4为CPU电压识别引脚，在开机后，CPU会将VID电压识别信号发送给电源管理芯片，电源管理芯片会根据VID值识别CPU需要的电压，然后输出相应频率的脉冲控制信号，控制电源电路工作输出CPU需要的电压；UGATE引脚为高端门驱动脉冲输出端，连接场效应管Q15，通过向场效应管发送驱动脉冲控制信号控制场效应管的导通与截止；LGATE引脚为低端门驱动脉冲输出端，连接场效应管Q17，通过向场效应管发送驱动脉冲控制信号控制场效应管的导通与截止；工作中电源管理芯片会根据CPU的需要，分别向UGATE引脚和LGATE引脚提供互为反相的矩形波脉冲；PHASE引脚用来监测相的高低变化过程，防止UGATE没有关闭时把LGATE打开。

单相CPU供电电路的工作原理如下：

当按下开关键并松开后，ATX电源开始向主板供电，接着ATX电源输出的+12V电压通过滤波电容滤波后接到电源管理芯片的VCC端为电源管理芯片供电。而ATX电源输出的+5V电压通过滤波电感L7及滤波电容CE37、CE38等后分成两路，一路接到电源管理芯片的OCSET引脚，将输出控制端电压设为高电平；另一路连接到场效应管Q15的D极，为其提供+5V供电电压。同时CPU通过电源管理芯片的VID0 ~ VID4引脚向电源管理芯片输出VID电压识别信号。

在ATX电源启动500ms后，ATX电源的第8脚输出PG信号，此信号经过处理后送到电源管理芯片的PGOOD引脚。电源管理芯片接收到PG信号后，使电源管理芯片复位。接着电源管理芯片开始工作，从UGATE引脚和LGATE引脚分别输出3V ~ 5V且互为反相的驱动脉冲控制信号（即UGATE引脚输出高电平时，LGATE引脚输出低电平，或相反），这样将使场效应管 Q15 和 Q17 分别导通。如图 5-14 所示为单相供电电路各个时刻不同地点的电压波形图。

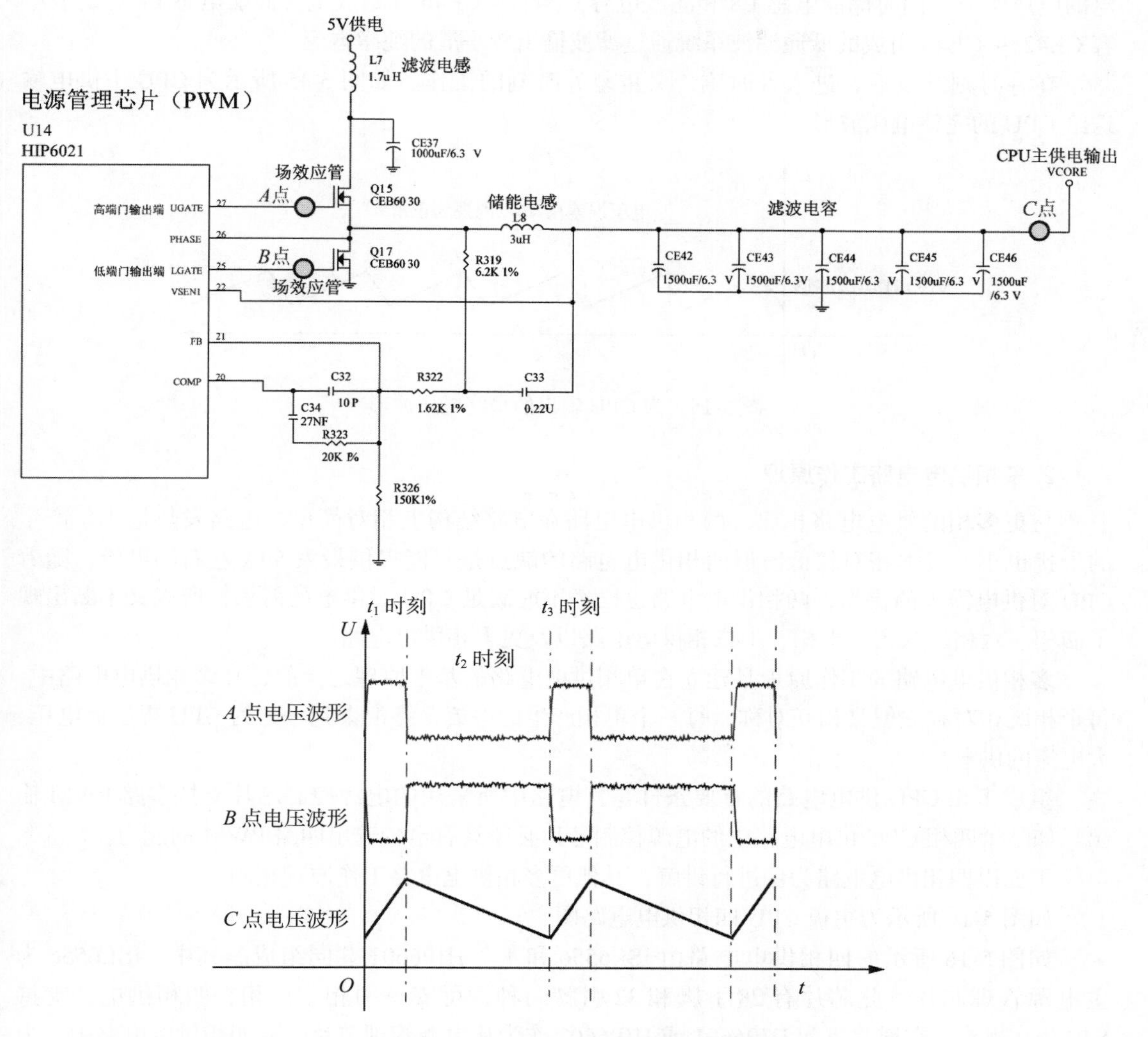

图 5-14 各个时刻不同地点的电压波形

在图 5-14 中，t_1 时刻时，电源管理芯片的 UGATE 引脚输出高电平控制信号给场效应管 Q15 的 G 极（如图 5-14 中的 *A* 点电压波形），LGATE 引脚输出低电平控制信号给场效应管 Q17 的 G 极（如图 5-14 中的 *B* 点电压波形）。这时 Q15 导通，Q17 截止，电流通过滤波电感 L7 流入储能电感 L8，并输出 CPU 主供电。同时，电源管理芯片的电压反馈端（FB 和 COMP）会将输出的 CPU 主供电电压反馈给电源管理芯片与 CPU 的标准识别电压比较。如果输出电压与标准电压不相同（误差在 7% 以内视为正常），电源管理芯片将调整 UGATE 引脚和 LGATE 引脚输出的方波的幅宽，调整输出的 CPU 主供电电压，直到与标准电压一致（场效应管 Q15 导通的时间长短，将影响 S 极的电压高低，时间越长，电压越高）。供电电路在给 CPU 供电的同时，还会给储能电感 L8 和电容 CE42 ～ CE46 充电。

当 t_1 时刻结束，进入 t_2 时刻时，电源管理芯片的 UGATE 引脚输出低电平控制信号，LGATE 引脚输出高电平控制信号。这时场效应管 Q15 截止，Q17 导通。由于场效应管 Q17 的

S 极接地，Q17 将 Q15 送来的多余的电量以电流的形式对地释放，从而保证输出的 CPU 主供电的电压幅值。同时储能电感 L8 和滤波电容 CE42 ～ CE46 开始放电。储能电感 L8 和滤波电容 CE42 ～ CE46 组成的低通滤波系统通过滤波输出较平滑的纯净电流。

在 t_2 时刻结束后，进入 t_3 时刻，又重复 t_1 时刻的工作。如图 5-15 所示为 CPU 主供电输送给 CPU 的完整电压波形。

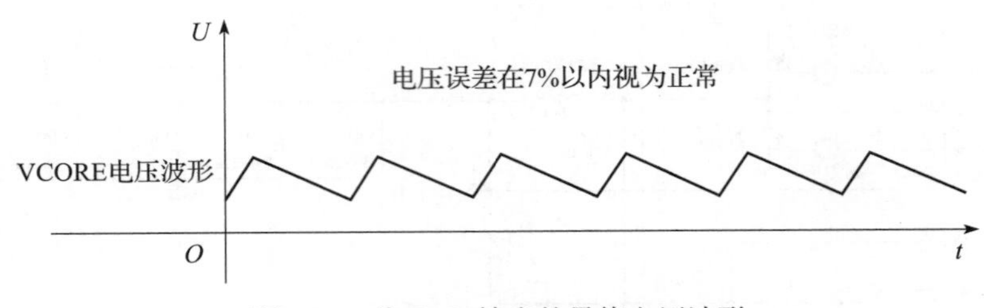

图 5-15　为 CPU 输出的最终电压波形

2. 多相供电电路工作原理

与更多相的供电电路相比，两相供电电路在电路结构上相对简单、电路发热量小，产生的干扰也小，成本相对较低。但两相供电电路的缺点是只能提供最大 50A 左右的电流，随着 CPU 对供电需求的提高，两相供电电路也已经不能满足 CPU 对供电的需求，所以又不断出现了四相、六相、八相、十相、十二相供电电路以及更多相供电电路。

多相供电电路的工作原理是建立在单相供电电路的基本原理之上的，在多相供电电路中，每个相既相对独立但又相互对称，每一个单相产生的电流最终汇聚到一起为 CPU 提供低电压、大电流的供电。

组成多相 CPU 供电电路的首要条件是，电路中所采用的电源控制芯片支持多路 PWM 输出。如一个四相 CPU 供电电路中的电源控制芯片必须具有至少输出四路 PWM 的能力。

下面以四相供电电路为例进行讲解，其他更多相供电电路工作原理相同。

如图 5-16 所示为主板 CPU 四相供电电路图。

如图 5-16 所示的四相供电电路由 ISL6556 和 4 个 HIP6601 共同组成。其中，ISL6556 为主电源管理芯片，此芯片有 28 引脚和 32 引脚两种，可支持两相、三相、四相供电，支持 VRM9.0 规范。它通常搭配 HIP6601 或 HIP6602 作为从电源管理芯片。在四相供电电路中，为了减轻场效应管的负担，通常在每个从电源管理芯片的高端门输出端和低端门输出端配备三四个场效应管，图 5-16 中就配备了每相 3 个场效应管，四相供电共 12 个场效应管工作，这样极大地提高了供电电路的稳定性。

四相供电电路的工作原理与三相供电电路的工作原理基本相同，只是四相供电电路的相位差的大小为 90°，而三相供电电路的相位差为 120° 而已。

四相供电电路的工作原理如下：

当按下开关键并松开后，ATX 电源开始向主板供电，接着 ATX 电源输出的 +12V 电压通过滤波电容滤波后接到从电源管理芯片（U53、U54、U55 和 U56）的 VCC 引脚为电源管理芯片供电。而 ATX 电源输出的 +5V 电压通过滤波电容滤波后为主电源管理芯片供电。同时 4 针电源插座的 +12V 电压通过滤波电感 L26 及滤波电容 CE13 ～ CE16 等滤波后分成四路，第 1 路连接到场效应管 Q87 的 D 极，为其提供 +12V 供电电压；第 2 路连接到场效应管 Q91 的 D 极，为其提供 +12V 供电电压；第 3 路连接到场效应管 Q95 的 D 极，为其提供 +12V 供电电压；

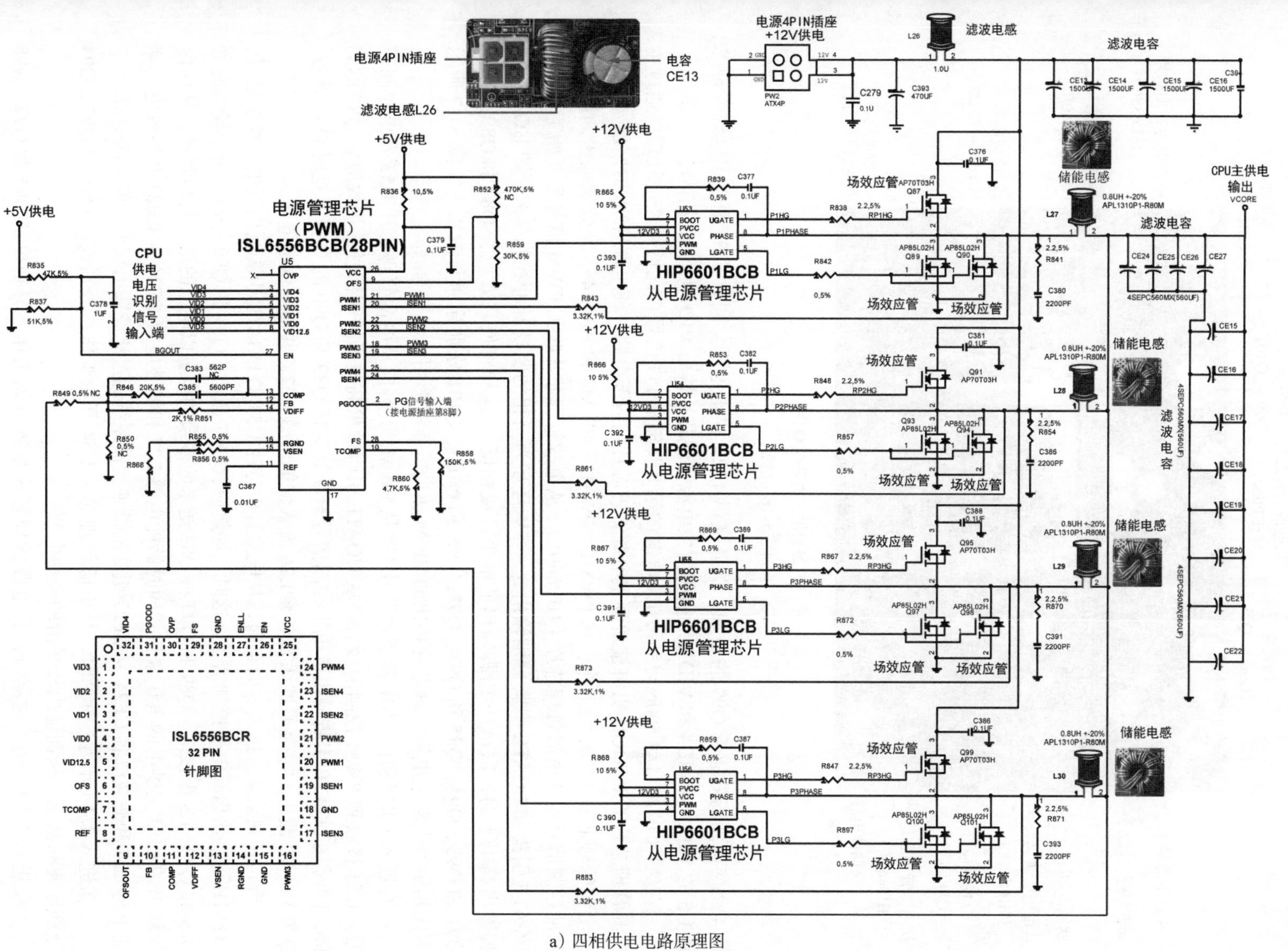

a）四相供电电路原理图

图 5-16　四相供电电路图

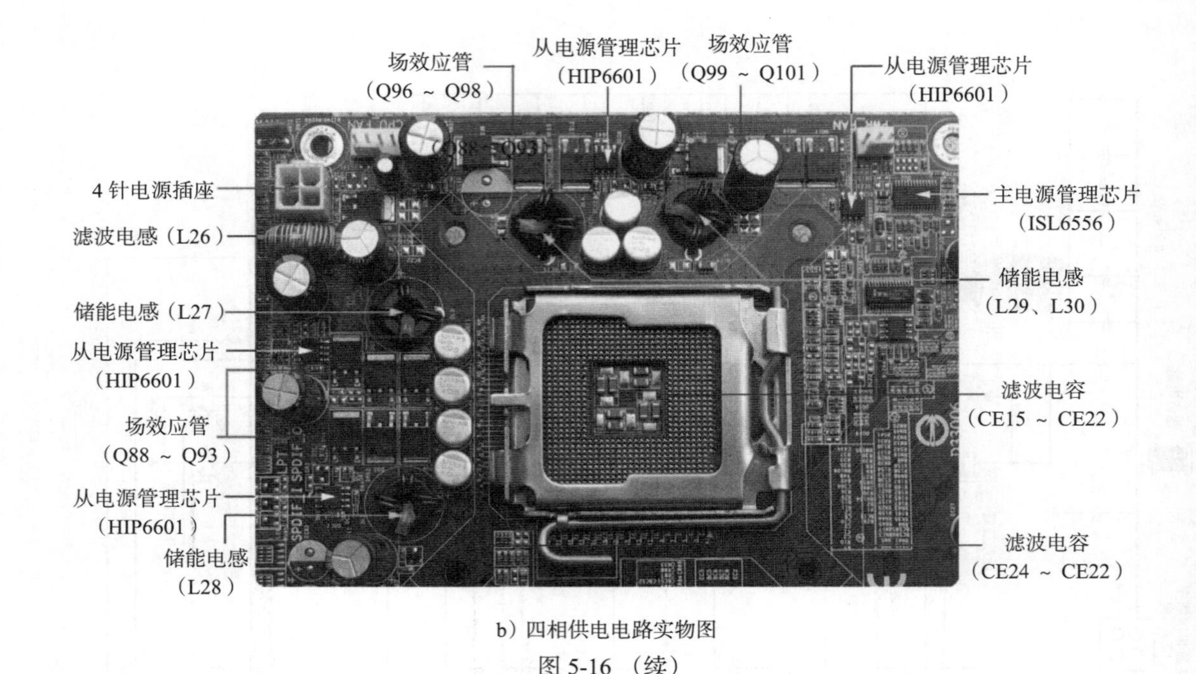

b）四相供电电路实物图

图 5-16 （续）

第 4 路连接到场效应管 Q99 的 D 极，为其提供 +12V 供电电压。同时 CPU 通过主电源管理芯片 U5 的 VID0 ~ VID4 和 VID12.5 引脚向主电源管理芯片输出 VID 电压识别信号。

在 ATX 电源启动 500ms 后，ATX 电源的第 8 脚输出 PG 信号，此信号经过处理后通过主电源管理芯片的 PGOOD 引脚被送到主电源管理芯片的内部电路，使电源管理芯片复位。接着主电源管理芯片 U5 开始工作，从 PWM1、PWM2、PWM3 和 PWM4 引脚分别输出四路驱动脉冲控制信号到从电源管理芯片（HIP6601），从电源管理芯片收到 PWM 信号后开始工作。从 UGATE 引脚和 LGATE 引脚分别输出 3 ~ 5V 且互为反相的驱动脉冲控制信号（即 UGATE 引脚输出高电平时，LGATE 引脚输出低电平，或相反），这样将使场效应管 Q87 和 Q89、Q90，Q91 和 Q93、Q94，Q95 和 Q97、Q98，Q99 和 Q100、Q101 分别导通与截止。如图 5-17 所示为四相供电电路主电源管理芯片输出的 PWM 驱动电压波形图。

在进入 t_1 时刻时，主电源管理芯片 U5 从 PWM1 引脚向从电源管理芯片 U53 发出控制信号。U53 接收到 PWM 控制信号后，从 UGATE 引脚输出高电平控制信号给场效应管 Q87 的 G 极，同时从 LGATE 引脚输出低电平控制信号给场效应管 Q89 和 Q90 的 G 极。这时 Q87 导通，Q89 和 Q90 截止，电流通过滤波电感 L26 流入储能电感 L27，并输出供电电压。

当 t_1 时刻结束，进入 t_2 时刻时，从电源管理芯片 U53 的 UGATE 引脚输出低电平控制信号，LGATE 引脚输出高电平控制信号。这时，场效应管 Q87 截止，Q89 和 Q90 导通。由于场效应管 Q89 和 Q90 的 S 极接地，Q89 和 Q90 将 Q87 送来的多余的电量以电流的形式对地释放，从而保证输出的 CPU 主供电的电压幅值。同时储能电感 L27 和滤波电容 CE24 ~ CE27 开始放电。储能电感 L27 和滤波电容 CE24 ~ CE27 组成的低通滤波系统通过滤波输出较平滑的纯净电流。

在进入 1/4（t_1+t_2）时刻时，从电源管理芯片 U54 开始工作，分别控制 Q91 和 Q93、Q94 分别导通和截止，从而输出较平滑的纯净电流。

在进入 1/2（t_1+t_2）时刻时，从电源管理芯片 U55 开始工作，分别控制 Q95 和 Q97、Q98 分别导通和截止，从而输出较平滑的纯净电流。

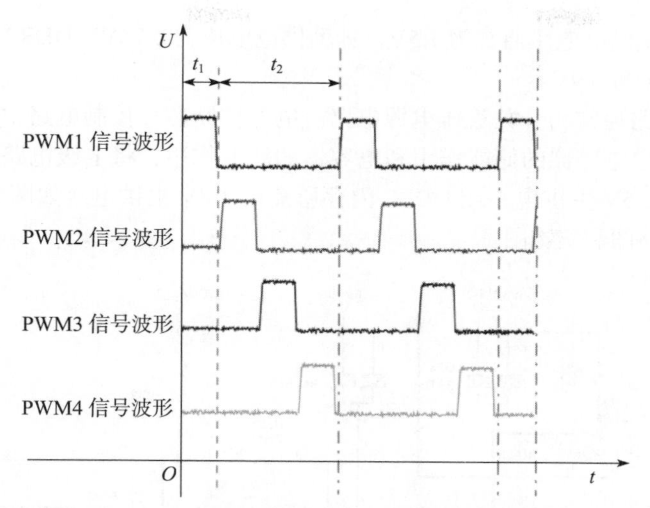

图 5-17　主电源管理芯片输出的 PWM 驱动电压波形图

在进入 3/4（t_1+t_2）时刻时，从电源管理芯片 U56 开始工作，分别控制 Q99 和 Q100、Q101 分别导通和截止，从而输出较平滑的纯净电流。

最后这四相供电相互叠加，并经过滤波电容滤波后，输出更大、更为平滑的纯净电流，为 CPU 供电。与此同时，主电源管理芯片的电压反馈端（FB 和 COMP）会将输出的 CPU 主供电电压反馈给电源管理芯片，与 CPU 的标准识别电压比较。如果输出电压与标准电压不相同（误差在 7% 以内视为正常），主电源管理芯片将调整 PWM1、PWM2、PWM3 和 PWM4 引脚输出的方波的幅宽，最终调整输出的 CPU 主供电电压，直到与标准电压一致。

另外，ISEN1、ISEN2、ISEN3 和 ISEN4 会实时监测主供电的电流，以避免供电电路在过流的情况下损坏（当发生过流故障时，主电源管理芯片会停止输出 PWM 控制信号，停止 CPU 供电，使电脑停止工作）。

多相供电电路设计，可满足 CPU 正常工作所需的电压和电流，并增强其电压和电流输出的稳定性。但需要注意的是，并非供电电路的相数越多越好，多相供电电路会使主板布线复杂化，并随之而产生更大的电磁干扰等诸多问题。供电电路的好坏不能简单地从相数上评判，还要看其设计的合理性和所使用电子元器件的性能参数。如某些一线主板大厂的四相供电电路的性能要比普通厂商的六相供电电路更为可靠，这是由于一线主板大厂在电路设计和做工用料方面都更好的缘故。

技巧 36　主板内存供电电路工作原理

电脑使用的内存通常为独立的 PCB 板，主要通过内存插槽与主板相关电路进行数据交换并获得供电。

内存条上主要有内存芯片、SPD 芯片以及电容器和电阻器等电子元器件。主板上的内存供电电路，需要为内存芯片、SPD 芯片提供正常工作所需的电压和电流，同时还要为内存与 CPU 或北桥芯片之间用于通信的总线供电。所以，主板内存供电电路可以分为内存主供电电路和内存辅助供电电路两种。

DDR3 内存的主供电电压通常为 1.5V，辅助供电电压为 0.75V。DDR2 内存主供电电压为 1.8V，辅助供电电压为 0.9V。

内存主供电电路通常为开关稳压电源电路。电源控制芯片控制电路中的场效应管导通和截止，并通过电路中电感器的储能作用和电容器的滤波作用，将上级电路提供的供电转换为 DDR3 内存所需的 1.5V 主供电，或 DDR2 内存所需的 1.8V 主供电。如图 5-18 所示为常见内存主供电电路的电路图和实物图。

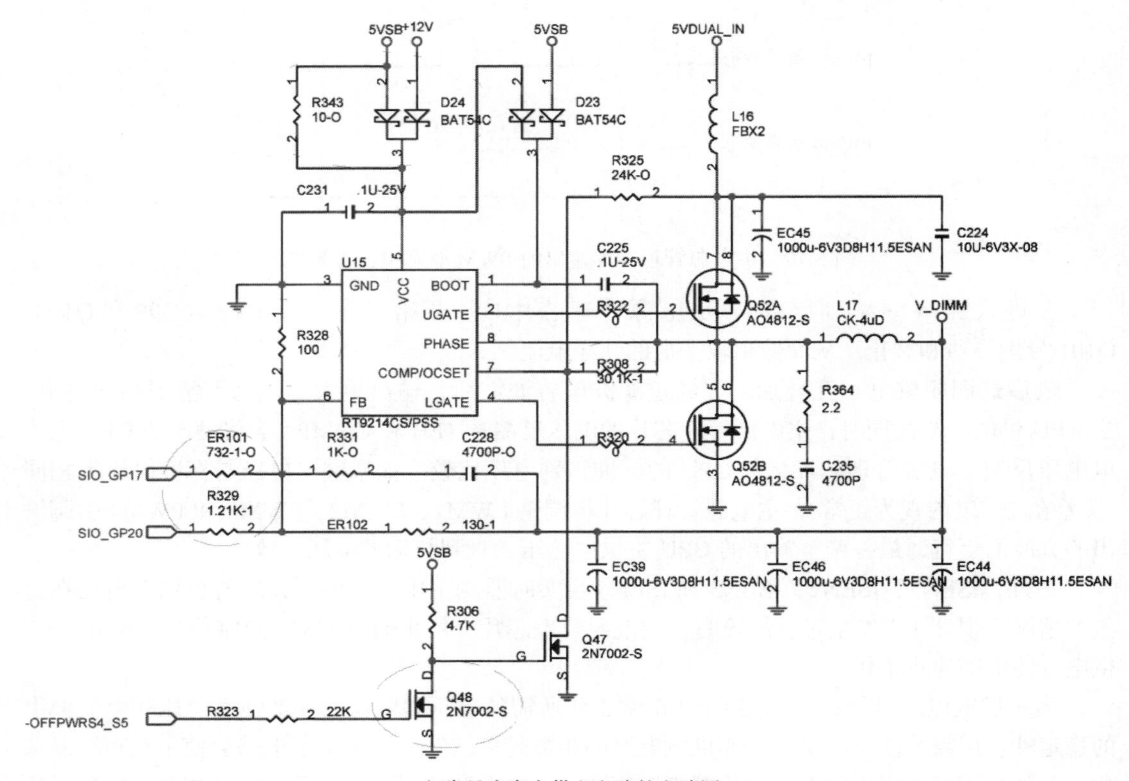

a）常见内存主供电电路的电路图

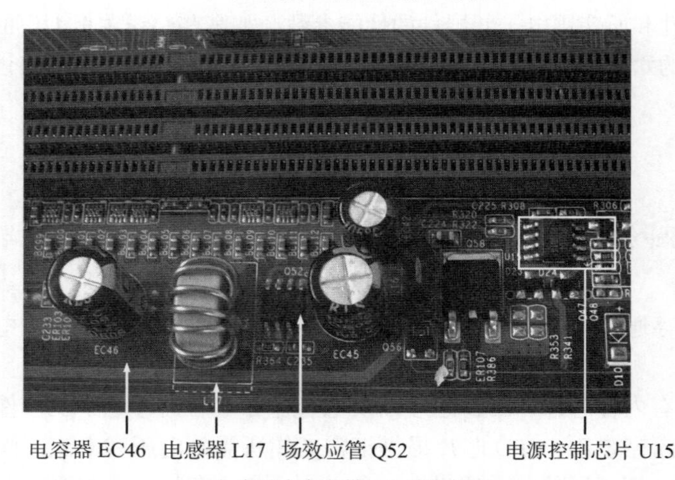

电容器 EC46　电感器 L17　场效应管 Q52　电源控制芯片 U15

b）常见内存主供电电路实物图

图 5-18　常见内存主供电电路的电路图和实物图

图中的 U15 为电源控制芯片，其输出驱动信号驱动后级电路中的一个八脚封装的场效应管 Q52（内部集成两个场效应管，电路图中标注为 Q52A 和 Q52B）的导通和截止，再配合电路中的电感器 L17 和电容器的滤波作用，将上级电路输送的 5VDUAL_IN 供电，转换成名为 V_DIMM 的供电，该供电就是内存的主供电。

DDR3 内存所需的 0.75V 辅助供电和 DDR2 内存所需的 0.9V 辅助供电，通常由一个在内存插槽旁的线性稳压电源电路提供。如图 5-19 所示为常见内存辅助供电电路的电路图和实物图。

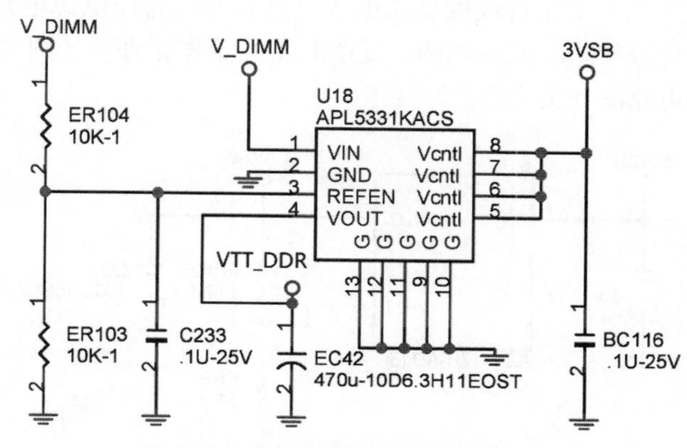

a）常见内存辅助供电电路的电路图

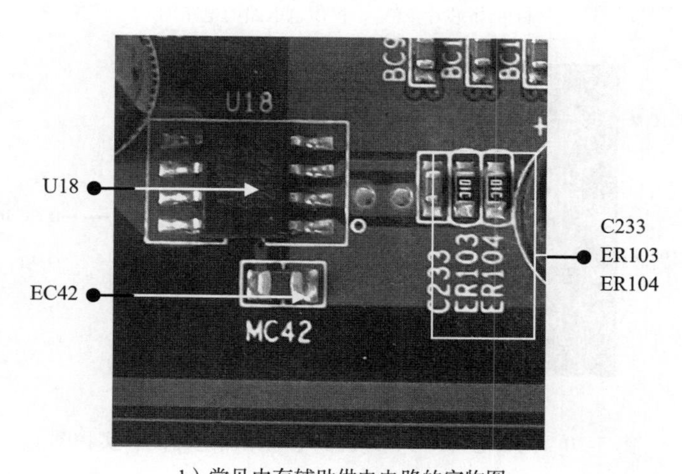

b）常见内存辅助供电电路的实物图

图 5-19　常见内存辅助供电电路的电路图和实物图

图中的 U18 为稳压器芯片 APL5331，其 VIN 引脚为主电源输入引脚，第 3 引脚为参考电压输入和低电平有效关断控制引脚，该引脚通过外部连接电阻器，将 V_DIMM 供电分压后得到的电压，作为参考电压输入芯片。第 5、6、7、8 引脚用于连接到一个电压源，提供一个偏置的内部控制电路。第 4 引脚为稳压器的输出引脚，该引脚输出的名为 VTT_DDR 供电，就是内存的辅助供电。

该电路将内存主供电电路输出的 V_DIMM 供电，通过一个稳压器芯片和几个电容器和电阻器组成的线性稳压电源电路，转换为内存的辅助供电，电路结构非常简单。

技巧37 主板芯片组供电电路工作原理

芯片组是主板的核心，无论是单芯片架构的芯片组还是双芯片架构的芯片组，其芯片内部都集成了很多实现不同功能的模块，这些功能模块所需的电流和电压不同，所以需要多个供电转换电路为芯片组供电。不同芯片组的参数不同，其所需的供电规格也就不同。

不同品牌和型号的主板采用的芯片组供电电路设计不同，这在查看电路图时要注意区分。但基本上主板芯片组的供电电路有线性稳压电源电路和开关稳压电源电路两种类型，其基本工作原理都是比较好理解的。下面举两例，说明其基本工作原理。如图 5-20 所示为南桥芯片 1.8V 待机供电电路的电路图和实物图。

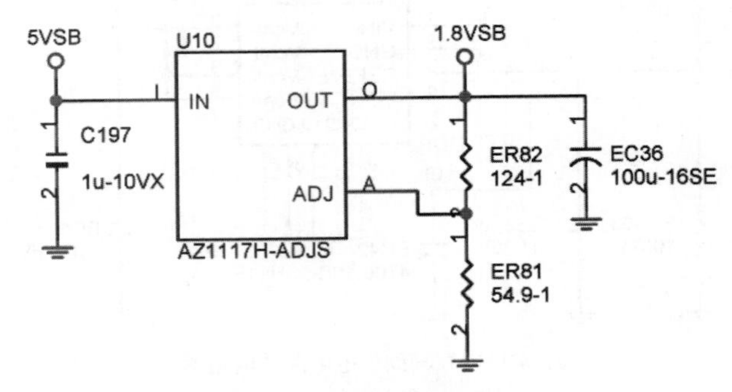

a）南桥芯片 1.8V 待机供电电路的电路图

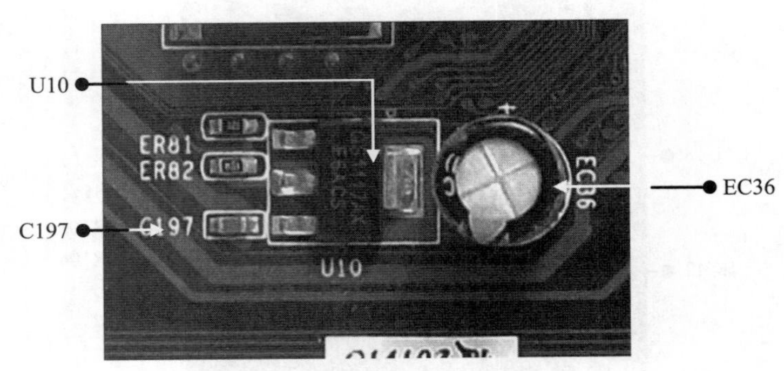

b）南桥芯片 1.8V 待机供电电路实物图

图 5-20 南桥芯片 1.8V 待机供电电路的电路图和实物图

图中的 U10 是一个低压差线性稳压器芯片。该芯片通过外围电路中的电容器和电阻的作用，将主板 ATX 电源插座输出的 5VSB 待机供电，转换为 1.8V 待机供电，并提供给南桥芯片使用。

如图 5-21 所示为北桥芯片供电电路的电路图和实物图，该电路为开关稳压电源电路，电路中的电源控制芯片 U5 驱动电路中八脚封装的场效应管 Q16，再结合其他电子元器件的作用，将供电 VCC3 转换成 VTT_CPU、VDDA12 和 VCC_NB 三路供电，这三路供电都将提供给北桥芯片使用。其中 VTT_CPU 用作北桥芯片与 CPU 之间进行数据交换的辅助供电，VDDA12 提供给北桥芯片内部集成的 PCI-E 控制器等功能模块使用，而 VCC_NB 为北桥芯片的核心供电。

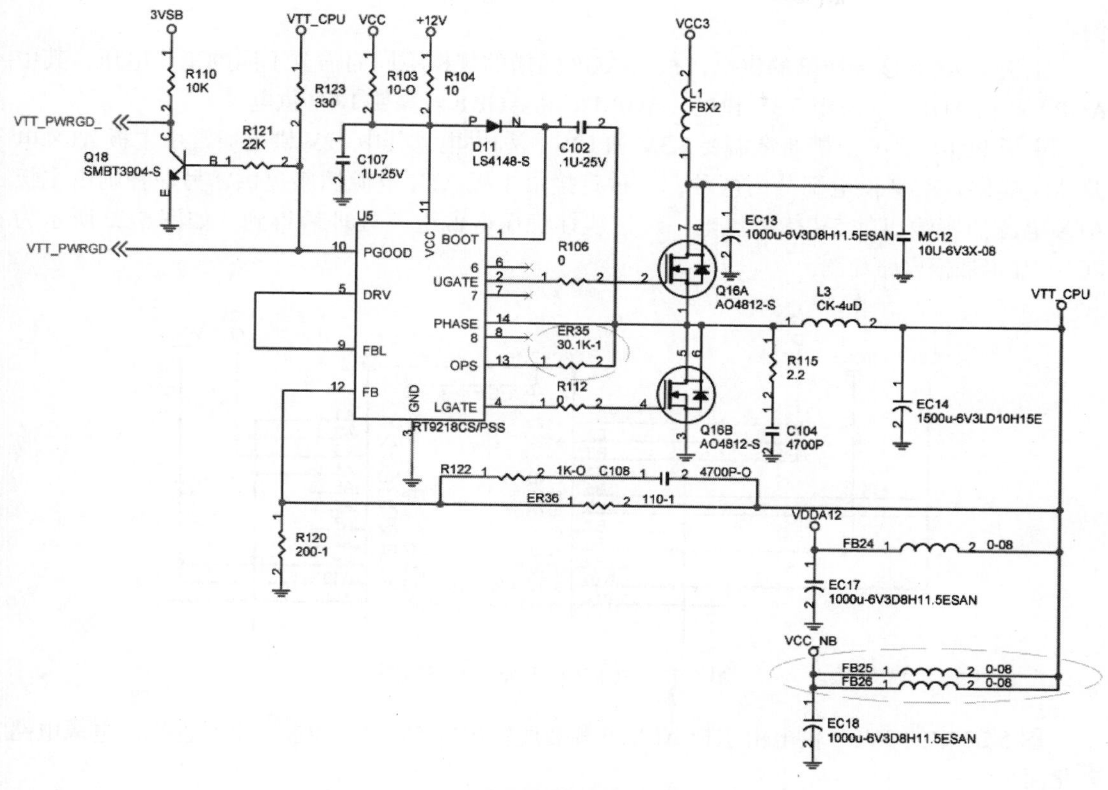

a）北桥芯片供电电路的电路图

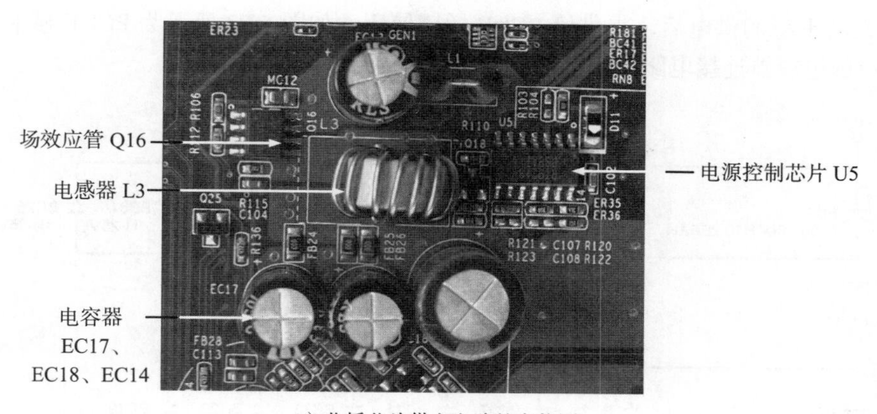

b）北桥芯片供电电路的实物图

图 5-21　北桥芯片供电电路的电路图和实物图

技巧 38　主板显卡供电电路工作原理

电脑主机内的独立显卡通常插装在主板的相关插槽上，从而与主板进行数据交换并获得供电。主板上用于连接独立显卡的插槽主要有 AGP 和 PCI-E 两种，AGP 显卡插槽已经基本被淘汰。

主板上 AGP 显卡插槽的供电，根据 AGP 插槽的规格不同而需要不同的工作电压，其中 AGP 1× 和 AGP 2× 采用 3.3V 供电，AGP 4× 和 AGP 8× 需要 1.5V 供电。

主板 PCI-E 显卡插槽通常需要 3.3V 和 12V 两种供电，其中 12V 供电通常由主板 ATX 电源插座提供。3.3V 供电则分为两种，一种直接由主板 ATX 电源插座提供，另一种则由主板 ATX 电源插座输出的 5V 待机供电，经过线性稳压电源电路处理后得到。如图 5-22 所示为 PCI-E 显卡插槽电路简图。

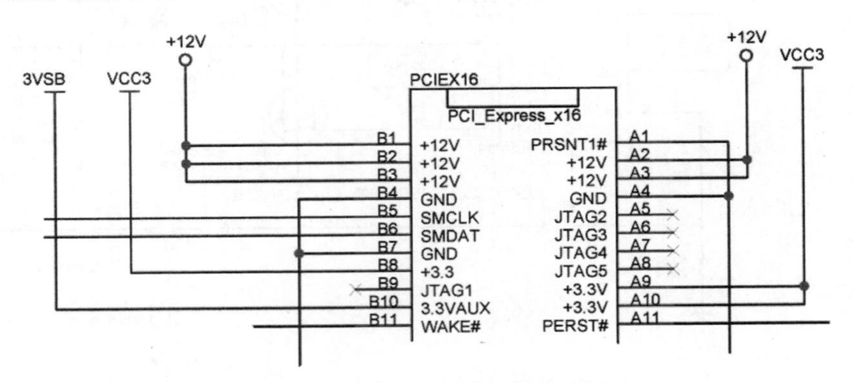

图 5-22　PCI-E 显卡插槽电路简图

图 5-22 中的 3VSB 供电由主板 ATX 电源插座输出的 5VSB，经过一个线性稳压电源电路转化而来。

主板 ATX 电源插座输出的 +12V 供电和 VCC3 供电，经过 PCI-E 插槽旁的多个电容器后，得到较为光滑平稳的供电后，提供给 PCI-E 插槽使用。如图 5-23 所示为 PCI-E 显卡插槽旁用于稳定供电的电容器连接电路图。

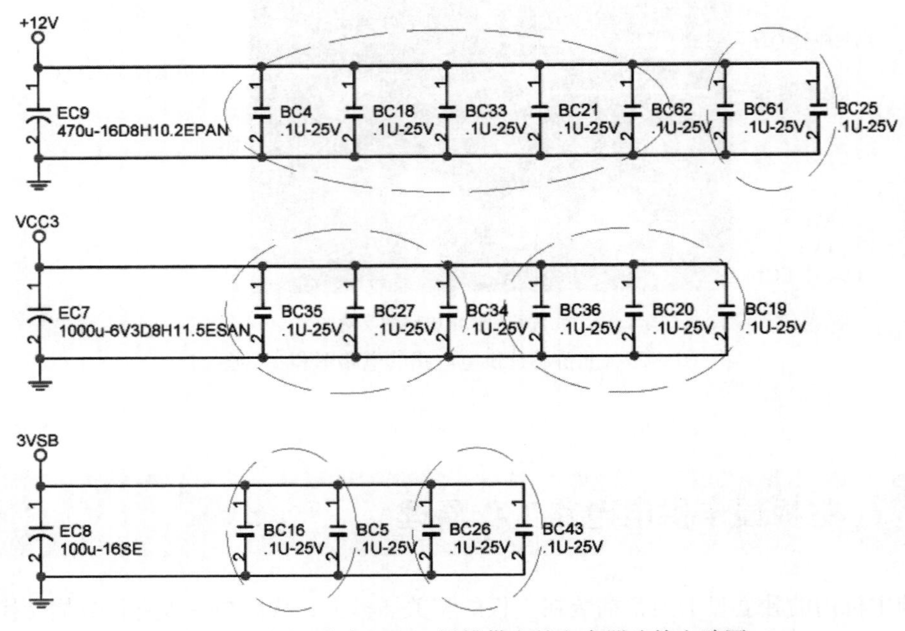

图 5-23　用于稳定 PCI-E 插槽供电的电容器连接电路图

技巧 39 主板 CPU 供电电路深入研究

CPU 供电电路是主板内重要的供电电路，其基本概念、组成结构和工作原理都比较容易理解，但是其故障率相对较高，所表现出的故障现象容易与其他故障混淆。所以在掌握 CPU 供电电路基础知识之后，还应重点研究 CPU 供电电路的工作过程。

微星主板 CPU 供电电路深入研究

通过对 CPU 供电电路图的分析，能够深入理解 CPU 供电电路的工作原理，它还是掌握其故障判断和故障维修的基础。

微星 MS-7345 主板的 CPU 核心供电电路采用的是 ISL6322 电源控制芯片。ISL6322 电源控制芯片是一款四相降压型 PWM 控制器，集成 MOSFET 驱动器，能够提供先进的微处理器精密电压调节功能。如图 5-24 所示为 ISL6322 电源控制芯片的引脚图和内部电路逻辑框图。

ISL6322 电源控制芯片开始工作后，CPU 通过电源控制芯片的 VID0 ~ VID7 端（电源控制芯片的第 1、2、3、4、5、46、47、48 引脚）向电源控制芯片输出 VID 电压识别信号。ISL6322 电源控制芯片得到信号后将在内部对其进行编译，然后转化为脉冲控制信号，驱动场效应管工作。如表 5-1 所示为 ISL6322 电源控制芯片 VID 电压识别表。

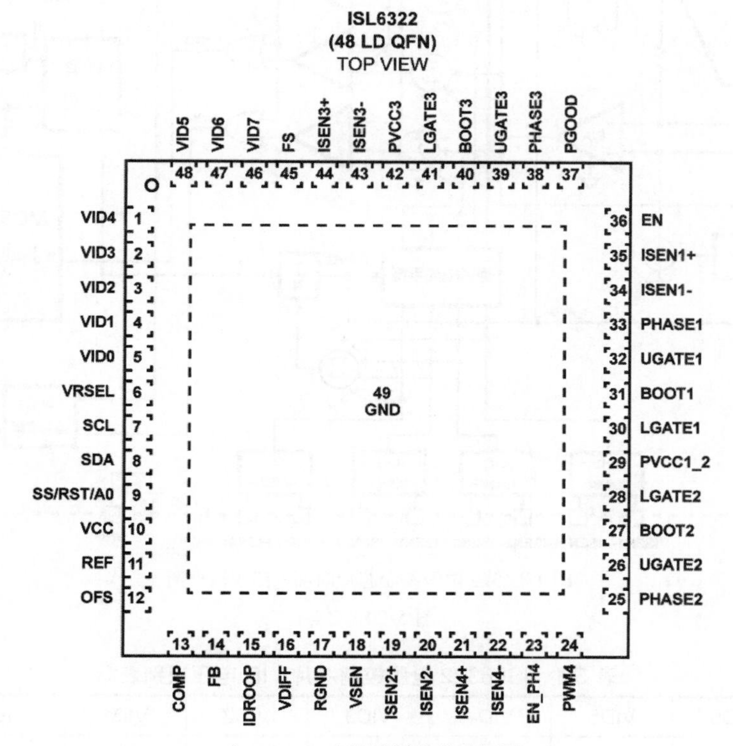

a）ISL6322 电源控制芯片引脚图

图 5-24 ISL6322 电源控制芯片引脚图和内部电路逻辑框图

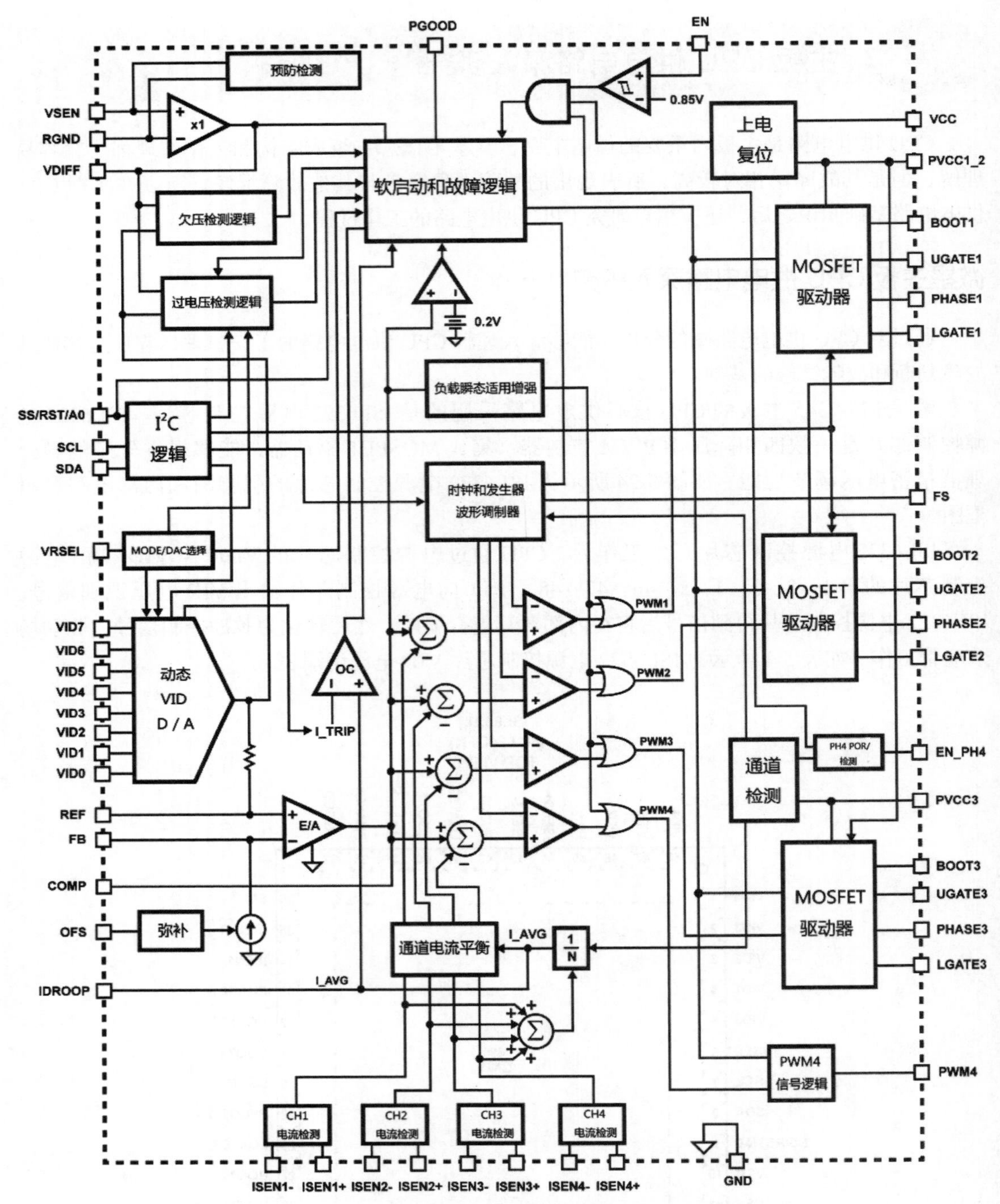

b）ISL6322 电源控制芯片内部电路逻辑框图

图 5-24 （续）

表 5-1 ISL6322 电源控制芯片 VID 电压识别表

VID7	VID6	VID5	VID4	VID3	VID2	VID1	VID0	电压
0	0	0	0	0	0	0	0	OFF
0	0	0	0	0	0	0	1	OFF

（续）

VID7	VID6	VID5	VID4	VID3	VID2	VID1	VID0	电压
0	0	0	0	0	0	1	0	1.60000
0	0	0	0	0	0	1	1	1.59375
0	0	0	0	0	1	0	0	1.58750
0	0	0	0	0	1	0	1	1.58125
0	0	0	0	0	1	1	0	1.57500
0	0	0	0	0	1	1	1	1.56875
0	0	0	0	1	0	0	0	1.56250
0	0	0	0	1	0	0	1	1.55625
0	0	0	0	1	0	1	0	1.55000
0	0	0	0	1	0	1	1	1.54375
0	0	0	0	1	1	0	0	1.53750
0	0	0	0	1	1	0	1	1.53125
0	0	0	0	1	1	1	0	1.52500
0	0	0	0	1	1	1	1	1.51875
0	0	0	1	0	0	0	0	1.51250
0	0	0	1	0	0	0	1	1.50625
0	0	0	1	0	0	1	0	1.50000
0	0	0	1	0	0	1	1	1.49375
0	0	0	1	0	1	0	0	1.48750
0	0	0	1	0	1	0	1	1.48125
0	0	0	1	0	1	1	0	1.47500
0	0	0	1	0	1	1	1	1.46875
0	0	0	1	1	0	0	0	1.46250
0	0	0	1	1	0	0	1	1.45625
0	0	0	1	1	0	1	0	1.45000
0	0	0	1	1	0	1	1	1.44375
0	0	0	1	1	1	0	0	1.43750
0	0	0	1	1	1	0	1	1.43125
0	0	0	1	1	1	1	0	1.42500
0	0	0	1	1	1	1	1	1.41875
0	0	1	0	0	0	0	0	1.41250
0	0	1	0	0	0	0	1	1.40625
0	0	1	0	0	0	1	0	1.40000
0	0	1	0	0	0	1	1	1.39375
0	0	1	0	0	1	0	0	1.38750
0	0	1	0	0	1	0	1	1.38125
0	0	1	0	0	1	1	0	1.37500

（续）

VID7	VID6	VID5	VID4	VID3	VID2	VID1	VID0	电压
0	0	1	0	0	1	1	1	1.36875
0	0	1	0	1	0	0	0	1.36250
0	0	1	0	1	0	0	1	1.35625
0	0	1	0	1	0	1	0	1.35000
0	0	1	0	1	0	1	1	1.34375
0	0	1	0	1	1	0	0	1.33750
0	0	1	0	1	1	0	1	1.33125
0	0	1	0	1	1	1	0	1.32500
0	0	1	0	1	1	1	1	1.31875
0	0	1	1	0	0	0	0	1.31250
0	0	1	1	0	0	0	1	1.30625
0	0	1	1	0	0	1	0	1.30000
0	0	1	1	0	0	1	1	1.29375
0	0	1	1	0	1	0	0	1.28750
0	0	1	1	0	1	0	1	1.28125
0	0	1	1	0	1	1	0	1.27500
0	0	1	1	0	1	1	1	1.26875
0	0	1	1	1	0	0	0	1.26250
0	0	1	1	1	0	0	1	1.25625
0	0	1	1	1	0	1	0	1.25000
0	0	1	1	1	0	1	1	1.24375
0	0	1	1	1	1	0	0	1.23750
0	0	1	1	1	1	0	1	1.23125
0	0	1	1	1	1	1	0	1.22500
0	0	1	1	1	1	1	1	1.21875
0	1	0	0	0	0	0	0	1.21250
0	1	0	0	0	0	0	1	1.20625
0	1	0	0	0	0	1	0	1.20000
0	1	0	0	0	0	1	1	1.19375
0	1	0	0	0	1	0	0	1.18750
0	1	0	0	0	1	0	1	1.18125
0	1	0	0	0	1	1	0	1.17500
0	1	0	0	0	1	1	1	1.16875
0	1	0	0	1	0	0	0	1.16250
0	1	0	0	1	0	0	1	1.15625
0	1	0	0	1	0	1	0	1.15000
0	1	0	0	1	0	1	1	1.14375

（续）

VID7	VID6	VID5	VID4	VID3	VID2	VID1	VID0	电压
0	1	0	0	1	1	0	0	1.13750
0	1	0	0	1	1	0	1	1.13125
0	1	0	0	1	1	1	0	1.12500
0	1	0	0	1	1	1	1	1.11875
0	1	0	1	0	0	0	0	1.11250
0	1	0	1	0	0	0	1	1.10625
0	1	0	1	0	0	1	0	1.10000
0	1	0	1	0	0	1	1	1.09375
0	1	0	1	0	1	0	0	1.08750
0	1	0	1	0	1	0	1	1.08125
0	1	0	1	0	1	1	0	1.07500
0	1	0	1	0	1	1	1	1.06875
0	1	0	1	1	0	0	0	1.06250
0	1	0	1	1	0	0	1	1.05625
0	1	0	1	1	0	1	0	1.05000
0	1	0	1	1	0	1	1	1.04375
0	1	0	1	1	1	0	0	1.03750
0	1	0	1	1	1	0	1	1.03125
0	1	0	1	1	1	1	0	1.02500
0	1	0	1	1	1	1	1	1.01875
0	1	1	0	0	0	0	0	1.01250
0	1	1	0	0	0	0	1	1.00625
0	1	1	0	0	0	1	0	1.00000
0	1	1	0	0	0	1	1	0.99375
0	1	1	0	0	1	0	0	0.98750
0	1	1	0	0	1	0	1	0.98125
0	1	1	0	0	1	1	0	0.97500
0	1	1	0	0	1	1	1	0.96875
0	1	1	0	1	0	0	0	0.96250
0	1	1	0	1	0	0	1	0.95625
0	1	1	0	1	0	1	0	0.95000
0	1	1	0	1	0	1	1	0.94375
0	1	1	0	1	1	0	0	0.93750
0	1	1	0	1	1	0	1	0.93125
0	1	1	0	1	1	1	0	0.92500
0	1	1	0	1	1	1	1	0.91875
0	1	1	1	0	0	0	0	0.91250

（续）

VID7	VID6	VID5	VID4	VID3	VID2	VID1	VID0	电压
0	1	1	1	0	0	0	1	0.90625
0	1	1	1	0	0	1	0	0.90000
0	1	1	1	0	0	1	1	0.89375
0	1	1	1	0	1	0	0	0.88750
0	1	1	1	0	1	0	1	0.88125
0	1	1	1	0	1	1	0	0.87500
0	1	1	1	0	1	1	1	0.86875
0	1	1	1	1	0	0	0	0.86250
0	1	1	1	1	0	0	1	0.85625
0	1	1	1	1	0	1	0	0.85000
0	1	1	1	1	0	1	1	0.84375
0	1	1	1	1	1	0	0	0.83750
0	1	1	1	1	1	0	1	0.83125
0	1	1	1	1	1	1	0	0.82500
0	1	1	1	1	1	1	1	0.81875
1	0	0	0	0	0	0	0	0.81250
1	0	0	0	0	0	0	1	0.80625
1	0	0	0	0	0	1	0	0.80000
1	0	0	0	0	0	1	1	0.79375
1	0	0	0	0	1	0	0	0.78750
1	0	0	0	0	1	0	1	0.78125
1	0	0	0	0	1	1	0	0.77500
1	0	0	0	0	1	1	1	0.76875
1	0	0	0	1	0	0	0	0.76250
1	0	0	0	1	0	0	1	0.75625
1	0	0	0	1	0	1	0	0.75000
1	0	0	0	1	0	1	1	0.74375
1	0	0	0	1	1	0	0	0.73750
1	0	0	0	1	1	0	1	0.73125
1	0	0	0	1	1	1	0	0.72500
1	0	0	0	1	1	1	1	0.71875
1	0	0	1	0	0	0	0	0.71250
1	0	0	1	0	0	0	1	0.70625
1	0	0	1	0	0	1	0	0.70000
1	0	0	1	0	0	1	1	0.69375
1	0	0	1	0	1	0	0	0.68750
1	0	0	1	0	1	0	1	0.68125

（续）

VID7	VID6	VID5	VID4	VID3	VID2	VID1	VID0	电压
1	0	0	1	0	1	1	0	0.67500
1	0	0	1	0	1	1	1	0.66875
1	0	0	1	1	0	0	0	0.66250
1	0	0	1	1	0	0	1	0.65625
1	0	0	1	1	0	1	0	0.65000
1	0	0	1	1	0	1	1	0.64375
1	0	0	1	1	1	0	0	0.63750
1	0	0	1	1	1	0	1	0.63125
1	0	0	1	1	1	1	0	0.62500
1	0	0	1	1	1	1	1	0.61875
1	0	1	0	0	0	0	0	0.61250
1	0	1	0	0	0	0	1	0.60625
1	0	1	0	0	0	1	0	0.60000
1	0	1	0	0	0	1	1	0.59375
1	0	1	0	0	1	0	0	0.58750
1	0	1	0	0	1	0	1	0.58125
1	0	1	0	0	1	1	0	0.57500
1	0	1	0	0	1	1	1	0.56875
1	0	1	0	1	0	0	0	0.56250
1	0	1	0	1	0	0	1	0.55625
1	0	1	0	1	0	1	0	0.55000
1	0	1	0	1	0	1	1	0.54375
1	0	1	0	1	1	0	0	0.53750
1	0	1	0	1	1	0	1	0.53125
1	0	1	0	1	1	1	0	0.52500
1	0	1	0	1	1	1	1	0.51875
1	0	1	1	0	0	0	0	0.51250
1	0	1	1	0	0	0	1	0.50625
1	0	1	1	0	0	1	0	0.50000
1	1	1	1	1	1	1	0	OFF
1	1	1	1	1	1	1	1	OFF

如图 5-25 所示为微星 MS-7345 主板 CPU 核心供电电路图。

ISL6322 电源控制芯片的第 29 引脚和第 42 引脚是芯片内部集成的 MOSFET 驱动器供电输入端。

ISL6322 电源控制芯片的 UGATE1、UGATE2 和 UGATE3 端（芯片的第 32 引脚、第 26 引脚和第 39 引脚）接到相应的上 MOSFET（场效应管）的栅极，用于控制上 MOSFET。

ISL6322 电源控制芯片的 LGATE1、LGATE2 和 LGATE3 端（芯片的第 30 引脚、第 28 引脚和第 41 引脚）接到相应的下 MOSFET 的栅极，用于控制下 MOSFET。

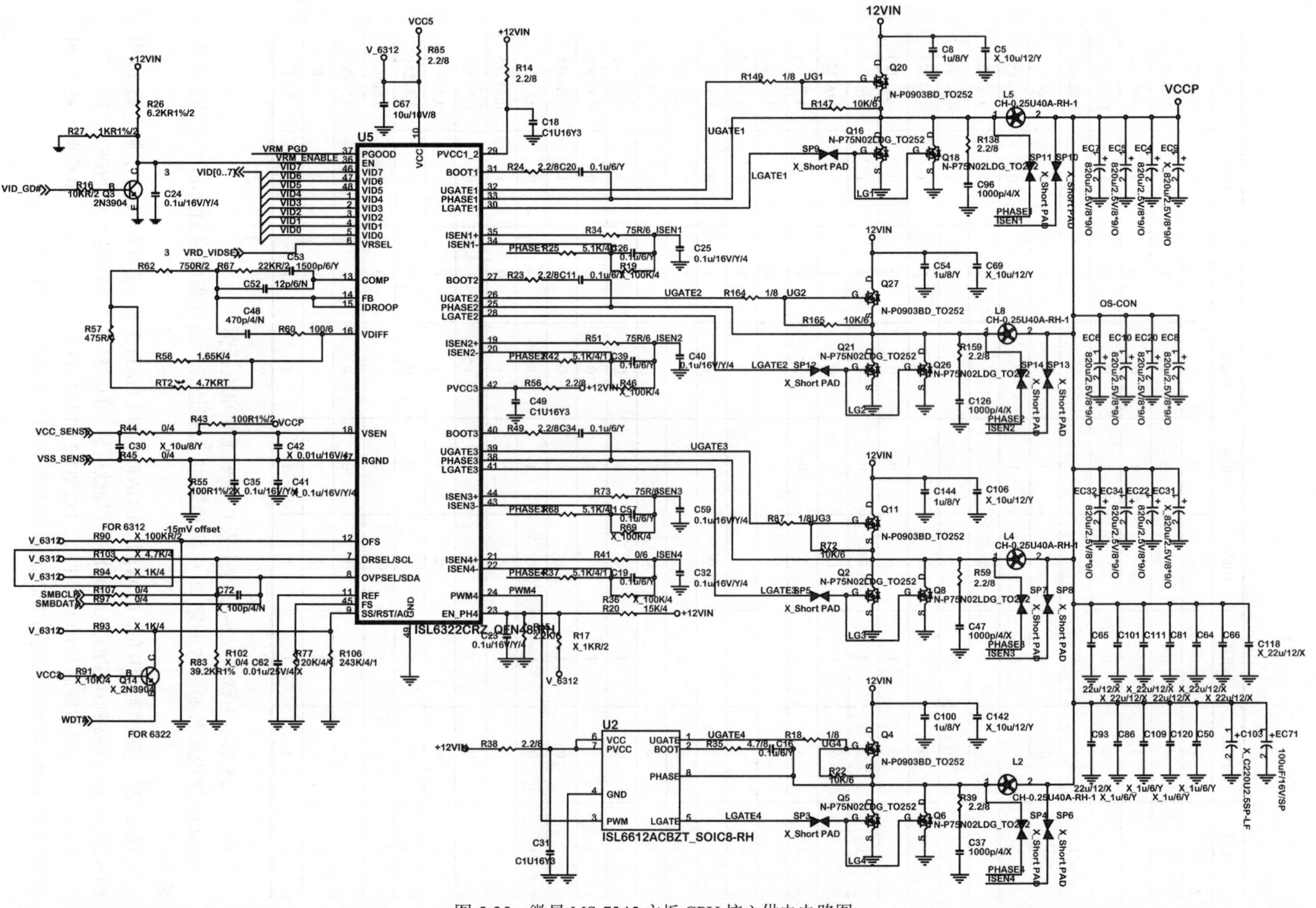

图 5-25　微星 MS-7345 主板 CPU 核心供电电路图

ISL6322 电源控制芯片的第 10 引脚为芯片供电端，接受来自上级电路的 5V 供电，其外围电路中的电阻器 R85 和电容器 C67 出现问题后，将导致芯片无法正常工作，检修时应特别注意。

当使用者按下主机机箱的电源开关后，主板开机电路发送各种信号，使主板各部分电路启动并进入工作状态。

当 ISL6322 电源控制芯片正常工作后，其 VID0 ~ VID7 端接受来自 CPU 的 VID 电压识别信号。

ISL6322 电源控制芯片在得到信号后将在内部对其进行编译，然后转化为脉冲控制信号，驱动后级电路中的场效应管。

其中，ISL6322 电源控制芯片的第 32 引脚和第 30 引脚，连接后级电路中的场效应管 Q20、Q16 和 Q18，为第 1 相供电输出。

ISL6322 电源控制芯片的第 26 引脚和第 28 引脚，连接后级电路中的场效应管 Q27、Q21 和 Q26，为第 2 相供电输出。

ISL6322 电源控制芯片的第 39 引脚和第 41 引脚，连接后级电路中的场效应管 Q11、Q2 和 Q8，为第 3 相供电输出。

ISL6322 电源控制芯片的 PWM4（芯片第 24 引脚）为脉冲宽度调制输出，连接到场效应管驱动器 ISL6612 的 PWM 端（第 3 引脚）。ISL6612 第 1 引脚和第 5 引脚输出控制信号，控制后级电路中的场效应管 Q4 和 Q5，组成第 4 相供电输出。

电路中场效应管的供电（12VIN）来自主板 8 针 ATX 电源插座输出的 12V 供电，如图 5-26 所示为主板 8 针 ATX 电源插座电路图。

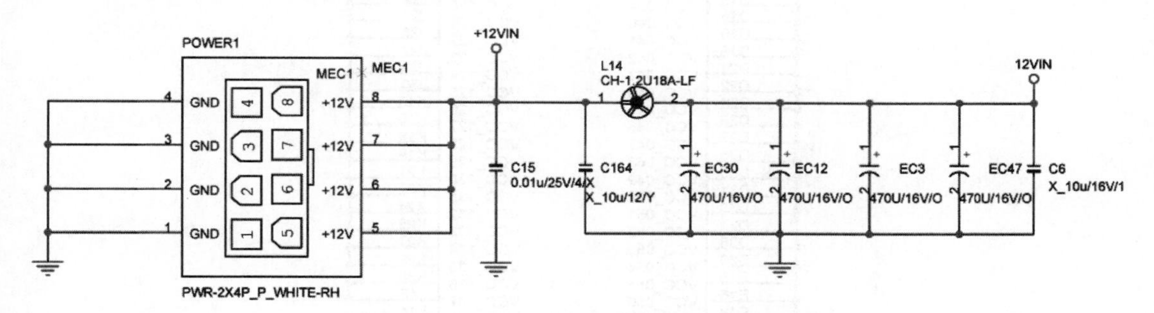

图 5-26　主板 8 针 ATX 电源插座电路图

电路中上场效应管流出的电流会进入电感器 L5、L8、L4 和 L2 进行储能和释放，最后再经过电路中的多组电容器滤波后才能输送给 CPU。

从电感器流出的电流汇聚在一起时，并非简单的叠加，而是电压波形的波峰彼此错开，这样设计的多相供电电路其电流强度增大，但电压波峰的峰值并没有提高，只是其密度增大而已，从而保证了输送给 CPU 的供电平滑、稳定。

精英主板 CPU 供电电路深入研究

精英 P67H2-A 主板支持 CPU 集成内存控制器、PCI-E 控制器等功能模块，这使其所需的供电类型更多，如图 5-27 所示为精英 P67H2-A 主板 CPU 插座供电引脚电路图。CPU 核心供电（VCORE）电压为 0.25 ~ 1.52V，CPU 辅助供电则包括 1.05V、0.925V/0.85V、1.8V 以及 1.5V 等多组供电。

MAX 112A In VCORE　　CPU1F　　BALLMAP_REV=1.4　　MAX 112A In VCORE

A12	VCC_001	VCC_082	F32
A13	VCC_002	VCC_083	F33
A14	VCC_003	VCC_084	F34
A15	VCC_004	VCC_085	G15
A16	VCC_005	VCC_086	G16
A18	VCC_006	VCC_087	G18
A24	VCC_007	VCC_088	G19
A25	VCC_008	VCC_089	G21
A27	VCC_009	VCC_090	G22
A28	VCC_010	VCC_091	G24
B15	VCC_011	VCC_092	G25
B16	VCC_012	VCC_093	G27
B18	VCC_013	VCC_094	G28
B24	VCC_014	VCC_095	G30
B25	VCC_015	VCC_096	G31
B27	VCC_016	VCC_097	G32
B28	VCC_017	VCC_098	G33
B30	VCC_018	VCC_099	H13
B31	VCC_019	VCC_100	H14
B33	VCC_020	VCC_101	H15
B34	VCC_021	VCC_102	H16
C15	VCC_022	VCC_103	H18
C16	VCC_023	VCC_104	H19
C18	VCC_024	VCC_105	H21
C19	VCC_025	VCC_106	H22
C21	VCC_026	VCC_107	H24
C22	VCC_027	VCC_108	H25
C24	VCC_028	VCC_109	H27
C25	VCC_029	VCC_110	H28
C27	VCC_030	VCC_111	H30
C28	VCC_031	VCC_112	H31
C30	VCC_032	VCC_113	H32
C31	VCC_033	VCC_114	J12
C33	VCC_034	VCC_115	J15
C34	VCC_035	VCC_116	J16
C36	VCC_036	VCC_117	J18
D13	VCC_037	VCC_118	J19
D14	VCC_038	VCC_119	J21
D15	VCC_039	VCC_120	J22
D16	VCC_040	VCC_121	J24
D18	VCC_041	VCC_122	J25
D19	VCC_042	VCC_123	J27
D21	VCC_043	VCC_124	J28
D22	VCC_044	VCC_125	J30
D24	VCC_045	VCC_126	K15
D25	VCC_046	VCC_127	K16
D27	VCC_047	VCC_128	K18
D28	VCC_048	VCC_129	K19
D30	VCC_049	VCC_130	K21
D31	VCC_050	VCC_131	K22
D33	VCC_051	VCC_132	K24
D34	VCC_052	VCC_133	K25
D35	VCC_053	VCC_134	K27
D36	VCC_054	VCC_135	K28
E15	VCC_055	VCC_136	K30
E16	VCC_056	VCC_137	L13
E18	VCC_057	VCC_138	L14
E19	VCC_058	VCC_139	L15
E21	VCC_059	VCC_140	L16
E22	VCC_060	VCC_141	L18
E24	VCC_061	VCC_142	L19
E25	VCC_062	VCC_143	L21
E27	VCC_063	VCC_144	L22
E28	VCC_064	VCC_145	L24
E30	VCC_065	VCC_146	L25
E31	VCC_066	VCC_147	L27
E33	VCC_067	VCC_148	L28
E34	VCC_068	VCC_149	L30
E35	VCC_069	VCC_150	M14
F15	VCC_070	VCC_151	M15
F16	VCC_071	VCC_152	M16
F18	VCC_072	VCC_153	M18
F19	VCC_073	VCC_154	M19
F21	VCC_074	VCC_155	M21
F22	VCC_075	VCC_156	M22
F24	VCC_076	VCC_157	M24
F25	VCC_077	VCC_158	M25
F27	VCC_078	VCC_159	M27
F28	VCC_079	VCC_160	M28
F30	VCC_080	VCC_161	M30
F31	VCC_081		

a）核心供电引脚电路图

图 5-27　精英 P67H2-A 主板 CPU 插座供电引脚电路图

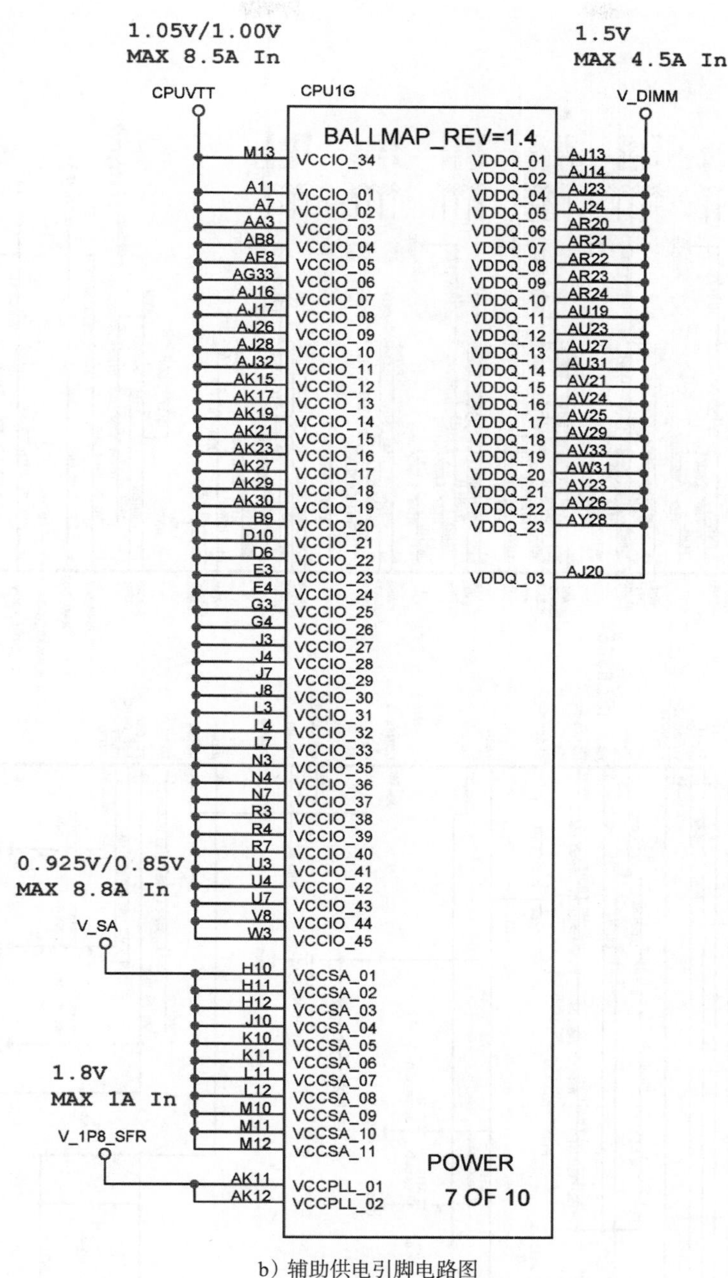

b）辅助供电引脚电路图

图 5-27 （续）

1. CPU 核心供电电路分析

如图 5-28 所示为精英 P67H2-A 主板 CPU 核心供电电路图，图 5-28a 所示为 CPU 核心供电电路中的电源控制芯片 ISL6366 及其外部电路连接。图 5-28b ~ g 所示为 CPU 核心供电电路中的十二相供电输出电路图。

电源控制芯片 ISL6366 是一个双六相单相 PWM 控制器，其中双六相的 PWM 可用于 CPU 核心供电的输出控制，而单相 PWM 可用于显示核心的供电输出控制。

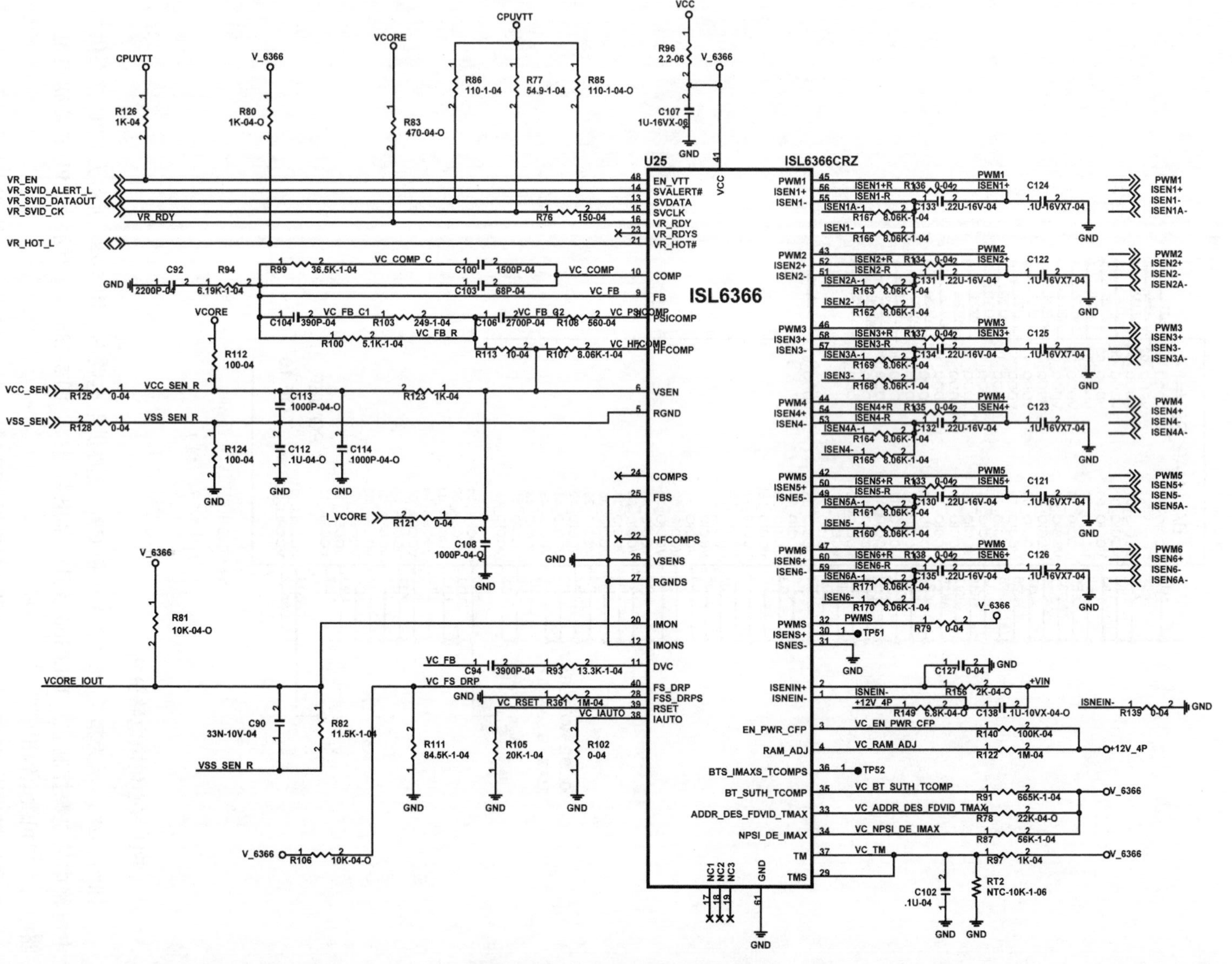

a）电源控制芯片 ISL6366 及其外部电路连接

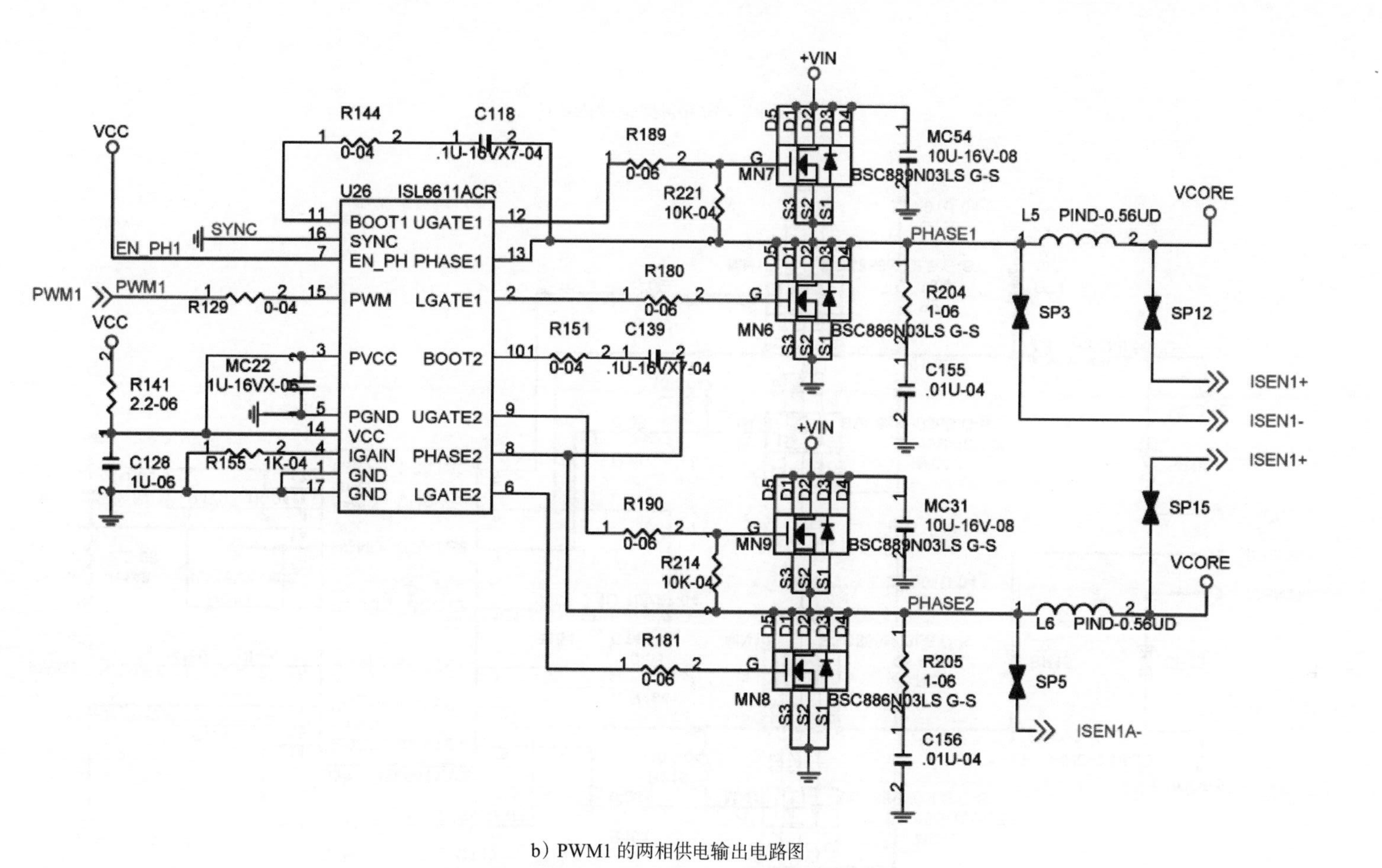

b）PWM1 的两相供电输出电路图

图 5-28　精英 P67H2-A 主板 CPU 核心供电电路图

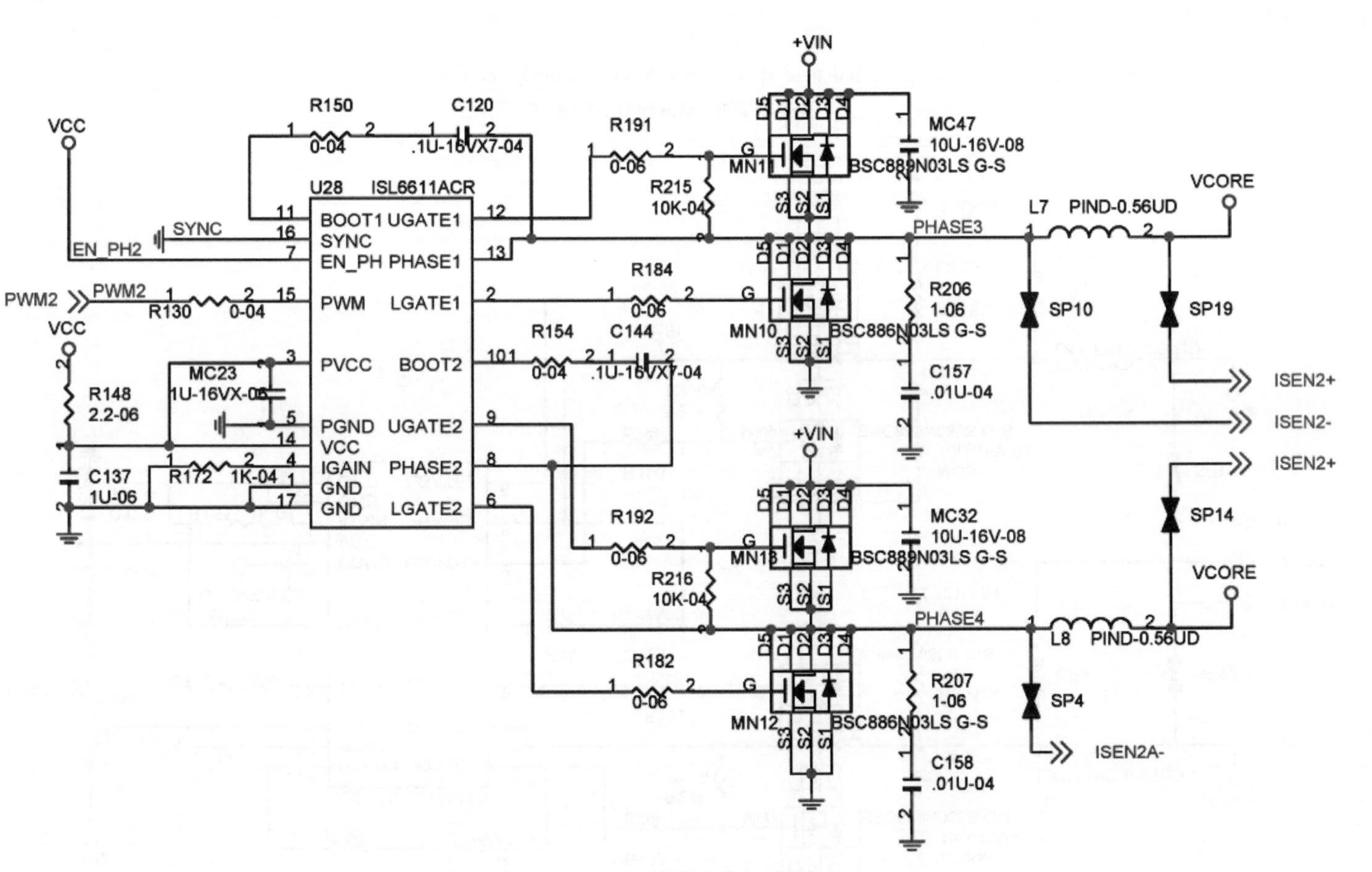

c）PWM2 的两相供电输出电路图

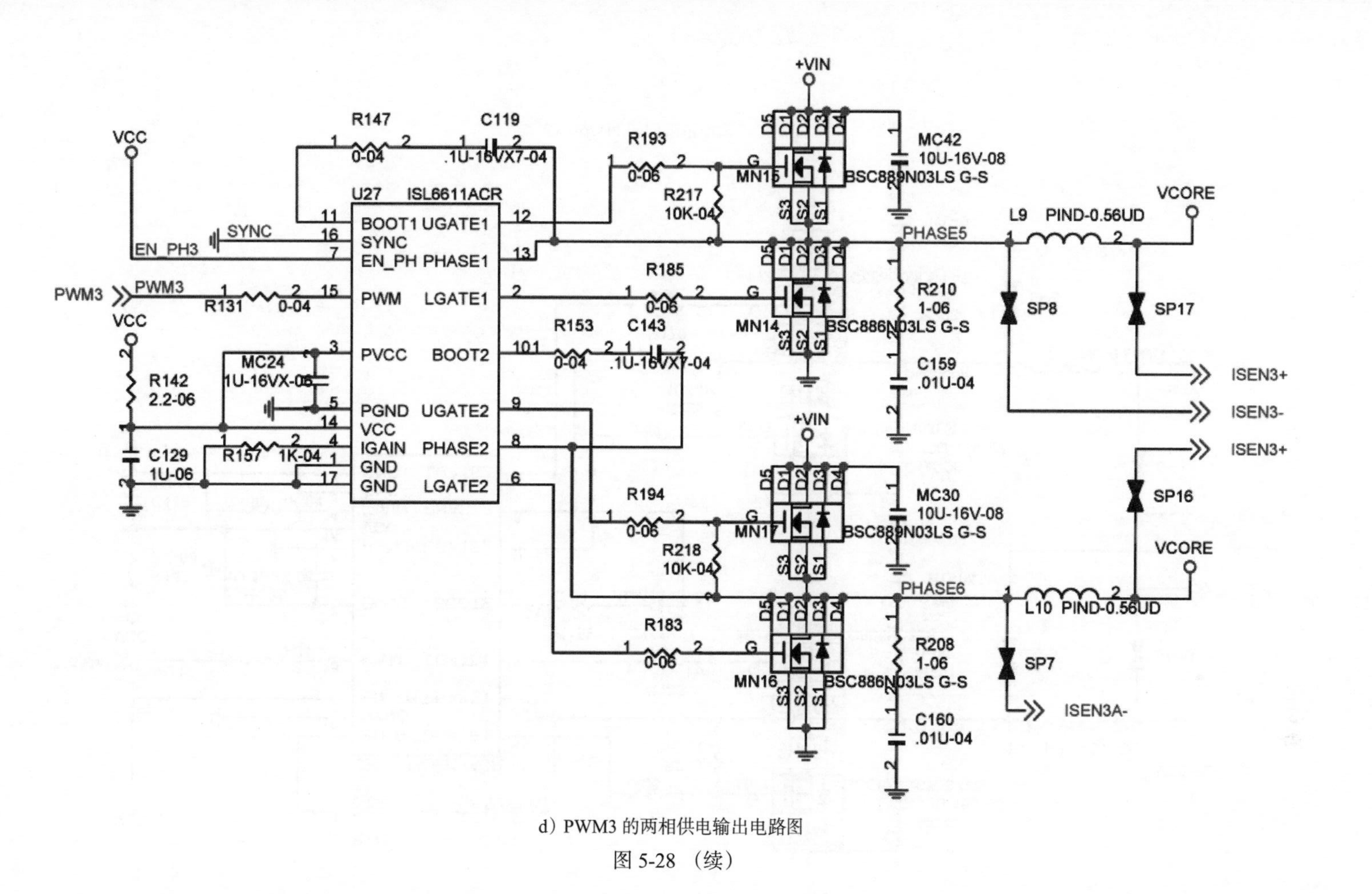

d）PWM3 的两相供电输出电路图

图 5-28 （续）

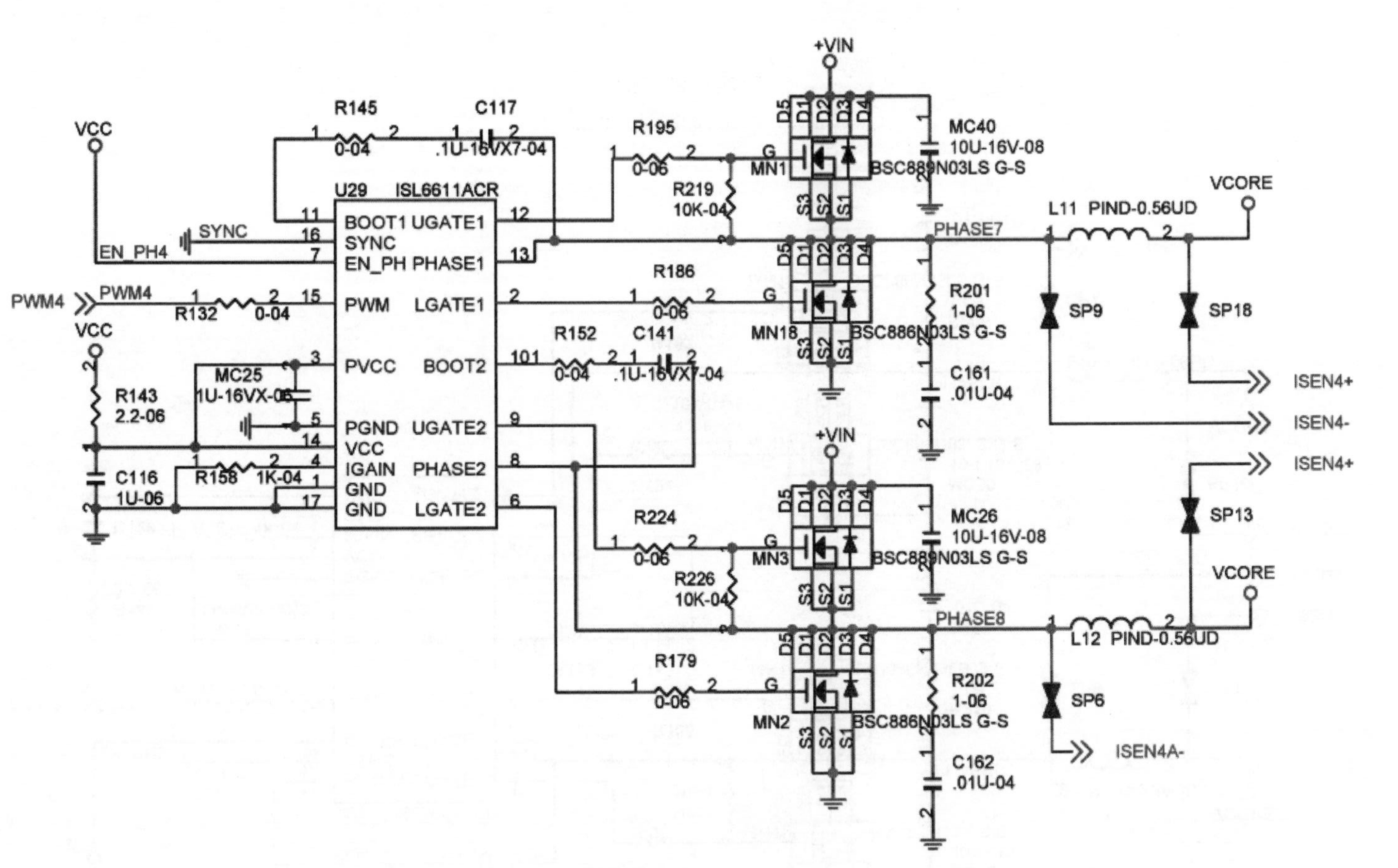

e）PWM4 的两相供电输出电路图

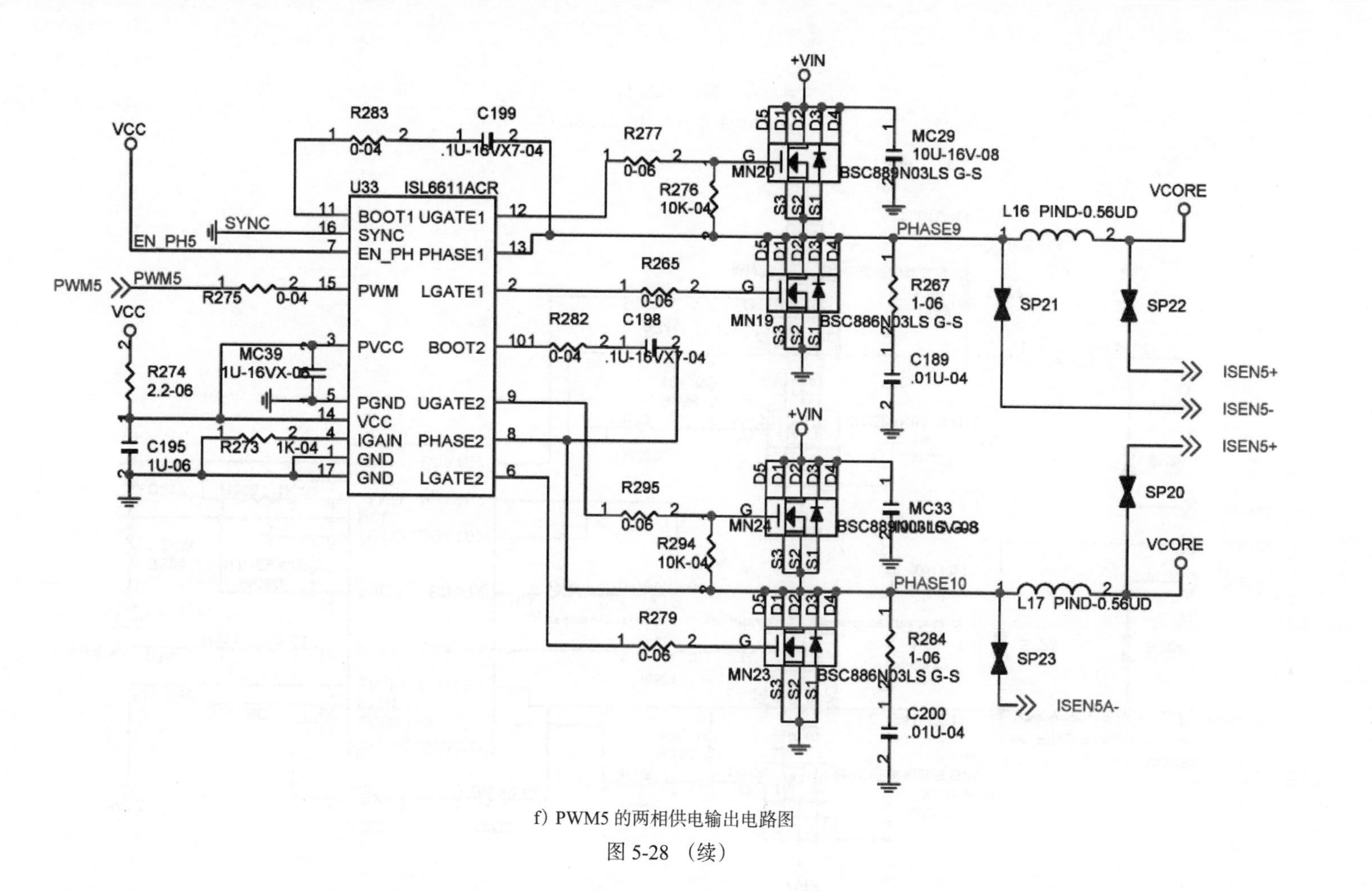

f) PWM5 的两相供电输出电路图

图 5-28 （续）

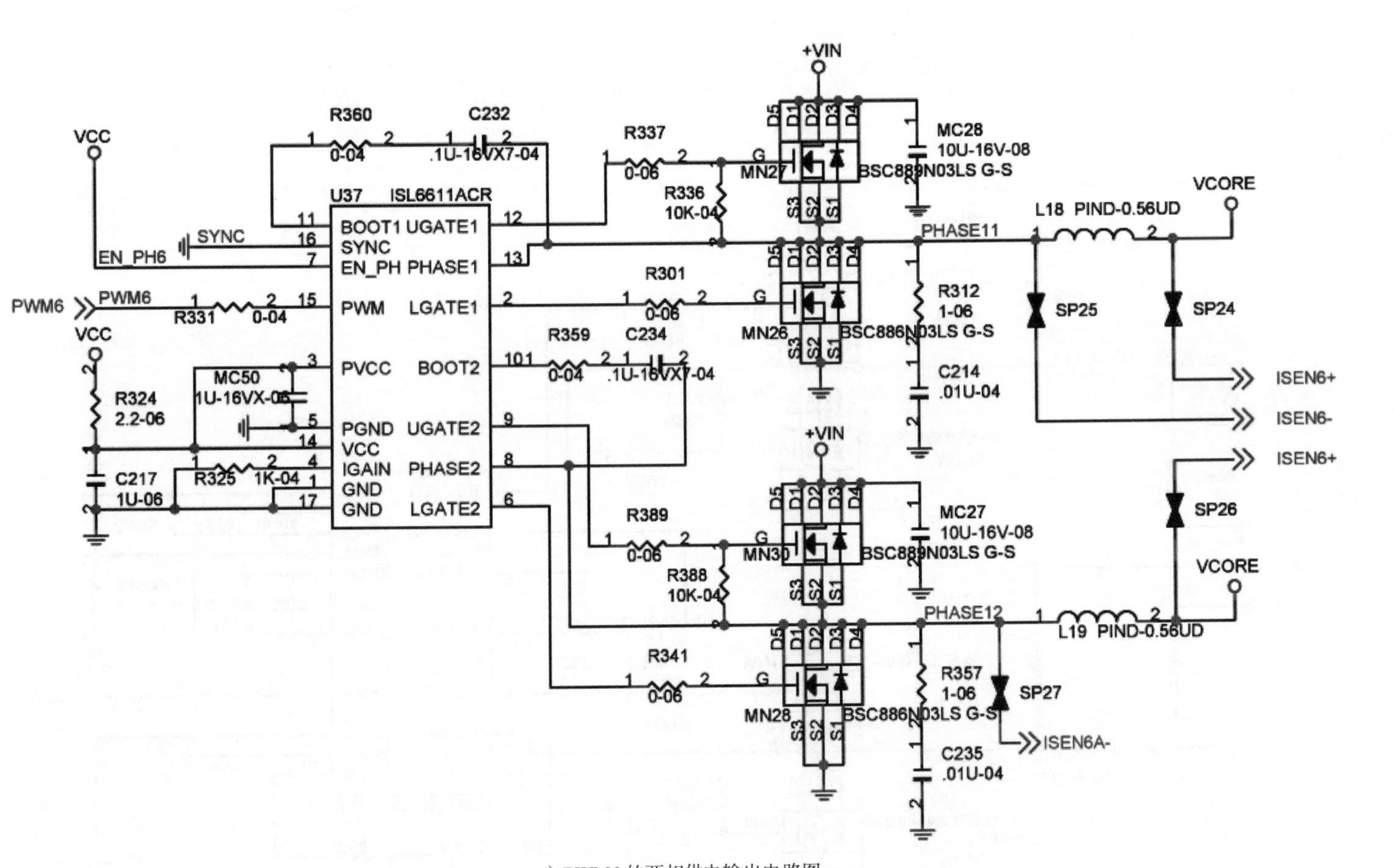

g）PWM6 的两相供电输出电路图

图 5-28（续）

电源控制芯片 ISL6366 在得到正常的供电和启动信号后，其 PWM1、PWM2、PWM3、PWM4、PWM5 和 PWM6 端（第 45 引脚、第 43 引脚、第 46 引脚、第 44 引脚、第 42 引脚和第 47 引脚，这些引脚为脉宽调制输出引脚）输出控制信号给图 5-28b ~ g 中的场效应管驱动器芯片 ISL6611。

场效应管驱动器芯片 ISL6611 的第 15 引脚 PWM 端在得到电源控制芯片 ISL6366 的信号后，从其第 12 引脚、第 2 引脚以及第 9 引脚、第 6 引脚输出驱动信号，驱动后级电路中的 4 个场效应管，产生两相供电输出，6 组两相输出，共 12 相，生成的 VCORE 供电为 CPU 核心提供稳定的供电。

精英 P67H2-A 主板 CPU 核心供电电路的规格高，涉及的电子元器件也较多，为了保证其输入供电的稳定，主板上为 CPU 供电电路提供供电的 ATX 电源插座采用了 8 针设计。如图 5-29 所示为精英 P67H2-A 主板 8 针 ATX 电源插座电路图。该 ATX 电源插座输出的供电 +VIN 供电，输送到 CPU 核心供电电路中的场效应管，给 CPU 供电电路提供输入供电。

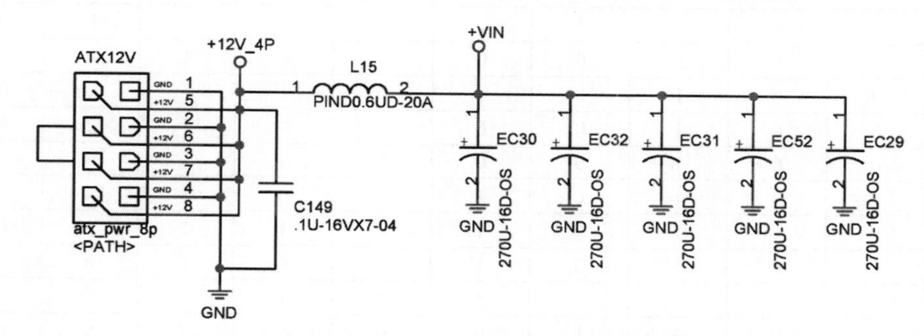

图 5-29　精英 P67H2-A 主板 8 针 ATX 电源插座电路图

精英 P67H2-A 主板支持的 CPU 采用 VRD 12 供电规范设计，VRD 12 规范的最大改变是 SVID（串行 VID）的采用。

SVID 让 PCU（Power Control Unit，电源控制单元，集成于 CPU 中的功能模块）与主板 CPU 供电电路中的电源控制芯片直接通信，以极高的速度控制 VID 编码，并监测故障响应。因此它会自动判断 CPU 工作在高频率的时候需要的 VID 电压值，并反馈给 CPU 供电电路中的电源控制芯片。CPU 供电电路中的电源控制芯片在得到 VID 编码后，通过内部电路的处理，驱动后级电路输出 CPU 所需的供电。

精英 P67H2-A 主板的 CPU 核心供电电路采用的电源控制芯片为 ISL6366，该电源控制芯片支持 SVID 技术。ISL6366 电源控制芯片的第 13 引脚 SVDATA（串行 VID 数据），第 14 引脚 SVALERT#（警示信号）以及第 15 引脚 SVCLK（串行 VID 时钟）连接 CPU 插座，用于 VID 编码信息的传送。

如表 5-2 所示为 ISL6366 电源控制芯片 VID 电压识别表。从表中可以看出，不同的 VID 编码组合代表不同电压的供电输出。

表 5-2　ISL6366 电源控制芯片 VID 电压识别表

VID7	VID6	VID5	VID4	VID3	VID2	VID1	VID0	十六进制编码		电压
0	0	0	0	0	0	0	0	0	0	OFF
0	0	0	0	0	0	0	1	0	1	0.2500
0	0	0	0	0	0	1	0	0	2	0.2550

（续）

VID7	VID6	VID5	VID4	VID3	VID2	VID1	VID0	十六进制编码		电压
0	0	0	0	0	0	1	1	0	3	0.2600
0	0	0	0	0	1	0	0	0	4	0.2650
0	0	0	0	0	1	0	1	0	5	0.2700
0	0	0	0	0	1	1	0	0	6	0.2750
0	0	0	0	0	1	1	1	0	7	0.2800
0	0	0	0	1	0	0	0	0	8	0.2850
0	0	0	0	1	0	0	1	0	9	0.2900
0	0	0	0	1	0	1	0	0	A	0.2950
0	0	0	0	1	0	1	1	0	B	0.3000
0	0	0	0	1	1	0	0	0	C	0.3050
0	0	0	0	1	1	0	1	0	D	0.3100
0	0	0	0	1	1	1	0	0	E	0.3150
0	0	0	0	1	1	1	1	0	F	0.3200
0	0	0	1	0	0	0	0	1	0	0.3250
0	0	0	1	0	0	0	1	1	1	0.3300
0	0	0	1	0	0	1	0	1	2	0.3350
0	0	0	1	0	0	1	1	1	3	0.3400
0	0	0	1	0	1	0	0	1	4	0.3450
0	0	0	1	0	1	0	1	1	5	0.3500
0	0	0	1	0	1	1	0	1	6	0.3550
0	0	0	1	0	1	1	1	1	7	0.3600
0	0	0	1	1	0	0	0	1	8	0.3650
0	0	0	1	1	0	0	1	1	9	0.3700
0	0	0	1	1	0	1	0	1	A	0.3750
0	0	0	1	1	0	1	1	1	B	0.3800
0	0	0	1	1	1	0	0	1	C	0.3850
0	0	0	1	1	1	0	1	1	D	0.3900
0	0	0	1	1	1	1	0	1	E	0.3950
0	0	0	1	1	1	1	1	1	F	0.4000
0	0	1	0	0	0	0	0	2	0	0.4050
0	0	1	0	0	0	0	1	2	1	0.4100
0	0	1	0	0	0	1	0	2	2	0.4150
0	0	1	0	0	0	1	1	2	3	0.4200
0	0	1	0	0	1	0	0	2	4	0.4250
0	0	1	0	0	1	0	1	2	5	0.4300
0	0	1	0	0	1	1	0	2	6	0.4350
0	0	1	0	0	1	1	1	2	7	0.4400
0	0	1	0	1	0	0	0	2	8	0.4450
0	0	1	0	1	0	0	1	2	9	0.4500
0	0	1	0	1	0	1	0	2	A	0.4550
0	0	1	0	1	0	1	1	2	B	0.4600
0	0	1	0	1	1	0	0	2	C	0.4650
0	0	1	0	1	1	0	1	2	D	0.4700
0	0	1	0	1	1	1	0	2	E	0.4750

（续）

VID7	VID6	VID5	VID4	VID3	VID2	VID1	VID0	十六进制编码		电压
0	0	1	0	1	1	1	1	2	F	0.4800
0	0	1	1	0	0	0	0	3	0	0.4850
0	0	1	1	0	0	0	1	3	1	0.4900
0	0	1	1	0	0	1	0	3	2	0.4950
0	0	1	1	0	0	1	1	3	3	0.5000
0	0	1	1	0	1	0	0	3	4	0.5050
0	0	1	1	0	1	0	1	3	5	0.5100
0	0	1	1	0	1	1	0	3	6	0.5150
0	0	1	1	0	1	1	1	3	7	0.5200
0	0	1	1	1	0	0	0	3	8	0.5250
0	0	1	1	1	0	0	1	3	9	0.5300
0	0	1	1	1	0	1	0	3	A	0.5350
0	0	1	1	1	0	1	1	3	B	0.5400
0	0	1	1	1	1	0	0	3	C	0.5450
0	0	1	1	1	1	0	1	3	D	0.5500
0	0	1	1	1	1	1	0	3	E	0.5550
0	0	1	1	1	1	1	1	3	F	0.5600
0	1	0	0	0	0	0	0	4	0	0.5650
0	1	0	0	0	0	0	1	4	1	0.5700
0	1	0	0	0	0	1	0	4	2	0.5750
0	1	0	0	0	0	1	1	4	3	0.5800
0	1	0	0	0	1	0	0	4	4	0.5850
0	1	0	0	0	1	0	1	4	5	0.5900
0	1	0	0	0	1	1	0	4	6	0.5950
0	1	0	0	0	1	1	1	4	7	0.6000
0	1	0	0	1	0	0	0	4	8	0.6050
0	1	0	0	1	0	0	1	4	9	0.6100
0	1	0	0	1	0	1	0	4	A	0.6150
0	1	0	0	1	0	1	1	4	B	0.6200
0	1	0	0	1	1	0	0	4	C	0.6250
0	1	0	0	1	1	0	1	4	D	0.6300
0	1	0	0	1	1	1	0	4	E	0.6350
0	1	0	0	1	1	1	1	4	F	0.6400
0	1	0	1	0	0	0	0	5	0	0.6450
0	1	0	1	0	0	0	1	5	1	0.6500
0	1	0	1	0	0	1	0	5	2	0.6550
0	1	0	1	0	0	1	1	5	3	0.6600
0	1	0	1	0	1	0	0	5	4	0.6650
0	1	0	1	0	1	0	1	5	5	0.6700
0	1	0	1	0	1	1	0	5	6	0.6750
0	1	0	1	0	1	1	1	5	7	0.6800
0	1	0	1	1	0	0	0	5	8	0.6850
0	1	0	1	1	0	0	1	5	9	0.6900
0	1	0	1	1	0	1	0	5	A	0.6950

（续）

VID7	VID6	VID5	VID4	VID3	VID2	VID1	VID0	十六进制编码		电压
0	1	0	1	1	0	1	1	5	B	0.7000
0	1	0	1	1	1	0	0	5	C	0.7050
0	1	0	1	1	1	0	1	5	D	0.7100
0	1	0	1	1	1	1	0	5	E	0.7150
0	1	0	1	1	1	1	1	5	F	0.7200
0	1	1	0	0	0	0	0	6	0	0.7250
0	1	1	0	0	0	0	1	6	1	0.7300
0	1	1	0	0	0	1	0	6	2	0.7350
0	1	1	0	0	0	1	1	6	3	0.7400
0	1	1	0	0	1	0	0	6	4	0.7450
0	1	1	0	0	1	0	1	6	5	0.7500
0	1	1	0	0	1	1	0	6	6	0.7550
0	1	1	0	0	1	1	1	6	7	0.7600
0	1	1	0	1	0	0	0	6	8	0.7650
0	1	1	0	1	0	0	1	6	9	0.7700
0	1	1	0	1	0	1	0	6	A	0.7750
0	1	1	0	1	0	1	1	6	B	0.7800
0	1	1	0	1	1	0	0	6	C	0.7850
0	1	1	0	1	1	0	1	6	D	0.7900
0	1	1	0	1	1	1	0	6	E	0.7950
0	1	1	0	1	1	1	1	6	F	0.8000
0	1	1	1	0	0	0	0	7	0	0.8050
0	1	1	1	0	0	0	1	7	1	0.8100
0	1	1	1	0	0	1	0	7	2	0.8150
0	1	1	1	0	0	1	1	7	3	0.8200
0	1	1	1	0	1	0	0	7	4	0.8250
0	1	1	1	0	1	0	1	7	5	0.8300
0	1	1	1	0	1	1	0	7	6	0.8350
0	1	1	1	0	1	1	1	7	7	0.8400
0	1	1	1	1	0	0	0	7	8	0.8450
0	1	1	1	1	0	0	1	7	9	0.8500
0	1	1	1	1	0	1	0	7	A	0.8550
0	1	1	1	1	0	1	1	7	B	0.8600
0	1	1	1	1	1	0	0	7	C	0.8650
0	1	1	1	1	1	0	1	7	D	0.8700
0	1	1	1	1	1	1	0	7	E	0.8750
0	1	1	1	1	1	1	1	7	F	0.8800
1	0	0	0	0	0	0	0	8	0	0.8850
1	0	0	0	0	0	0	1	8	1	0.8900
1	0	0	0	0	0	1	0	8	2	0.8950
1	0	0	0	0	0	1	1	8	3	0.9000
1	0	0	0	0	1	0	0	8	4	0.9050
1	0	0	0	0	1	0	1	8	5	0.9100
1	0	0	0	0	1	1	0	8	6	0.9150

（续）

VID7	VID6	VID5	VID4	VID3	VID2	VID1	VID0	十六进制编码		电压
1	0	0	0	0	1	1	1	8	7	0.9200
1	0	0	0	1	0	0	0	8	8	0.9250
1	0	0	0	1	0	0	1	8	9	0.9300
1	0	0	0	1	0	1	0	8	A	0.9350
1	0	0	0	1	0	1	1	8	B	0.9400
1	0	0	0	1	1	0	0	8	C	0.9450
1	0	0	0	1	1	0	1	8	D	0.9500
1	0	0	0	1	1	1	0	8	E	0.9550
1	0	0	0	1	1	1	1	8	F	0.9600
1	0	0	1	0	0	0	0	9	0	0.9650
1	0	0	1	0	0	0	1	9	1	0.9700
1	0	0	1	0	0	1	0	9	2	0.9750
1	0	0	1	0	0	1	1	9	3	0.9800
1	0	0	1	0	1	0	0	9	4	0.9850
1	0	0	1	0	1	0	1	9	5	0.9900
1	0	0	1	0	1	1	0	9	6	0.9950
1	0	0	1	0	1	1	1	9	7	1.0000
1	0	0	1	1	0	0	0	9	8	1.0050
1	0	0	1	1	0	0	1	9	9	1.0100
1	0	0	1	1	0	1	0	9	A	1.0150
1	0	0	1	1	0	1	1	9	B	1.0200
1	0	0	1	1	1	0	0	9	C	1.0250
1	0	0	1	1	1	0	1	9	D	1.0300
1	0	0	1	1	1	1	0	9	E	1.0350
1	0	0	1	1	1	1	1	9	F	1.0400
1	0	1	0	0	0	0	0	A	0	1.0450
1	0	1	0	0	0	0	1	A	1	1.0500
1	0	1	0	0	0	1	0	A	2	1.0550
1	0	1	0	0	0	1	1	A	3	1.0600
1	0	1	0	0	1	0	0	A	4	1.0650
1	0	1	0	0	1	0	1	A	5	1.0700
1	0	1	0	0	1	1	0	A	6	1.0750
1	0	1	0	0	1	1	1	A	7	1.0800
1	0	1	0	1	0	0	0	A	8	1.0850
1	0	1	0	1	0	0	1	A	9	1.0900
1	0	1	0	1	0	1	0	A	A	1.0950
1	0	1	0	1	0	1	1	A	B	1.1000
1	0	1	0	1	1	0	0	A	C	1.1050
1	0	1	0	1	1	0	1	A	D	1.1100
1	0	1	0	1	1	1	0	A	E	1.1150
1	0	1	0	1	1	1	1	A	F	1.1200
1	0	1	1	0	0	0	0	B	0	1.1250
1	0	1	1	0	0	0	1	B	1	1.1300
1	0	1	1	0	0	1	0	B	2	1.1350

（续）

VID7	VID6	VID5	VID4	VID3	VID2	VID1	VID0	十六进制编码		电压
1	0	1	1	0	0	1	1	B	3	1.1400
1	0	1	1	0	1	0	0	B	4	1.1450
1	0	1	1	0	1	0	1	B	5	1.1500
1	0	1	1	0	1	1	0	B	6	1.1550
1	0	1	1	0	1	1	1	B	7	1.1600
1	0	1	1	1	0	0	0	B	8	1.1650
1	0	1	1	1	0	0	1	B	9	1.1700
1	0	1	1	1	0	1	0	B	A	1.1750
1	0	1	1	1	0	1	1	B	B	1.1800
1	0	1	1	1	1	0	0	B	C	1.1850
1	0	1	1	1	1	0	1	B	D	1.1900
1	0	1	1	1	1	1	0	B	E	1.1950
1	0	1	1	1	1	1	1	B	F	1.2000
1	1	0	0	0	0	0	0	C	0	1.2050
1	1	0	0	0	0	0	1	C	1	1.2100
1	1	0	0	0	0	1	0	C	2	1.2150
1	1	0	0	0	0	1	1	C	3	1.2200
1	1	0	0	0	1	0	0	C	4	1.2250
1	1	0	0	0	1	0	1	C	5	1.2300
1	1	0	0	0	1	1	0	C	6	1.2350
1	1	0	0	0	1	1	1	C	7	1.2400
1	1	0	0	1	0	0	0	C	8	1.2450
1	1	0	0	1	0	0	1	C	9	1.2500
1	1	0	0	1	0	1	0	C	A	1.2550
1	1	0	0	1	0	1	1	C	B	1.2600
1	1	0	0	1	1	0	0	C	C	1.2650
1	1	0	0	1	1	0	1	C	D	1.2700
1	1	0	0	1	1	1	0	C	E	1.2750
1	1	0	0	1	1	1	1	C	F	1.2800
1	1	0	1	0	0	0	0	D	0	1.2850
1	1	0	1	0	0	0	1	D	1	1.2900
1	1	0	1	0	0	1	0	D	2	1.2950
1	1	0	1	0	0	1	1	D	3	1.3000
1	1	0	1	0	1	0	0	D	4	1.3050
1	1	0	1	0	1	0	1	D	5	1.3100
1	1	0	1	0	1	1	0	D	6	1.3150
1	1	0	1	0	1	1	1	D	7	1.3200
1	1	0	1	1	0	0	0	D	8	1.3250
1	1	0	1	1	0	0	1	D	9	1.3300
1	1	0	1	1	0	1	0	D	A	1.3350
1	1	0	1	1	0	1	1	D	B	1.3400
1	1	0	1	1	1	0	0	D	C	1.3450
1	1	0	1	1	1	0	1	D	D	1.3500
1	1	0	1	1	1	1	0	D	E	1.3550

（续）

VID7	VID6	VID5	VID4	VID3	VID2	VID1	VID0	十六进制编码		电压
1	1	0	1	1	1	1	1	D	F	1.3600
1	1	1	0	0	0	0	0	E	0	1.3650
1	1	1	0	0	0	0	1	E	1	1.3700
1	1	1	0	0	0	1	0	E	2	1.3750
1	1	1	0	0	0	1	1	E	3	1.3800
1	1	1	0	0	1	0	0	E	4	1.3850
1	1	1	0	0	1	0	1	E	5	1.3900
1	1	1	0	0	1	1	0	E	6	1.3950
1	1	1	0	0	1	1	1	E	7	1.4000
1	1	1	0	1	0	0	0	E	8	1.4050
1	1	1	0	1	0	0	1	E	9	1.4100
1	1	1	0	1	0	1	0	E	A	1.4150
1	1	1	0	1	0	1	1	E	B	1.4200
1	1	1	0	1	1	0	0	E	C	1.4250
1	1	1	0	1	1	0	1	E	D	1.4300
1	1	1	0	1	1	1	0	E	E	1.4350
1	1	1	0	1	1	1	1	E	F	1.4400
1	1	1	1	0	0	0	0	F	0	1.4450
1	1	1	1	0	0	0	1	F	1	1.4500
1	1	1	1	0	0	1	0	F	2	1.4550
1	1	1	1	0	0	1	1	F	3	1.4600
1	1	1	1	0	1	0	0	F	4	1.4650
1	1	1	1	0	1	0	1	F	5	1.4700
1	1	1	1	0	1	1	0	F	6	1.4750
1	1	1	1	0	1	1	1	F	7	1.4800
1	1	1	1	1	0	0	0	F	8	1.4850
1	1	1	1	1	0	0	1	F	9	1.4900
1	1	1	1	1	0	1	0	F	A	1.4950
1	1	1	1	1	0	1	1	F	B	1.5000
1	1	1	1	1	1	0	0	F	C	1.5050
1	1	1	1	1	1	0	1	F	D	1.5100
1	1	1	1	1	1	1	0	F	E	1.5150
1	1	1	1	1	1	1	1	F	F	1.5200

2. CPU 辅助供电电路分析

CPU 辅助供电主要包括 CPUVTT、V_DIMM、V_SA 以及 V_1P8_SFR 等，这些供电产生的基本原理都是相同的，下面主要讲述 CPUVTT 供电转换电路的工作原理，如图 5-30 所示为 CPUVTT 供电转换电路图。

从图 5-30 中可以看出，CPUVTT 供电转换电路是一个典型的开关稳压电源电路，电路中的电源控制芯片 RT8121 第 15 引脚连接上场效应管 MN5 的栅极，电源控制芯片 RT8121 第 12 引脚连接下场效应管 MN4 的栅极，并控制这两个场效应管的导通和截止。而场效应管的 +VIN 供电则来自主板 8 针 ATX 电源插座的供电输出。

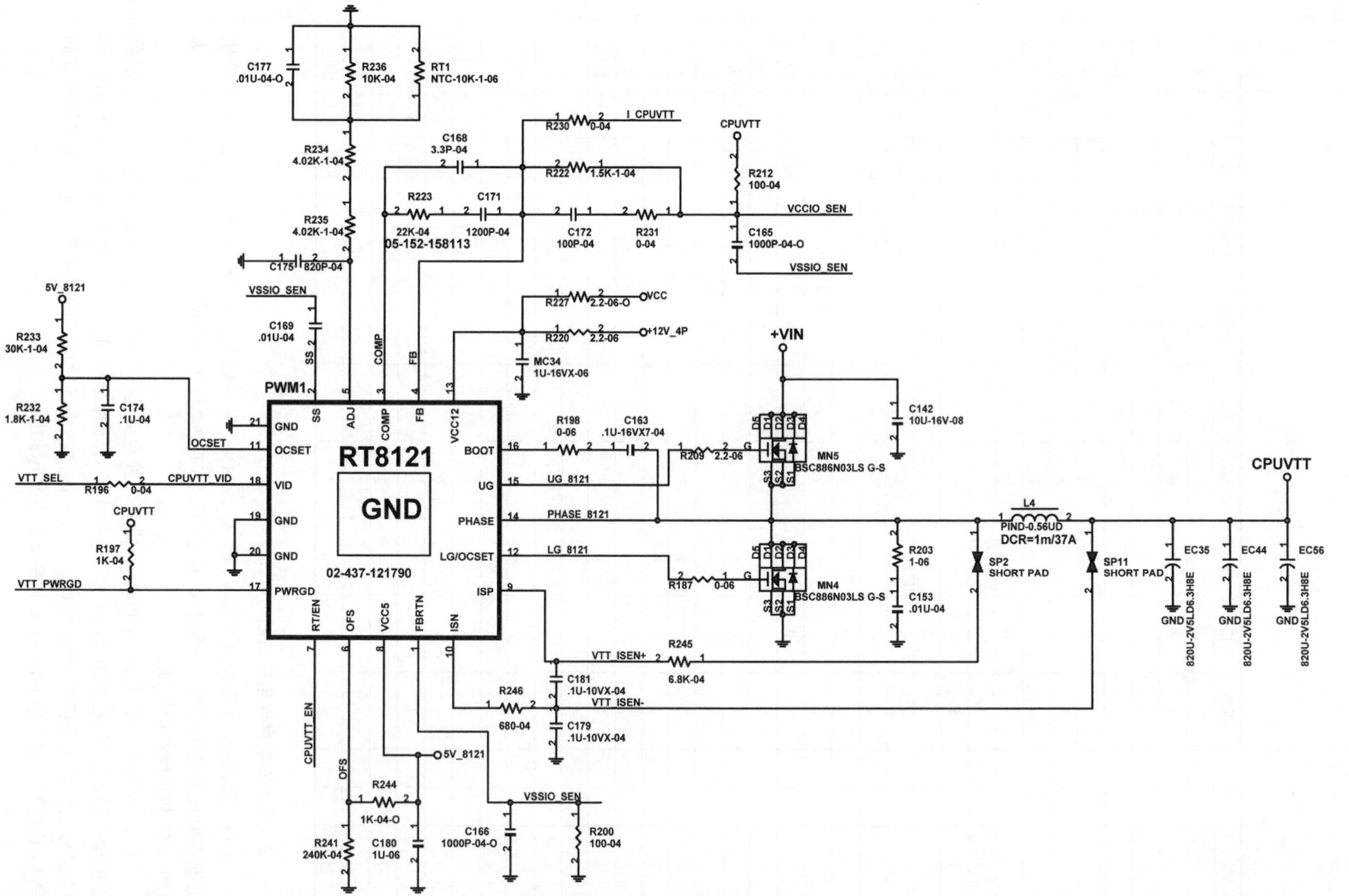

图 5-30　CPUVTT 供电转换电路图

技巧40　主板芯片组供电电路深入研究

芯片组是主板的核心，不仅能够提供对CPU的类型和主频、内存的类型和容量、显卡插槽的规格、主板总线频率、各种功能接口的支持和控制，同时，芯片组在电脑的开机启动过程中还起着十分重要的作用。

芯片组能够实现各种功能，主要是由于其内部集成了实现不同功能的模块，这些功能模块在正常工作时需要不同规格的供电。所以，当主板芯片组供电电路出现故障时，可能导致无法正常开机启动、死机或各种接口、插槽设备无法正常使用的故障。因此掌握主板芯片组供电电路的相关知识，对于提高主板检修技能来说是十分重要的。

微星主板芯片组供电电路深入研究

微星MS-7345主板芯片组由北桥芯片和南桥芯片组成，这两个芯片内部都集成了多个功能模块，所以正常工作时需要多种规格的供电，如表5-3和表5-4所示为芯片组所需供电说明。

北桥芯片和南桥芯片所需的供电，其中一部分由专用的供电电路提供，另一部分由其他供电电路提供，但其基本工作原理都是类似的，下面以两个典型的芯片组供电电路为例，对芯片组供电电路的特点进行分析。如图5-31所示为微星MS-7345主板芯片组供电电路图。

如图5-31a所示，电路中的电源控制芯片uP6103第5引脚接受来自上级电路的供电，芯片内部电路开始工作，并从其第2引脚和第4引脚输出控制信号，驱动后级电路中的场效应管Q33和Q31，并结合电路中电感器和电容器的作用，将主板ATX电源插座输送的VCC5的5V供电转换为北桥芯片所需的一路1.25V供电。

如图5-31b所示，电路中的U26是一个1A可调/固定、低压差线性稳压器芯片。主板ATX电源插座输出VCC3的3.3V供电，输送到该电路中稳压器芯片的第3引脚，稳压器芯片内部电路开始动作，并从其第2引脚输出一路1.5V供电提供给南桥芯片使用。

表5-3　北桥芯片所需供电说明

电压及供电名称	电流规格
1.2V FSB_VTT	1.2A
1.25V Core	13.8A
1.25V DMI/PCI Exp.	2.47A
1.5V VCC_DDR	3.3A
1.5V VCC_SMCLK	350mA
3.3V VCCA_DAC	66mA
3.3V VCC33	15.8mA
1.25V VCC CL	4.9A

表5-4　南桥芯片所需供电说明

电压及供电名称	电流规格
1.05V Core	1.16A
1.25V DMI	41mA
1.2V FSB_VTT	2mA
1.5V_A USB/SATA/PLL	1.65A
1.5V_B PCI Exp.	0.65A
VCCRTC	6μA
3.3V CL	19mA
1.5V GbE LAN	87mA
3.3V VccSus3_3	200mA
3.3V Vcc3_3	308mA
3.3V 10/100 LAN	19mA
3.3V GbE LAN	1mA
3.3V HDA	32mA
3.3V SusHDA	33mA

精英主板芯片组供电电路深入研究

精英P67H2-A主板芯片组为单芯片设计，但其也需要多组供电才能保证芯片的稳定运行，如图5-32所示为精英P67H2-A主板芯片组供电引脚电路图。

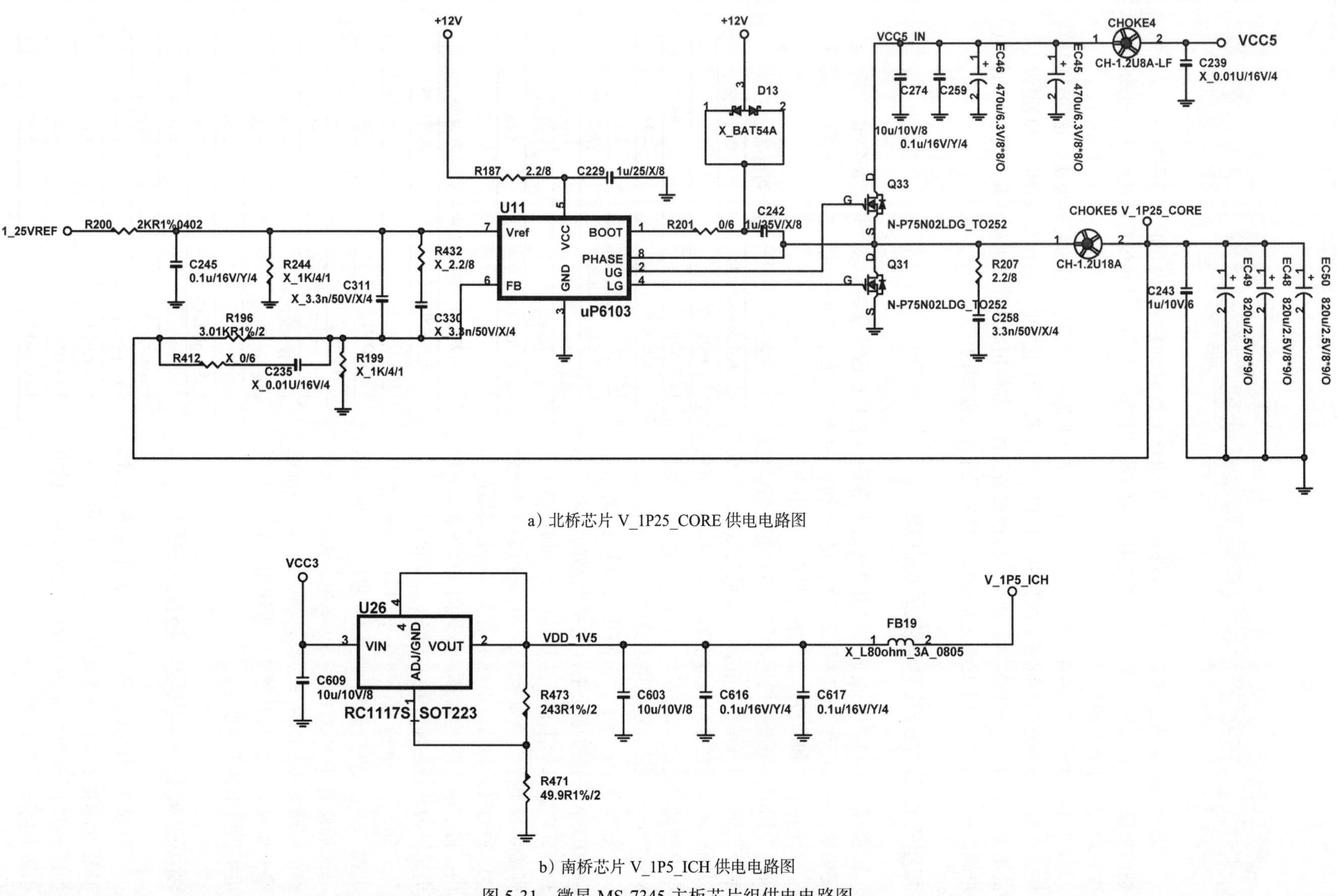

a）北桥芯片 V_1P25_CORE 供电电路图

b）南桥芯片 V_1P5_ICH 供电电路图

图 5-31 微星 MS-7345 主板芯片组供电电路图

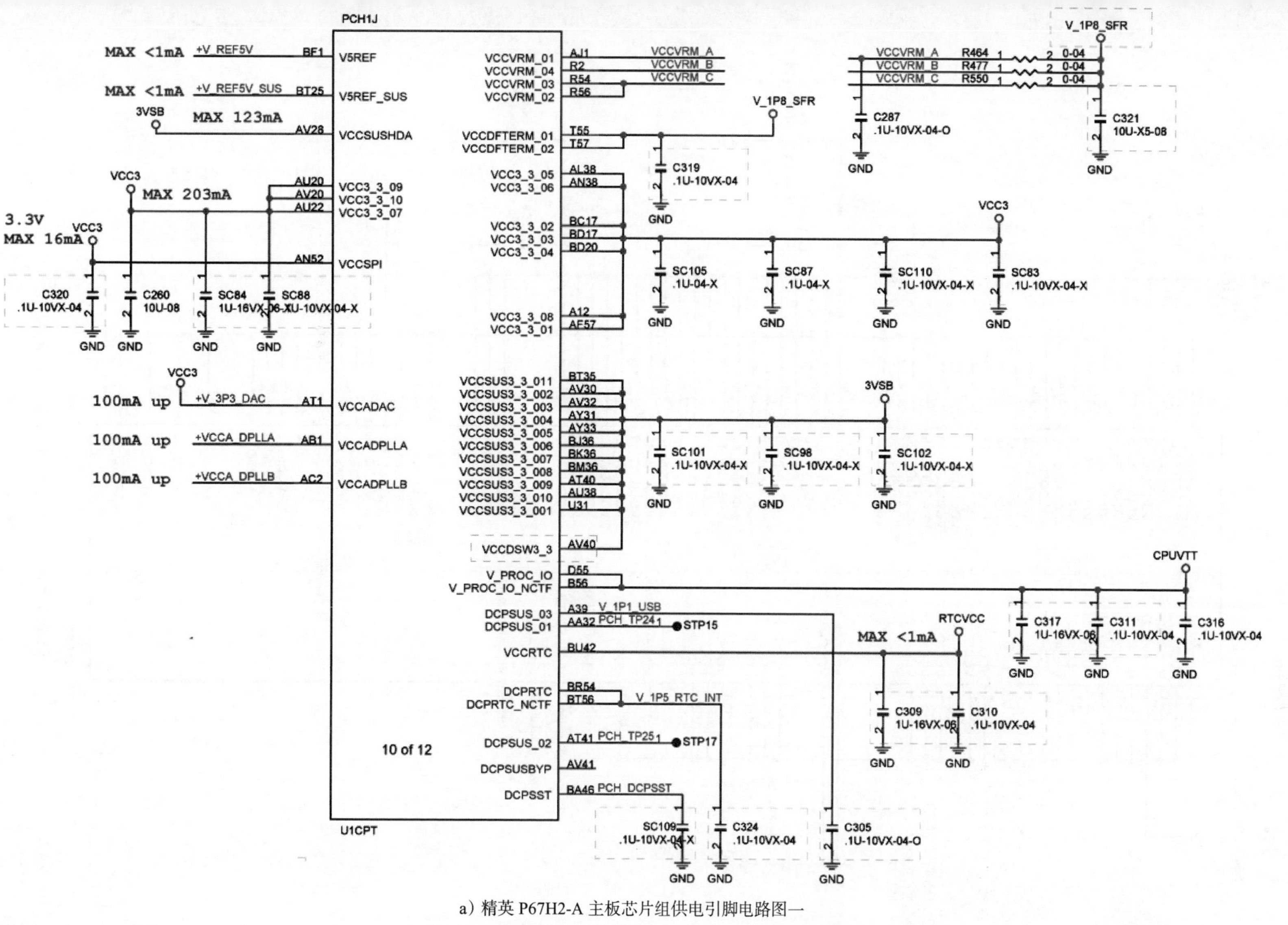

a）精英 P67H2-A 主板芯片组供电引脚电路图一

图 5-32 精英 P67H2-A 主板芯片组供电引脚电路图

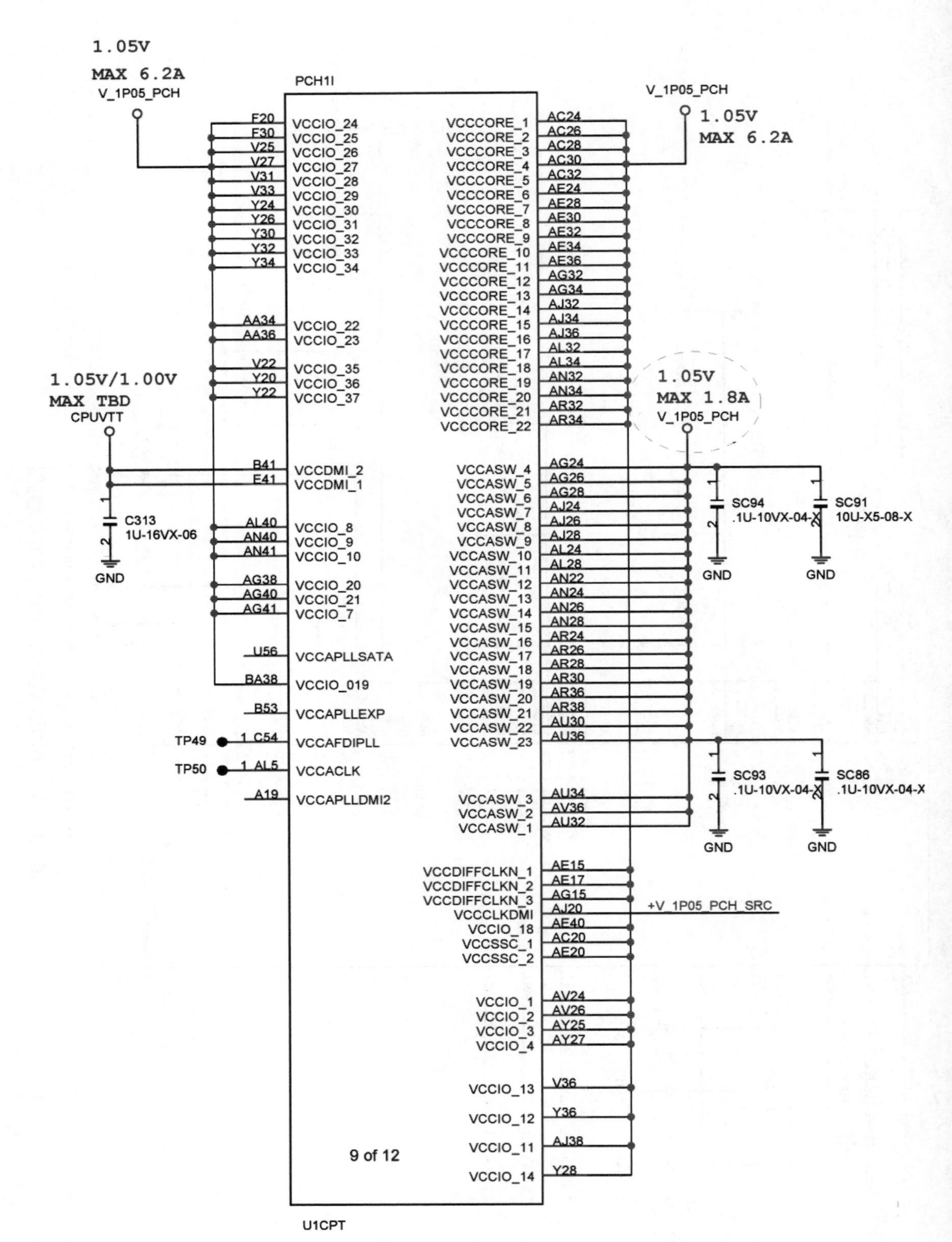

b）精英 P67H2-A 主板芯片组供电引脚电路图二

图 5-32 （续）

从图中可以看出，精英 P67H2-A 主板芯片组需要 VCC3、CPUVTT、3VSB、V_1P8_SFR、V_1P05_PCH 等多种规格的供电，很多供电的电路分析已经在其他供电电路分析中讲述过，下面主要讲述芯片组的 V_1P8_SFR 供电转换电路工作原理。如图 5-33 所示为芯片组 V_1P8_SFR 供电转换电路的电路图。

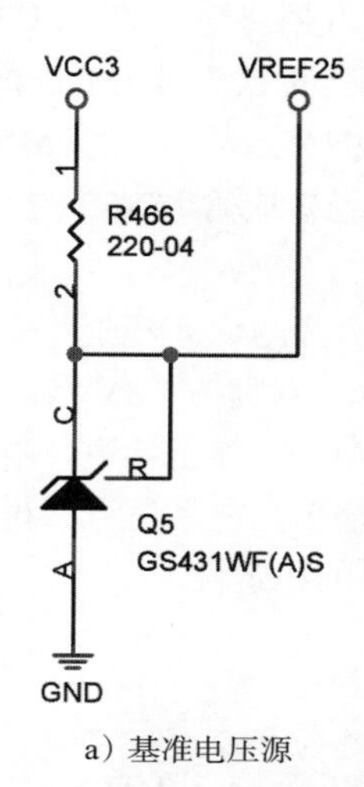

a）基准电压源

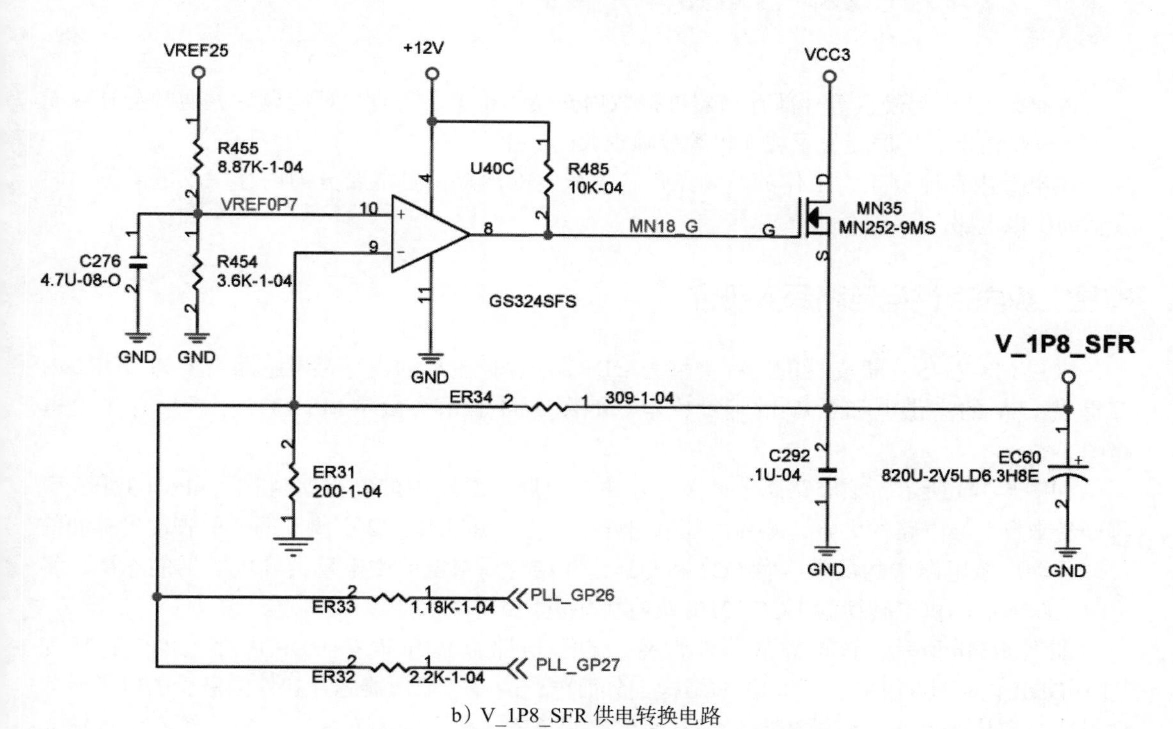

b）V_1P8_SFR 供电转换电路

图 5-33　芯片组 V_1P8_SFR 供电转换电路的电路图

图 5-33a 中，主板 ATX 电源插座输出的 3.3V 供电 VCC3，给电路中的基准电压源 Q5 供电，并生成 VREF25。

图 5-33b 中，VREF25 经过电阻器 R455 等作用后更名为 VREF0P7，并输入到运算放大器

U40C 的第 10 脚作为 1.8V 基准电压。运算放大器 U40C 在电路中起到一个电压比较器的作用，其第 8 脚为输出端，当其第 10 脚电压高于第 9 脚电压时，第 8 脚输出高电平信号，导通场效应管 MN35。当第 10 脚电压低于第 9 脚电压时，第 8 脚输出低电平信号，场效应管 MN35 不导通。

在主板加电过程中，主板 ATX 电源插座输出的 VCC3 供电，给该电路中的基准电压源 Q5 和场效应管 MN35 的 D 极供电。此时运算放大器 U40C 的第 10 脚电压高于第 9 脚电压，第 8 脚输出高电平信号，导通场效应管 MN35。场效应管 MN35 的 S 极输出供电 V_1P8_SFR（该供电为 1.8V）为芯片组供电。同时，场效应管 MN35 的 S 极的输出供电经过电阻器 ER34 后，输入到运算放大器 U40C 的第 9 脚。

当场效应管 MN35 的 S 极输出供电高于 1.8V 时，输入到运算放大器 U40C 第 9 脚的电压也高于 1.8V，这比运算放大器 U40C 第 10 脚的 1.8V 基准电压要高，所以运算放大器 U40C 的第 8 脚会输出低电平信号，场效应管 MN35 停止导通。当运算放大器 U40C 第 9 脚的电压低于 1.8V 时，运算放大器 U40C 的第 8 脚输出高电平信号，再次导通场效应管 MN35，这样周而复始，从而保证了 V_1P8_SFR 供电输出的稳定性。

技巧 41 主板内存供电电路深入研究

内存是 CPU 与硬盘等外部存储器进行数据交换的桥梁。一旦出现问题后，通常会导致无法正常开机启动、黑屏无显示或死机等故障现象的产生。

供电是内存能够正常工作的重要条件，主板上的内存供电电路分为内存主供电电路和内存辅助供电电路。

微星主板内存供电电路深入研究

微星 MS-7345 主板支持的内存类型为 DDR2 内存，主板的内存供电电路需要为 DDR2 内存提供 1.8V 的主供电和 0.9V 的辅助供电。如图 5-34 所示为微星 MS-7345 主板内存供电电路图。

如图 5-34a 所示，该电路属于开关稳压电源电路，电路中的电源控制芯片 uP6103 第 5 引脚接受来自上级电路的供电，芯片内部电路开始工作，并从其第 2 引脚和第 4 引脚输出脉冲信号，驱动后级电路中的场效应管 Q23 和 Q24，并结合后级电路中电感器和电容器的作用，将上级电路输送的供电转换为 VCC_DDR 内存主供电。

如图 5-34b 所示，该电路属于线性稳压电源电路，其将 VCC_DDR 内存主供电转换为 VTT_DDR 内存辅助供电。该电路的结构十分简单，由一个稳压器芯片和外围极少的电子元器件组成。在检修此类电路故障时，一方面要检测其输入供电是否正常，该电路中有两种输入供电，一种为 VCC_DDR 内存主供电，另一种为 3VSB 供电。如果电路没有正常输出内存所需的辅助供电，应检测这两种供电输入是否正常。如果输入供电正常，则需要检测稳压器芯片外围的电阻器或电容器是否存在问题，如果没有问题，则通常需要更换稳压器芯片来排除故障。

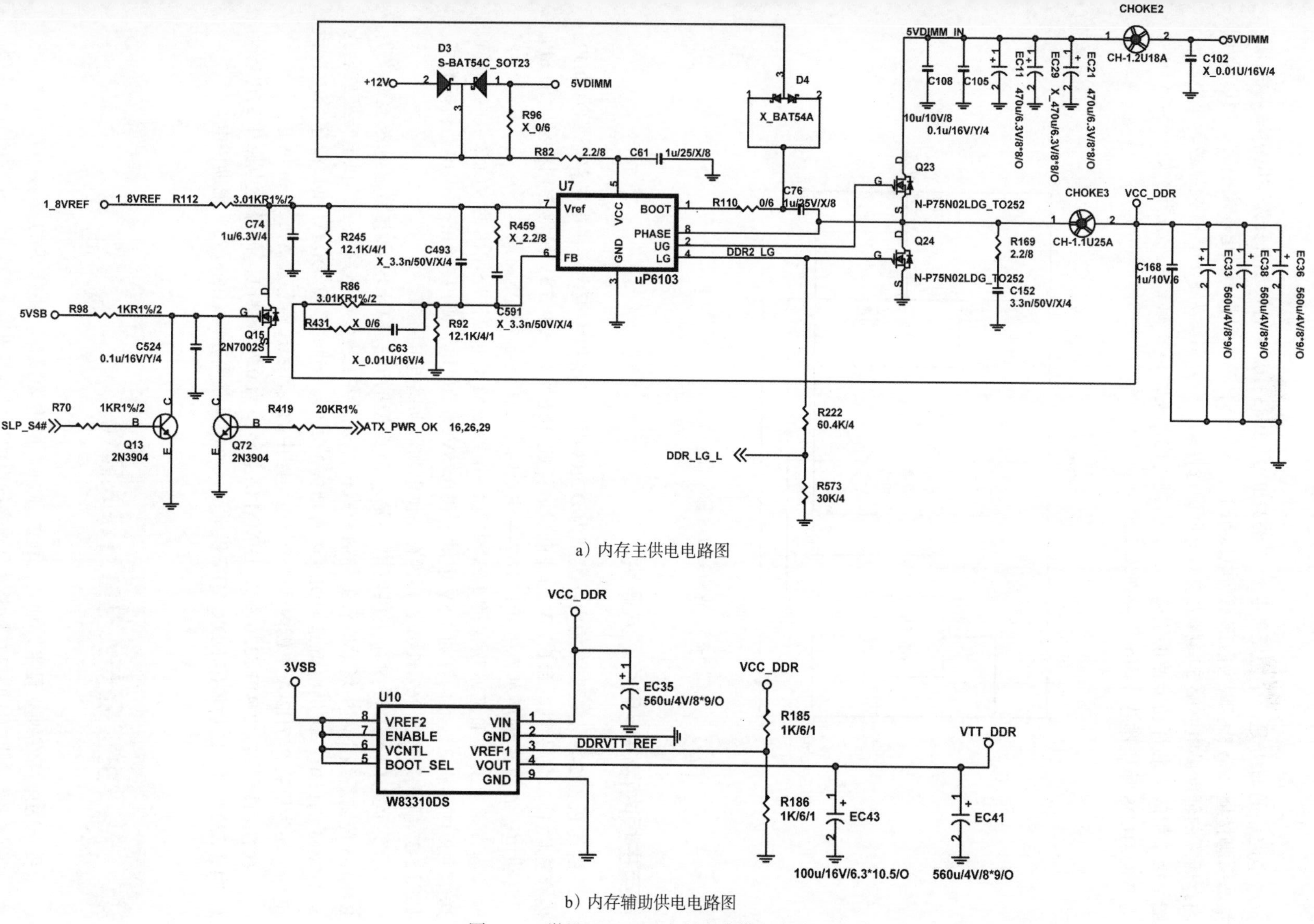

a）内存主供电电路图

b）内存辅助供电电路图

图 5-34　微星 MS-7345 主板内存供电电路图

电路中的 U10 是一个稳压器芯片 W83310DS。W83310DS 的第 1 引脚为主电源输入引脚，第 2 引脚接地，第 3 引脚为内部基准电压源 1 输入引脚，第 4 引脚为供电输出引脚，用以输出内存所需的辅助供电，第 5 引脚为参考电压源选择端，第 6 引脚为芯片内部控制逻辑供电输入端，第 7 引脚为芯片功能使能引脚，第 8 引脚为内部基准电压源 2 输入引脚。如图 5-35 所示为 W83310DS 稳压器芯片内部电路逻辑框图。

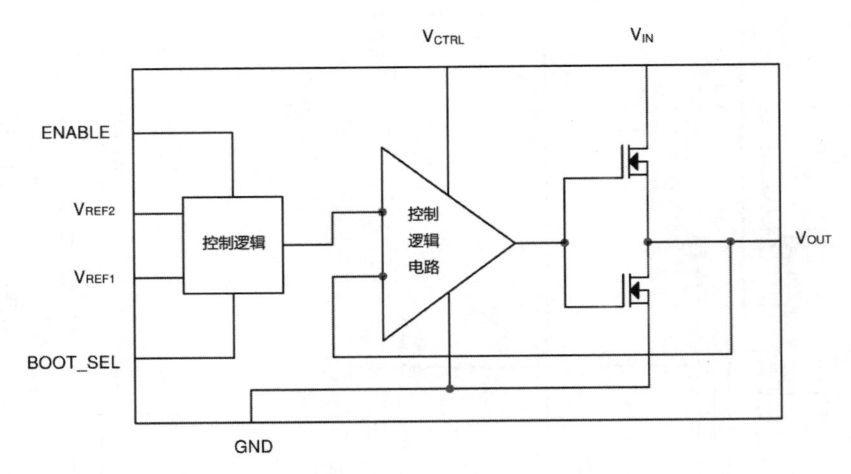

图 5-35　W83310DS 稳压器芯片内部电路逻辑框图

精英主板内存供电电路深入研究

精英 P67H2-A 主板支持的内存类型为 DDR3 内存，所以主板内存供电电路需要为 DDR3 内存提供 1.5V 的主供电和 0.75V 的辅助供电，此外还需要一个 3.3V 供电为内存条上的 SPD 芯片供电，如图 5-36 所示为精英 P67H2-A 主板内存插槽供电引脚电路图。

内存条上的 SPD 芯片所需的 3.3V 供电，由主板 ATX 电源插座输出的 VCC3 供电直接输送给主板内存插槽。而内存的 1.5V 主供电和 0.75V 辅助供电，则由专门的供电电路转换而来。如图 5-37 所示为精英 P67H2-A 主板内存主供电和辅助供电电路图。

精英 P67H2-A 主板内存主供电电路是一个典型的开关稳压电源电路，电源控制芯片 RT8105 控制后级电路中场效应管的导通和截止，从而将上级供电电路输送的供电转换成名为 V_DIMM 的供电，该供电就是 DDR3 内存所需的 1.5V 主供电。V_DIMM 供电除了给内存供电外，还为精英 P67H2-A 主板内存辅助供电电路中的线性稳压器芯片 APL5336 供电。

线性稳压器芯片 APL5336 将 V_DIMM 供电转换为 0.75V 供电，再经过电路中的电容器 C374、C334、C382 后输出 DDR_VTT 供电，该供电就是内存所需的 0.75V 辅助供电。

技巧 42　主板显卡供电电路深入研究

目前的中高端独立显卡，通常都配置了独立的电源接口，由主机的 ATX 电源直接供电。而一些入门级或低功耗的独立显卡没有独立的电源接口，其供电主要来自于主板的显卡插槽。

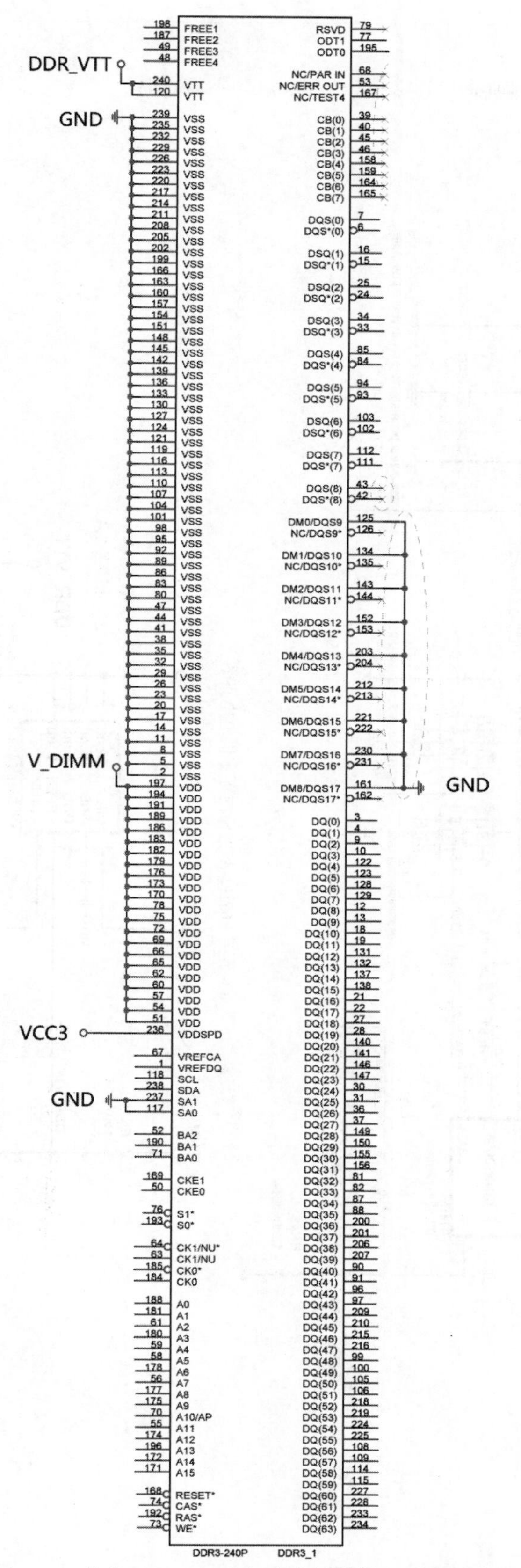

图 5-36　精英 P67H2-A 主板内存插槽供电引脚电路图

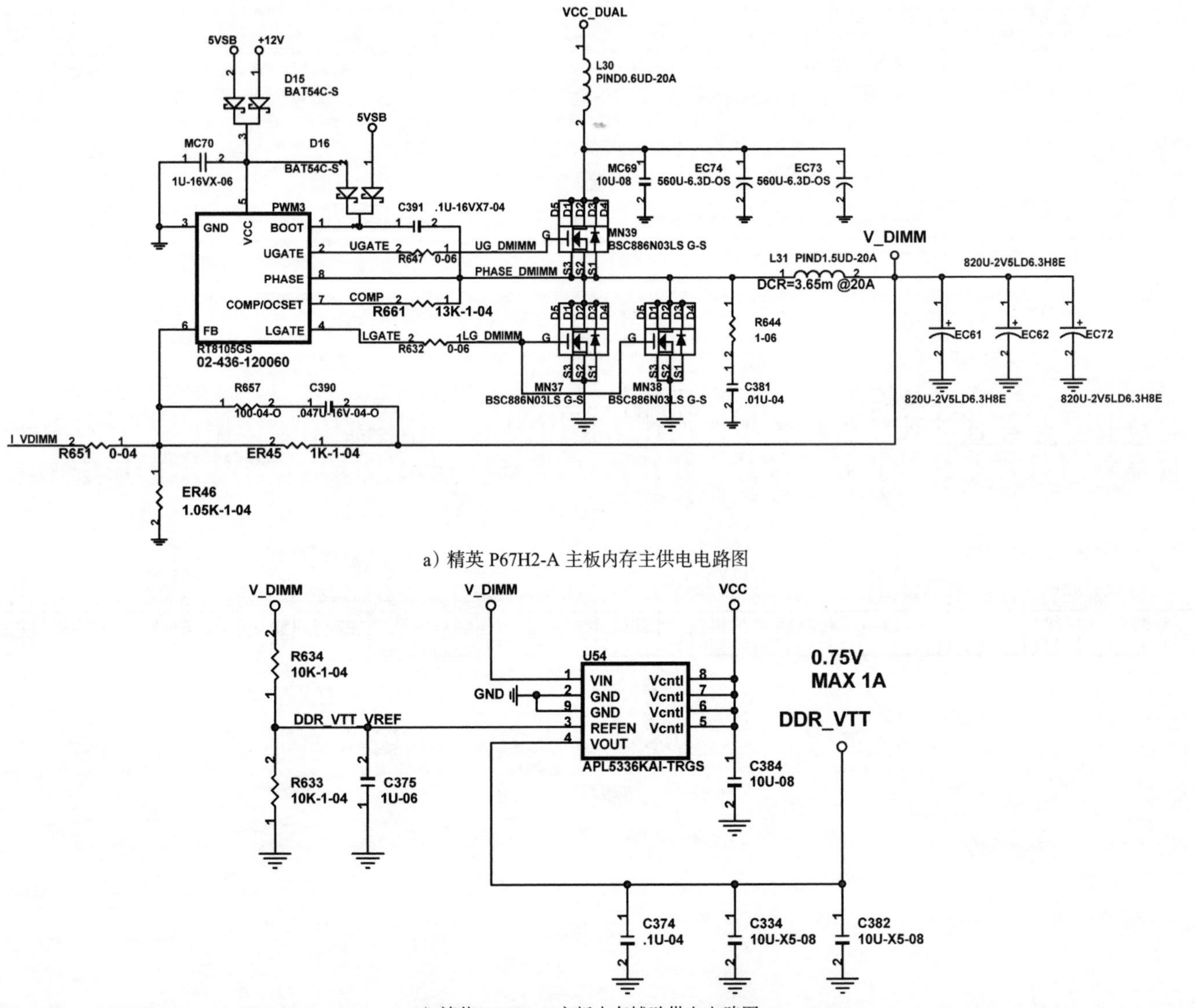

a）精英 P67H2-A 主板内存主供电电路图

b）精英 P67H2-A 主板内存辅助供电电路图

图 5-37　精英 P67H2-A 主板内存主供电和辅助供电电路图

微星 MS-7345 主板采用 PCI-E X16 插槽连接独立显卡，如图 5-38 所示为微星 MS-7345 主板 PCI-E X16 插槽的供电部分电路图。

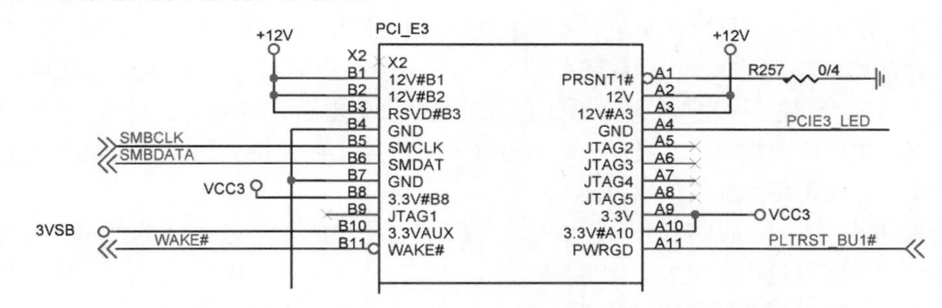

图 5-38　微星 MS-7345 主板 PCI-E X16 插槽的供电部分电路图

从图中可以看出，该显卡插槽需要 +12V 供电、VCC3 供电和 3VSB 供电。其中 +12V 供电、VCC3 供电由主板 ATX 电源插座直接输送给 PCI-E X16 插槽，而 3VSB 供电则由 ATX 电源插座输出的 5VSB 供电转化而来。如图 5-39 所示为 5VSB 供电转化为 3VSB 供电的电路图。

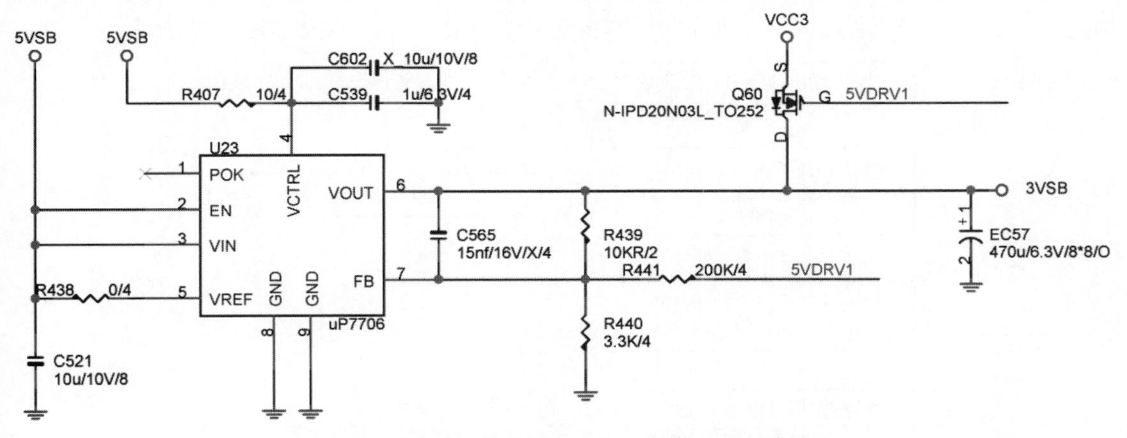

图 5-39　5VSB 供电转化为 3VSB 供电的电路图

图 5-39 中，U23 是一个低压差线性稳压器芯片。主板 ATX 电源插座输出的 5VSB 供电给该电路供电，电路输出 3VSB 供电，提供给包括 PCI-E X16 插槽在内的各种芯片、电路和相关硬件设备。

供电是显卡能够正常工作的基础，一旦其出现问题后将导致花屏、黑屏或无法正常开机启动等故障现象的产生。

PCI-E X16 显卡插槽供电电路比较简单，其出现故障多为 PCI-E X16 显卡插槽本身损坏，或 PCI-E 显卡插槽到 ATX 电源插座间供电电路中的电容器等电子元器件出现问题导致。总体来说，其故障率较低，检修起来也相对容易。

技巧 43　主板供电电路故障诊断流程

主板供电电路主要分为开关稳压电源电路和线性稳压电源电路，线性稳压电源电路主要由稳压器芯片、电容器和电阻器等极少的电子元器件组成。其结构相对简单，检测起来也比较容易，其中比较容易出现问题的是电路中的稳压器芯片和电容器。

在故障检修时，如果线性稳压电源电路不能正常输出供电，应重点检测电路中的稳压器芯片输入供电是否正常，如果没有问题则需要重点检测电路中的电容器和电阻器是否存在问题。

开关稳压电源电路主要由电源控制芯片、场效应管、电容器、电感器和电阻器等电子元器件组成。电源控制芯片是供电电路的核心，对整个供电电路具有驱动、检测、监控等作用。当供电电路发生过压、过流等问题时，电源控制芯片将停止或调整驱动信号的输出，使供电电路不再工作，从而避免产生其他故障。

在检修主板供电电路故障时，应首先查看供电电路中的主要电子元器件是否存在开焊、虚焊、烧焦、裂痕或脱落等明显的物理损坏，如果存在明显的物理损坏，应首先更换或修复这些电子元器件，再进行下一步的检修操作。

如果主板供电电路中的电子元器件没有明显的物理损坏，但是供电电路没有输出供电，或输出的供电异常，应首先检测其上级供电电路和电路开启信号是否存在问题。

如果供电电路的上级电路和电路开启信号正常，应根据故障分析，对供电电路中的电源控制芯片进行检测，查看是否因为电源控制芯片的损坏而导致了故障。如图 5-40 所示为主板供电电路故障检修流程图，该图列举的操作步骤可作为主板供电电路检修操作的参考。

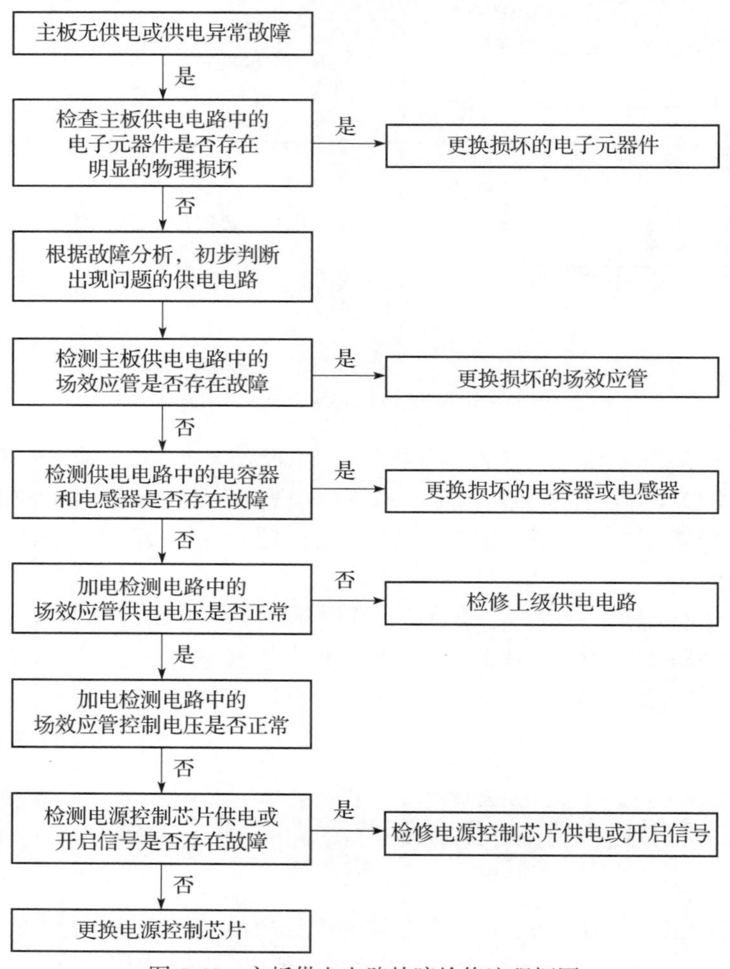

图 5-40　主板供电电路故障检修流程框图

技巧44 主板供电电路诊断与问题解决

电脑硬件出现问题导致的故障，如系统运行缓慢或经常自动重启等，很大一部分是由于电脑的散热不良所导致的。处理此类故障时，不仅要改善电脑的散热环境，还要对电脑主机内部进行清理，检修散热器等硬件是否存在问题。

而电脑出现比较严重的故障，如不能正常开机启动、经常自动关机以及反复自动重启等故障时，通常是由于电脑主板的供电电路、时钟电路以及复位电路等出现问题导致的。其中，最容易出现问题的是主板供电电路，其不仅分布广、涉及的电子元器件多，而且长期处于工作状态。处理主板供电电路故障时，应根据故障分析找出具体的故障点，然后通过更换或加焊出现问题的电子元器件或相关硬件设备，从而达到故障排除的目的。

对主板供电电路进行故障分析时，应首先根据故障现象和故障发生前的具体情况进行初步判断，并结合相关电路图和电源控制芯片引脚功能进行合理的分析。

CPU 供电电路故障综述

CPU 核心供电电路是主板内最重要的供电电路，同时也是最复杂和故障率最高的供电电路。在对 CPU 核心供电电路进行故障分析时，应首先根据故障现象和故障发生前的具体情况进行初步判断，然后结合相关电路图和电源控制芯片引脚功能进行合理的分析。

组成 CPU 核心供电电路的电子元器件在主板上的排列比较集中，而且基本上都是在主板的 CPU 插座附近，即使在没有电路图的情况下也是比较容易分辨的。

CPU 核心供电电路通常都是开关稳压电源电路，其主要由电源控制芯片、场效应管驱动器芯片、场效应管、电容器、电阻器和电感器等电子元器件组成。其中，电源控制芯片是供电电路的核心，对整个电路具有控制、监测作用。

CPU 核心供电电路中的电源控制芯片损坏或不能正常工作，可能会导致产生不能正常开机启动、经常性的自动重启、自动关机或开机掉电等故障。供电电路中的场效应管驱动器芯片损坏或不能正常工作，可能导致 CPU 供电电压不稳，从而出现死机或无法正常开机启动等故障。供电电路中的场效应管损坏后，可能引起运行大型程序自动关机、开机掉电或不能正常开机启动等故障的产生。供电电路中的电容器或电感器损坏后，可能导致不能正常开机启动或死机等故障的产生。

在检修操作中，一些比较明显的故障是能够直接观察到的，所以在进行其他检修操作前，应仔细观察，组成 CPU 核心供电电路的电源控制芯片、场效应管驱动器芯片、场效应管、电容器、电阻器以及电感器等电子元器件是否存在虚焊、脱落、被腐蚀、烧焦等明显的物理损坏。如果存在明显的物理损坏，可直接更换损坏元器件后再进行下一步的检修操作。

在使用示波器、万用表等检测工具对 CPU 核心供电电路进行检修时，主要需检测电源控制芯片、场效应管、电容器、电阻器和电感器等电子元器件是否存在击穿、短路、漏电等故障，加电检测时，主要检测供电电路中的电源控制芯片和场效应管的供电输入和输出是否正常。

在更换供电电路中出现问题的电子元器件时，要尽量选择同型号的电子元器件进行更换。如果实在无法找到型号相同的电子元器件进行更换时，那么要尽量使用参数相近的电子元器件进行更换。

CPU 供电电路故障诊断与问题解决

CPU 供电电路故障通常会造成开机后黑屏、CPU 不工作、自动重启等故障现象，对于这种问题，一般在电脑开机后，用主板诊断卡测试，主板诊断卡的代码只能显示 C 或 D3，表示 CPU 没有工作。接着把 CPU 取下，加上假负载，根据 CPU 供电测试点，测试各项 CPU 供电，若供电不正常，则应该是 CPU 供电电路出现故障。

根据 CPU 供电电路的流程图我们进行以下检测：

1）目测主板表面有无损坏点，例如电容有无爆裂、烧焦、电路线路有无断路、短路等。

2）检测 CPU 的工作电压是否正常。一般是在 CPU 输出端的上场效应管 Q1 的 S 极可以测出。具体方法如图 5-41 所示，将万用表调至 2.5V 挡，将黑色表笔接地，红表笔接 Q1 的 S 极。正常状态下应测得 CPU 所需电压为 1.5V。

如果 Q1 的 S 极无电压，则还要测量 Q1 的输入极 D 极有无输入电压。用万用表黑色表笔接地，用红色表笔连接 Q1 的 D 极，如果 Q1 的 D 极电压不正常，则观察 12V 或 5V 与 Q1 的 D 极相连的元器件是否有损坏，例如电解电容有无鼓包、漏液等，如果有则将其更换。

3）如果测得场效应管 Q1 的 D 极 12V 或 5V 电压正常，进一步测量场效应管 Q1 的控制极 G 极是否正常。具体方法如图 5-42 所示。G 极电压由电源管理芯片控制，Q1 的 G 极有保险丝或小电阻连接到电源管理芯片，一旦电源管理芯片有故障，首先熔断保险丝或熔断电阻，起到保护后极电路的作用。在测量前线检查这些保险丝和熔断电阻有无故障，如果有则将其更换。如果没有，用万用表的黑色表笔接地，红色表笔连接 Q1 的 G 极，如果正常，则会测量到一个 3.5V 的电压。

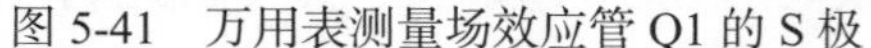

图 5-41　万用表测量场效应管 Q1 的 S 极

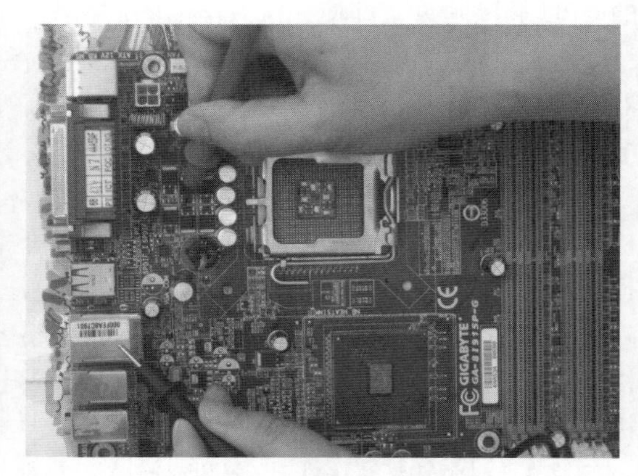

图 5-42　万用表测量场效应管 Q1 的控制极 G 极

4）如果上面测量正常，把场效应管 Q1 的 G 极悬空，检测从电源管理芯片 U2 输出端是否有电压，如果有电压的话，则有可能是场效应管 Q1 或 Q2 有故障，检测场效应管，更换元器件。

5）如果上面测量没有电压的话，进行下一步的检测，检测电源管理芯片 U1 输出端是否有电压，用万用表来测量 U2 输出端 12V 和 5V 供电是否正常。如果正常，则可判断电源管理芯片 U2 出现故障，将其更换。如果没有 12V 或 5V 电压，则需要检测电源插座到从电源芯片的供电线路是否正常，如果有故障则排除故障。

6）检测电源管理芯片 U1 的 5V 供电是否正常，如果不正常需要检查电源插座到 U1 的供电线路，排除故障。

7）检测管理芯片的 PG 信号是否正常。检测与电源 PG 端（灰色的线）相连的元件，查看其是否正常。这个元器件出现故障的概率很小，但是也不能忽略。

8）如果上述都正常，则是电源管理芯片有故障，将其更换。

内存供电电路故障诊断与问题解决

在电脑主板中由于内存供电电路故障而引起的常见故障现象主要是电脑的频繁死机。

电脑频繁出现死机故障，可能是由于内存的主供电电压失常引起的，此时应该重点对内存供电电路进行检查。

1）对内存供电电路经行检测，首要使用主板诊断卡对主板进行检查，如果主板诊断卡数码上显示“C0”“C1”“D0”“D3”“D4”，这种情况就说明主板内存供电电路的主供电电压没有输出，此时容易引起电脑主板不能启动的故障现象。

2）目测电脑主板的内存供电电路，查看电容器和电感器等元器件有无烧焦、爆裂和断路短路等现象，如果有将其更换或修复。

3）如果目测内存供电电路表面没有故障迹象，需要用万用表对供电电路中的场效应管的 S 极进行检测，看其是否有电压输出。如果有电压输出，则有可能是相连的滤波电容或电阻有故障。如果没有电压输出，则需要进行下一步检测。

4）检测场效应管的 D 极的 3.3V 或 5V 供电电压是否正常。如果检测结果不正常，再检查电源插座 5V 或 3.3V 到场效应管的 D 极之间的元器件是否正常。如果场效应管 D 极的电压正常，进行下一步检测。

5）检测场效应管 G 极是否有 3 ~ 5V 的控制电压，如果有，可以判定场效应管已损坏，需要将其更换。

6）如果场效应管 G 极没有 3 ~ 5V 的控制电压，则需要将场效应管的 D 极悬空，检测稳压器输出端是否有电压。如果稳压器输出端有电压输出，那么可以判定场效应管有故障，检测场效应管，更换损坏的器件。

7）如果检测运算放大器没有输出电压，再检查它的 12V 供电电压是否正常，如果供电电压不正常，需要检测电源插座到运算放大器的供电线路，然后排除故障。

8）如果运算放大器的 12V 供电电压正常，但是内存供电电路还存在故障，则需要检测电源插座到运算放大器芯片的正相输入端之间的元器件，例如电阻、电感是否正常，直至找出故障原因，排除故障。

芯片组供电电路诊断与问题解决

南北桥芯片组供电电路分为由开关电源组成的供电电路和由调压电路组成的供电电路，因此针对不同的供电电路要采用不同的供电方法。但是由开关电源组成的供电电路的检修流程和 CPU 供电电路的检修方法相同，调压电路组成的芯片供电电路的检修方法与调压电路组成的内存供电电路的检修方法相同。检修时可以参考上面两种电路的检修方法。

芯片组供电电路出现故障时，主要应检查稳压器和晶体管等元器件，下面我们来介绍一下芯片组供电电路中晶体管的检测。

首先，将万用表的量程调挡至“20V”挡，检测晶体管的发射极有无 3.3V 供电电压，如图 5-43 所示。然后将万用表的量程调挡至“ ×2.5V”挡，检测晶体管的 C 极有无 1.8V 输出。

如果晶体管发射极 E 极的 3.3V 供电不正常，则应检查相关的供电电路。如果晶体管的 3.3V 供电正常，而无 1.8V 电压输出或输出的 1.8V 电压不稳定，则应检查稳压器和相关滤波电容。

图 5-43 万用表检测晶体管

显卡供电电路诊断与问题解决

显卡出现故障时，会导致出现黑屏或花屏的故障。对显卡供电电路经行检修主要是对电路中的关键元器件进行检修。我们就以主流显卡供电电路中的 PCI-E 供电电路为例进行检修。对 PCI-E 供电电路进行检测主要是对电路中的场效应管的供电电压和输出电压进行检测，如图 5-44 所示为用万用表检测场效应管漏极 D 和源极 S 的电压值。

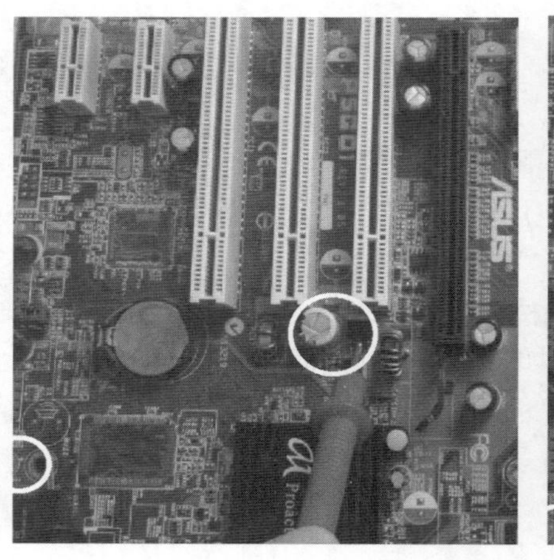

图 5-44 用万用表检测场效应管漏极 D 和源极 S 的电压值

如果场效应管 D 极的 3.3V 供电不正常，则需要检测相关的供电电路。如果场效应管的 3.3V 供电正常，而 S 极没有 1.8V 电压输出，则说明场效应管可能已经损坏；如果输出的 1.8V 电压不稳定，则应检查相关的滤波电容和电阻。

实例 25 CPU 供电电路跑线——场效应管供电线路跑线

CPU 供电电路检修过程中，在对其进行跑线路之前，需要根据主板中的 CPU 供电电路，绘制出实际主板 CPU 的供电电路图，然后根据电路图将 CPU 供电电路分为 3 个部分，分别进行实际的跑线。

四相 CPU 供电电路图如图 5-16 所示。对场效应管线路跑线的具体方法如下：

1）将数字万用表调挡至“蜂鸣”挡，测量 4 针电源插座的 12V 供电引脚与滤波电感 L15 之间的线路，如图 5-45 所示。线路正常时数字万用表应发出报警声。

图 5-45 测量电源插座到滤波电感的线路

2）检测 4 针电源插座的 12V 引脚到滤波电容 MC40 间的线路，如图 5-46 所示。线路正常时数字万用表应发出报警声。

3）检测滤波电感 L15 到滤波电容 MC40 间的线路，如图 5-47 所示。线路正常时数字万用表应发出报警声。

图 5-46 4 针电源插座的 12V 引脚到滤波电容 MC40 间线路的检测

图 5-47 滤波电感 L15 到滤波电容 MC40 间线路的检测

4）检测滤波电感 L15 到滤波电容 MC13 之间的线路，如图 5-48 所示。线路正常时数字万用表应发出报警声。

5）检测高端场效应管 Q12 的漏极 D 与滤波电容 MC13 之间的线路，如图 5-49 所示。线路正常时数字万用表应发出报警声。

6）检测滤波电容 MC13 的接地脚与地之间线路，如图 5-50 所示。线路正常时数字万用表应发出报警声。

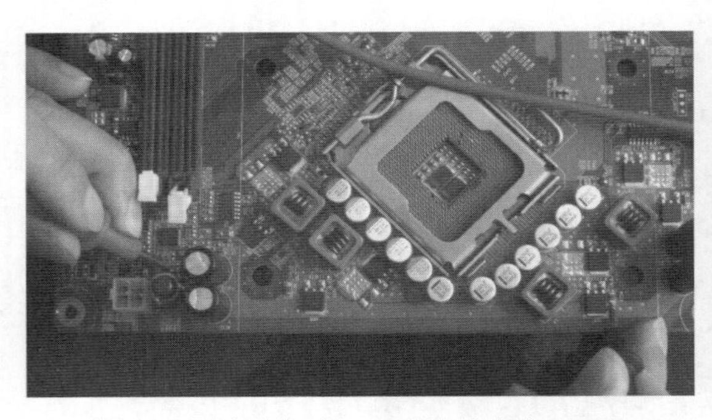

图 5-48 滤波电感 L15 到滤波电容 MC13 之间线路的检测

图 5-49 Q12 的漏极 D 与 MC13 之间的线路检测

7）检测滤波电感 L15 到高端场效应管 Q12 的漏极 D 极的线路，如图 5-51 所示。线路正常时数字万用表应发出报警声。

图 5-50 滤波电容 MC13 的接地脚与地之间线路的检测

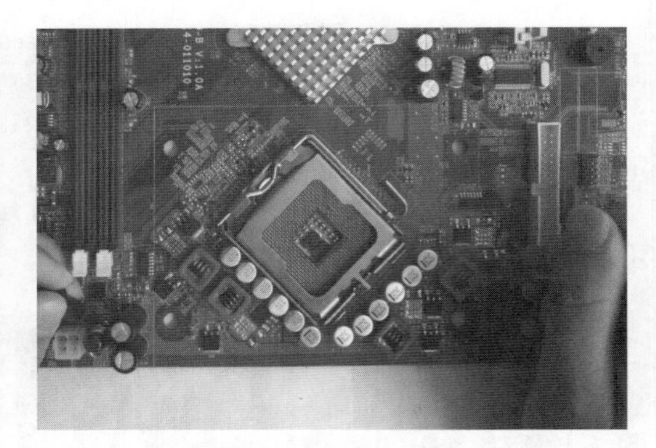

图 5-51 滤波电感 L15 到高端场效应管的漏极 D 极的线路的检测

实例 26 CPU 供电电路跑线——场效应管的 S 极向 CPU 输出主供电电路跑线

1）将万用表调挡至“蜂鸣”挡，检测高端场效应管 Q12 的源极 S 极与低端场效应管的 Q17 的漏极 D 极相连接的线路，如图 5-52 所示。线路正常时数字万用表应发出报警声。

2）检测低端场效应管 Q17 的 S 极到地端的线路，如图 5-53 所示。线路正常时数字万用表应发出报警声。

3）检测高端场效应管 Q12 的 S 极与储能电感 L2 之间的线路，具体方法如图 5-54 所示。线路正常时数字万用表应发出报警声。

图 5-52　Q12 的源极 S 极与 Q17 的漏极 D 之间线路的检测

图 5-53　场效应管 Q17 的接地端检测

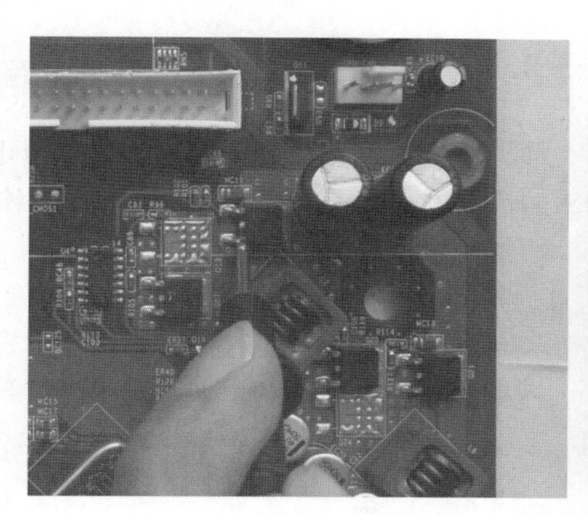

图 5-54　Q12 的 S 极与储能电感 L2 之间的线路的检测

4）检测储能电感 L2 与滤波电容 BC121 之间的线路，如图 5-55 所示。线路正常时数字万用表应发出报警声。

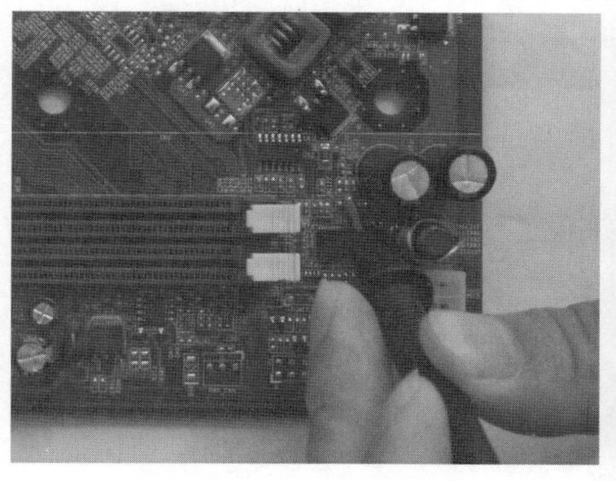

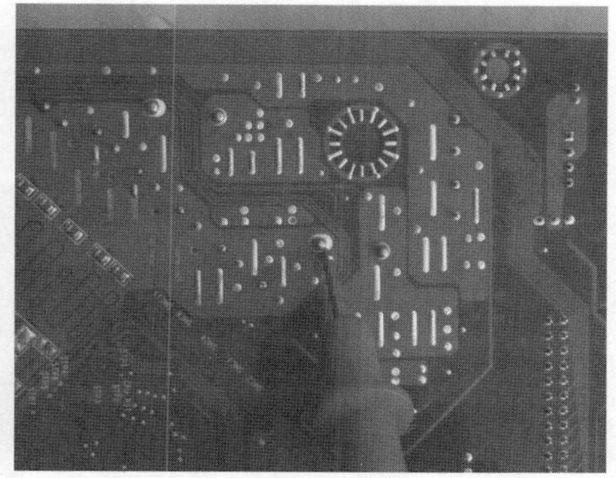

图 5-55　储能电感 L2 与滤波电容 BC121 之间线路的检测

5）检测滤波电容 BC121 接地端与地的线路，如图 5-56 所示。线路正常时数字万用表应发出报警声。

图 5-56　滤波电容 BC121 接地端与地之间线路的检测

实例 27　内存供电电路跑线

对内存供电电路进行检修与 CPU 供电电路一样，应先根据主板中实际的内存供电电路，绘制实际主板的内存供电电路图，然后根据绘制出的供电电路图和故障测试点检测方法对内存供电电路进行跑电路。

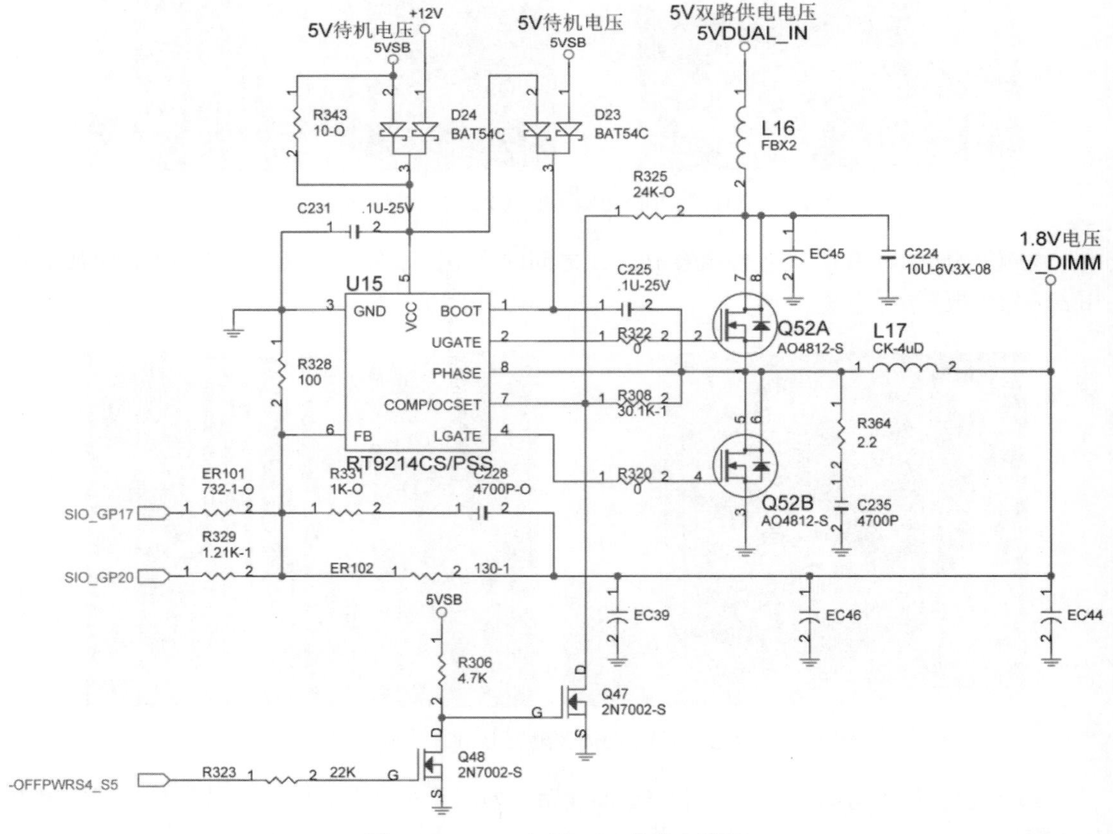

图 5-57　DDR 内存 1.8V 供电电路图

内存供电电路包括3.3V供电电路、2.5V供电电路、1.8V供电电路、1.25V上拉供电电路，其中1.8V和1.25V上拉供电电路一般由开关电源供电电路提供，与CPU供电电路相似，我们以1.8V供电电路的跑线为例，为大家讲解如何对内存进行跑线。下面我们就按照内存供电电路介绍一下DDR内存1.8V供电电路的跑线实战，如图5-57所示。

1）将万用表调挡至“蜂鸣”挡，测量ATX电源插座第12V供电脚到三端稳压二极管D24的第1脚间的线路，如图5-58所示。线路正常时数字万用表应发出报警声。

2）检测ATX电源插座的5V供电到三端稳压二极管D24的第2脚间的线路，如图5-59所示。线路正常时数字万用表应发出报警声。

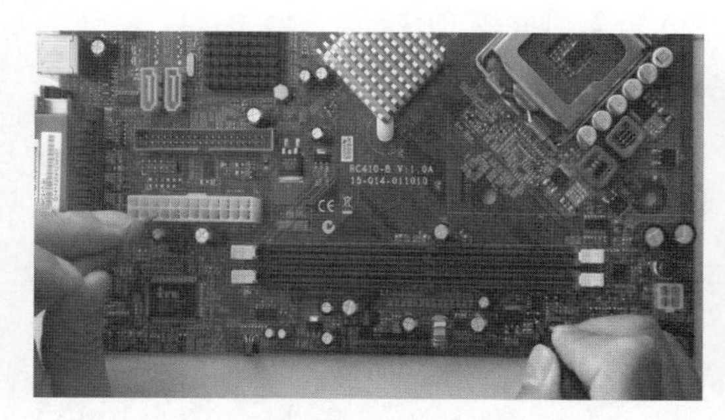

图5-58 12V供电脚到三端稳压二极管D24第1脚间线路的检测

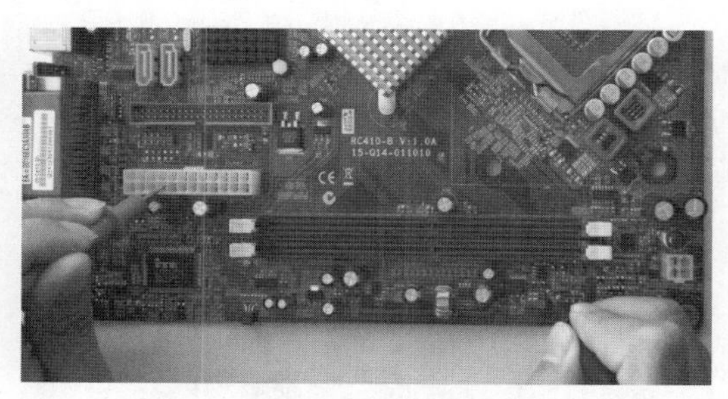

图5-59 5V供电到三端稳压二极管D24的第2脚间线路的检测

3）检测三端稳压二极管D24的第3脚到U15第5脚间的线路，如图5-60所示。线路正常时数字万用表应发出报警声。

4）检测U15第2脚到R322之间的线路，如图5-61所示。线路正常时数字万用表应发出报警声。

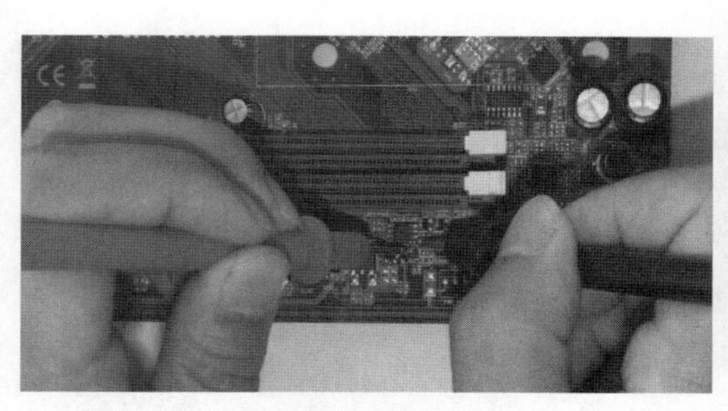

图5-60 三端稳压二极管D24的第3脚到U15第5脚间线路的检测

图5-61 U15第2脚到R322之间线路的检测

5）检测R322到场效应管Q52A第2脚间的线路，如图5-62所示。线路正常时数字万用表应发出报警声。

6）检测U15第4脚到R320之间的线路，如图5-63所示。线路正常时数字万用表应发出报警声。

7）检测R320到场效应管Q52B第2脚间的线路，如图5-64所示。线路正常时数字万用表应发出报警声。

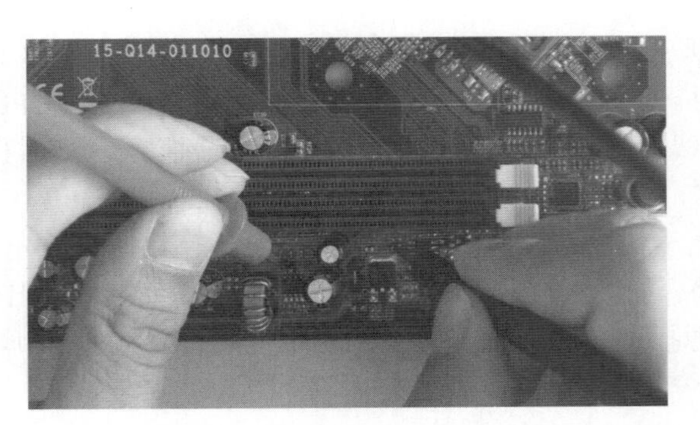

图 5-62　R322 到场效应管 Q52A 第 2 脚间线路的检测

图 5-63　U15 第 4 脚到 R320 之间线路的检测

图 5-64　R320 到场效应管 Q52B 第 2 脚间线路的检测

8）检测场效应管 Q52A 第 7 脚到电感 L16 之间的线路，如图 5-65 所示。线路正常时数字万用表应发出报警声。

图 5-65　场效应管 Q52A 第 7 脚到电感 L16 之间线路的检测

9）检测 U15 的第 8 脚到电感 L17 间的线路，如图 5-66 所示。线路正常时数字万用表应发出报警声。

10）检测电感 L17 到 1.8V 电压输出端之间的线路，如图 5-67 所示。线路正常时数字万用表应发出报警声。

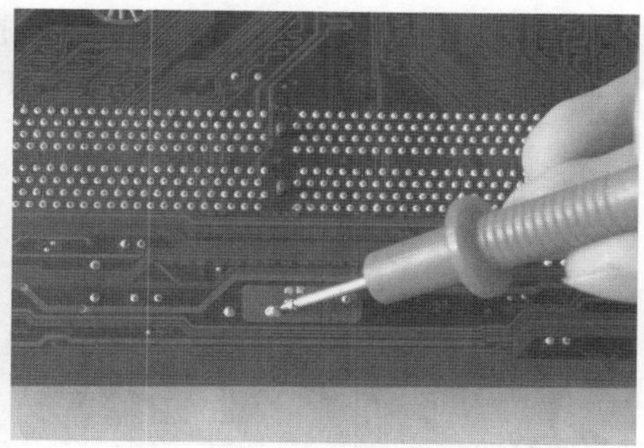

图 5-66　U15 的第 8 脚到电感 L17 间的线路检测

图 5-67　电感 L17 到 1.8V 电压输出端之间线路的检测

实例 28　主板待机供电出现问题导致的故障

故障现象

一台自己组装的电脑，使用一年后出现不能正常开机启动的故障。

故障判断

重点检测故障电脑主板开机电路及供电电路的电子元器件和相关硬件设备，是否存在开焊、脱落或接触不良等问题。

故障分析与排除过程

步骤 1　了解故障发生前的情景，确认故障。

故障发生前没有移动电脑主机，也没有在高温或雷雨天使用，排除电脑主机外部供电问题后，确定需打开电脑主机机箱进行检修。

步骤 2　打开电脑主机机箱后进行清理和观察，没有发现较为明显的物理损坏。

步骤 3　电脑不能正常开机启动的故障，在检修过程中通常要根据故障现象进行分析，并找到一个切入点，进一步缩小、确认故障的范围。

而通常采用的切入点为，检测故障电脑主板的待机电路是否正常。

如果待机供电正常，通常可以首先排除主机的 ATX 电源存在问题。如果待机不正常，需检修主机 ATX 电源是否存在问题，以及主板 ATX 电源插座和待机电路是否正常。

加电检测 ATX 电源插座第 9 引脚的 5VSB 供电是否正常时，可将万用表量程选择开关拧至 20V 电压挡，黑表笔接地，用红表笔连接主板 ATX 电源插座的第 9 引脚，查看其是否正常输出 5VSB 供电。如图 5-68 所示为主板 ATX 电源插座的电路图。

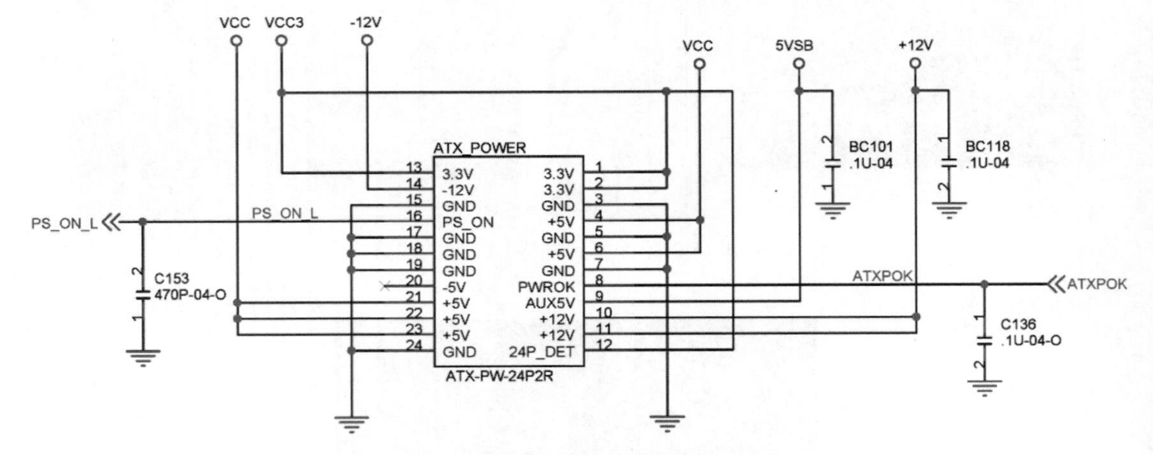

图 5-68　主板 ATX 电源插座的电路图

经检测，该主板的 5VSB 供电输出正常。

查看电路图发现，该主板待机时还存在一个 3.3V 待机供电，该待机供电由 5VSB 通过一个稳压器芯片转换而来。如图 5-69 所示为 5VSB 转换出 3VSB 的电路图。

对电路图中的稳压器芯片 U12 的供电输入引脚进行检测，5V 供电输入正常，但是其输出端没有 3.3V 供电输出，为了进一步确认故障，检测电阻器 ER53 和 ER52，都没有发现问题，怀疑稳压器芯片损坏。

步骤 4　更换损坏的稳压器芯片，重新进行测试，3.3V 待机供电已经正常输出。开机进行测试时，电脑已经能够正常启动，故障已经排除。

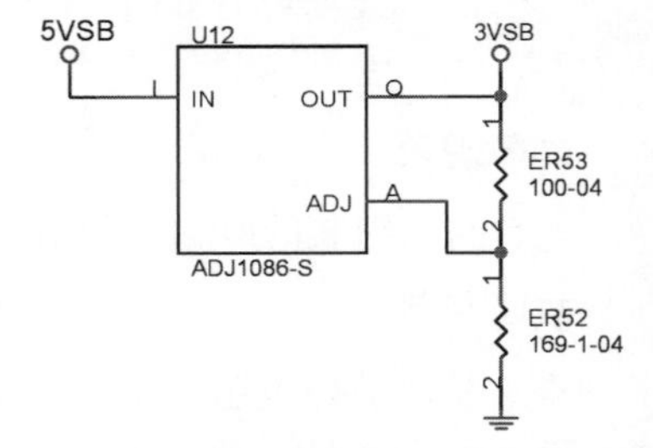

图 5-69　5VSB 转换出 3VSB 的电路图

故障检修经验总结：

待机供电是主板能够正常开机启动的基础，待机供电不正常引起的不能正常开机启动故障是比较常见的。在主板的检修操作过程中，一定不能忽视待机供电对主板开机启动的作用。

实例 29　场效应管出现问题导致的故障

故障现象

一台电脑无法正常开机启动。

故障判断

对于无法正常开机启动的电脑，通常情况下应按照先供电、再时钟及复位信号的检测顺序进行检测。

故障分析与排除过程

步骤 1　确认故障，并排除电脑主机外部供电存在问题。

步骤 2　打开电脑主机机箱后的检测过程中，通常首先在未加电的情况下检查故障电脑主板上的主要芯片、电子元器件以及硬件设备的外观有无明显物理损坏，如芯片烧焦、裂痕、虚焊，电容器鼓包、漏液，电路板烧毁或淤积过多灰尘，各种接口设备有无明显的开焊情况。

当检查到比较明显的物理损坏或虚焊、开焊问题时，可直接对这些问题部件进行加焊或更换处理。

如果在清理和观察过程中没有发现明显的物理损坏，需要根据故障分析再次做出判断。如果故障分析能够明确故障原因，则不必加电检测。如果故障现象比较复杂，故障分析之后依然对故障原因比较模糊，需进行加电检测。

电源控制芯片、场效应管、电阻器以及电容器都是电路中经常出现故障的电子元器件，在检测过程中，根据故障现象对这些电子元器件进行重点检测，有时可迅速排除故障。

清理和观察该故障电脑主板的过程中，发现一个场效应管存在虚焊的问题。

步骤 3　如图 5-70 所示为故障电脑主板内存主供电电路图，在之前的检修操作中发现明显问题的场效应管为该电路中的场效应管 Q27。Q27 是一个 8 脚封装的场效应管，其内部集成两个场效应管，在电路图中表示为 Q27A 和 Q27B。

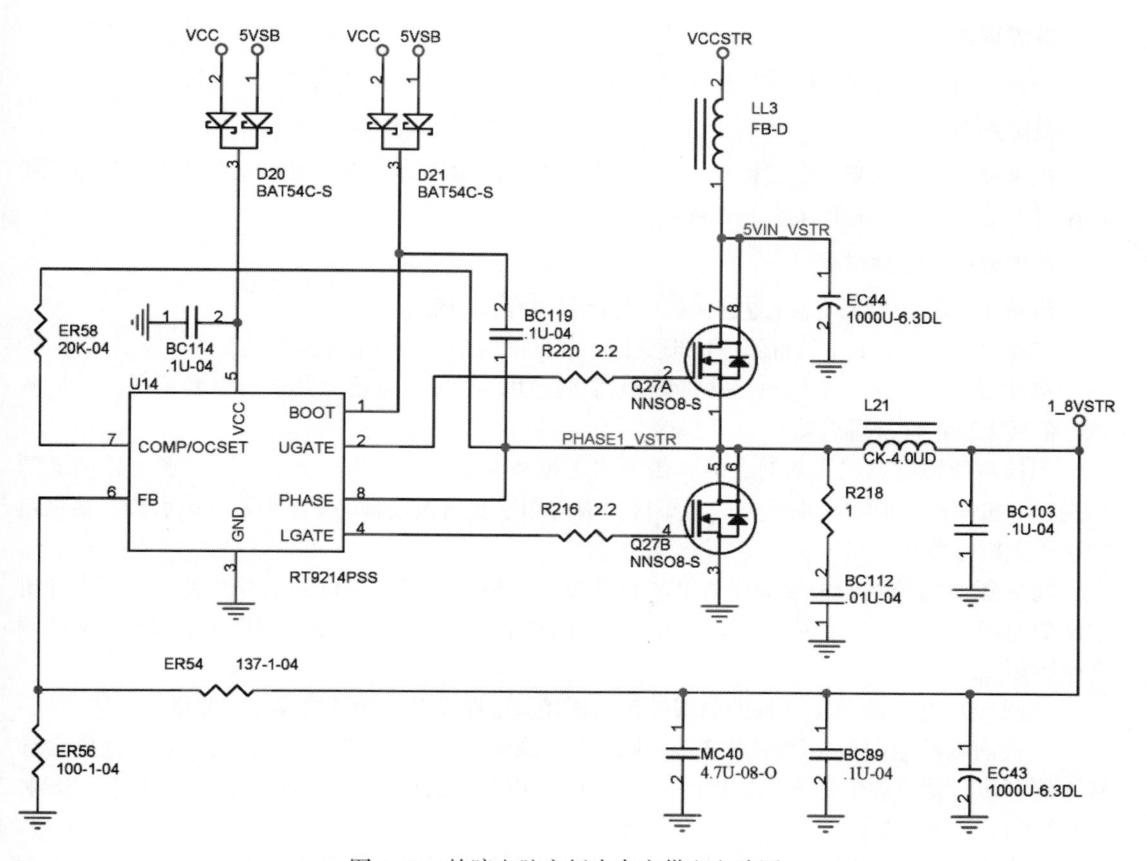

图 5-70　故障电脑主板内存主供电电路图

再次确认该场效应管只是存在虚焊问题，而且从外观上没有发现明显的物理损坏。由此判断是该场效应管的虚焊问题，导致该供电电路无法正常输出供电，从而出现了不能正常开机启动的故障现象。

步骤 4 对虚焊的场效应管进行重新焊接处理后，加电进行测试，已经能够正常开机启动，故障已经排除。

故障检修经验总结：

主板上的硬件设备和电子元器件出现虚焊、脱落、击穿、性能不良，是各种故障现象的常见故障原因。

在检修过程中，对故障发生前的情况进行了解，对故障现象进行确认和初步判断，以及对主板进行清理和观察。这类操作步骤看似简单，但却是故障检修过程中不可缺少的关键步骤。

很多故障电脑都在这些简单的操作中确认了故障点，并顺利排除了故障，所以检修过程中，一定不可忽视这些看似简单的检修操作。

实例 30 电源控制芯片出现问题导致的故障

故障现象

一台电脑，长时间使用后突然掉电关机，之后出现无法正常开机启动的故障。

故障判断

根据故障现象判断，重点检测主板供电电路中的电源控制芯片、场效应管以及 I/O 芯片和芯片组等是否存在问题而导致了故障。

故障分析与排除过程

步骤 1 确认故障，排除电脑主机的外部供电存在问题。

步骤 2 打开电脑主机机箱后清理主板，并仔细观察是否存在明显物理损坏。

检测后发现，有个供电电路中的电阻器已经明显损坏。直接对其进行更换后再次开机测试，依然无法正常开机启动。

当检测故障电脑的主板时，通常需要将主板从电脑主机机箱上拆卸下来。此时接通电源后进行开机操作，通常采用的方法为短接主板前端控制面板接脚的 PW 引脚（该引脚连接机箱前端的主机电源开关）。

将主板前端控制面板接脚中的 PW 引脚短路，相当于按下主机的电源开关，与正常开机启动的原理是一样的。通常使用镊子或万用表的表笔将主板前端控制面板接脚中标有 PW 的两个引脚短接。

如图 5-71 所示为故障主板的前端控制面板接脚电路图和短接开机操作实物图。

主板前端控制面板接脚用于连接电脑主机上的电源开关等按钮，其出现问题后通常会导致不能开机启动或偶尔能开机启动的故障现象。在检修操作过程中有时候需要对其进行检测，其检测的具体方法为：

用万用表检测前端控制面板接脚电压是否正常，将万用表的量程选择开关拧至 20V 电压挡，红表笔接需检测的开机引脚（通常标注 PW+），黑表笔接地，正常情况下测得的电压值应为 3 ～ 5V。

步骤 3　检测故障主板的待机供电，发现其能够正常输出。此时为了判断故障原因的范围，需检测主板 ATX 电源插座的输出供电是否正常，从而判断故障是主板开机电路，还是在主板供电电路或主板时钟电路、复位电路。

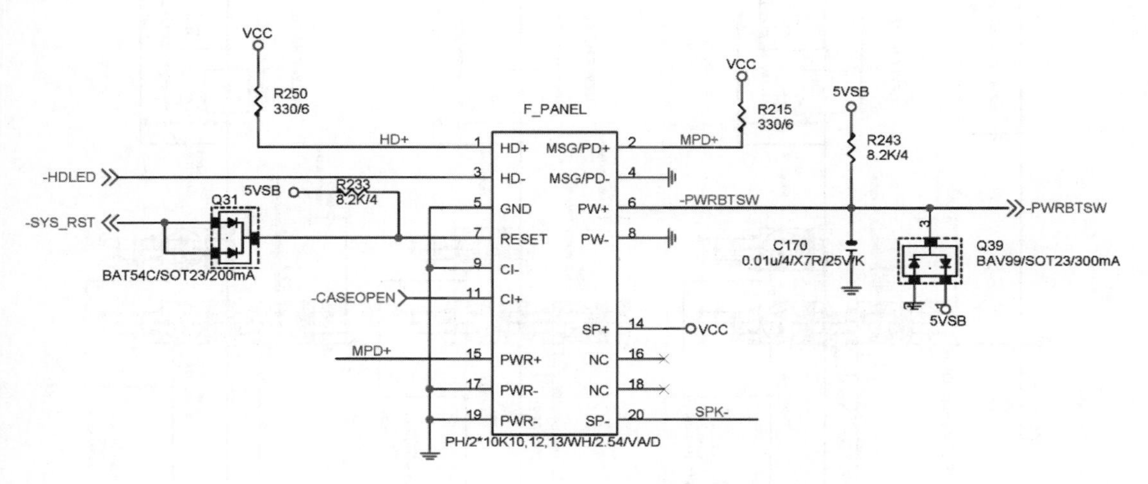

a）故障主板的前端控制面板接脚电路图

b）短接开机操作实物图

图 5-71　故障主板的前端控制面板接脚电路图和短接开机操作实物图

短接前端控制面板接脚进行开机操作，使用万用表检测主板 ATX 电源插座的 3.3V、5V、12V 供电输出是否正常，将万用表量程选择开关拧至 20V 电压挡，黑表笔接地，用红表笔连接主板 ATX 电源插座的相关引脚，查看其是否正常输出 3.3V、5V、12V 供电。

经检测，输出正常，说明该故障主板的开机电路能够正常工作，并使主机的 ATX 电源为主板供电。此时应检测主板供电电路是否存在问题。

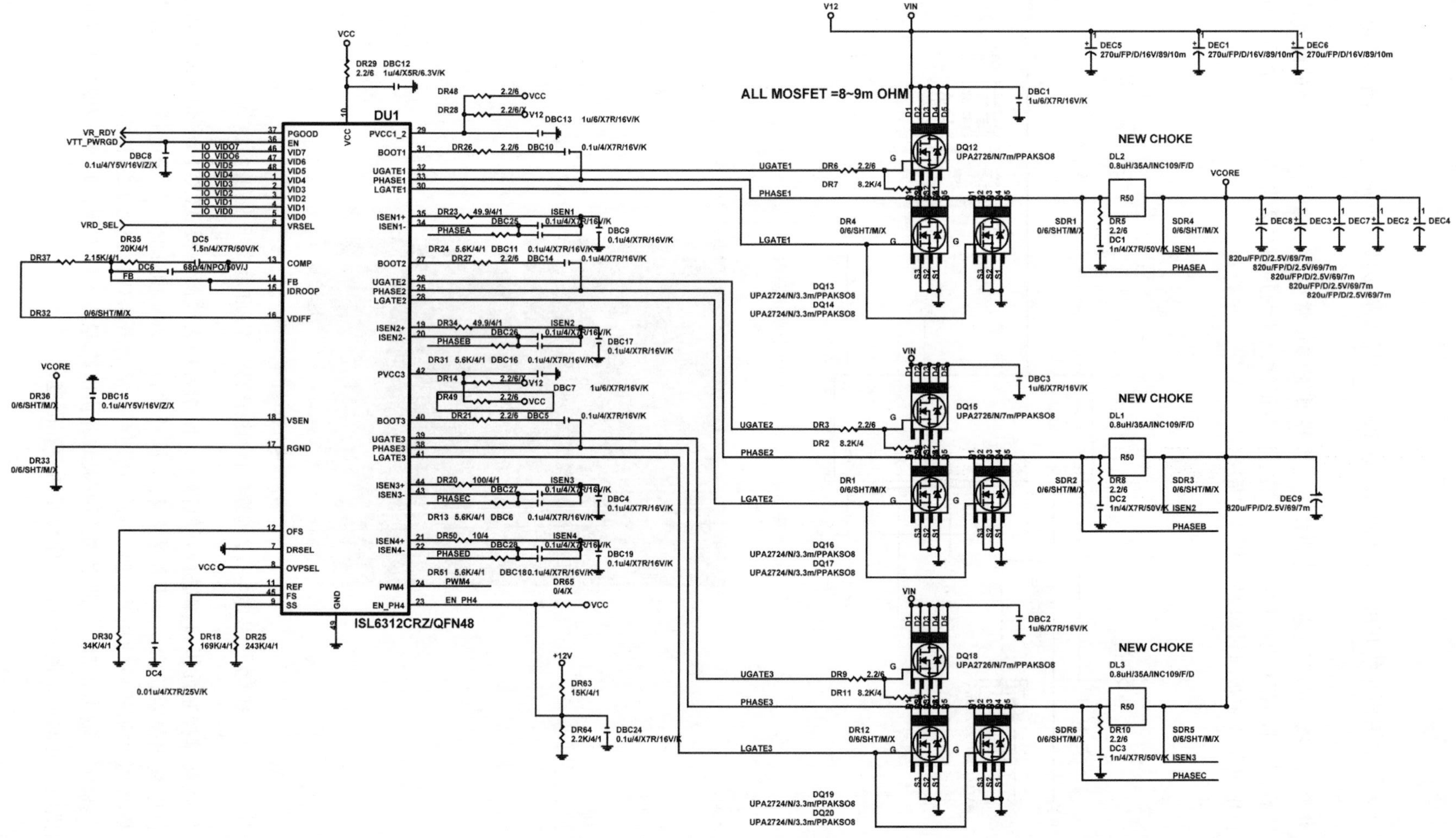

图 5-72　故障主板 CPU 核心供电电路图

实例31　电容器问题导致的5VSB待机供电异常故障

故障现象

一台电脑，使用两年后出现不能正常开机启动的故障。

故障判断

重点检测故障电脑主板的待机供电、开机电路及主板供电电路中的电子元器件和相关硬件设备，是否存在开焊、脱落或其他损坏等问题。

故障分析与排除过程

步骤1　了解故障发生前的情景，确认故障。

故障发生前正常操作，无明显异常情况。

步骤2　打开故障电脑主机机箱后进行清理和观察，没有发现较为明显的物理损坏情况。

步骤3　电脑出现不能正常开机启动的故障，在检修过程中通常需要根据故障现象进行分析，并找到一个切入点，进一步缩小、确认故障的范围。通常采用的切入点是检测故障电脑主板的待机供电是否正常。

如果待机供电正常，通常可以首先排除主机的ATX电源存在问题。如果待机不正常，需检修主机ATX电源是否存在问题，以及主板上ATX电源插座和待机电路是否正常。

加电检测主板ATX电源插座第9引脚的5VSB供电是否正常时，发现其5V输出供电一直跳变，此现象说明主板5V待机供电输出电路上的电子元器件可能存在问题。如图5-76所示为该故障电脑主板ATX电源插座的电路图。

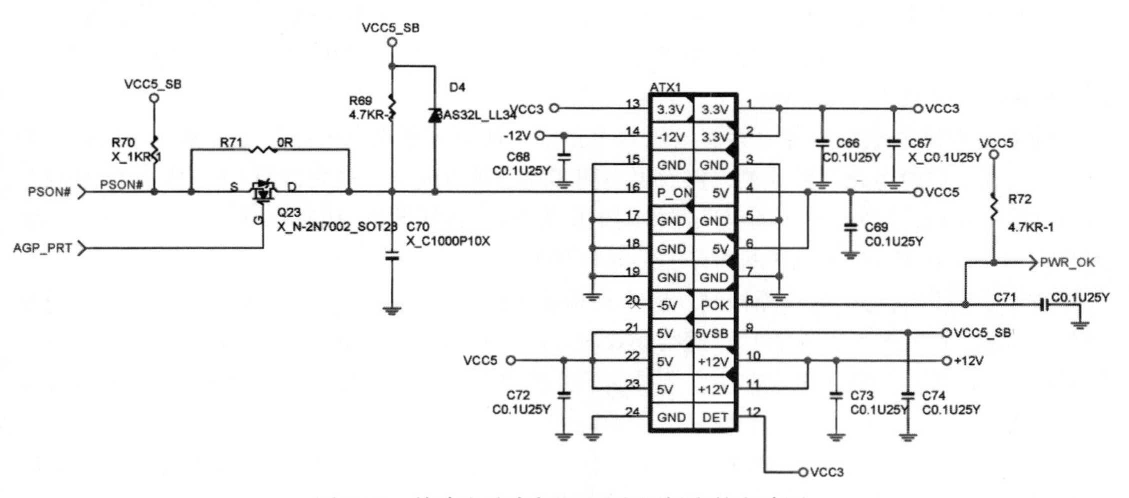

图5-76　故障电脑主板ATX电源插座的电路图

根据电路图，检测主板ATX电源插座第9引脚5V待机供电输出电路上的电容器C74是否短路或接触不良，发现其已经损坏，判断此电容器的损坏导致了故障的产生。

步骤4　更换损坏的电容器，重新进行测试，5V待机供电正常输出。开机进行测试时，电脑已经能够正常开机启动，故障排除。

故障检修经验总结：

待机供电是主板能够正常开机启动的基础，待机供电不正常引起的不能正常开机启动故障也是比较常见的。在主板的不能正常开机启动检修操作过程中，选择检测待机供电是一个常用的故障分析的切入点。

实例32 电感器损坏导致的无法正常开机启动故障

故障现象

一台电脑，长时间使用后突然掉电关机，再开机时已经无法正常开机启动。

故障判断

根据故障现象判断，重点检测主板供电电路中的电源控制芯片、场效应管以及I/O芯片和芯片组等是否存在问题而导致了故障。

故障分析与排除过程

步骤1 确认故障，排除电脑主机的外部供电存在问题。

步骤2 打开电脑主机后清理主板，并仔细观察是否存在明显物理损坏。

主板无明显损坏，清理后依然无法正常开机启动。

步骤3 检测故障主板的待机供电，发现其能够正常输出。此时，为了判断故障原因的范围，需检测主板ATX电源插座的输出供电是否正常，从而判断故障原因是在主板开机电路，还是在主板供电电路或主板时钟电路、复位电路。

短接前端控制面板接脚进行开机操作，主板ATX电源插座的3.3V、5V、12V供电输出正常，说明该故障主板的开机电路能够正常工作，并使主机的ATX电源为主板供电。此时应检测主板供电电路是否存在故障。

检测主板供电电路中各电感器电压是否正常，从而判断供电电路是否正常输出供电。通常先从内存主供电电路开始检测，然后再检测芯片组供电电路，最后检测CPU核心供电电路。检测过程中发现，编号为L8的电感器检测电压为0V，说明该供电电路没有正常输出供电。如图5-77所示为电感器L8所在的内存主供电电路图。

对于主板供电电路的故障检测，应重点检测电路中场效应管的供电是否正常，其本身是否存在损坏，以及电源控制芯片输送给场效应管的控制信号是否正常。如果场效应管的控制信号不正常，应重点检测供电电路中电源控制芯片的供电和开启信号是否正常，本身是否存在损坏的问题。

检测电路中上场效应管Q21的D极供电电压，发现其为0V，根据电路图检测电感器L7时发现，其一端有供电电压而另一端没有供电电压，说明其已经损坏。

步骤4 更换损坏的电感器，开机进行测试，已经能够正常开机启动，故障已经排除。

故障检修经验总结：

主板供电电路中场效应管没有供电或供电异常，将导致供电电路没有供电输出的故障。检修此类故障时，应检测供电电路中上场效应管的D极供电电压是否正常，如果不正常或没有供电电压，就需要检测其上级供电电路是否正常，并进行相关故障的排除。

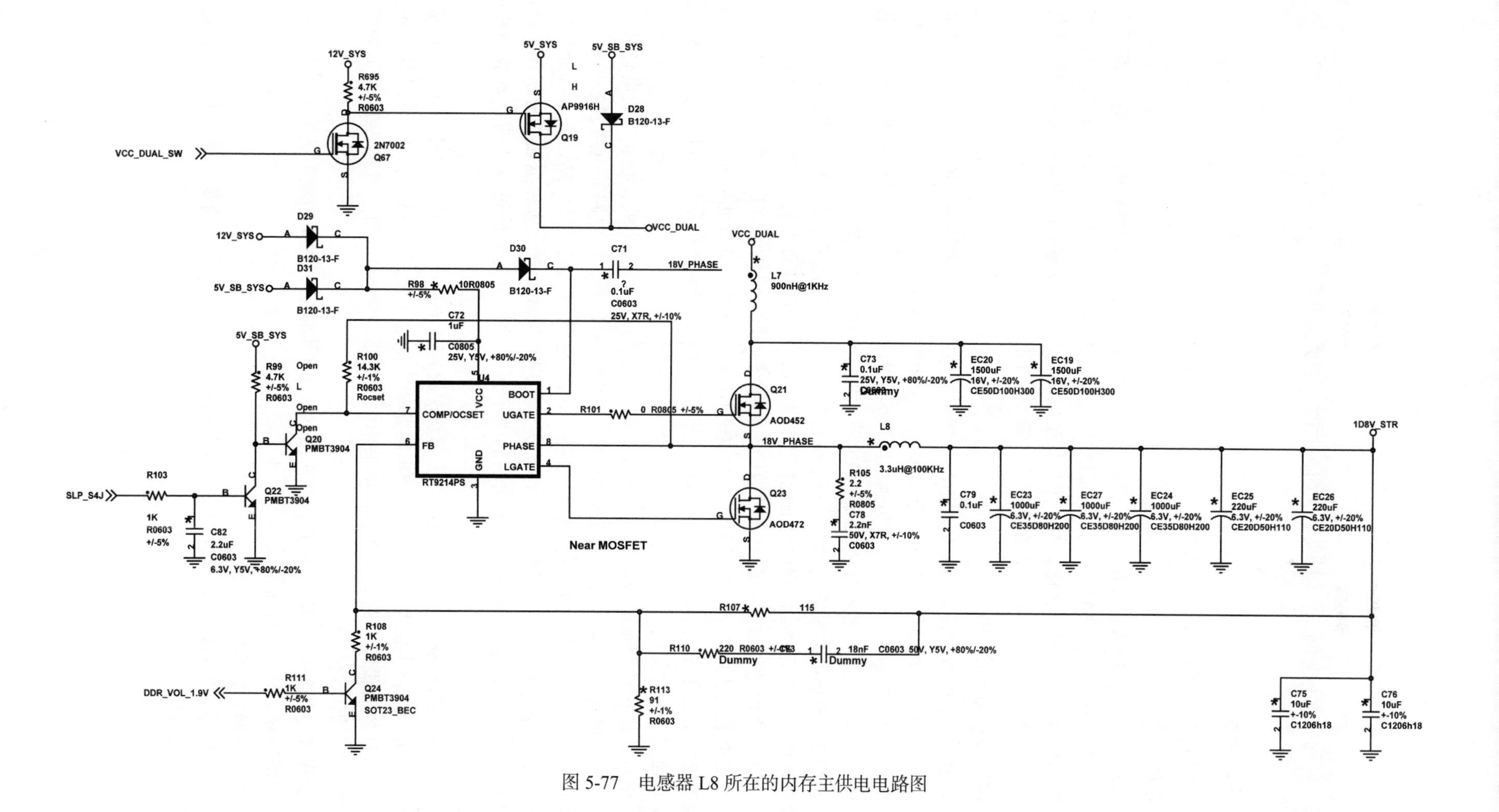

图 5-77 电感器 L8 所在的内存主供电电路图

实例33 场效应管问题导致的自动重启故障

故障现象

一台电脑，在正常使用过程中，出现经常自动重启的故障。

故障判断

电脑出现的自动重启故障，有一部分故障是由主机散热问题导致的，也有一部分是由主板供电电路出现问题导致的。对于主机散热问题导致的故障，应对主板进行清理，并及时改善主机散热环境，防止故障恶化。对于主板供电电路引起的自动重启故障，应重点检测供电电路中的场效应管、电感器等是否存在虚焊或性能不良的问题。

故障分析与排除过程

步骤1 了解故障发生前的具体情况，掌握故障现象和导致故障的原因，是主板检修过程的第一步，同时也是检修过程中非常重要的一个步骤。如故障发生前有雷击、撞击、移动主机、突然断电等问题时，应首先联想到故障原因可能是雷击、撞击、移动主机、突然断电等问题，导致了相关接口接触不良或主板上的电子元器件、硬件设备损坏等。

步骤2 根据故障现象，对该故障电脑进行检修。首先清理电脑主板上的灰尘，改善其内部散热环境，并在清理的过程中仔细观察主板上的电子元器件有无明显的物理损坏。

电脑主机内硬件出现问题导致的故障，如系统运行缓慢或经常自动重启等，很大一部分是由于主板上的芯片或其他电子元器件的散热不良所导致的。处理此类故障时，不仅应检修散热器等硬件是否存在问题，还要对主板进行清理，这是由于淤积的灰尘也可能造成主板的散热不良问题。

电脑出现比较严重的故障时，如不能正常开机启动、掉电关机、经常自动重启以及黑屏无显示等故障时，通常是由于主板供电电路、时钟电路以及复位电路等电路或芯片组、I/O芯片等重要芯片出现问题导致的。其中最容易出现问题的是主板供电电路，其不仅分布广、涉及的电子元器件多，而且长期处于工作状态。处理此类故障时，应根据故障分析找出具体的故障点，然后通过更换或修复出现问题的电子元器件、相关硬件设备从而达到故障排除的目的。

步骤3 清理故障电脑的主板后，没有发现较为明显的问题。检测待机供电输出正常，开机进行测试，内存主供电电路及辅助供电电路输出供电正常，但在检测CPU核心供电电路时发现，CPU核心供电电路的第2相供电输出中的场效应管Q9损坏。如图5-78所示为故障主板CPU核心供电电路图。

步骤4 更换损坏的场效应管，开机测试，在长时间运行大型游戏的情况下，没有发生自动重启的问题，故障已经排除。

故障检修经验总结：

在检修过程完成之后，要及时进行检修经验的总结，只有不断地总结经验，才能进一步提升主板检修技能。

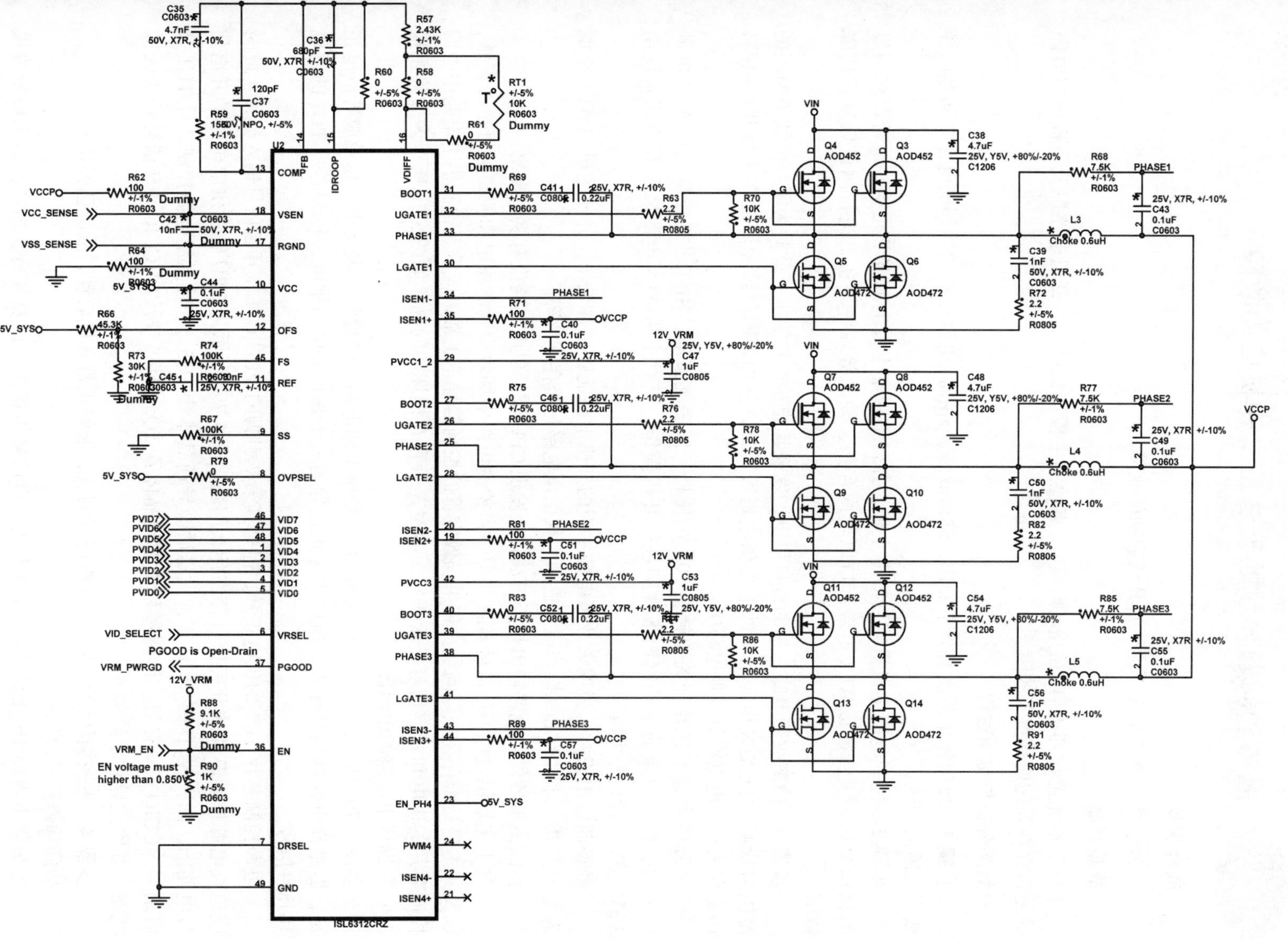

图 5-78　故障主板 CPU 核心供电电路图

实例 34 晶体管问题导致的无法正常开机启动故障

故障现象

一台电脑，突然出现不能正常开机启动的故障。

故障判断

对于不能正常开机启动的故障，应重点检测主板待机供电、开机电路以及主板供电电路等是否存在问题而导致了故障。

故障分析与排除过程

步骤 1 故障发生前没有异常操作，确认故障，并排除电脑主机的外部供电存在问题而导致了故障的产生。

步骤 2 打开电脑主机机箱后清理主板，并仔细观察主板上的电子元器件是否存在明显的物理损坏。重新插拔 ATX 电源接口以及内存条、硬盘等硬件设备，进行测试后发现故障依旧。

步骤 3 检测故障电脑主板的待机供电，发现其能够正常输出。此时为了判断故障原因的范围需检测主板 ATX 电源插座的输出供电是否正常，从而判断故障原因是在主板开机电路，还是在主板供电电路等其他电路中。

将万用表量程选择开关扭转至 20V 电压挡，黑表笔接地，用红表笔连接主板 ATX 电源插座的引脚，短接前端控制面板接脚进行开机操作，查看主板 ATX 电源插座是否正常输出 3.3V、5V、12V 等供电。

经检测输出正常，说明该故障电脑主板的开机电路能够正常工作，并使主机的 ATX 电源为主板供电。此时的常规操作应为检测主板供电电路是否存在故障。

检测主板各供电电路输出是否正常时，发现 CPU 辅助供电电路没有供电输出。

对于主板供电电路的故障检测，应重点检测电路中场效应管的供电和控制信号是否正常，以及其本身是否存在损坏问题。如果场效应管的控制信号不正常，应重点检测供电电路中电源控制芯片的供电和开启信号是否正常，本身是否存在损坏的问题。如图 5-79 所示为故障主板 CPU 辅助供电电路的电路图。

如图 5-79a 所示，该电路为典型的开关稳压电源电路，经检测，电路中的场效应管供电正常，但是没有控制信号输入，所以无法正常导通。于是检测电路中电源控制芯片 TU1 的供电和开启信号。

电源控制芯片 TU1 的供电正常，但是其第 7 引脚的 VCCIO_EN 开启信号输入异常。此时应追查电源控制芯片的开启信号存在什么问题。图 5-79b 所示为 CPU 辅助供电电路的开启信号电路图，图中 V_1P05_PCH 正常发送后会导通晶体管 TQ5，使输送给电源控制芯片 TU1 开启信号 VCCIO_EN 有效。检测过程中发现晶体管 TQ5 损坏，所以 VCCIO_EN 信号处于无效状态，并因此导致了故障的产生。

步骤 4 更换损坏的晶体管，开机进行测试，能够正常开机启动，故障已经排除。

故障检修经验总结：

主板供电电路中电源控制芯片供电或开启信号不正常，以及其自身损坏，是主板检修操作过程中常见的故障原因。

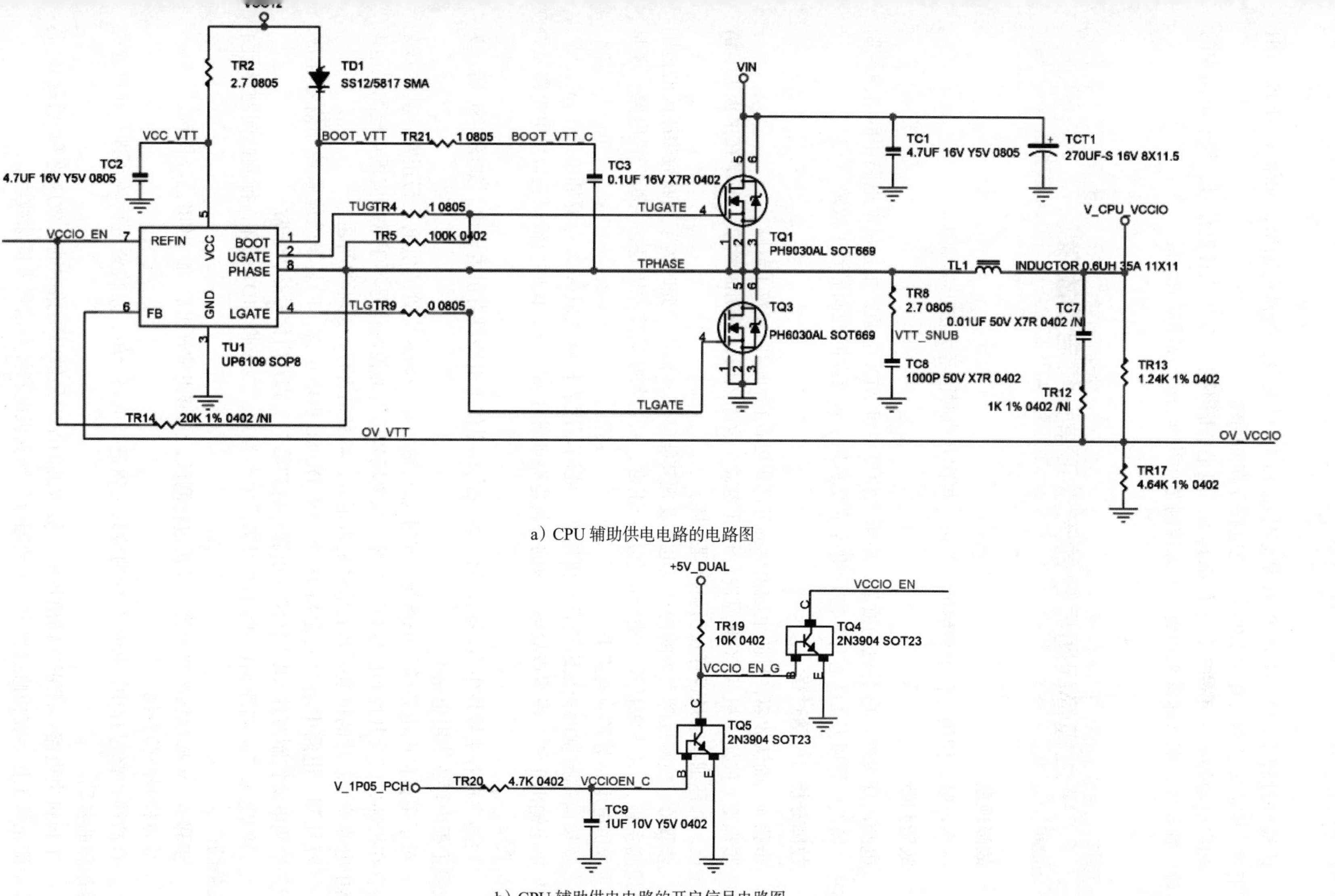

a）CPU 辅助供电电路的电路图

b）CPU 辅助供电电路的开启信号电路图

图 5-79　故障主板 CPU 辅助供电电路的电路图

该检修过程中的 V_1P05_PCH 是芯片组 1.05V 供电电路的供电输出，如果 V_1P05_PCH 不正常，则需要检修芯片组 1.05V 供电电路存在的问题。

如果电源控制芯片的工作条件都具备，但是依旧不能正常发出控制信号，控制电路中的场效应管导通，那么通常采用更换电源控制芯片的方法进行故障的排除。

实例 35 二极管问题导致的无法正常开机启动故障

故障现象

一台电脑，使用过程中突然掉电关机，再次开机时已经无法正常启动。

故障判断

电脑出现突然掉电关机的故障，应重点检测主机 ATX 电源，主板供电电路中的电源控制芯片、场效应管以及 I/O 芯片和芯片组等重要芯片是否存在问题而导致了故障。

故障分析与排除过程

步骤 1 确认故障，排除电脑主机的外部供电存在问题而导致了故障。

步骤 2 替换主机 ATX 电源进行开机测试，故障依旧，说明故障原因多半在主板上。清理主板，并仔细观察是否存在明显物理损坏。

步骤 3 检测故障主板的待机供电，发现其能够正常输出。此时为了判断故障原因的范围需检测主板 ATX 电源插座的输出供电是否正常，从而判断故障原因是在主板开机电路，还是在主板供电电路等其他电路中。

短接前端控制面板接脚进行开机操作，使用万用表检测主板 ATX 电源插座的 3.3V、5V、12V 供电输出正常，说明该故障主板的开机电路能够正常工作，此时应检测主板供电电路是否存在故障。

检测主板各主要供电电路输出时，发现内存主供电电路没有供电输出。如图 5-80 所示为故障主板内存主供电电路图。

对于主板供电电路的故障检测，应重点检测电路中场效应管的供电是否正常，其本身是否存在损坏，以及其控制信号是否正常。如果场效应管的控制信号不正常，应重点检测供电电路中电源控制芯片的供电和开启信号是否正常，本身是否存在损坏的问题。

经检测，电路中场效应管 MQ1 的 +5V_DUAL 供电正常，但是场效应管控制信号异常，于是检测电源控制芯片 MU1 的第 5 引脚供电和第 7 引脚开启信号是否正常。

检测电源控制芯片 MU1 的第 5 引脚供电时发现，二极管 MD1 损坏，推测此问题导致了故障的产生。

步骤 4 更换损坏的二极管，开机进行测试，能够正常开机启动，故障已经排除。

故障检修经验总结：

在故障检修过程中，按照合理的检修逻辑进行电路分析，是检修过程顺利进行和迅速排除故障的基础。

主板供电电路不能正常输出供电，最常见的原因是供电电路中的场效应管和电源控制芯片不能正常工作。在检修过程中，主要通过检测其供电和控制信号来排除故障。

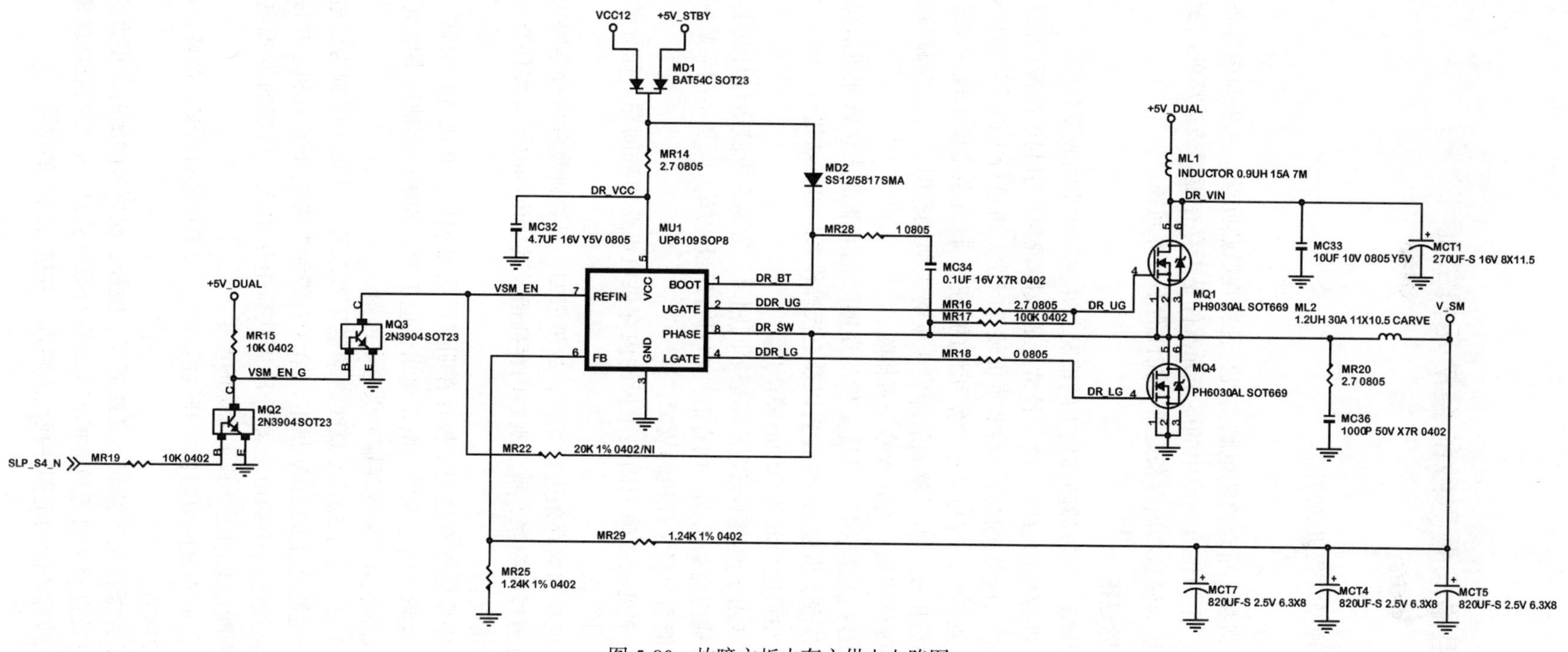

图 5-80 故障主板内存主供电电路图

实例 36 电阻器问题导致的经常死机故障

故障现象

一台电脑，出现经常死机的故障。

故障判断

根据故障现象判断，重点检测电脑主机是否存在散热问题，主板与内存条等硬件是否存在接触不良的问题，主板供电电路中的电子元器件是否存在虚焊或损坏的问题，硬件是否存在不兼容问题，主机的硬盘和内存条是否存在性能不良等问题。

故障分析与排除过程

步骤 1 确认故障，了解故障前发生的情况，并进行初步的故障分析。

电脑出现经常性死机的故障，是一种常见的故障现象。引起该故障的故障原因也较多，所以处理此类故障时，应首先排除一些非主板硬件问题，再进行主板故障的检修。

当软、硬件不兼容时，容易出现频繁死机的问题，该现象主要出现在安装某个软件或更换、添加某个硬件后出现，当了解到故障发生前有类似操作时，应首先删除新安装的软件，或将更换或添加的硬件移除，查看故障是否排除。

病毒感染、BIOS 设置不当、系统文件的误删除也可能造成频繁死机故障的产生，处理此类故障通常采用杀毒、恢复 BIOS 设置以及更换操作系统等方法进行。

CPU 超频使用也可能引起死机的故障产生。

硬盘出现老化或由于使用不当造成坏道等问题时，容易在电脑运行时发生死机故障。

内存插槽虚焊或内存条松动、内存芯片本身有质量问题，以及不同品牌和频率的内存条同时使用时，都可能引起经常死机的故障。

还有一种比较常见的故障原因是主板的内存供电电路出现问题，而导致的频繁死机故障，在检修时应特别注意。

步骤 2 更换硬盘和内存条进行测试，故障依旧，排除硬盘和内存条等出现问题导致了故障。对主板进行清理和观察，重点观察内存插槽及其周围的电子元器件是否存在虚焊、脱落或者其他损坏的情况。

步骤 3 上述操作后没有发现主板存在明显的物理损坏，开机进行测试，重点检测内存供电电路是否存在故障。内存主供电电路输出供电正常，检测内存辅助供电电路时发现异常。如图 5-81 所示为故障电脑主板内存辅助供电电路图。

该电路中，U3 是一个 1.5A/3A 总线终端稳压器芯片，其第 1 引脚为供电输入端，输入供电为内存主供电电路产生的 1.8V 供电，第 3 引脚为参考电压输入和芯片使能输入端，由 1.8V 内存主供电经过电路中的电阻器分压后获得电压输入。检测时发现电路中的电阻器 R102 性能不良，判断由此问题导致了故障的产生。

步骤 4 更换性能不良的电阻器，开机后运行大型游戏进行测试，故障已经排除。

故障检修经验总结：

主板上的电子元器件出现性能不良或损坏、虚焊、脱焊等问题时，很容易导致电脑出现死机、自动重启以及自动关机等故障的产生，在故障分析时，应根据故障现象进行合理的故障分析，逐步确认故障原因的范围并找到故障点，并进行故障的排除。

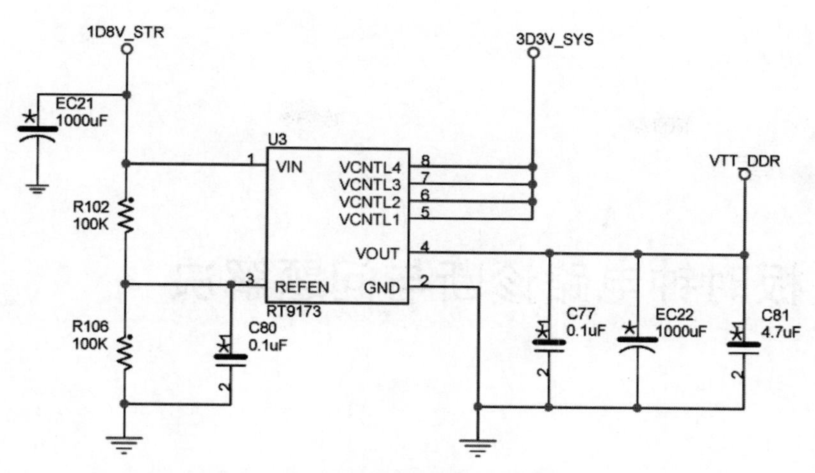

图 5-81　故障电脑主板内存辅助供电电路图

第 6 章

主板时钟电路诊断与问题解决

主板时钟电路为主板上的各种芯片、总线和硬件设备提供时钟信号，从而保证主板能够协调、稳定地运行。

技巧 45 时钟电路的作用

时钟信号能够有效地保证进行数据交换的双方保持同步性，从而保证数据交换的协调性和稳定性。

主板上不同功能的芯片和硬件设备以及不同规格的总线，需要多种不同频率的时钟信号。这些不同频率的时钟信号有一部分是由单独的时钟电路产生的，如南桥芯片集成的 RTC 功能模块，其外部连接 32.768kHz 晶振，在关机状态下（由电池供电），依然能够获得稳定的时钟信号。但主板上大部分的时钟信号，都是由主板时钟电路产生的。

主板时钟电路向 CPU、芯片组、各级总线（CPU 总线、AGP 总线、PCI 总线、ISA 总线等）及主板各个接口提供基本工作频率，有了基本工作频率，电脑才能在 CPU 的控制下，按部就班地、协调地完成各项工作。

当主板上的时钟信号不正常或没有时钟信号时，将造成数据传送错误或数据无法传送等问题，从而进一步引起不能开机或主板部分功能模块不能正常工作等故障，所以学习掌握主板时钟电路的工作原理及检修知识，是主板检修技能中很重要的一个部分。图 6-1 所示为常见的主板时钟电路实物图。

技巧 46 时钟电路的组成结构

主板时钟电路通常由时钟发生器、14.318MHz 晶振、电阻器、电容器以及供电电路等电子元器件组成。图 6-2 所示为主板时钟电路实物图。

图 6-1　常见的主板时钟电路实物图

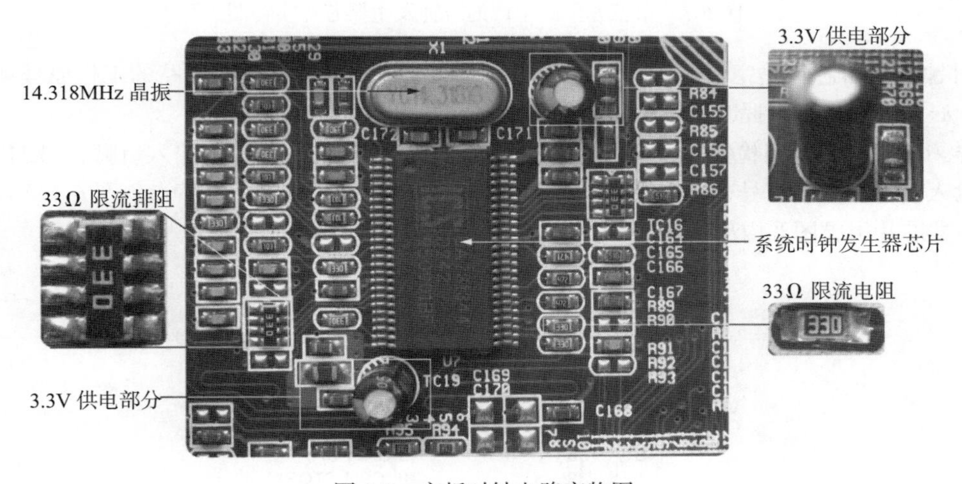

图 6-2　主板时钟电路实物图

1. 14.318MHz 晶振

14.318MHz 晶振的作用是产生基准的频率信号，其通常由石英晶体经过特殊工艺加工后获得。时钟发生器可以将 14.318MHz 晶振产生的基准频率，通过倍频和分频等内部电路转换成主板内不同总线和芯片所需要的时钟信号。

2. 电阻和电容

时钟发生器芯片外围的各种电子元器件中，电阻器的阻值通常为 22Ω 或 33Ω，其一般连接的是时钟发生器芯片的时钟信号输出引脚。电容器及电感器通常连接的是时钟发生器芯片的供电引脚。

3. 时钟发生器芯片

时钟发生器是时钟电路的核心，其可能是第三方厂商生产的独立芯片，也有可能是被集成在芯片组、CPU 等芯片内部的。采用独立时钟发生器芯片的主板，其时钟信号的精确性和稳定性更好，使主板的稳定性和对超频等操作的支持效果更好，所以主板时钟电路的普遍做法是采用第三方厂商的独立芯片，而在主板检修过程中，经常需要面对的问题也是时钟发生器芯片及其相关电路和电子元器件的检修。

图 6-3 所示为第三方厂商生产的时钟发生器芯片实物图。

a）第三方厂商生产的时钟发生器芯片一

b）第三方厂商生产的时钟发生器芯片二

图 6-3 第三方厂商生产的时钟发生器芯片实物图

时钟发生器芯片是主板时钟电路的核心，所以要想掌握主板时钟电路的工作原理和检修技能，必须首先牢固掌握时钟发生器芯片的工作原理和特性。

学习主板时钟电路检修时，应重点掌握主板时钟发生器芯片的供电输入引脚、14.318MHz 时钟输入引脚、控制信号连接引脚以及各种时钟信号输出引脚的功能和特点。图 6-4 所示为时钟发生器芯片引脚图及内部功能框图。

ICS951413

X1	1	56	VDDREF
X2	2	55	GND
VDD48	3	54	**FS_A/REF0
USB_48MHz	4	53	**FS_B/REF1
GND	5	52	**TEST_SEL/REF2
VTT_PWRGD#/PD	6	51	VDDPCI
SCLK	7	50	**CK410#/PCICLK0
SDATA	8	49	GNDPCI
**FS_C	9	48	*CPU_STOP#
**CLKREQA#	10	47	CPUCLKT0
**CLKREQB#	11	46	CPUCLKC0
SRCCLKT7	12	45	VDDCPU
SRCCLKC7	13	44	GNDCPU
VDDSRC	14	43	CPUCLKT1
GNDSRC	15	42	CPUCLKC1
SRCCLKT6	16	41	CPUCLKT2_ITP
SRCCLKC6	17	40	CPUCLKC2_ITP
SRCCLKT5	18	39	VDDA
SRCCLKC5	19	38	GNDA
GNDSRC	20	37	IREF
VDDSRC	21	36	GNDSRC
SRCCLKT4	22	35	VDDSRC
SRCCLKC4	23	34	SRCCLKT0
SRCCLKT3	24	33	SRCCLKC0
SRCCLKC3	25	32	VDDATI
GNDSRC	26	31	GNDATI
ATIGCLKT1	27	30	ATIGCLKT0
ATIGCLKC1	28	29	ATIGCLKC0

a）时钟发生器芯片引脚图

图 6-4 时钟发生器芯片引脚图及内部功能框图

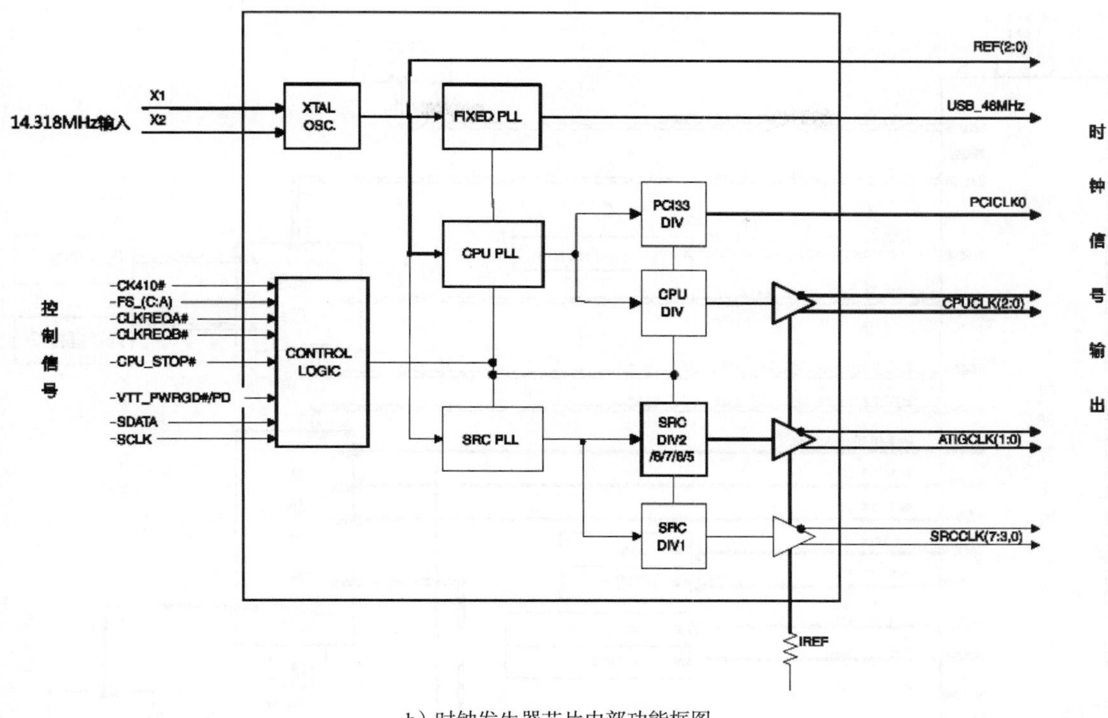

b）时钟发生器芯片内部功能框图

图 6-4 （续）

技巧 47 时钟电路的工作原理

当电脑开机时，南桥收到 PG 信号后，发送复位信号给时钟电路中的时钟发生器芯片，同时电源的 3.3V 经过二极管和电感（电感可以用阻值为 0 的电阻代替）进入时钟发生器芯片，为时钟电路供电。此时时钟发生器芯片内部的分频器开始工作，和晶振一起振荡，将晶振产生的 14.318MHz 频率按照需要放大或缩小后，输送给主板的各个部件。

图 6-5 所示为主板时钟分布框图，从图中可以看出，时钟发生器芯片外接 14.318MHz 晶振，在正常工作后产生各种频率的时钟信号分别发送给 CPU、PCI 插槽、PCI Express 插槽、BIOS 芯片、北桥芯片以及南桥芯片等芯片和硬件设备，使这些芯片和硬件设备能够正常、稳定地工作和进行数据交换。

技巧 48 主板时钟电路深入研究

不同品牌和型号的主板时钟电路，其工作原理和检修是大致相同的，掌握主板时钟电路检修技术的关键在于，重点掌握时钟发生器芯片的特性和检修。

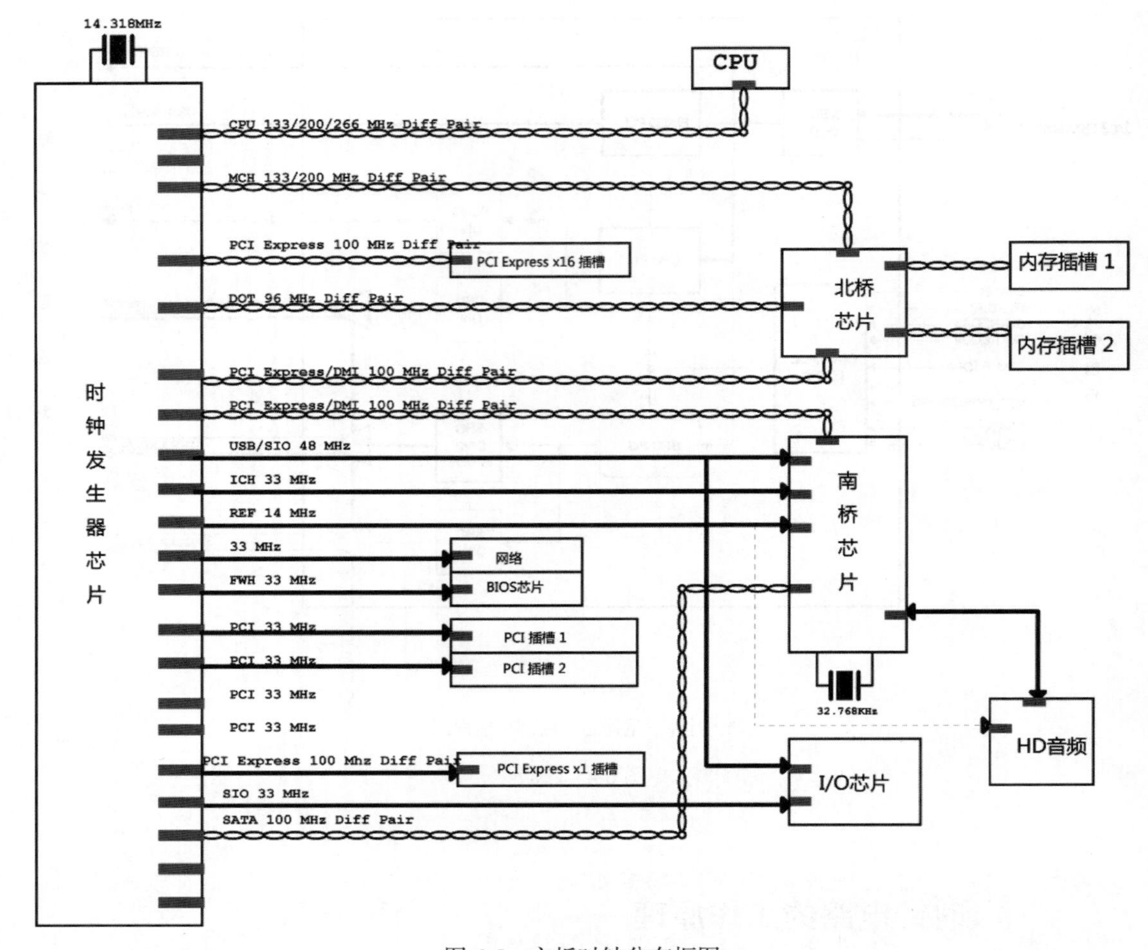

图 6-5 主板时钟分布框图

精英主板时钟电路深入研究

精英 RC410-B 主板采用独立的第三方时钟发生器芯片，构成主板时钟电路。主板上大部分的时钟信号都是由该时钟电路产生的。

图 6-6 所示为精英 RC410-B 主板时钟分布框图，从图中可以看出，时钟发生器芯片将 14.318MHz 晶振产生的基准频率，通过倍频和分频等内部电路后转换成南桥芯片、北桥芯片、CPU 以及各种接口设备所需要的时钟信号。

而南桥芯片和网络芯片等外部还连接了 32.768kHz 和 25MHz 等晶振，用以产生这些功能芯片或硬件设备部分时钟信号，以及当主板时钟电路没有工作时，提供正常工作所需的时钟信号，如南桥芯片外部连接的 32.768kHz 晶振。

图 6-7 所示为精英 RC410-B 主板时钟电路的实物图及电路图，从图中可以看出，该主板采用的时钟发生器芯片为 ICS951413。ICS951413 时钟发生器芯片是可编程的系统时钟芯片，可用于输出多对 PCI Express 时钟、多对 14.318 MHz 参考时钟、CPU 时钟、48MHz 的 USB 时钟、PCI 时钟等。

ICS951413 时钟发生器芯片第 1 引脚和第 2 引脚外接 14.318MHZ 晶振 X1 及谐振电容 C39

和 C40，为芯片内部提供基准时钟频率。其第 3 引脚、第 14 引脚、第 21 引脚用于时钟发生器芯片的供电输入，当时钟发生器芯片没有供电输入时，应重点检测这些引脚外围的电容器及电感器是否存在问题，而导致了供电异常。

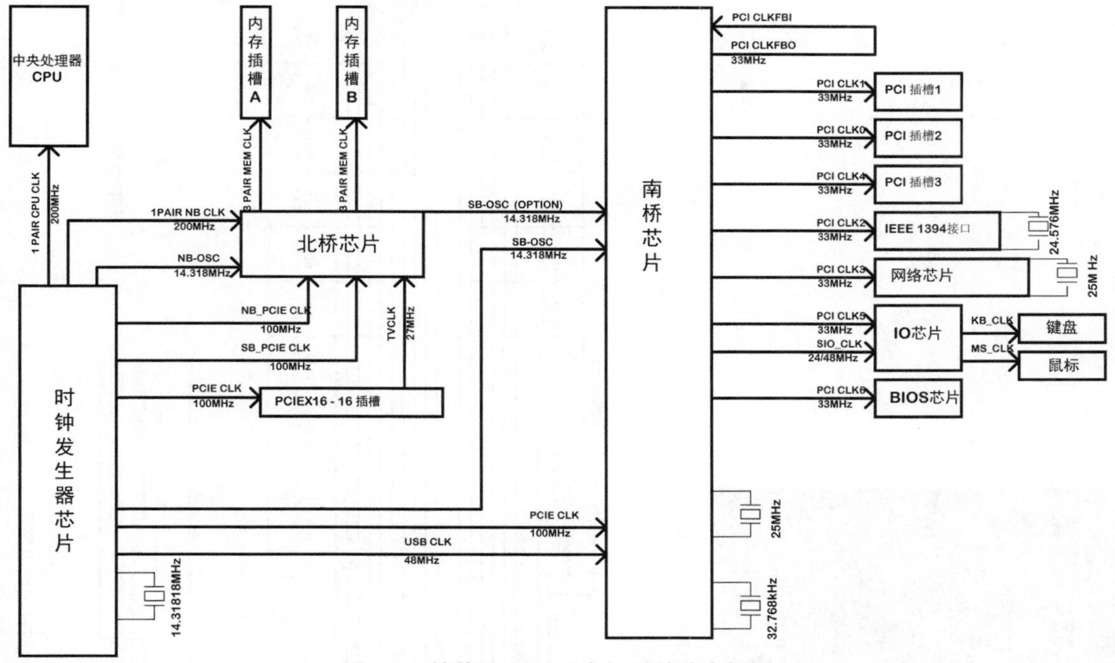

图 6-6　精英 RC410-B 主板时钟分布框图

ICS951413 时钟发生器芯的第 5 引脚、第 15 引脚、第 20 引脚是时钟发生器芯片的接地引脚，用于保证时钟发生器芯片更加稳定的工作。其第 22 引脚、第 23 引脚、第 24 引脚、第 47 引脚用于输出各种芯片和硬件设备所需的时钟信号。当主板上的某一路时钟信号异常时，应根据电路图检测时钟发生器芯片外围的电阻器是否损坏。

在电脑启动过程中，主板供电电路为时钟电路提供 3.3V 供电，并通过电感器和电容器后连入时钟发生器芯片的供电引脚，为时钟发生器芯片供电。当 CPU 供电正常后，会发送控制信号给时钟发生器芯片，接着时钟发生器芯片内部振荡电路及外接晶振、谐振电容开始工作，产生 14.318MHz 的时钟频率。时钟芯片在得到此频率后，经过内部电路的倍频和分频等处理后得到 14.318MHz、33MHz、48MHz、100MHz 等各种规格的时钟频率，最后通过时钟信号输出引脚输出到主板各个功能模块，为其提供正常工作所需的时钟信号。

华硕主板时钟电路深入研究

图 6-8 所示为华硕 PTGD2-LA 主板时钟分布框图，从图中可以看出，时钟发生器芯片通过内部倍频和分频等电路转换出不同规格的时钟信号，提供给主板上的各种芯片和硬件设备，其中为 CPU 提供 133/200MHz 时钟信号，为北桥芯片提供 133/200MHz、100MHz、96MHz 时钟信号，而内存插槽正常工作所需的时钟信号由北桥芯片负责输出。

时钟发生器芯片为南桥芯片内部不同的功能模块，提供 100MHz、33MHz、48MHz、14.318MHz 的时钟信号，保证南桥芯片能够稳定地工作。而音频芯片正常工作所需的时钟信号由南桥芯片负责输出。

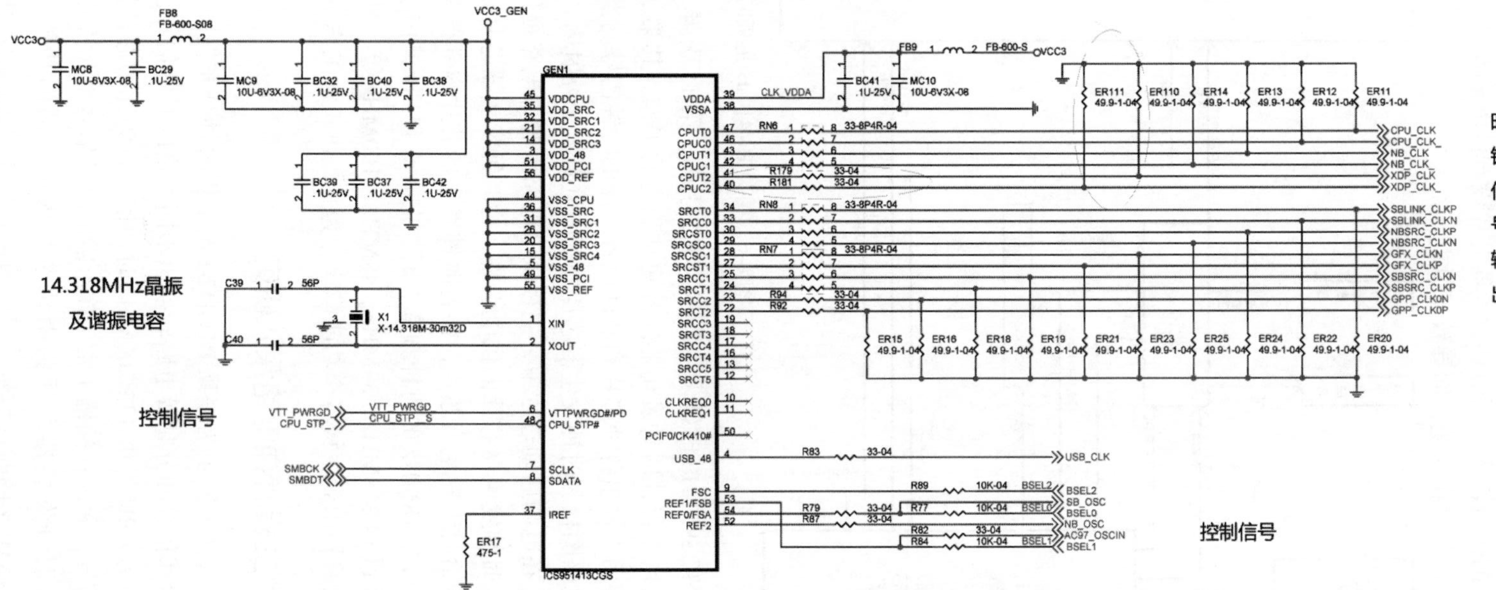

a）精英 RC410-B 时钟电路实物图

b）精英 RC410-B 主板时钟电路电路图

图 6-7 精英 RC410-B 主板时钟电路的实物图及电路图

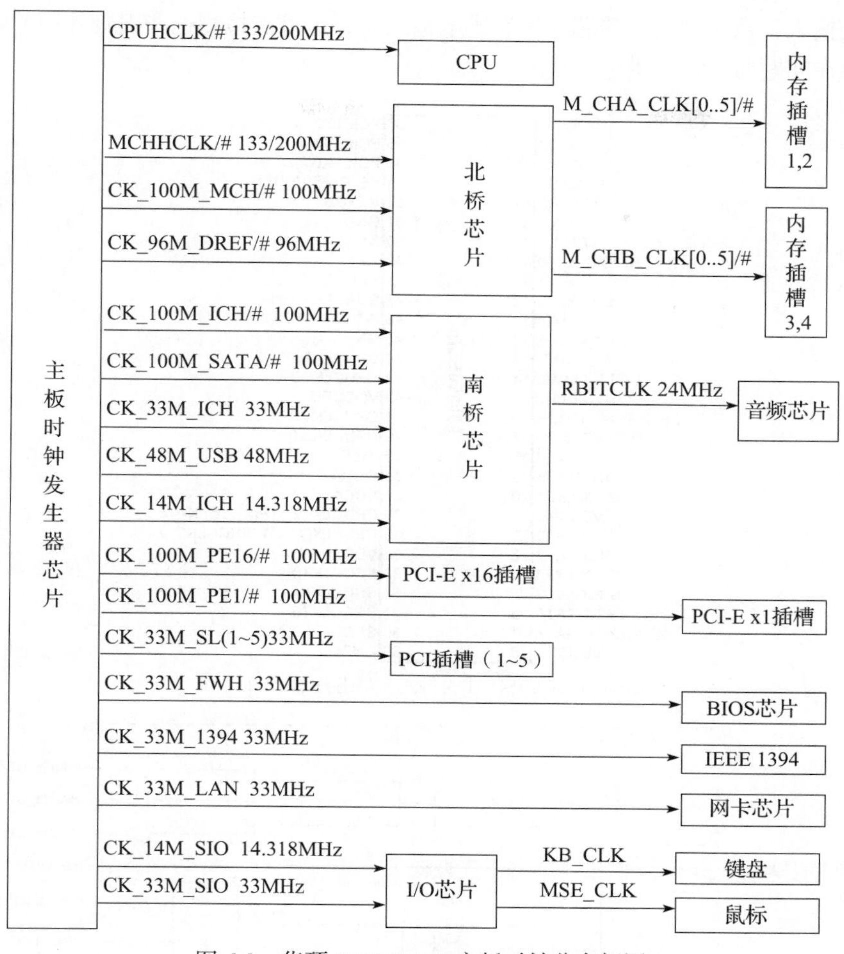

图 6-8　华硕 PTGD2-LA 主板时钟分布框图

时钟发生器芯片为 PCI-E x16 插槽和 PCI-E x1 插槽提供 100MHz 时钟信号，为 PCI 插槽、BIOS 芯片、网卡芯片、IEEE 1394 提供 33MHz 时钟信号，为 I/O 芯片提供 14.318MHz、33MHz 时钟信号，I/O 芯片负责输出键盘和鼠标正常工作时所需的时钟信号。

华硕 PTGD2-LA 主板采用独立的第三方时钟发生器芯片 ICS954101，构成主板时钟电路。主板上大部分的时钟信号都是由该时钟电路产生的。

图 6-9 所示为 ICS954101 时钟发生器芯片引脚图及其内部功能框图，从图中可以看出，虽然 ICS954101 时钟发生器芯片引脚数目较多，但是其主要分为供电输入、控制信号输入、外接 14.318MHz 晶振及谐振电容引脚、时钟信号输出 4 个部分。

图 6-10 所示为华硕 PTGD2-LA 主板时钟电路图，从图中可以看出，ICS954101 时钟发生器芯片第 49 引脚和第 50 引脚外接 14.318MHz 晶振 X1 及谐振电容 C76 和 C81，当主板时钟电路得到正常的供电和开启信号后，ICS954101 时钟发生器芯片内部振荡电路及外接晶振、谐振电容开始工作，产生 14.318MHz 的时钟频率。时钟发生器芯片在得到此频率后，经过内部电路的倍频和分频等处理后，输出各种规格的时钟信号给主板上的各种硬件设备和芯片。

ICS954101 时钟发生器芯片第 1 引脚、第 7 引脚、第 21 引脚、第 28 引脚用于时钟发生器芯片的供电输入，当时钟发生器芯片没有供电输入时，应重点检测这些引脚外围的电容器及电感器是否存在问题而导致了供电异常。

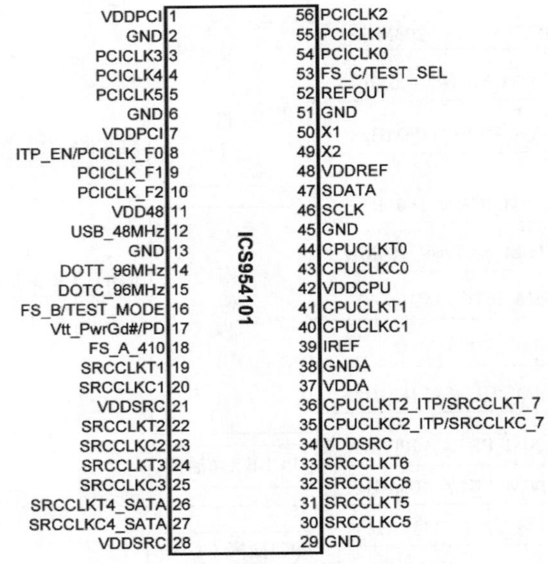

a）ICS954101 时钟发生器芯片引脚图

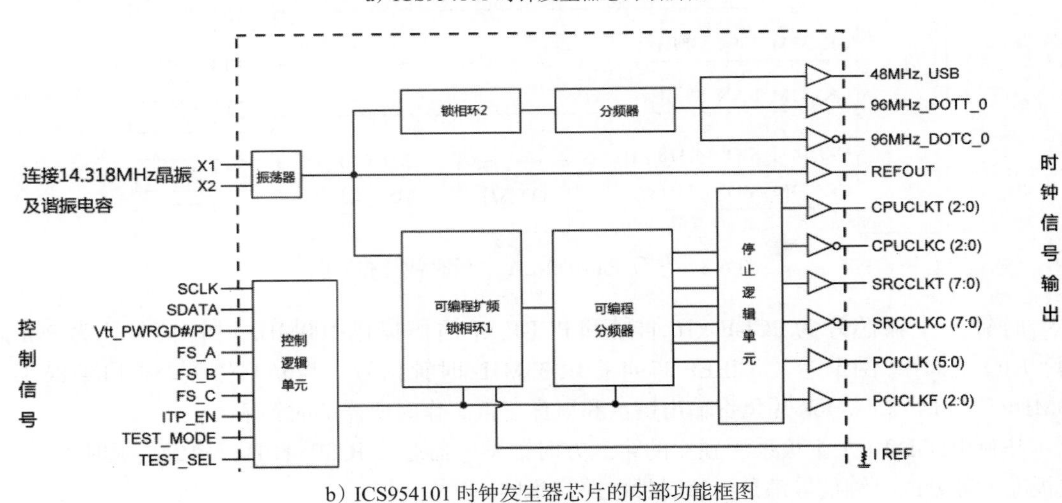

b）ICS954101 时钟发生器芯片的内部功能框图

图 6-9　ICS954101 时钟发生器芯片引脚图及其内部功能框图

如果主板时钟电路没有供电输入，应检测其上级供电电路是否存在问题。从图 6-10 可知，ICS954101 时钟发生器芯片的供电为 +3V_DUAL。

+3V_DUAL 供电由 +3V 和 +3VSB 通过场效应管 AP4502 转换而来，所以当时钟电路的输入供电出现问题时，应检查该场效应管是否能能够正常工作。如图 6-11 所示为 +3V_DUAL 转换电路的电路图。

如果该场效应管正常，需继续追查其上级电路是否存在问题，其中 +3V 是由主板 ATX 电源插座直接输出的，而 +3VSB 由主板 ATX 电源插座第 9 引脚输出的 +5VSB 待机供电，通过相关电路转换而来。

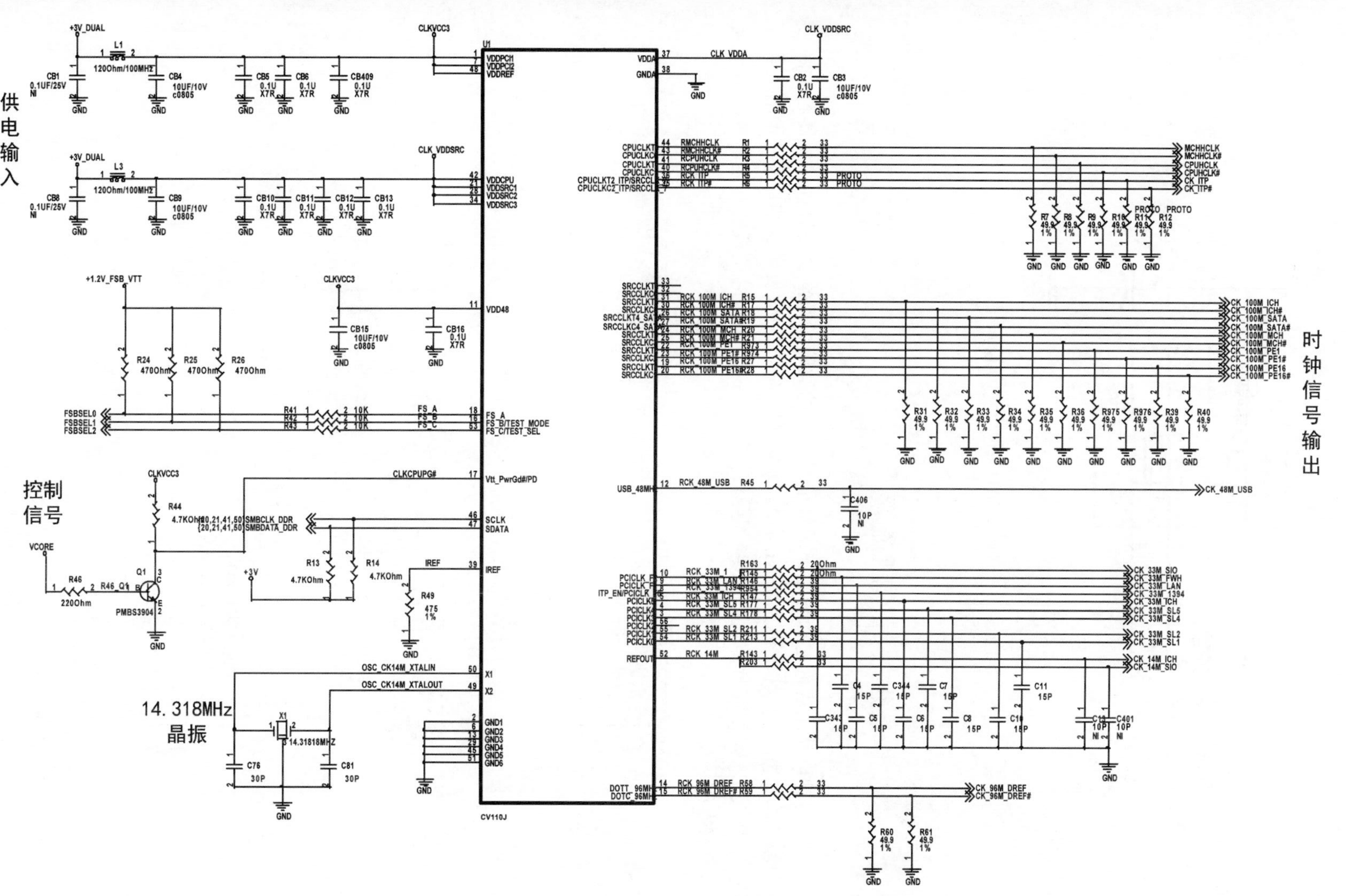

图 6-10　华硕 PTGD2-LA 主板时钟电路图

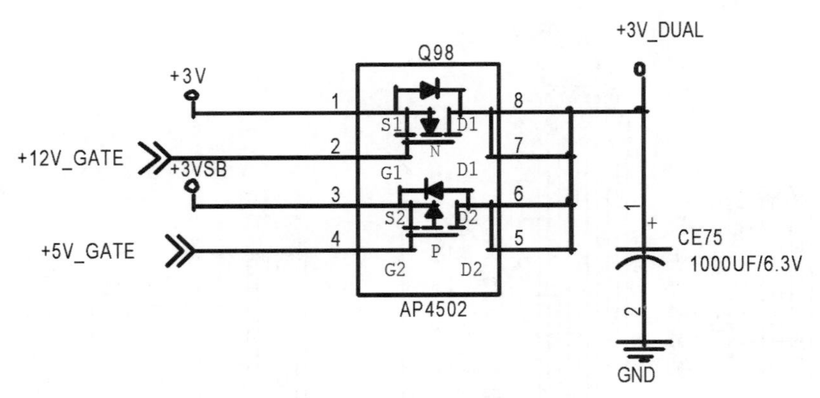

图 6-11 +3V_DUAL 转换电路的电路图

技巧 49 时钟电路故障诊断流程

因主板时钟电路出现问题而导致无时钟信号输出的故障，通常是由时钟发生器芯片供电部分的电感器或电容器损坏、14.318MHz 晶振及谐振电容器、时钟发生器芯片及外围电阻器损坏等原因造成的。当主板时钟电路出现问题时，可按图 6-12 所示的主板时钟电路故障检修流程进行检修操作。

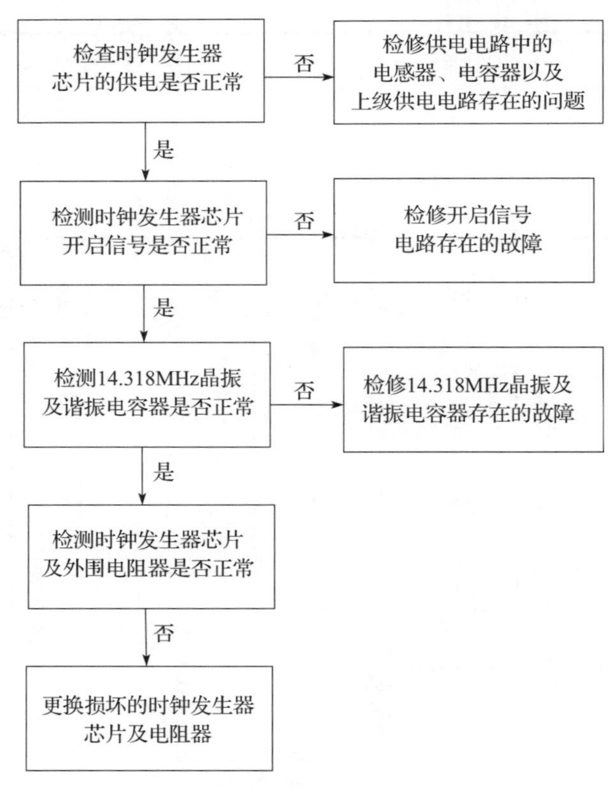

图 6-12 主板时钟电路故障检修流程图

技巧50 主板时钟电路诊断与问题解决

主板时钟电路出现故障后，一般会造成电脑开机后黑屏。而且时钟信号不正常的设备停止工作后，若用主板诊断卡测试，则主板诊断卡的代码显示“00”。

主板时钟电路供电电路故障一般由电源管理芯片损坏、场效应管损坏、滤波电容损坏、限流电阻损坏等造成。

故障解决方法如下：

1）用主板诊断卡检测主板，如果显示代码“00”，则表示时钟故障。

2）检测时钟发生器芯片的2.5V和3.3V供电是否正常，如果不正常，检测电源插座到时钟发生器芯片供电脚的线路（主要是连接的电容等元器件）。

3）如果时钟发生器芯片供电正常，用示波器测量14.318MHz晶振两引脚的波形，如果波形严重偏移，则说明晶振本身损坏，更换晶振。

如果晶振波形正常，测量晶振连接的两个谐振电容，观察其波形是否正常，如果不正常，更换谐振电容。

4）如果谐振电容的波形正常，接着检测系统时钟发生器芯片各个频率的时钟信号输出是否正常。如果正常，检测没有时钟信号的部件和系统时钟发生器芯片间的线路中是否有损坏的元器件。

如果不正常，检测系统时钟发生器芯片的时钟信号输出端相连的电阻或电感，并更换损坏的元器件。

5）如果时钟电路故障还无法排除，则更换时钟发生器芯片。

实例37 时钟电路跑线——时钟供电电路跑线

对主板时钟电路进行跑线路检测，首先要根据主板绘制出时钟电路的原理图，找出主板时钟电路的实际线路以及线路中包含的元器件，根据故障检测点检测方法对时钟电路中的时钟芯片进行测量，主要测量时钟芯片的供电输入线路、振荡线路、时钟信号形成线路等。图6-13所示为主板时钟供电电路图。

主板时钟供电电路一般是从电源插座经过电感和滤波电容向系统时钟芯片输入的工作电压的，如图6-13所示。

主板时钟供电电路跑线步骤如下：

1）将万用表调至“蜂鸣”挡，检测ATX电源插座的3.3V电压输出脚到电感FB8的线路，如图6-14所示。若线路正常，则数字万用表应发出报警声。

2）检测电感FB8到系统时钟芯片ICS951413CGS供电脚的线路，如图6-15所示。若线路正常，则数字万用表应发出报警声。

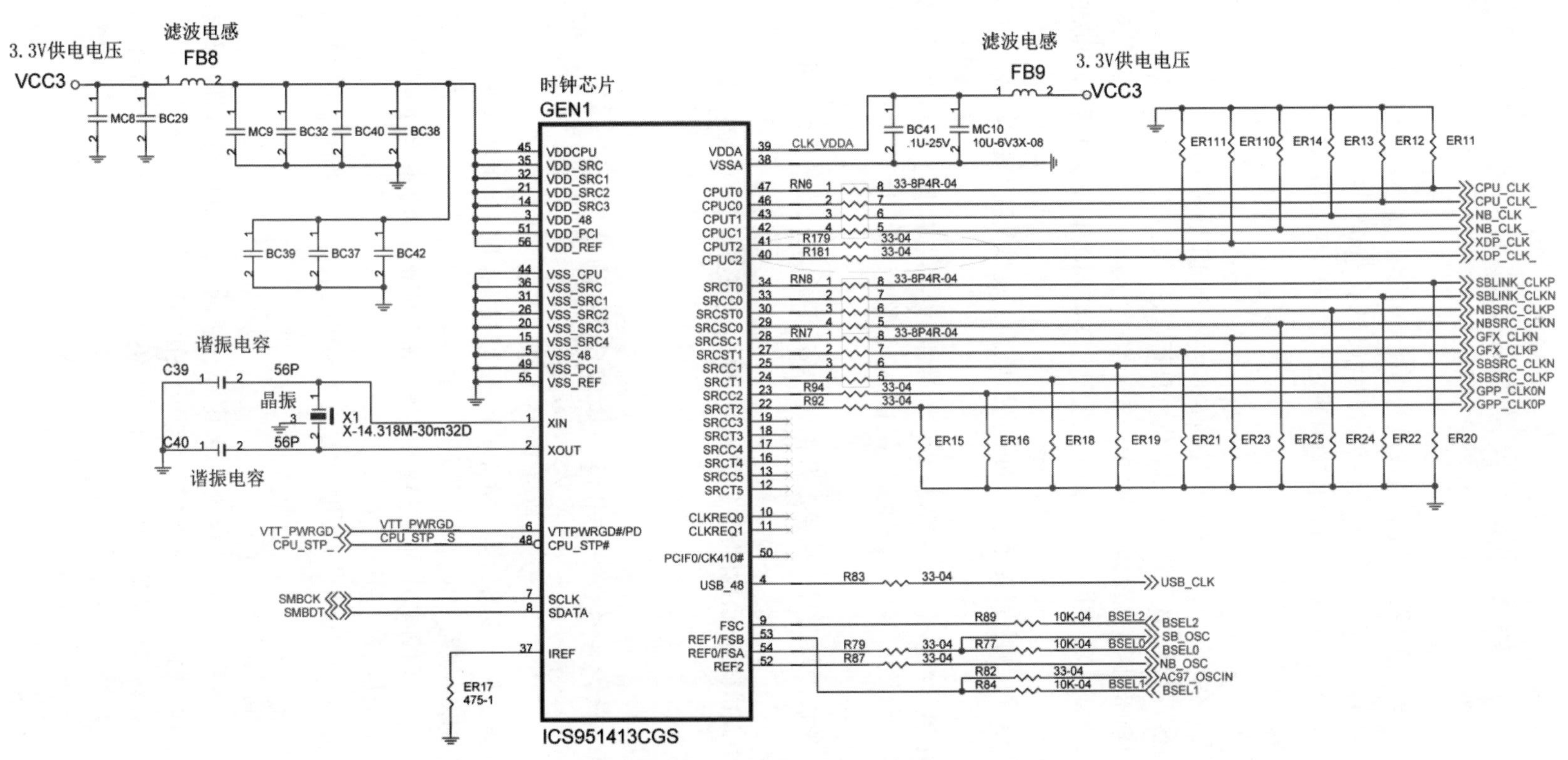

图 6-13　主板时钟供电电路图

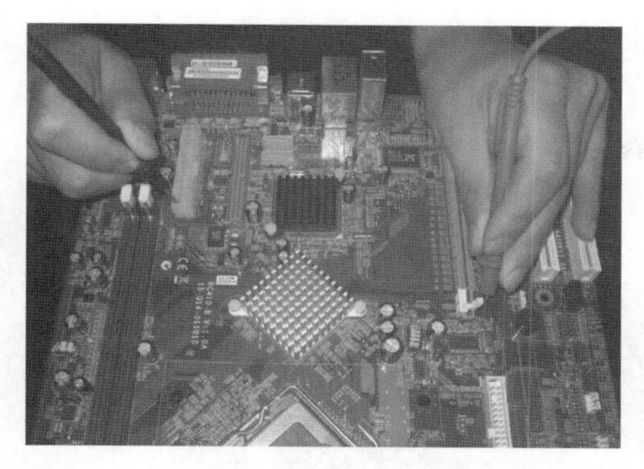

图 6-14　ATX 电源插座到电感 FB8 之间线路的检测

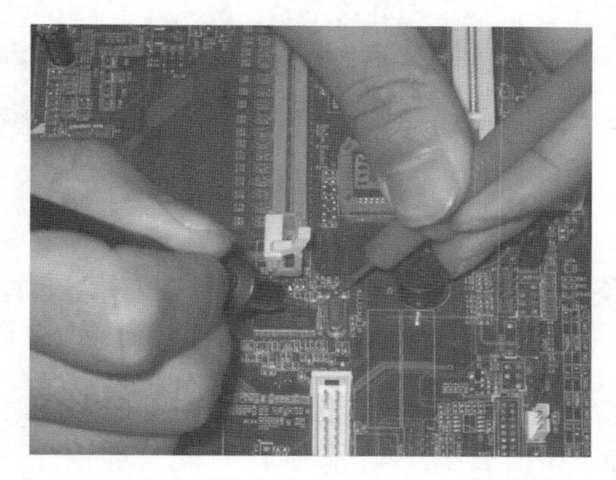

图 6-15　电感 FB8 到系统时钟芯片 ICS951413CGS 供电脚间线路的检测

实例 38　时钟电路跑线——晶振和谐振电容电路跑线

在主板的时钟电路中晶振和谐振电容通常是连接在一起工作的，它为时钟电路提供 14.318MHz 的频率。检测时钟电路故障时通常都要对晶振和谐振电容进行检测。它的跑线路步骤为：

1）将万用表调挡至“蜂鸣”挡，然后检测晶振第 1 引脚到谐振电容 C39 之间的线路，如图 6-16 所示。线路正常时数字万用表应发出报警声。

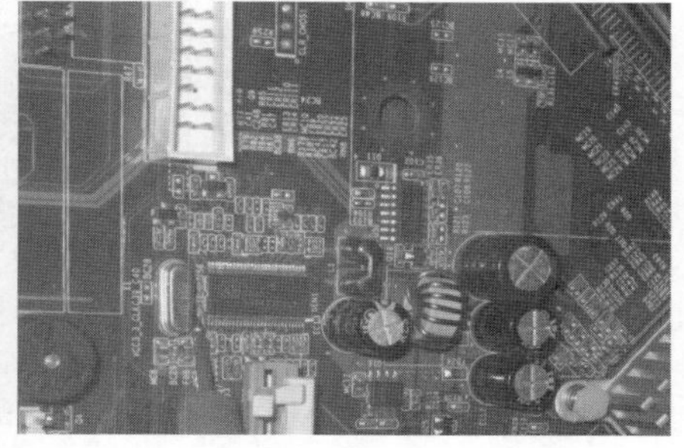

图 6-16　晶振第 1 引脚到谐振电容 C39 之间线路的检测

2）检测晶振第 2 引脚到谐振电容 C40 之间的线路，如图 6-17 所示。若线路正常，则数字万用表应发出报警声。

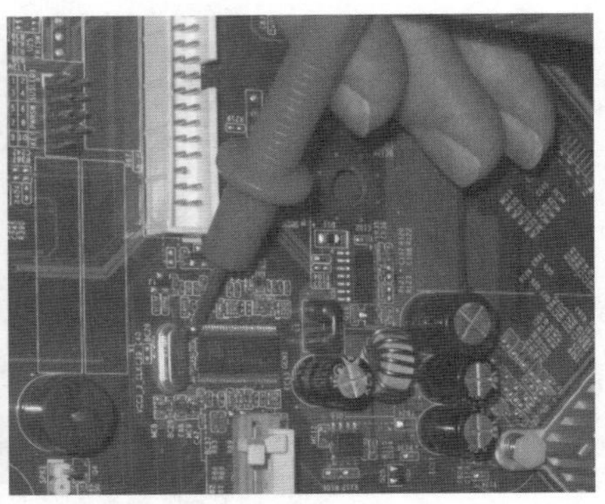

图 6-17　晶振第 2 引脚到谐振电容 C40 之间线路的检测

实例 39　时钟电路跑线——时钟信号输出电路跑线

主板时钟电路中各个时钟信号输出线路经过电阻分别连接到主板的各个部件，跑线路时要根据各个部件的检测点中的信号引脚，测量各个部件的时钟信号引脚连到系统时钟芯片引脚的线路。以测量时钟芯片 GEN1 的第 47 脚 CPUT0 到 CPU_CLK 间线路为例，操作步骤如下：

1）将万用表调挡至“蜂鸣”挡，然后检测时钟芯片 GEN1 的第 47 脚 CPUT0 到 RN6 第 1 脚之间的线路，如图 6-18 所示。若线路正常，则数字万用表应发出报警声。

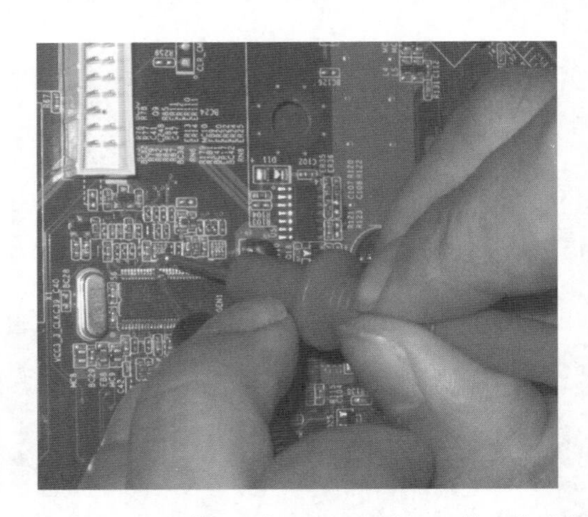

图 6-18　时钟芯片 GEN1 的第 47 脚 CPUT0 到 RN6 第 1 脚之间线路的检测

2）检测 RN6 的第 8 脚到 CPU_CLK 之间的线路，如图 6-19 所示。若线路正常，则数字万用表应发出报警声。

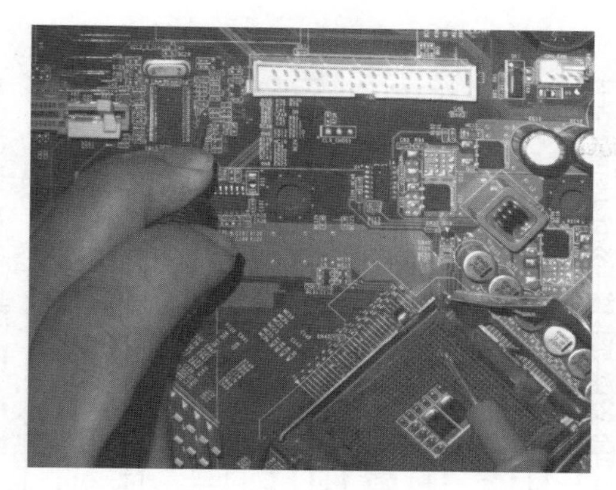

图 6-19 RN6 的第 8 脚到 CPU_CLK 之间线路的检测

实例 40 晶振出现问题导致的时钟电路故障

故障现象

一台电脑，出现不能正常开机启动的故障。

故障判断

对于不能正常开机启动的故障，应按照先供电再时钟后复位的顺序进行检修。大部分不能正常开机启动的故障都是由主板开机电路和供电电路导致的，但也有一部分不能正常开机启动的故障是由主板时钟电路或复位电路存在问题导致的。

故障分析与排除过程

步骤 1 确认故障，排除主机外部供电存在问题导致了故障的产生。

步骤 2 重新插拔内存条、硬盘等硬件设备，并对其接口进行清理。卸除光驱等非必要硬件设备，开机进行测试，故障依旧。

清理并仔细观察主板，无明显物理损坏，进入下一步检修操作。

步骤 3 短接前端控制面板接脚进行开机操作，检测主板 ATX 电源插座正常输出各种供电，检测主板 CPU 核心供电电路时发现，其已经正常输出供电，此时说明主板供电电路已经正常工作，于是检测主板时钟电路是否存在问题而导致了故障的产生。图 6-20 所示为故障电脑主板时钟电路图。

根据电路图，检测主板时钟电路中时钟发生器芯片的供电正常。时钟发生器芯片第 13、20 引脚时钟电路开启信号正常。在检测时钟发生器芯片第 58 和 59 引脚外部连接的 14.318MHz 晶振 Y3 时，发现其两端无压差，再用示波器检测也无波形产生，于是判断其损坏，并因此导致了故障的产生。

步骤 4 更换损坏的 14.318MHz 晶振，开机进行测试时发现故障已经排除。

故障检修经验总结：

时钟电路由于结构简单，涉及的电子元器件比较少，只要熟练掌握主板时钟电路的工作原理，检修起来还是相对比较容易的。在用万用表检测晶振电压时，可通过检测其主板背面的焊脚进行检测。

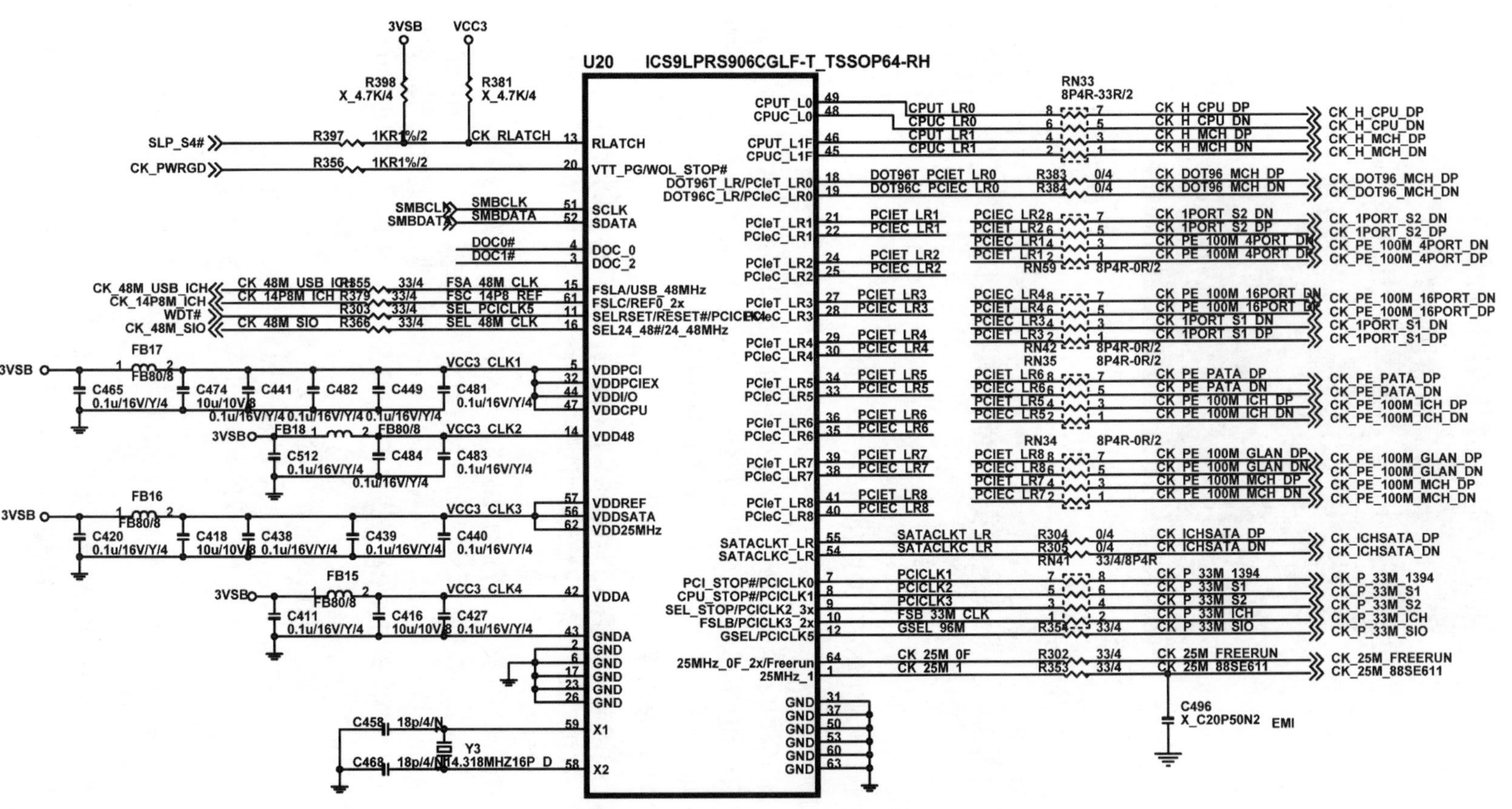

图 6-20 故障电脑主板时钟电路图

实例41 电容器出现问题导致的时钟电路故障

故障现象

一台电脑，在使用时经常出现死机故障。

故障判断

重点检测硬盘和内存条等相关硬件是否与主板存在接触不良的问题，以及主板上的电子元器件是否存在虚焊或性能不良等问题。

故障分析与排除过程

步骤1 确认故障，排除主机外部供电及ATX电源存在问题而导致了故障的产生。

当电脑主机外部输入供电电压过低或过高，以及主机内的ATX电源存在问题时，可能导致电脑出现频繁死机或系统运行缓慢的问题。

步骤2 重新插拔内存条、独立显卡、硬盘等硬件设备，并对其接口进行清理，改善主机内部散热环境，开机进行测试，故障依旧。更换内存条、独立显卡、硬盘，开机进行测试，故障依旧。说明故障原因多半在故障电脑的主板上。

步骤3 清理主板，并仔细观察主板上的电子元器件是否存在明显的物理损坏。在清理过程中发现一个电容器有虚焊问题，根据电路图可知该电容器为主板时钟电路中的谐振电容器，由此判断该问题导致了故障的产生。

步骤4 重新焊接存在问题的电容器，开机进行测试，发现故障已经排除。

故障检修经验总结：

清理主板以及仔细观察主板上的电子元器件是否存在明显物理损坏这类操作，看似简单但却是主板检修过程中非常必要的操作。若主板出现某些比较严重的故障，是可以直接观察到主板上的电子元器件损坏的。而清理主板还能够排除一些不断自动重启、死机或系统运行缓慢的问题。

实例42 时钟发生器芯片出现问题导致的故障

故障现象

一台电脑，出现开机黑屏无显示的故障。

故障判断

对于黑屏无显示的故障，应重点检修显卡、内存及主板时钟电路是否存在问题而导致了故障的产生。

故障分析与排除过程

步骤1 确认故障，重新插拔内存条、独立显卡、硬盘等硬件设备，并对其接口进行清理，开机进行测试，故障依旧。更换内存条、独立显卡、硬盘，开机进行测试，故障依旧。说明故障原因多半在故障电脑的主板上。

步骤 2 清理并仔细观察主板，无明显物理损坏，进入下一步检修操作。

步骤 3 短接前端控制面板接脚进行开机操作，检测主板 ATX 电源插座已经正常输出各种供电，检测内存供电电路已经正常输出供电，检测主板显卡插槽供电正常。检测主板 CPU 核心供电电路也已经正常输出供电。

于是检测主板时钟电路是否存在问题而导致了故障的产生。图 6-21 所示为故障电脑主板时钟电路图。

根据电路图，检测主板时钟电路中时钟发生器芯片的供电正常，南桥芯片发送到时钟发生器芯片第 56 脚的 CK_PWRGD 电路开启信号正常。检测时钟发生器芯片外部连接的 14.318MHz 晶振及谐振电容器正常，但是检测不到时钟信号输出。当时钟发生器芯片的工作条件都具备但无时钟信号输出时，多半是由时钟发生器芯片存在虚焊或损坏导致的问题。

步骤 4 更换时钟发生器芯片，开机进行测试，故障已经排除。

故障检修经验总结：

当主板的主要时钟信号都不正常时，通常为主板时钟电路中时钟发生器芯片的供电和电路开启信号存在问题，或 14.318MHz 晶振及谐振电容器存在问题，或时钟发生器芯片本身已经损坏。当主板某一路时钟信号异常时，通常为时钟发生器芯片的时钟信号输出引脚连接的电阻器存在问题导致的。在主板检修过程中，要根据电路工作原理区分对待不同的故障现象，并进行合理的检修操作。

实例 43 开机后黑屏故障

故障现象

技嘉 GIGABYTE-EX58 主板，开机后黑屏，没有显示。用主板诊断卡测试，主板诊断卡显示故障代码“00”，OSC 和 CLK 指示灯不亮。

故障判断

根据故障现象分析，此故障应该是时钟电路有问题。观察主板，技嘉 GIGABYTE-EX58 主板的时钟电路采用 ICS9LPRS914 为时钟信号产生芯片，如图 6-22 所示。

故障分析与排除过程

1）用万用表检测时钟芯片的第 27 脚和第 53 脚供电电压是否正常，经检测，发现 3.3V 和 2.5V 供电正常。

2）使用示波器检测芯片是否有信号输出。再使用示波器对晶振的输出信号波形进行检测，发现晶振 X2 无信号输出，因此怀疑晶振损坏。用同规格的晶振代换后，计算机能正常启动，故障排除。

经过排除此主板的故障，可以总结出，在维修时钟电路的时候，一般先检查时钟芯片的供电电压，再检查晶振和谐振电容，最后才检查时钟芯片。

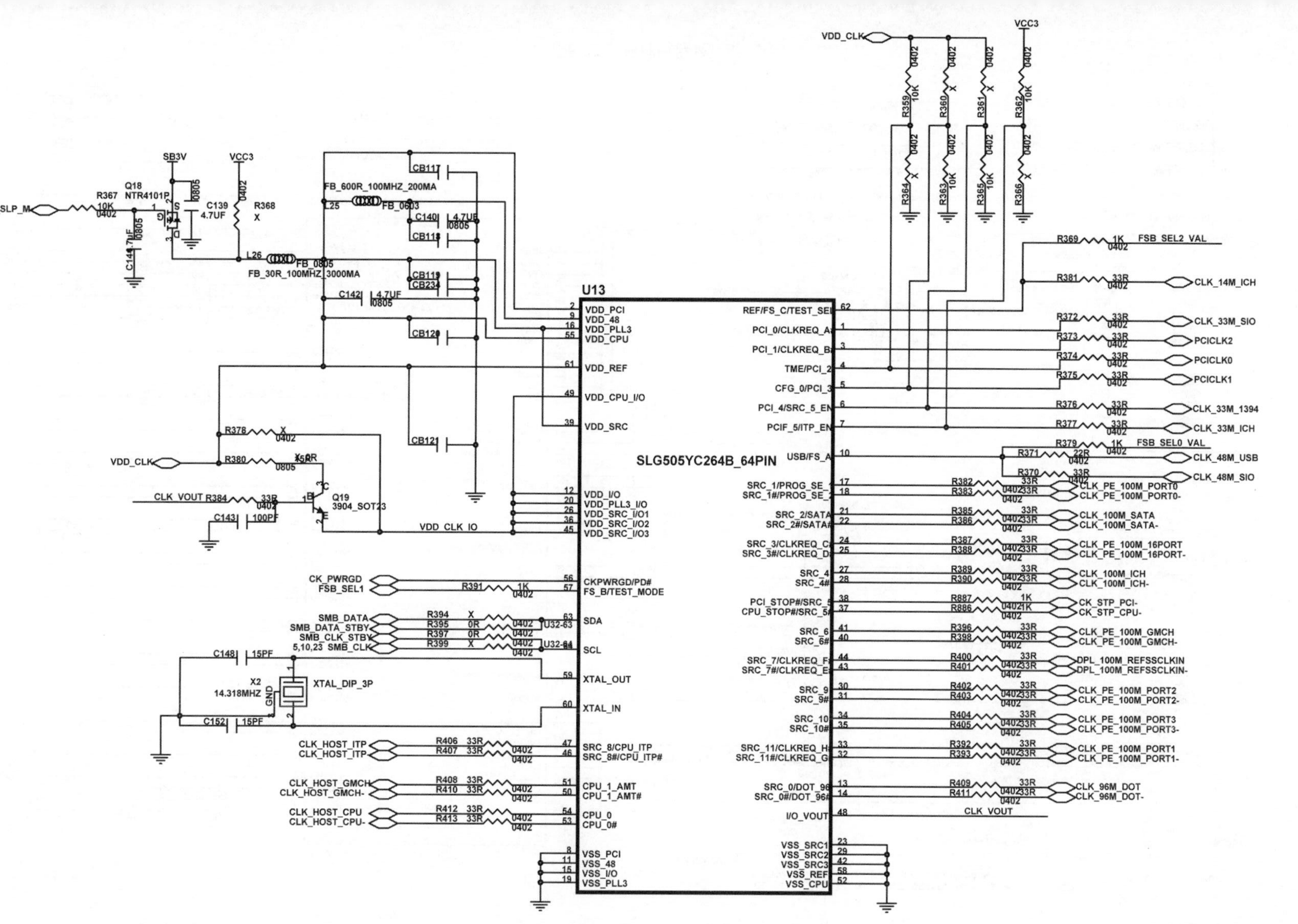

图 6-21 故障电脑主板时钟电路图

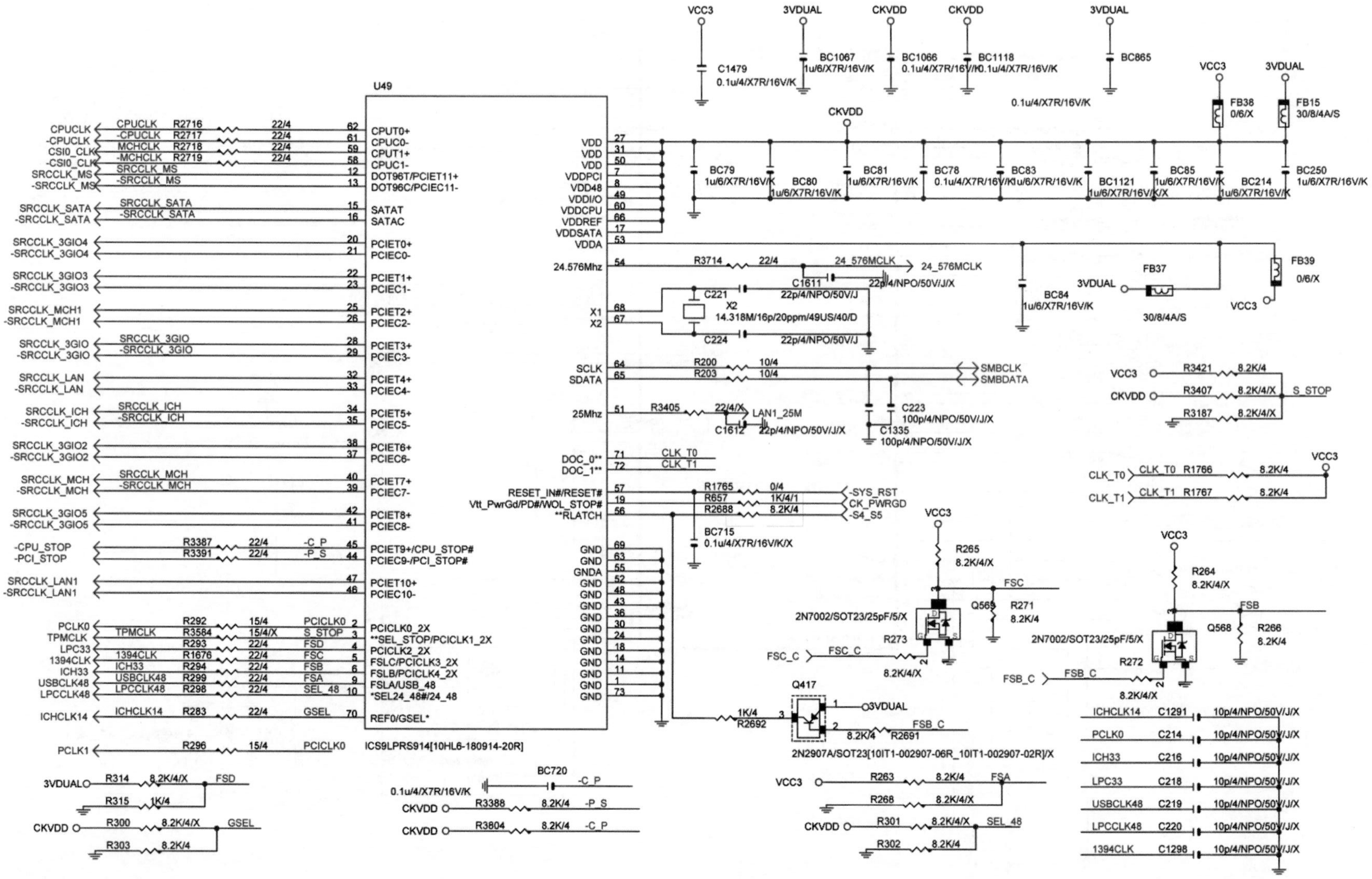

图 6-22　时钟电路图

第7章 主板复位电路诊断与问题解决

复位信号是主板能够正常开机启动的重要信号之一，其出现问题后通常会导致电脑无法正常开机启动的故障。

技巧51 复位电路的作用

主板复位电路的作用就是产生复位信号，使主板及其他相关部件进入初始化状态。实际上，对主板进行复位的过程就是对主板及其他部件进行初始化的过程。复位电路要在主板的供电、时钟正常后才开始工作。

复位电路中的复位信号主要由 ATX 电源的第 8 脚产生或由 RESET 开关（复位开关）产生。其中，TX 电源的第 8 脚在开机后 100 ~ 500ms 会自动产生一个由低到高的电平信号作为复位信号。此信号经过处理后，一般首先复位南桥芯片、BIOS 芯片、时钟芯片、电源管理芯片，让南桥、BIOS 电路、时钟电路、电源电路。在南桥复位后，其内部系统复位控制模块又产生各种不同的复位信号，这些复位信号再通过门电路芯片处理后产生足够强的信号，然后才分配给其他电路，让其他电路复位。

在复位电路中，芯片组内部的系统复位控制模块是整个复位电路的核心，双芯片架构的芯片组中，南桥芯片负责发送北桥芯片以及各种接口设备的复位信号，如果北桥芯片也参与复位信号的发送过程，其主要负责向 CPU 发送复位信号。

而有些主板的大部分复位信号由 I/O 芯片负责发送，芯片组只负责一小部分复位信号的发送。还有一些主板，设计专门的复位芯片，用于发送复位信号，从而对主板上的各种硬件设备进行复位。

根据复位信号的产生源和产生方式，可以将电脑的复位过程分成自动复位和手动复位两种。

自动复位是指在电脑的开机启动过程中，主板复位电路在供电和时钟信号等主板工作条件都具备的情况下，自动发送复位信号给主板上的各种硬件设备，实现主板及相关硬件设备的复位过程。

手动复位过程则是指通过使用者按下主机机箱上的复位开关（RESET）。复位开关的一端接高电平，一端接地，当按下 RESET 开关时，就会产生一个由高到低的复位信号。此信号一般首先进入南桥芯片、I/O 芯片、时钟芯片等，使它们复位。在南桥复位后其内部系统复位控制模块又产生各种不同的复位信号，这些复位信号再通过门电路芯片处理后产生足够强的信号，然后才分配给其他电路，让其他电路复位。

如图 7-1 所示为主板复位电路组成硬件实物图。

图 7-1 主板复位电路组成硬件实物图

技巧 52 复位电路的组成结构

主板复位电路主要由芯片组、I/O 芯片、ATX 电源插座、前端控制面板接脚，或专用复位芯片、门电路，以及电阻器、电容器等电子元器件和相关硬件设备组成，如图 7-2 所示。

芯片组

在某些主板的复位电路设计中，大部分复位信号都是由芯片组的南桥芯片负责发送的，南桥芯片是整个主板复位电路的核心。而在有北桥芯片参与的复位电路设计中，北桥芯片主要负责发送复位信号使 CPU 复位。

如图 7-3 所示为主板常见芯片组实物图。

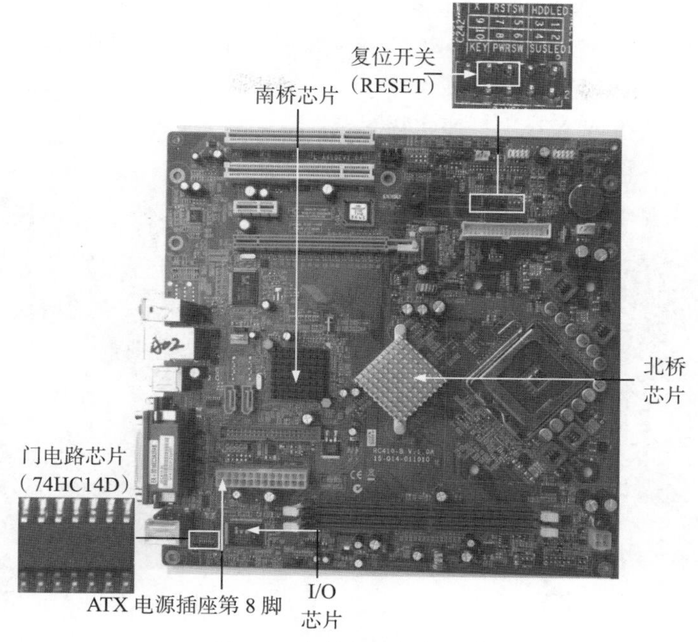

图 7-2　主板上的复位电路

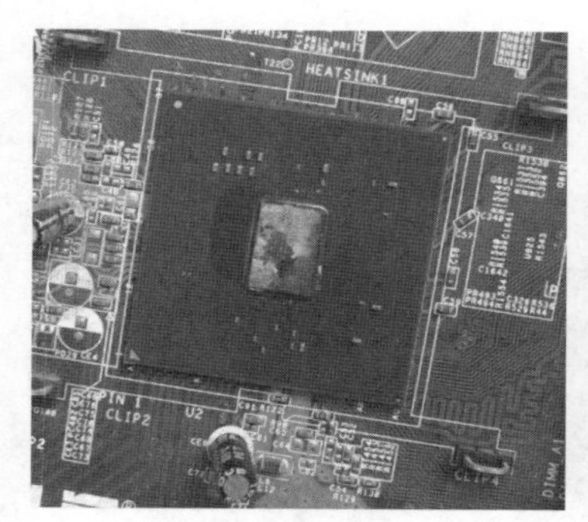

a）北桥芯片

b）南桥芯片

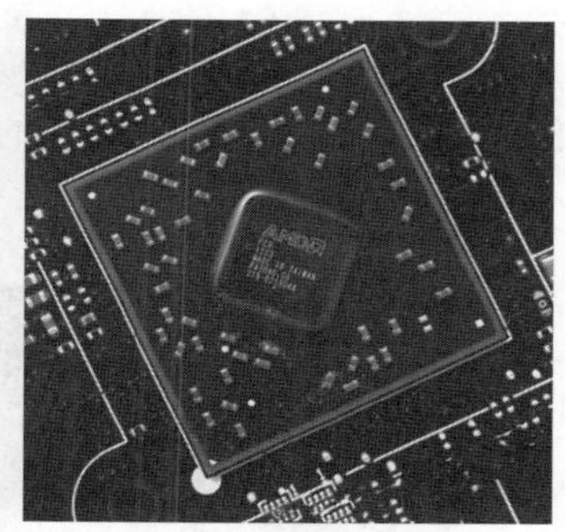

c）FCH 芯片

图 7-3　主板常见芯片组实物图

I/O 芯片

在部分主板的复位电路设计中，I/O 芯片负责大部分主板复位信号的发送，或南桥芯片负责大部分复位信号的发送，而 I/O 芯片负责其余的复位信号发送。

在部分主板的设计中，I/O 芯片还有检测主板供电电路是否正常输出供电从而发送 PG（Power Good）信号，开启主板复位过程的作用。

如图 7-4 所示为主板常见 I/O 芯片实物图。

主板 ATX 电源插座

主板 ATX 电源插座的第 8 引脚可以在正常开机启动后延迟产生一个 PG 信号，通知 I/O 芯片或南桥芯片，主机电源已经正常工作，该信号可看作复位电路的开启信号。

主板 ATX 电源插座的第 8 引脚是主板自动复位过程的重要组成部分。

在某些主板上，主板 ATX 电源插座的第 8 引脚并不采用，而是通过其他芯片检测到主板各种供电正常后，发送 PG 信号。

如图 7-5 所示为主板 ATX 电源插座实物图。

图 7-4　主板常见 I/O 芯片实物图

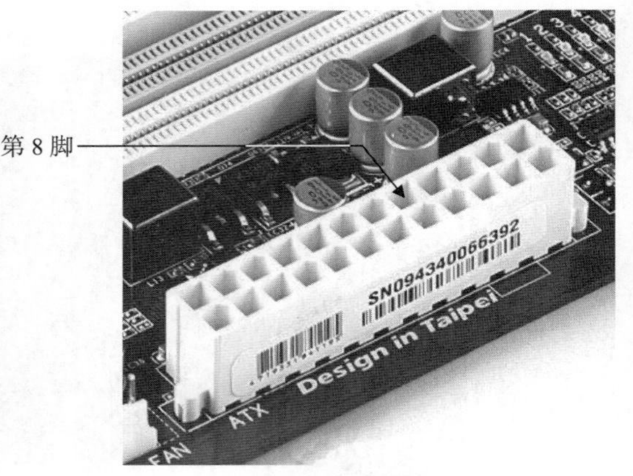

图 7-5　主板 ATX 电源插座实物图

前端控制面板接脚

主板前端控制面板接脚的复位接脚，可用于主板的手动复位。该接脚同电源开关接脚一样，通过接线连接到主机机箱的前端控制面板。

如图 7-6 所示为主板前端控制面板接脚以及机箱接线插头实物图。

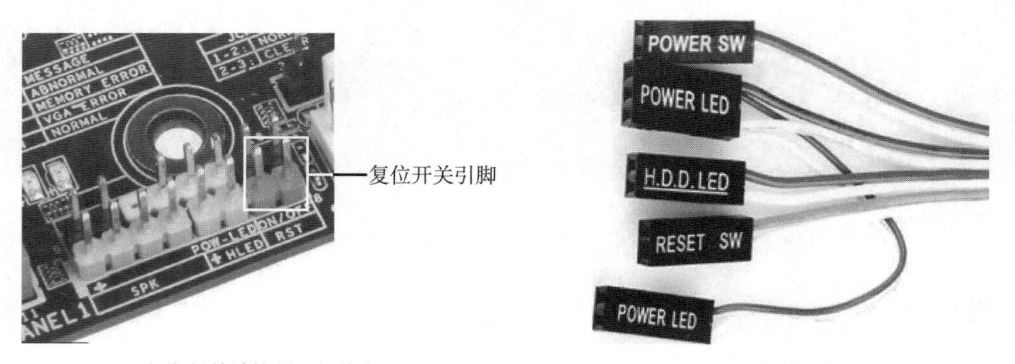

a）主板前端控制面板接脚　　b）机箱接线插头

图 7-6　主板前端控制面板接脚以及机箱接线插头实物图

技巧 53　复位电路的工作原理

不同品牌和型号的主板，其复位电路设计存在一定的区别。而掌握复位电路及主板复位过程，最重要的是掌握复位信号的发送过程及工作原理。

原则上，复位信号是在主板供电正常后才会产生，所以当供电正常后，会产生一个供电已经准备好的信号，通知南桥芯片等可以进行复位操作。

PG（Power Good）信号可译为电源好信号，也有时标注为 Power OK，但是其代表的意义都是用来表示供电正常的信号。

在很多主板的复位电路设计中，当主板 ATX 电源插座正常输出各种供电后，其第 8 引脚经过一段时间的延迟才会输出 Power Good 信号，这是为了保证 +5V 或 +3.3V 等供电有充分的时间达到稳定状态。Power Good 信号在这里代表主机 ATX 电源已经稳定工作。

而还有一部分主板采用 I/O 芯片发出 Power Good 信号。

通过 I/O 芯片等检测到主板上的各个供电都达到稳定要求后，才输出 Power Good 信号，更能确保主板供电真的达到了稳定状态，这比主板 ATX 电源插座第 8 针直接输出 Power Good 信号的质量更好，从而可以避免产生部分系统重启等故障。

主板的复位过程一般有两种形式，一种为自动复位，另一种为手动复位。

自动复位是指主板在开机启动的过程中，自动产生复位信号，复位主板上的各种硬件设备。

而手动复位是指，当电脑出现故障，如死机时，利用主机机箱前端控制面板上的重启开关，对主板进行复位。

如图 7-7 所示为主板复位电路框图。

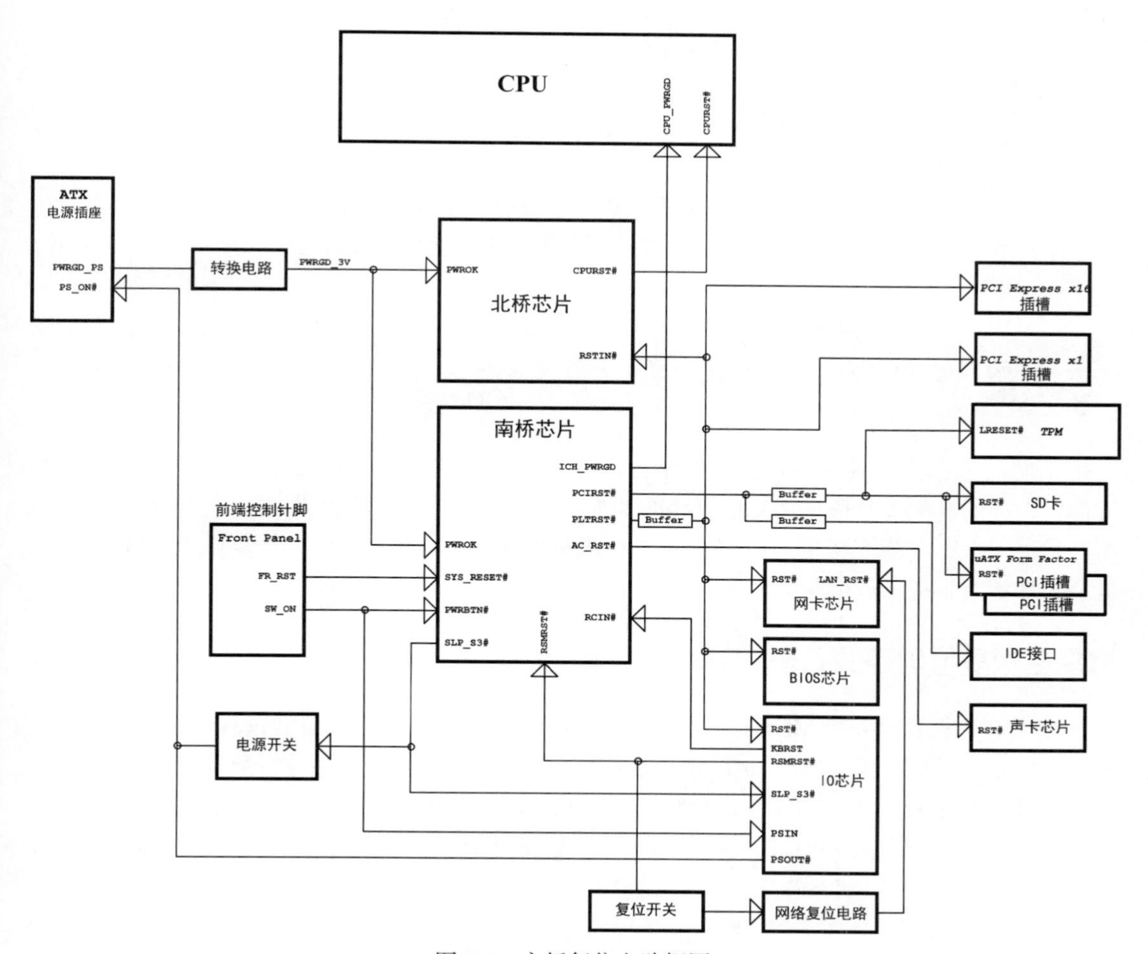

图 7-7　主板复位电路框图

主板自动复位过程：

1）正常开机时，前端控制面板接脚 SW_ON 发出跳变信号给南桥芯片的 PWRBTN# 端和 I/O 芯片的 PSIN 端，通知主板进行开机操作。其中，I/O 芯片 RSMRST# 端发送的信号是在 5V 和 3.3V 待机供电正常后就发送出的信号，该信号用于告知南桥芯片 5V 和 3.3V 待机供电正常。在此主板中，该信号还发送到主板的网络功能模块中，所以检修过程中遇到 RSMRST# 信号不正常，应考虑到网络芯片虚焊或损坏而导致了该信号不正常。

2）当南桥芯片的 RSMRST# 和 PWRBTN# 端信号正常后，会拉高 SLP_S3# 端信号，该信号发送给相关电路和芯片，其中一路发送给 I/O 芯片。I/O 芯片在得到该信号后，从其 PSOUT# 端发送信号到主板 ATX 电源插座的第 16 引脚 PSON（图中标注为 PS_ON#），使其变为低电平有效状态。此时，主机 ATX 电源开始工作并输出 3.3V、5V 以及 12V 等各种规格的供电。

3）主板 ATX 电源插座的第 8 引脚（图中的 PWRGD_PS）在经过一段时间的延迟后，输出 Power Good 信号，该信号经过转换电路后，更名为 PWRGD_3V，并分为两路分别发送到北桥芯片和南桥芯片的 PWROK 端。

4）南桥芯片获得主板 ATX 电源插座第 8 引脚输出的 Power Good 信号后，内部电路开始动作，并从 PCIRST# 端发送复位信号复位 Express 卡、PCI 插槽以及 IDE 接口等设备。PLTRST# 端发送的复位信号复位北桥芯片、PCI-E 插槽、网卡芯片、BIOS 芯片以及 I/O 芯片等。AC_RST# 端发送的复位信号复位主板音频功能模块。

5）北桥芯片获得南桥芯片发送的复位信号后，会从其 CPURST# 端发送复位信号给 CPU，让 CPU 复位。

主板手动复位过程：

按下主机机箱前端控制面板的重启开关后，主板前端控制面板接脚 FR_RST 端发送信号给南桥芯片 SYS_RESET# 端，南桥芯片内部电路动作，输出各种复位信号给主板上的设备，使其复位。

技巧 54 主板复位电路深入研究

不同品牌和型号的主板在复位电路的设计和使用的相关硬件上会有所不同，但其基本原理都是一样的。只要掌握主板复位电路的基本工作原理，然后逐渐积累主板复位电路的故障分析和检修经验，掌握主板复位电路检修技术并非难事。下面对典型的主板复位电路进行分析，进一步加深对主板复位电路的理解。

微星主板复位电路深入研究

如图 7-8 所示为微星 MS-7345 主板复位电路框图，在主板开机启动过程中，当南桥芯片接收到复位开启信号后，输出 PLTRST# 复位信号给北桥芯片和 I/O 芯片。

北桥芯片接收到南桥的复位信号后，发送 H_CPURST# 复位信号复位 CPU。

I/O 芯片接收到南桥芯片的复位信号后，发送 PLTRST_BU1#、PLTRST_BU2# 和 PLTRST_BU3# 复位信号，复位网卡芯片和 PCI-E 插槽等设备。

同时，南桥芯片还发送 PCIRST_ICH9# 复位信号复位 PCI 插槽等设备，并发送 AC_RST# 复位信号，复位音频芯片。

在手动复位过程中，复位开关（重启按钮）发送 FP_RST# 复位信号给南桥芯片，通知南桥芯片进行主板复位操作。

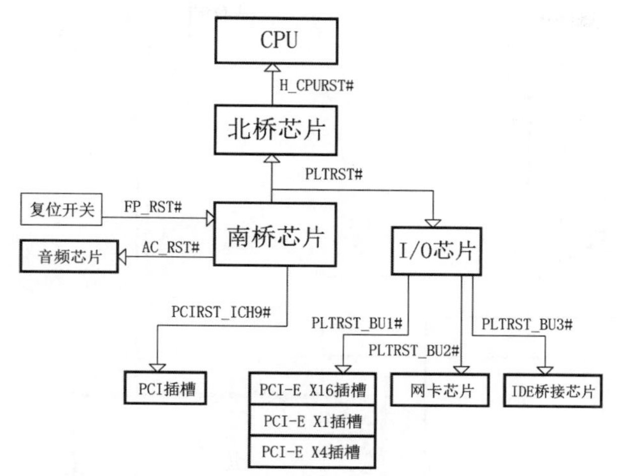

图 7-8　微星 MS-7345 主板复位电路框图

精英主板复位电路深入研究

精英 P67H2-A 主板采用 PCH 单芯片设计的芯片组，其复位电路的核心为 PCH 芯片，但同时 I/O 芯片在整个复位电路中也起着非常重要的作用。如图 7-9 所示为精英 P67H2-A 主板上电时序及复位框图。

1. 步骤 1：+PS_3VSB

电脑主机中的 ATX 电源连接 220V 市电后，主板 ATX 电源插座的第 9 脚开始输出 5VSB 待机供电。

主板 ATX 电源插座输出的 5VSB 待机供电，经过一个三端可调稳压器 APL1086 及其外围电阻器和电容器的作用，输出 3VSB 待机供电，提供给需要此供电的芯片或相关电路。

2. 步骤 2：RSMRST_L

该信号为 I/O 芯片提供给 PCH 芯片，用于复位 PCH 芯片睡眠唤醒逻辑，这个信号不正常时，导致 PCH 芯片不能正常动作，造成系统无法正常开机启动的故障。

3. 步骤 3：FP_PWRBTN_L

当使用者按下主机机箱上的电源开关后，主板的前端控制面板接脚发出开机信号到 I/O 芯片，这个信号是一个跳变信号，以通知 I/O 芯片进行开机启动操作。如图 7-10 所示为主板的前端控制面板接脚电路图，其第 6 引脚用于输送 FP_PWRBTN_L 信号。

4. 步骤 4：SIO_PWRBTN_L

当 I/O 芯片能够正常工作，且接收到了前端控制面板接脚发送的开机信号后，会给 PCH 芯片的 PWRBTN# 开机信号检测引脚一个开机信号，使 PCH 芯片进行开机动作。

5. 步骤 5：SLP3_L

PCH 芯片能够正常工作，且接收到了 I/O 芯片发送的开机信号后，SLP_S3# 等引脚依次发出控制信号，使系统逐步进行开机操作。其中 SLP_S3# 信号引脚输送信号给 I/O 芯片。

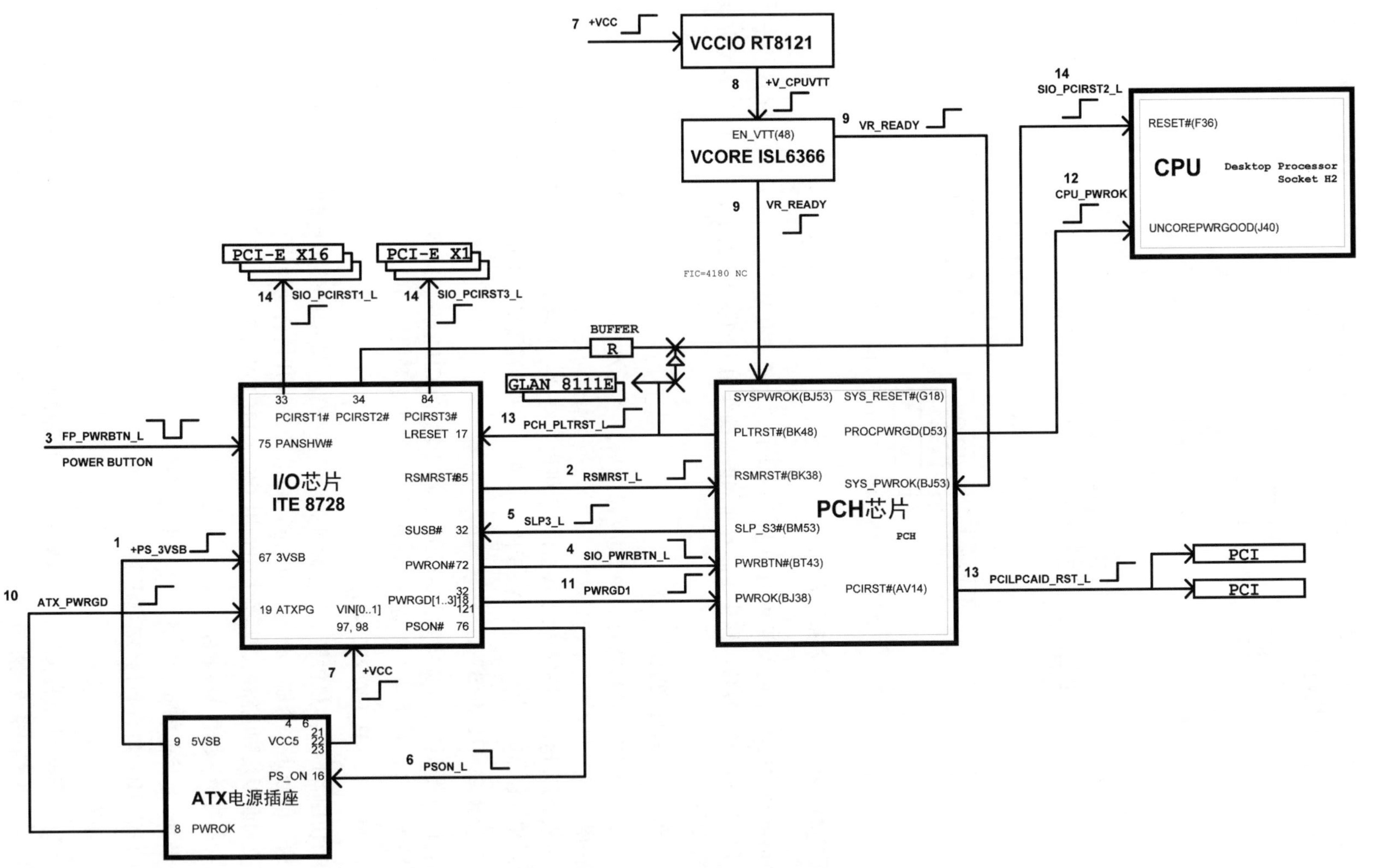

图 7-9 精英 P67H2-A 主板上电时序及复位框图

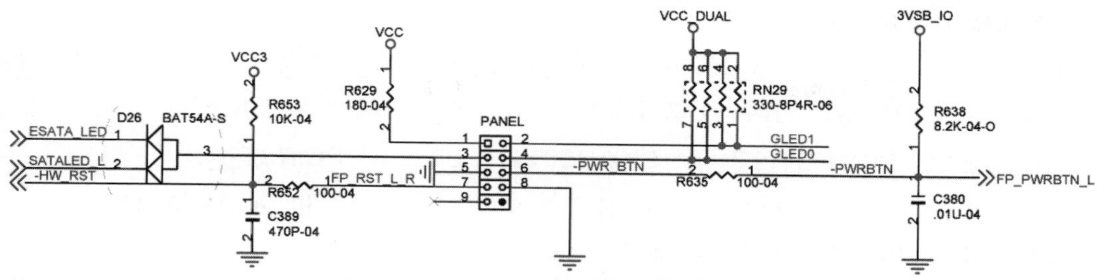

图 7-10 主板的前端控制面板接脚电路图

6. 步骤 6：PSON_L

I/O 芯片在接收到了 PCH 芯片的开机确认信号后，会向主板 ATX 电源插座的第 16 引脚发送 PSON_L 信号，使主板 ATX 电源插座的 PSON 引脚变为低电平有效状态。

7. 步骤 7：+VCC

主板 ATX 电源插座在 PSON 引脚变为低电平有效状态后，开始输出 3.3V、+5V 以及 −12V、+12V 各种规格的供电，提供给主板上的各种芯片、电路以及硬件设备。

如图 7-11 所示为该主板的 ATX 电源插座电路图。

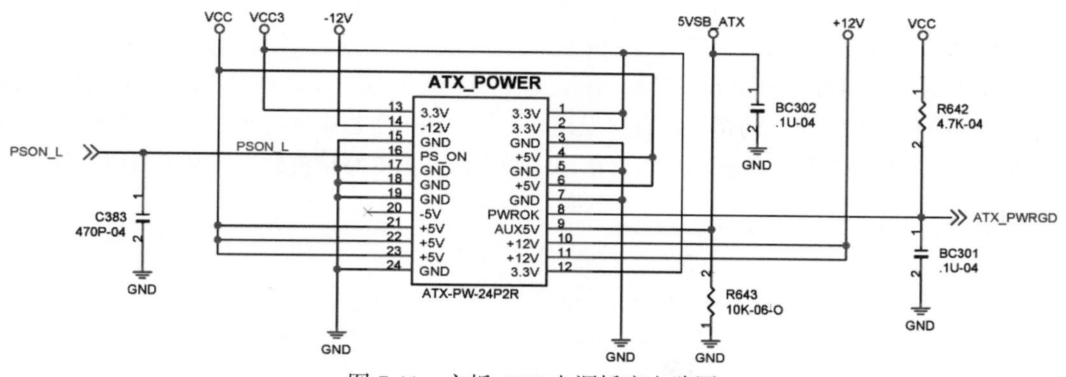

图 7-11 主板 ATX 电源插座电路图

8. 步骤 8：+V_CPUVTT

CPU 辅助供电电路正常输出供电后，会给 CPU 核心供电电路一个 +V_CPUVTT 信号，到主板 CPU 核心供电电路中的电源控制芯片，主板 CPU 核心供电电路开始工作，并输出供电。

9. 步骤 9：VR_READY

主板 CPU 核心供电电路正常工作后，会发送 VR_READY 信号给 PCH 芯片。

10. 步骤 10：ATX_PWRGD

主板的 ATX 电源插座第 8 引脚延迟发送的 ATX_PWRGD 信号到 I/O 芯片。如图 7-11 中所示，主板 ATX 电源插座第 8 引脚发送 ATX_PWRGD 信号。

11. 步骤 11：PWRGD1

I/O 芯片在接收到主板 ATX 电源插座第 8 引脚发送的 ATX_PWRGD 信号后，输送 PWRGD1 信号给 PCH 芯片。

12. 步骤 12：CPU_PWROK

PCH 芯片的 PROCPWRGD（D53）端输送 CPU_PWROK 信号给 CPU。

13. 步骤 13：PCILPCAID_RST_L

PCH 芯片的 PCIRST#（AV14）端发送 PCILPCAID_RST_L 复位信号给 PCI 插槽，使其复位。PCH 芯片的 PLTRST#（BK48）端发送 PCH_PLTRST_L 复位信号给 I/O 芯片，使其复位。

14. 步骤 14：SIO_PCIRST1_L、SIO_PCIRST3_L 和 SIO_PCIRST2_L

I/O 芯片的 PCIRST1# 和 PCIRST3# 端发送 SIO_PCIRST1_L 和 SIO_PCIRST3_L 复位信号，复位 PCI-E X16 插槽和 PCI-E X1 插槽。

I/O 芯片的 PCIRST2# 端发送复位信号 SIO_PCIRST2_L，经过一个缓冲电路（BUFFER）后生成复位信号给 CPU 的 RESET#（F36）端，使 CPU 复位。

技巧 55 主板复位电路故障诊断流程

主板复位电路出现问题，通常导致不能正常开机启动或某些功能模块无法正常工作的故障。

造成主板复位电路出现问题的原因，主要有南桥芯片、I/O 芯片损坏或无复位电路开启信号，以及复位信号传输电路上的电子元器件损坏等。

在检修时，应首先掌握故障主板复位电路的结构和工作原理。如，复位电路的开启信号是采用主板 ATX 电源插座第 8 引脚发送给南桥芯片，还是采用由 I/O 芯片发送给南桥芯片；主板各种设备的复位信号，是由南桥芯片直接发送的，还是由 I/O 芯片负责发送的。如图 7-12 所示为主板复位电路故障检修流程框图，可将该图作为主板复位电路检修操作的基本逻辑流程。

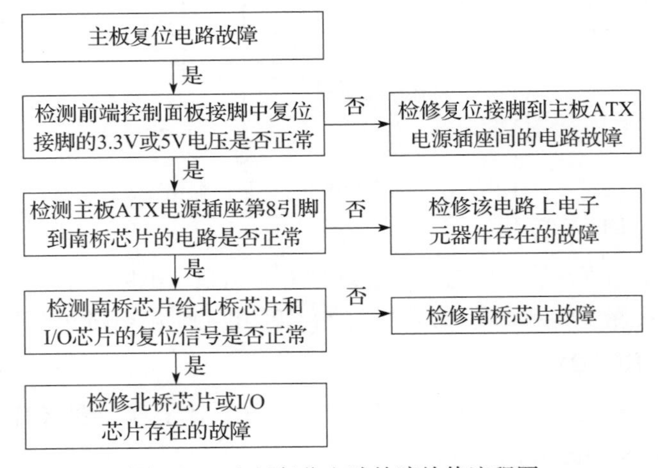

图 7-12 主板复位电路故障检修流程图

技巧 56 主板复位电路诊断与问题解决

主板上的复位电路出现故障通常会造成整个主板都没有复位信号。用主板诊断卡测试，主板诊断卡的代码显示“FF”。

主板复位电路供电电路故障一般是由无 PG 信号、门电路损坏、复位芯片损坏或复位开关无高电平等造成的。维修时一般从 RESET 开关和电源插座的第 8 脚入手。

在检修过程中，如果遇到主板全无复位信号的情况，应重点检修南桥芯片本身是否存在问题，以及主板复位电路的开启信号是否正常，该信号可能为主板 ATX 电源插座第 8 脚发送的信号，也可能是 I/O 芯片检测到主板供电正常后输送给南桥芯片的信号。

当主板某一个或多个硬件设备没有复位信号时，应根据电路图找出该硬件设备的复位信号是谁发送的。比较常见的主板设计为，南桥芯片负责大部分复位信号的发送，而北桥芯片、I/O 芯片在得到南桥芯片的复位信号后，北桥芯片负责复位 CPU，I/O 芯片负责复位 PCI-E 插槽等部分主板硬件设备。所以当只有 CPU 无复位信号时，应重点检修北桥芯片是否存在问题，而 PCI-E 插槽等设备没有复位信号时，应重点检测 I/O 芯片是否存在问题。

而当手动复位出现故障时，多是主板前端控制面板接脚中的复位接脚与南桥芯片之间的连接电路存在问题，应重点对该电路上的电子元器件进行检修。

故障解决方法如下：

1）测量 RESET 开关的一端有无 3.3V 高电平，如果没有，检测复位开关到电源插座之间的线路故障，并更换损坏的元器件。

2）如果有高电位，检测复位开关到南桥是否有低电平输出，如果没有，检测复位开关到南桥的线路故障，并更换损坏的元器件。

3）如果有低电平输出，检测 ATX 电源第 8 脚（PG 信号）到南桥之间的线路是否有故障（主要检测线路中的电阻、门电路或电子开关等），如果有则更换损坏的元器件。

4）如果没有则检测 I/O 芯片、南桥和北桥，通过切线法进行检测。先把进北桥的复位线切断，然后通电测量，如果 PCI 点复位正常，说明故障点在北桥。

5）如果故障依旧，说明故障在南桥和 I/O 芯片之间。接着通过切线法进一步判断故障是在 I/O 芯片还是在南桥，最后更换损坏的芯片即可。

【提示】

通常主板上某部分无复位信号会造成主板不亮或者主板不能识别某些设备的故障。常见设备复位信号故障判定如下：

- CPU 没有复位，而其他复位点都正常，故障点一般在北桥。
- IDE 接口没有复位，一般会造成主板亮但不能识别 IDE 接口设备，故障点在 IDE 接口到南桥之间的门电路或电子开关。
- I/O 芯片没有复位，一般会造成主板不亮，故障点通常在南桥。

实例 44 复位电路跑线——复位开关键连接的复位线路跑线

主板复位电路中的跑线路也是需要先根据主板中主要元器件的信号和用途以及实际的复位电路，绘制出实际主板的复位电路图，将不同主板的复位电路加以比较，根据故障检测点了解复位电路中的各个元器件好坏的方法。

主板中的复位电路主要以南桥和门电路芯片为中心，测量系统复位信号到各个设备的输出线路、PG 信号线路和复位开关高电平端供电线路等。下面我们就参照图 7-13 来进行复位电路的跑线实战。

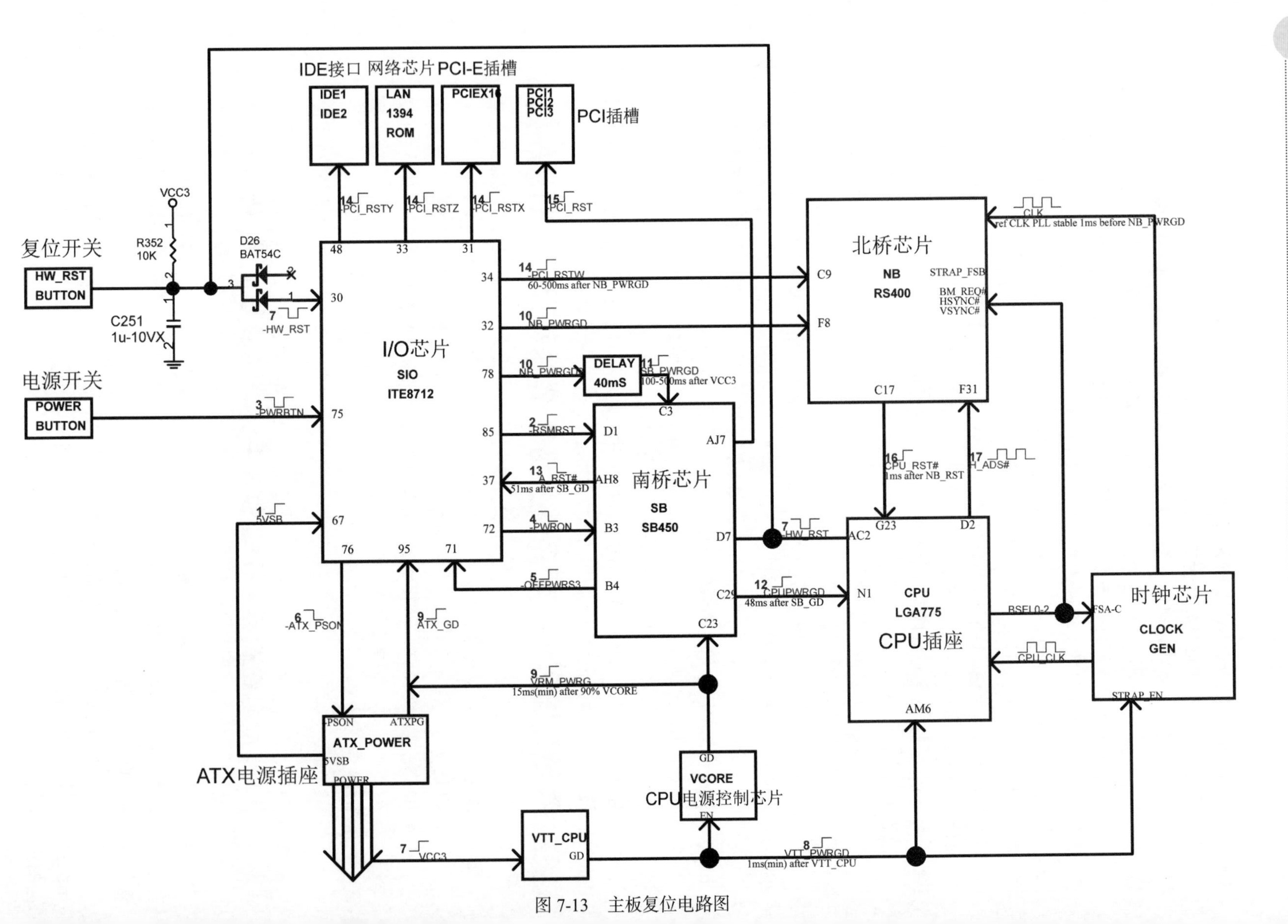

图 7-13 主板复位电路图

复位开关键的一个脚连接一些电容、电阻到电源插座中，另一个接地。它的跑线路的具体方法是：

1）将万用表调挡至“蜂鸣”挡，将万用表的一只表笔接地，一只表笔连接复位开关的接地脚，如图 7-14 所示。线路正常时数字万用表应发出报警声。

2）检测复位开关键的另一引脚到所连接的电阻 R352 之间线路，如图 7-15 所示。线路正常时数字万用表应发出报警声。

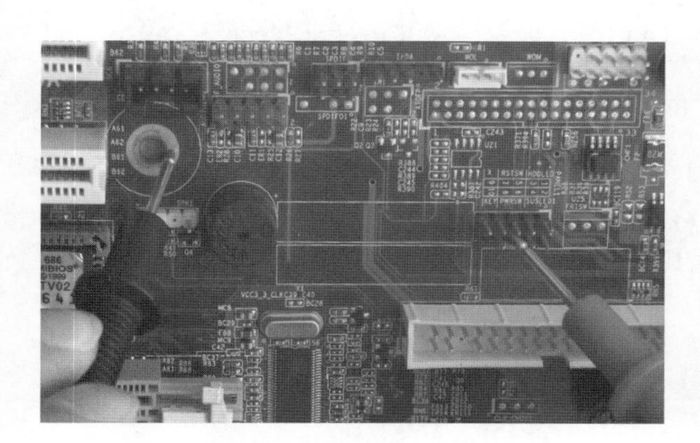

图 7-14　测量复位引脚的接地端

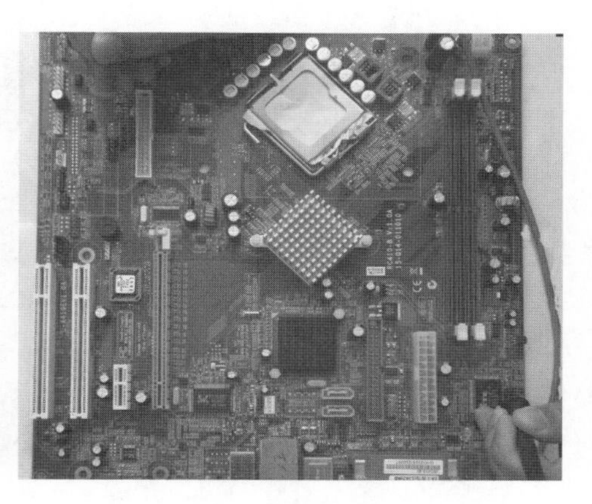

图 7-15　复位开关键的到所连接的电阻 R352 之间线路的检测

3）检测电阻 R352 到供电之间的引脚，如图 7-16 所示。线路正常时数字万用表应发出报警声。

4）检测复位开关键的另一引脚到所连接的电容 C251 之间线路，如图 7-17 所示。线路正常时数字万用表应发出报警声。

图 7-16　电阻 R352 到供电引脚之间线路的检测

图 7-17　复位开关键到电容 C251 之间线路的检测

5）检测电容 C251 到地之间线路，如图 7-18 所示。线路正常时数字万用表应发出报警声。

6）检测复位开关到南桥芯片之间的线路，如图 7-19 所示。线路正常时数字万用表应发出报警声。

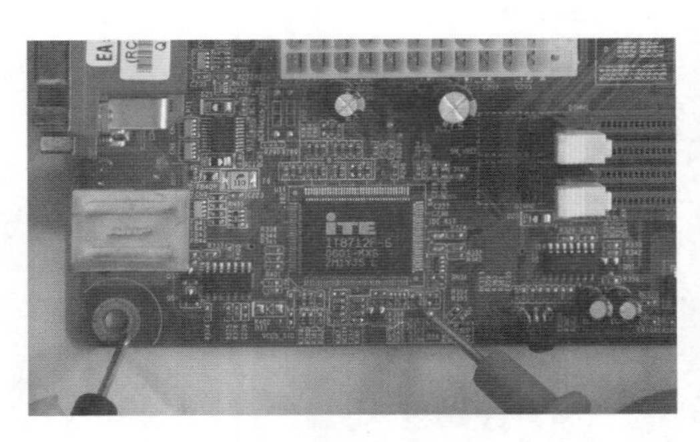

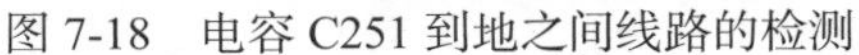

图 7-18　电容 C251 到地之间线路的检测　　图 7-19　复位开关到南桥芯片之间线路的检测

7）检测复位开关到三端稳压二极管 D26 第 3 脚间的线路，如图 7-20 所示。线路正常时数字万用表应发出报警声。

8）检测三端稳压器第 1 脚到 I/O 第 30 脚间的线路，如图 7-21 所示。线路正常时数字万用表应发出报警声。

图 7-20　复位开关到三端稳压二极管 D26 第 3 脚间线路的检测

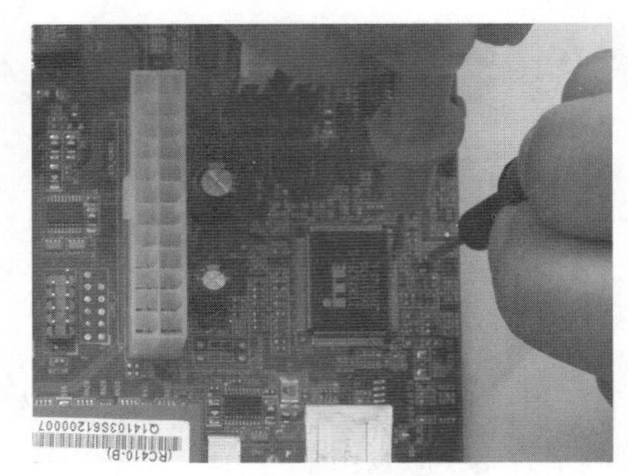

图 7-21　三端稳压器第 1 脚到 I/O 第 30 脚间线路的检测

实例 45　复位电路跑线——南桥芯片到各个设备复位芯片间线路跑线

由复位开关发出复位信号后，传到南桥芯片，再由南桥芯片传递到下一级。南桥芯片到各个设备复位芯片间线路的跑线步骤如下：

1）将万用表调到“蜂鸣”挡，检测南桥芯片的 B4 引脚到 I/O 芯片第 71 脚间的线路，如图 7-22 所示。线路正常时数字万用表应发出报警声。

2）检测南桥的 AH8 脚到 I/O 芯片第 37 脚间的线路，如图 7-23 所示。线路正常时数字万用表应发出报警声。

3）检测南桥芯片 A17 脚到 PCI 插槽间线路的检测，如图 7-24 所示。线路正常时数字万用表应发出报警声。

4）检测南桥芯片的 C2 脚到 CPU 插座 N1 脚间的线路，如图 7-25 所示。线路正常时数字万用表应发出报警声。

图 7-22　南桥芯片的 B4 引脚到 I/O 芯片第 71 脚间线路的检测

图 7-23　南桥的 AH8 脚到 I/O 芯片第 37 脚间线路的检测

图 7-24　南桥芯片 A17 脚到 PCI 插槽间线路的检测

图 7-25　南桥芯片的 C2 脚到 CPU 插座 N1 脚间线路的检查

实例 46　南桥芯片问题导致的复位电路故障

故障现象

一台电脑，出现无法正常开机启动的故障现象。

故障判断

先排除内存条、硬盘等硬件设备存在问题而导致故障，然后依次检测主板待机供电、主板开机电路、主板供电电路以及主板时钟电路和主板复位电路存在的故障。

故障分析与排除过程

步骤 1 确认故障，排除故障电脑主机外部供电存在问题导致了故障。

步骤 2 重新插拔内存条、硬盘等硬件设备，并清理其接口，开机进行测试故障依旧。初步判断故障原因在故障电脑的主板上。将主板从主机机箱上卸下清理，并仔细观察故障主板，没有发现明显的物理损坏问题。

步骤 3 检测主板待机供电正常，短接前端控制面板接脚进行开机操作后，检测主板供电电路可以正常工作。

检测到 Power Good 信号已经正常发送给南桥芯片，但是南桥芯片没有输出复位信号复位北桥芯片和 I/O 芯片，该情况说明南桥芯片存在虚焊、性能不良或损坏的问题，进而导致了故障的产生。

步骤 4 更换南桥芯片，开机进行测试，故障已经排除。

故障检修经验总结：

主板故障检修操作，应建立在牢固掌握主板工作原理的基础上。

在很多不能正常开机启动的故障中，都是因为南桥芯片或 I/O 芯片存在问题而导致了故障的产生。当这些芯片在供电、时钟以及复位等工作条件都具备的情况下还是不能正常工作时，通常都是由于其自身损坏导致故障。

实例 47 电阻器问题导致的复位信号故障

故障现象

一台电脑，在清理主板灰尘后出现无音频输出的故障。

故障判断

针对该故障主板是在清理灰尘后出现的问题，可以首先排除软件设置或驱动出现问题而导致了故障的产生。所以应重点检修主板音频芯片及相关电路是否存在问题。

故障分析与排除过程

步骤 1 仔细观察主板，是否因为清理灰尘过程中的不慎操作而导致主板上的电子元器件出现虚焊、脱焊或其他损坏的问题。

步骤 2 没有观察到明显的物理损坏问题，短接前端控制面板接脚进行开机操作，然后重点检测主板音频芯片的供电、复位及时钟信号是否正常。

步骤 3 检测过程中发现，音频芯片的复位信号存在问题，进而判断该问题导致了故障的产生。音频芯片的复位信号由南桥芯片负责发送，如图 7-26 所示为故障电脑主板南桥芯片电路简图。图中，AC_RST– 是南桥芯片发送给音频芯片的复位信号，检测过程中发现该复位信号电路上的电阻器 R283 存在问题。

步骤 4 更换存在问题的电阻器，开机进行测试，故障已经排除。

故障检修经验总结：

复位信号出现问题，经常会导致相关硬件设备或芯片无法正常初始化，从而无法正常启动和工作。主板大部分功能模块在正常工作时，都需要供电、时钟及复位信号。所以检修电脑某个功能不能正常使用的故障时，应重点检测该功能模块的供电、时钟及复位信号是否正常。

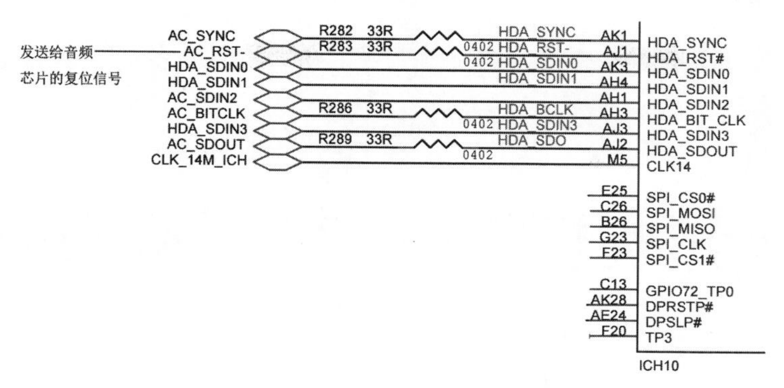

图 7-26　故障电脑主板南桥芯片电路简图

实例 48　北桥芯片出现问题导致的故障

故障现象

一台电脑，先出现花屏问题，然后出现不能正常开机启动的故障。

故障判断

根据故障现象分析，故障可能是由于显卡出现问题而导致的。

故障分析与排除过程

步骤 1　确认故障，排除故障电脑主机外部供电存在问题。

步骤 2　经确认，该故障电脑采用集成显卡。集成的显示核心位于北桥芯片内部。于是直接将主板从主机机箱卸下，对主板进行清理和观察，并重点观察北桥芯片及其周围电子元器件是否存在明显的问题。

该故障电脑主板上淤积了大量灰尘，明显存在散热不良问题。但是没有发现明显的物理损坏问题。

步骤 3　对于部分北桥芯片内集成显示核心的电脑，由于北桥芯片发热量大而导致虚焊或损坏，并引发显示和不能正常开机启动的故障，是一种常见的故障类型。

短接前端控制面板接脚进行开机操作，可以检测到主板供电电路正常输出各种供电。检测南桥芯片也正常发送了复位信号，但是北桥芯片没有正常发送复位信号给 CPU 使 CPU 复位。

触摸北桥芯片有明显的过热问题。

步骤 4　更换北桥芯片，加装外部散热器，开机进行测试时，故障已经排除。

故障检修经验总结：

硬件设备或电子元器件虚焊、损坏导致的故障，常见于使用时间较长、使用环境较为恶劣的电脑。这是因为使用时间较长、使用环境较为恶劣的电脑，其主机内部的硬件设备、电子元器件会出现不同程度的老化、开焊问题，从而引起相关故障。所以在检修的时候要特别注意对故障电脑的硬件特性及散热情况的了解，这非常有助于检修过程中故障原因的判断。而改善电脑散热环境的操作，不仅可以解决部分电脑出现的故障，还能够防止一些故障的再次发生。

第 8 章

主板 BIOS 和 CMOS 电路诊断与问题解决

主板 BIOS 和 CMOS 电路是主板必备的两种功能电路，其结构和工作原理虽然相对简单，但对于学习和掌握主板检修技能来说，却是不可忽视的一部分内容，因为主板出现的各种故障中，有相当一部分故障是由于主板的 BIOS 或 CMOS 电路出现问题导致的。下面就这两种电路的功能、组成结构、工作机制以及电路分析与检修等内容进行阐述。

技巧 57 CMOS 电路的作用

CMOS 是英文 Complementary Metal-Oxide Semiconductor 的缩写，可直译为互补金属氧化物半导体。

CMOS 是一种可读写存储器，通常集成于主板的南桥芯片中。CMOS 主要用于保存系统时间、存储器参数、硬盘和显卡等相关信息，当前系统的硬件配置信息以及用户设置参数等信息。与 BIOS 不同的是，CMOS 存储的很多信息是可以轻易进行更改的。

CMOS 必须在有供电的情况下才能正常保存以上信息，断电后其数据会丢失。

主板 CMOS 电路要保存 CMOS 存储器中的信息不丢失，必须得到不间断的供电，所以即使在关机以及未连接 220V 市电的情况下，都一直处于工作状态。当主板供电电路没有为 CMOS 电路提供供电时，CMOS 电路的供电来自主板的 CMOS 电池。如图 8-1 所示为主板 CMOS 电池插座和 CMOS 电池。

技巧 58 CMOS 电路的组成结构

主板的 CMOS 电路主要由南桥芯片（集成 CMOS 随机存储器、振荡器）、32.768kHz 晶振、谐振电容、CMOS 跳线、CMOS 电池以及其他相关电子元器件组成。如图 8-2 所示为主板的 CMOS 电路实物图。

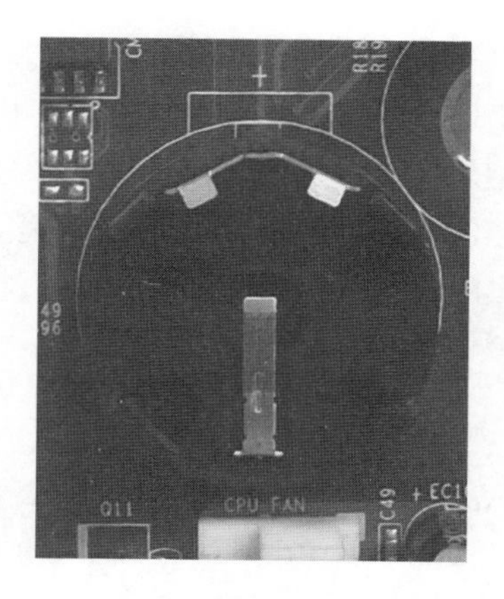

图 8-1　主板 CMOS 电池插座和 CMOS 电池

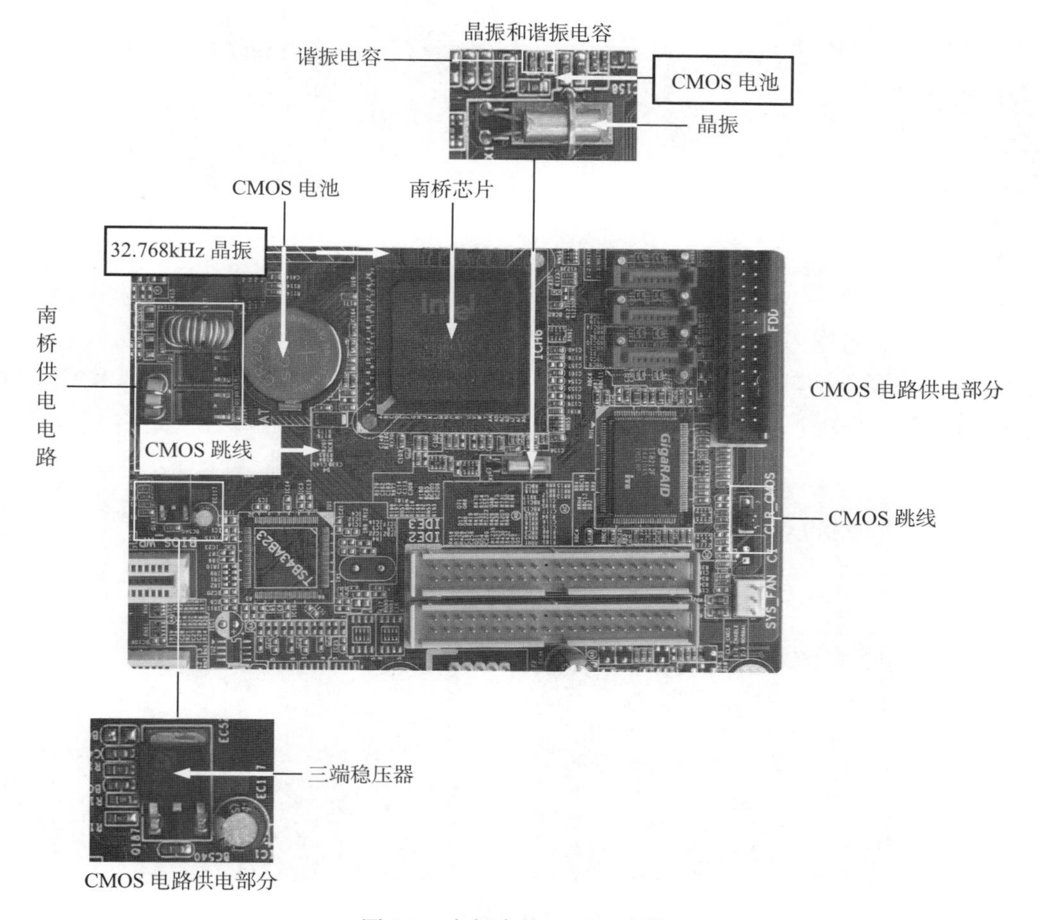

图 8-2　主板中的 CMOS 电路

1. 南桥芯片

南桥芯片内部集成 CMOS 随机存储器和振荡器，是 CMOS 电路中的核心硬件。在开机过程中，用 BIOS 对系统自检初始化后，会将系统自检到的配置信息与 CMOS 随机存储器中储存的信息进行比较，只有正确无误才能够正常开机启动。如图 8-3 所示为常见的南桥芯片实物图。

2. 实时时钟电路

实时时钟电路（Real-Time Clock，RTC）是 CMOS 电路的重要组成部分，其包括了集成在南桥芯片中的振荡器，以及南桥芯片旁的 32.768kHz 晶振、谐振电容等电子元器件。实时时钟电路的主要作用是利用 32.768kHz 晶振，产生并提供给 CMOS 电路正常工作时所需要的时钟信号。

对于单芯片架构的芯片组，与南桥芯片和北桥芯片的双芯片组架构，并没有本质上的区别。如图 8-4 所示为 PCH 芯片及 32.768kHz 晶振实物图。

图 8-3　常见南桥芯片实物图

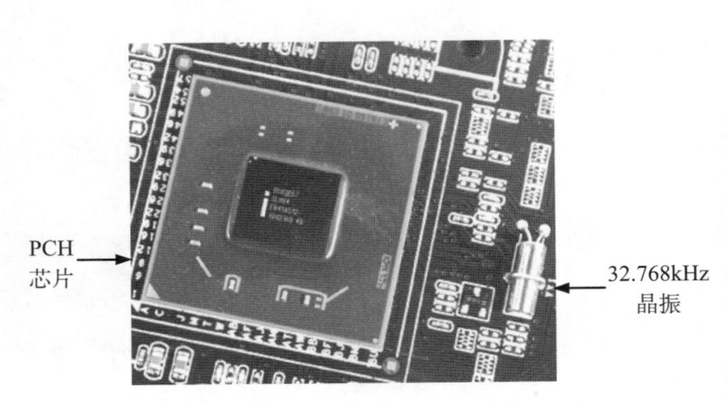

图 8-4　PCH 芯片及 32.768kHz 晶振实物图

3. CMOS 跳线

CMOS 跳线的作用是清除 CMOS 存储器中的信息，恢复主板出厂时的默认值。常见的 CMOS 跳线有双针跳线和三针跳线两种，在 CMOS 跳线的附近通常标注 CLR_CMOS 或 CLRTC 等字样，如图 8-5 所示为 CMOS 跳线实物图。

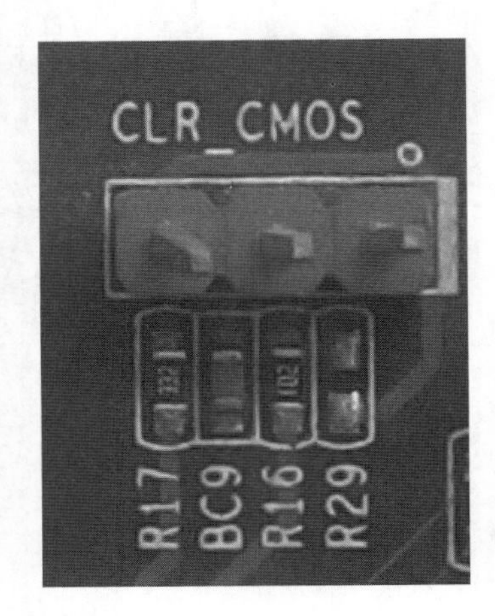

图 8-5　CMOS 跳线实物图

4. CMOS 电池

CMOS 电池的作用是为 CMOS 电路提供不间断的供电，保证 CMOS 电路一直处于工作状态，使 CMOS 随机存储器中的信息不丢失。CMOS 电池通常为纽扣形状，提供 3V 的供电。如图 8-6 所示为主板 CMOS 电池实物图。

技巧 59　主板 CMOS 电路的工作原理

在不同型号的主板中，采用的 CMOS 电路也会有所不同，但是 CMOS 电路的基本工作原理是相同的。当主板没有接通市电时，主板上的 CMOS 电池通过二极管、CMOS 跳线为南桥芯片的 CMOS 随机存储器和振荡器供电；当主板连接市电时，ATX 电源的第 9 脚也会有 5V 的供电电压通过稳压器转变为 3.3V 待机电压，然后通过二极管和 CMOS 跳线为南桥内部的 CMOS 存储器和振荡器提供电压。

图 8-6　主板 CMOS 电池实物图

根据当前主板中采用的元器件可以将 CMOS 电路分为两种，一种是由两个二极管和三针跳线组成的 CMOS 电路，一种是由一个三端稳压器和两针跳线组成的 CMOS 电路。下面我们分别介绍。

由一个三端稳压器和两针跳线组成的 CMOS 电路

之所以说两针跳线，是因为在这个电路中，它的 CMOS 跳线是采用两引脚连接的。如图 8-7 所示为三端稳压器和两针跳线组成的 CMOS 电路。

图中，南桥芯片 ICH8 内置 CMOS 随机存储器和振荡器，晶振 X1 为 32.768kHz 晶振，C132 和 C133 为谐振电容，CMOS1 为两针 CMOS 跳线，BAT 为 CMOS 电池，Q187 为三端稳压器，它的作用就是将 ATX 电源第 9 脚输出的 5V 电压转换成 3.3V 待机电压。它的第 3 输入脚直接连接 ATX 电源插座的第 9 脚，第 2 脚为输出脚，通常连接一个 100μF 的电容 EC117。第 1 脚为反馈脚，连接两个反馈电阻 R1128 和 R1129，其中 R1129 接地。D1 为三端稳压二极管，它的内部集成了两个二极管，相当于串联了两个二极管。

在主板没有连接市电 220V 时，电池 BAT 通过电阻连接到三端稳压器的第 1 脚，三端稳压器的第 3 脚通过电阻 R188 连接到南桥芯片的 RTCRST# 端、VCCRTC 端，为南桥里面的 CMOS 随机存储器和振荡器提供 3.0V 电压。CMOS 随机存储器得到供电后，保存电脑硬件数据，使数据不丢失。同时与南桥相连接的晶振也会得到供电，开始工作，产生 32.768kHz 的时钟频率，并为南桥和 CMOS 电路提供时钟信号，CMOS 电路处于工作状态。另外三端二极管的第 3 脚也会连接到 CMOS 跳线，跳线的一端连接接地，如果将跳线上插一个跳线帽，电流就会直接流向地，就会停止向南桥芯片供电，达到放电的目的。

当 ATX 电源接通市电后，ATX 电源第 9 脚开始输出 5V 待机电压到三端稳压器，经过三端稳压器稳压后，转换成 3.3V 电压，此电压通过三端稳压二极管的第 2 脚和第 3 脚分别连接到南桥芯片和 CMOS 跳线处。由于三端稳压器输出的 3.3V 电压高于 CMOS 电池输出的 3V 电压，使得三端二极管的第 1 脚和第 3 脚之间内置的负极电压高于正极电压，处于截止状态，此时 CMOS 电池不再供电，而由 ATX 电源直接供电，CMOS 电路同样处于工作状态。当主板开始工作后，CMOS 电路会根据 CPU 的请求向 CPU 发送开机自检程序，准备开机。

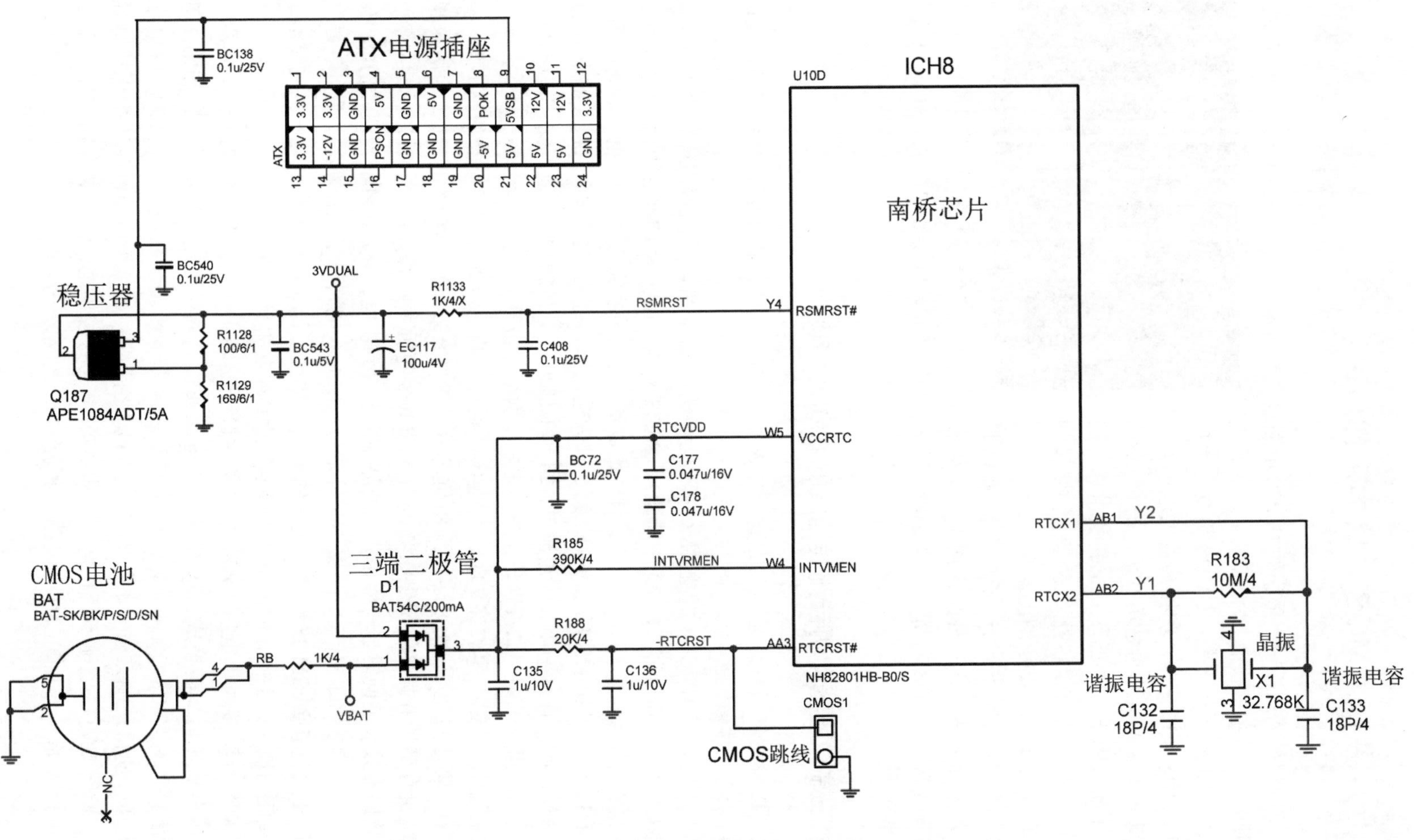

图 8-7 由三端稳压器和两针跳线组成的 CMOS 电路

当 ATX 电源断电后，三端稳压二极管的第 1 脚和第 3 脚间内置的二极管的负极电压开始变低，当低于 3.0V 时，稳压二极管的第 1 脚和第 3 脚之间内置的二极管导通，又恢复成由 CMOS 电池为南桥供电，保证 CMOS 电路的正常工作，CMOS 存储器中的信息便不会丢失了。

由两个二极管和三针跳线组成的 CMOS 电路

由两个二极管和三针跳线组成的 CMOS 电路中包含两个二极管，如图 8-8 所示。

从图中我们得知，Q28 为三端稳压器，它的作用就是将 ATX 电源的 5V 待机电压转换成 3.3V 电压，它的第 3 脚为输入脚，直接连接 ATX 电源插座的第 9 针，第 1 脚为反馈脚，连接两个反馈电阻，其中一个接地，一个连接到输出端；BAT 为主板 CMOS 电池，在主板没有连接市电的时候为南桥和实时晶振供电。X4 为 32.768kHz 的晶振，C199 和 C200 为谐振电容。

在主板没有连接市电 220V 时，电池 BAT 通过二极管 D13 电阻 R234 和跳线 JP 连接到南桥芯片，为南桥芯片提供 3.0V 的电压，南桥内部的 CMOS 随机存储器得到供电后，保存电脑硬件数据，使数据不丢失，同时实时晶振也会得到供电，南桥内部的振荡器开始工作，产生 32.768kHz 的时钟频率，并为南桥和 CMOS 电路提供时钟信号，CMOS 电路处于工作状态，并随时准备参与唤醒任务。

当 ATX 电源接电后，ATX 电源第 9 引脚输出 5V 的待机电压到三端稳压器，经过稳压器转换为 3.3V 电压。此电压通过二极管 D10、电阻 R244 加到稳压二极管 D13 的负极，此时由于稳压二极管 D13 正、负极电压分别为 3.0V 和 3.3V，负极电压高于正极电压，所以稳压二极管处于截止状态，此时 CMOS 电池不再供电，而由 ATX 电源的 3.3V 待机电压代替电池为南桥供电。此时 CMOS 电路处于工作状态。

当主板开始工作后，CMOS 电路根据 CPU 的请求向 CPU 发送开机自检程序，准备开机。当 ATX 电源断电后。稳压二极管 D13 的负极电压开始降低，当低于正极电压时，稳压器二极管被导通，此时由 CMOS 电池开始为南桥供电，保证 CMOS 电路正常工作，CMOS 随机存储器内的数据不会丢失。

如图 8-9 所示为华硕 P4SD 主板中的 CMOS 电路，它是由二极管和三针跳线组成的 CMOS 电路，图中 CMOS 随机存储器和振荡器集成在南桥芯片内部，X2 为 32.768kHz 的晶振，C59 和 C60 为谐振电容，J19 为三针 CMOS 跳线，BATTERY1 为主板 CMOS 电池。Q41 为三端稳压器，作用是将 5V 待机电压转变成 3.3V 待机电压。

当主板没有连接市电时，电池 BATTERY1 通过电阻 R185 三端稳压器二极管 D2、电阻 R184 和 CMOS 跳线为南桥芯片供电。南桥内部的 CMOS 随机存储器和振荡器得到供电后开始工作，保存电脑硬件的数据不丢失。同时晶振也会得到供电，南桥内部的振荡器和晶振开始工作，产生 32.768kHz 的时钟频率，并为南桥和 CMOS 电路提供时钟信号，CMOS 电路处于工作状态，并随时准备参与唤醒任务。

当 ATX 电源接通市电后，ATX 电源第 9 脚开始输出 5V 待机电压，此电压通过三端稳压器，转换为 3.3V 电压，此电压通过二极管 D2、电阻 R184 和 CMOS 跳线为南桥芯片供电。由于三端稳压器输出的 3.3V 电压高于 CMOS 电池输出的 3V 电压，使得三端二极管的第 1 脚和第 3 脚之间内置的负极电压高于正极电压，处于截止状态，此时 CMOS 电池不再供电，而由 ATX 电源直接供电，CMOS 电路同样处于工作状态。当主板开始工作后，CMOS 电路会根据 CPU 的请求向 CPU 发送开机自检程序，准备开机。

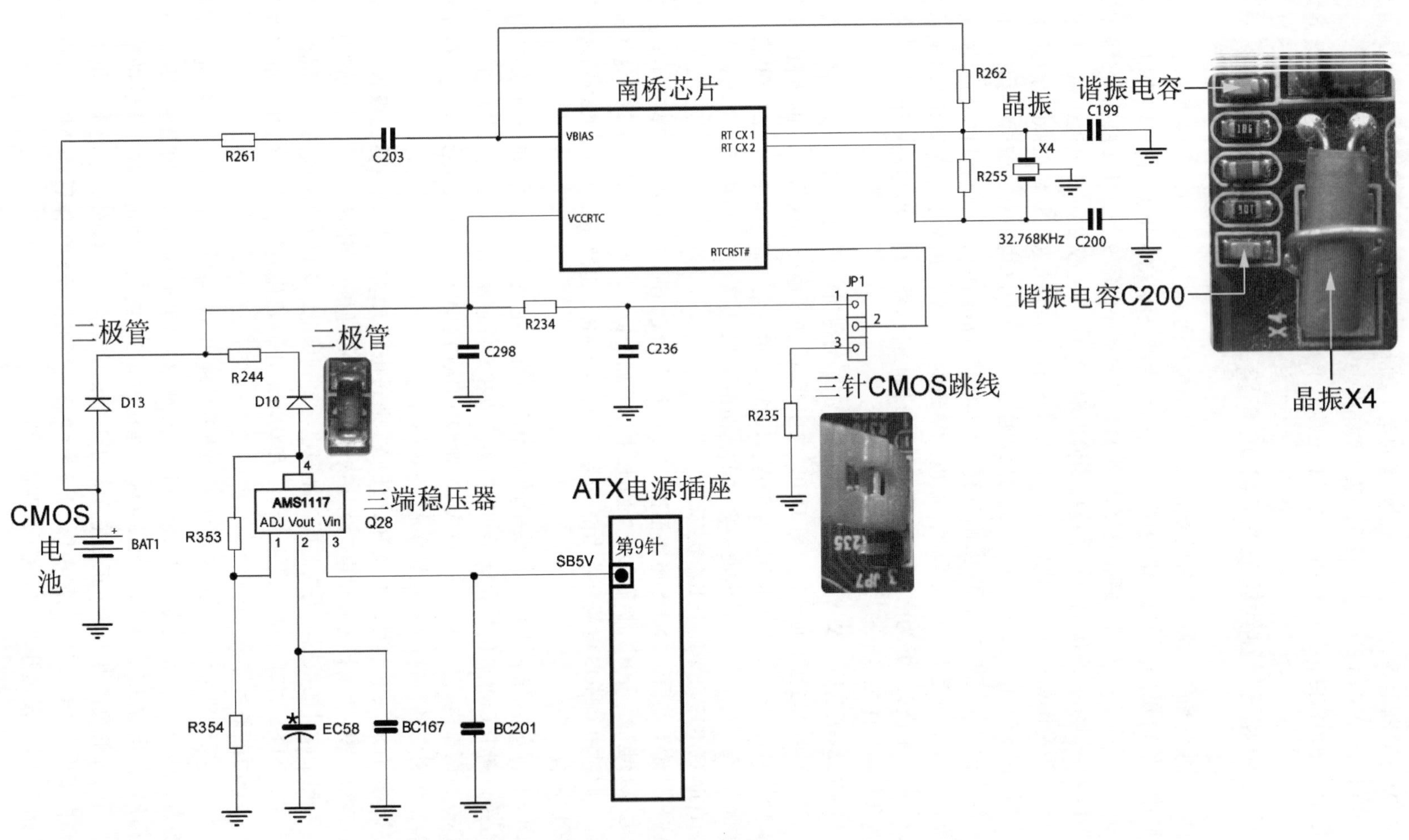

图 8-8　由两个二极管和三针跳线组成的 CMOS 电路

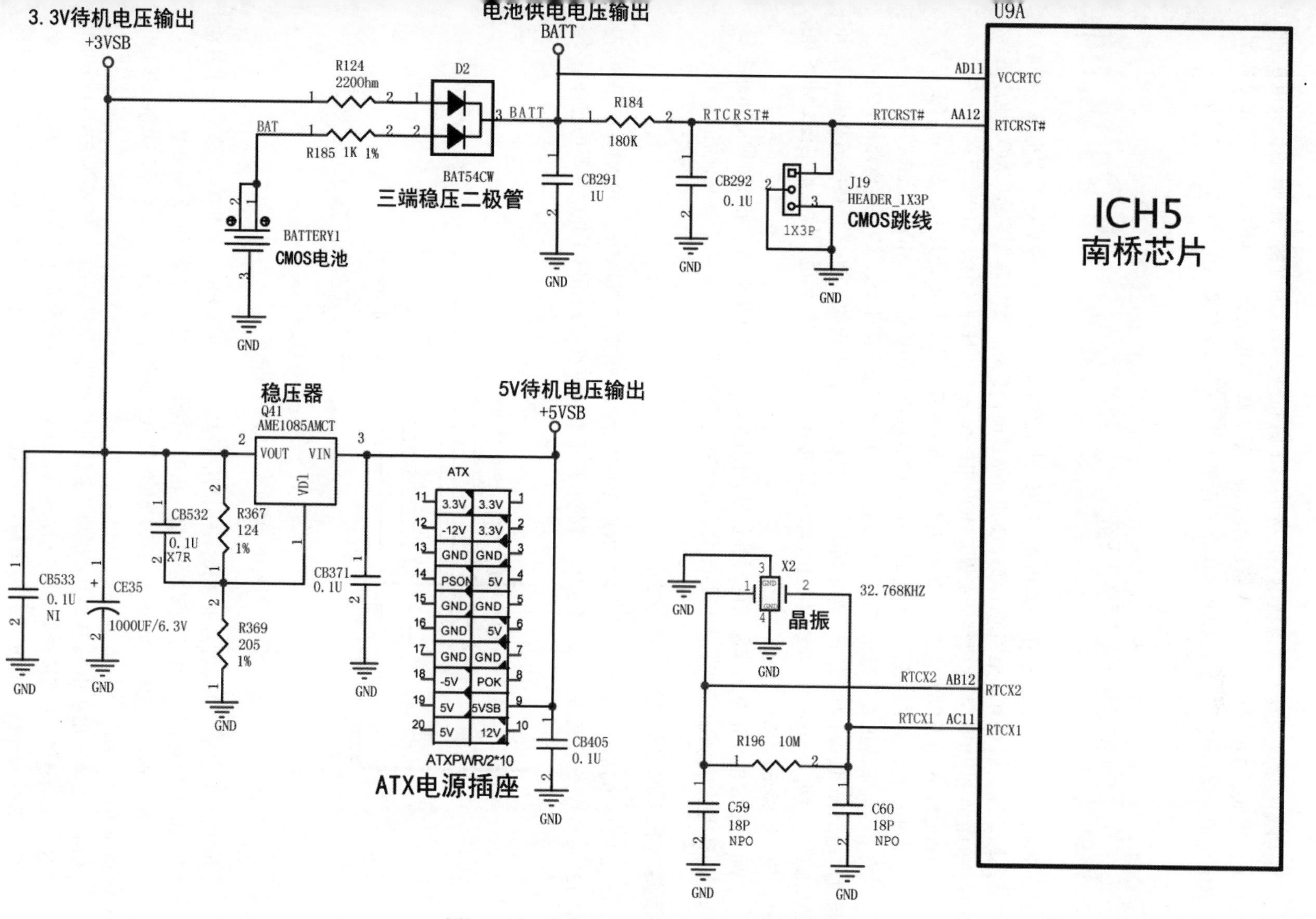

图 8-9 由二极管和三针跳线组成的 CMOS 电路

当 ATX 电源断电后，三端稳压二极管的第 1 脚和第 3 脚间内置的二极管的负极电压开始变低，当低于 3.0V 时，稳压二极管的第 1 脚和第 3 脚之间内置的二极管导通，又恢复成由 CMOS 电池为南桥供电，保证 CMOS 电路的正常工作，CMOS 存储器中的信息不会丢失。

技巧 60 CMOS 电路深入研究

不同品牌和型号的主板在 CMOS 电路的设计上会有所不同，但其基本原理都是一样的。想要熟练掌握主板 CMOS 电路的工作原理和检修技能，首先要熟练掌握主板 CMOS 电路各组成硬件的特点和作用，其次要掌握主板 CMOS 电路在供电和时钟两个方面的特点。

主板 CMOS 电路以集成于南桥芯片内部的 CMOS 存储器为核心，其供电方面的特点是：

当主板没有处于待机或运行状态时，主板 CMOS 电路的供电由 CMOS 电池提供。

当主板处于待机或运行状态时，主板 CMOS 电池停止输出供电，CMOS 电路的供电由主板供电电路提供。通常情况下，当主板处于待机状态时，主板的 ATX 电源插座第 9 引脚输出 5VSB 待机供电，会经过一个线性稳压电源电路转换出 3.3V 待机供电，提供给主板 CMOS 电路，使其能够正常工作。

而 CMOS 电路正常工作所需的时钟信号，则由实时时钟电路提供。实时时钟电路的主要作用是利用 32.768kHz 晶振，产生并提供给 CMOS 电路正常工作时所需要的时钟信号。

技嘉主板 CMOS 电路深入研究

如图 8-10 所示，南桥芯片的 RTCX1、RTCX2 引脚外接 32.768kHz 晶振 X1 和谐振电容 C113、C114，配合南桥芯片内部电路，产生并提供给 CMOS 电路正常工作时所需的时钟信号。

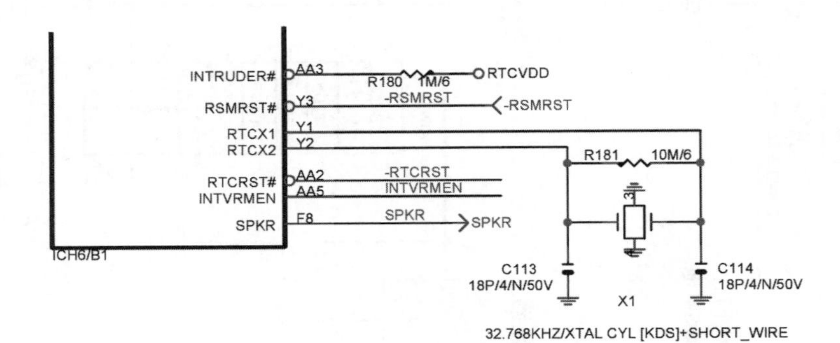

图 8-10 南桥芯片电路连接简图

-RTCRST 信号使南桥芯片 RTCRST# 引脚保持高电平。RTCRST# 是 RTC 电路复位信号输入端，低电平时有效，其作用是复位与 RTC 相关寄存器，电路正常情况时为高电平。

如图 8-11 所示为主板 CMOS 电池及 CMOS 跳线电路图，图中 BAT 为 CMOS 电池，CLR_CMOS 为 CMOS 跳线。

CMOS 电池输出供电或 3VDUAL 供电（主板供电电路产生的供电）转换为 RTCVDD 供电和 -RTCRST 信号等，并连接到南桥芯片相关引脚，保证 CMOS 电路正常工作时所需的供电和信号。

CMOS 跳线连接 -RTCRST 信号电路，在调整 CMOS 跳线对 CMOS 进行操作时，就是通过此电路实现的。

当电脑主机中的 ATX 电源没有接入 220V 市电时，CMOS 电池为主板上的 CMOS 电路供电。CMOS 电池提供的供电主要用于 32.768kHz 晶振起振，使 RTC 电路正常工作后提供实时时钟。同时，主板 CMOS 电池还为南桥芯片内的 CMOS 电路保存数据提供供电。

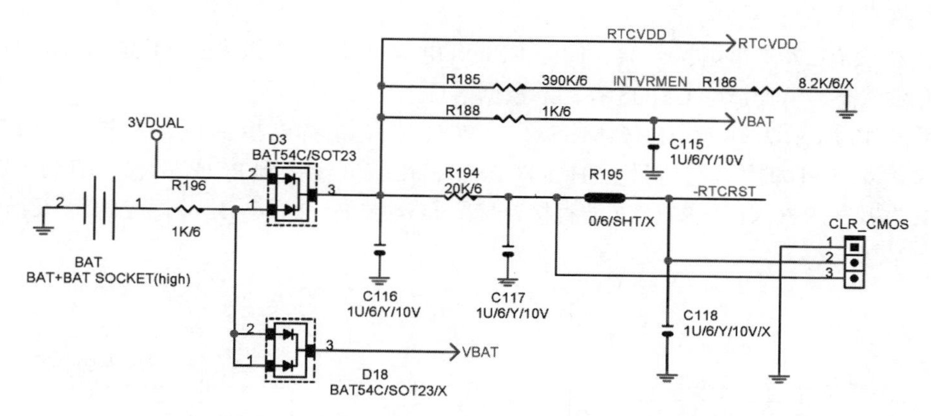

图 8-11　主板 CMOS 电池及 CMOS 跳线电路图

映泰主板 CMOS 电路深入研究

映泰 IH61C-MHS 主板采用 Intel 公司 PCH 单芯片架构的芯片组。如图 8-12 所示为映泰 IH61C-MHS 主板 CMOS 电池及 CMOS 跳线电路图。

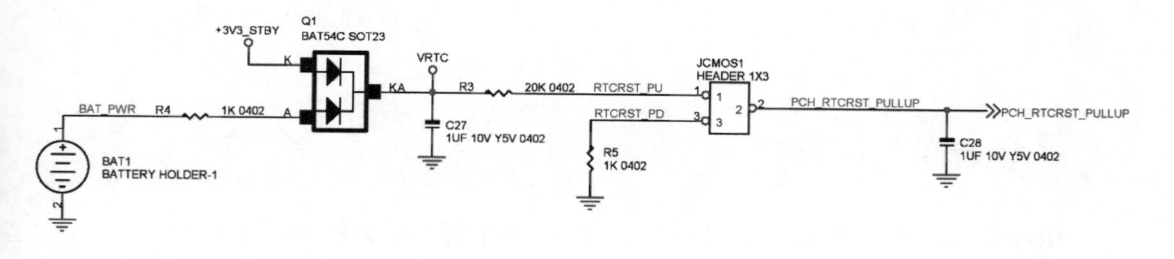

JCMOS	
1-2	NORMAL
2-3	CLR CMOS

图 8-12　映泰 IH61C-MHS 主板 CMOS 电池及 CMOS 跳线电路图

如图 8-12 所示，BAT1 为该主板的 CMOS 电池，JCMOS1 为主板的 CMOS 跳线，当 CMOS 跳线处于 1-2 连接状态时，属于 NORMAL：正常状态。当 CMOS 跳线处于 2-3 连接状态时，属于 CLR CMOS：清除 CMOS 存储信息。

CMOS 电池输出供电 BAT_PWR 或主板供电电路输出的供电 +3V3_STBY，经过二极管 Q1 输送供电到后级电路中。其中一路生成 VRTC 供电，该供电为 CMOS 电路中需要供电的设备提供供电，或为信号端提供一个高电平信号；另一路则经过电阻器 R3 连接到 CMOS 跳线的第 1 引脚。

CMOS 跳线的第 2 引脚连接 PCH 芯片的 RTCRST# 信号端，CMOS 跳线的第 3 引脚则处于接地状态。

当 CMOS 跳线处于 1-2 连接状态时，PCH 芯片的 RTCRST# 信号端处于高电平无效状态，CMOS 内存储的信息正常。

当 CMOS 跳线处于 2-3 连接状态时，PCH 芯片的 RTCRST# 信号端将处于低电平有效状态，CMOS 存储信息将被删除。

当主机没有 220V 市电接入时，卸除 CMOS 电池将使 PCH 芯片的 RTCRST# 信号端处于低电平有效状态，从而清除 CMOS 存储的数据信息。

如图 8-13 所示为映泰 IH61C-MHS 主板 PCH 芯片电路连接简图，从图中可以看出，CMOS 跳线第 2 引脚输出的信号 PCH_RTCRST_PULLUP 连接到 PCH 芯片的 RTCRST# 信号端。PCH 芯片的 RTCX1 和 RTCX2 端直接连接图 8-14 中的 32.768kHz 晶振 YY1 以及谐振电容器 YC8、YC9。

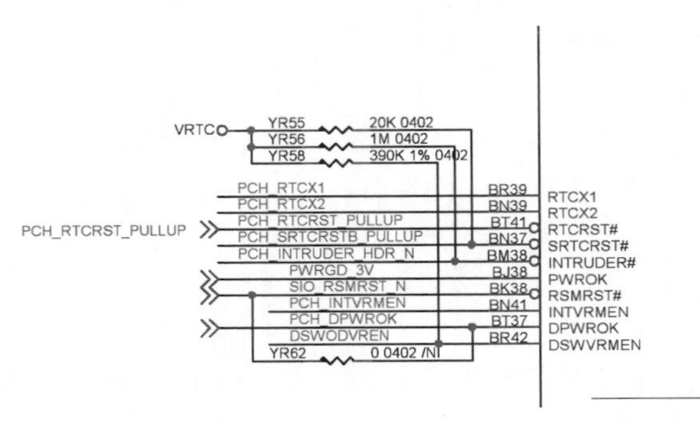

图 8-13　映泰 IH61C-MHS 主板 PCH 芯片电路连接简图

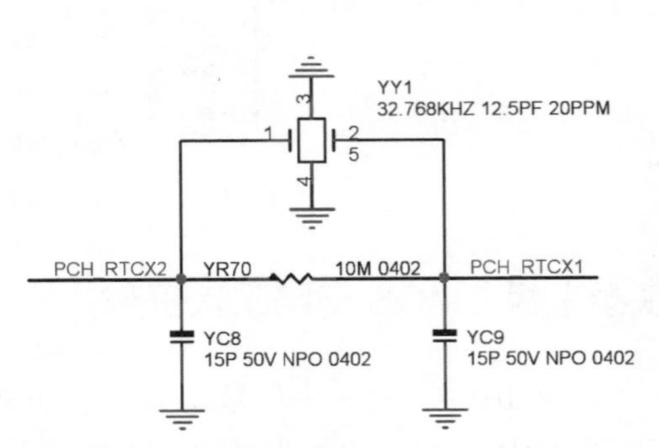

图 8-14　映泰 IH61C-MHS 主板 32.768kHz 晶振及谐振电容电路图

技巧 61　BIOS 电路的作用

BIOS 是 Basic Input Output System 的英文简写，可直译为基本输入输出系统。

BIOS 是电脑中最基础而又最重要的一组程序，这一组程序通常存放在主板的一个 ROM（只读存储器）芯片中。BIOS 芯片内的 BIOS 程序不可随意更改，也不需要不间断供电保持其数据信息不丢失。

BIOS 是计算机系统中最底层的软件，它架设起计算机操作系统与硬件设备之间的桥梁。它为计算机提供最低级的、最直接的硬件控制，计算机的原始操作都是根据固化在 BIOS 芯片里的程序来完成的。

BIOS 可以理解为计算机系统中硬件与软件之间的转换器或接口，其负责开机过程中，对系统的各种硬件设备进行初始化设置和检测，以确保整个系统能够正常启动和工作。

如图 8-15 所示为主板 BIOS 芯片实物图。

图 8-15　主板 BIOS 芯片实物图

BIOS 的具体功能如下。

1. POST 功能

POST（Power On Self Test）译为上电自检，指对计算机系统硬件设备的检查，以确定计算机系统能否正常开机启动和运行。完整的 POST 过程包括对 CPU、存储器等所有硬件设备的基本检测。如果在检测的过程中发现了问题，其通常会发出报警声或停止计算机的开机启动过程。如图 8-16 所示为自检后显示器显示系统启动失败的错误信息提示。

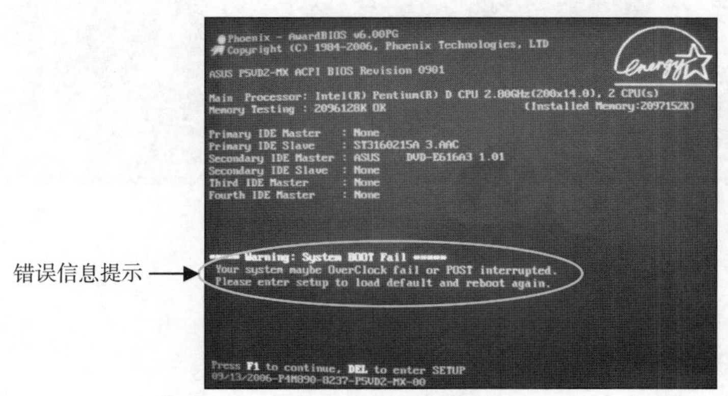

图 8-16　系统启动失败的错误信息提示

2. 系统设置

BIOS 能够提供设置功能给使用者来配置系统，以便使用者对计算机系统进行最底层的设置。对系统进行设置的功能是 BIOS 的一项十分重要的功能。CMOS 电路主要用于存储 BIOS 设置程序所设置的参数与数据，而 BIOS 设置程序主要对基本输入输出系统进行管理和设置。CMOS 存储器是系统参数存放的地方，而 BIOS 中系统设置程序是完成参数设置的手段。因此，准确的描述应该是：通过 BIOS 设置程序对 CMOS 参数进行设置。

如图 8-17 所示为 BIOS 设置界面。

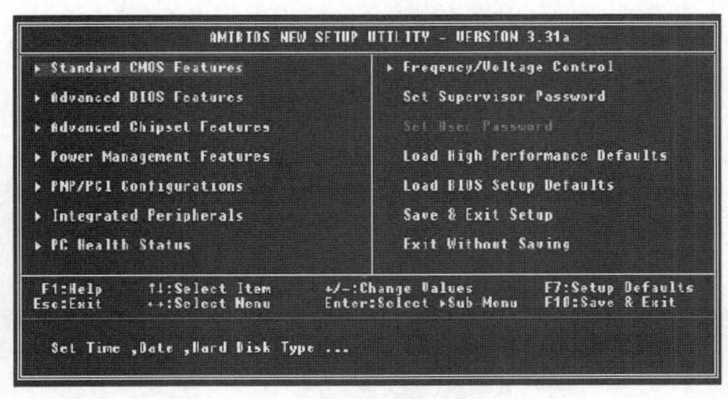

图 8-17　BIOS 设置界面

3. 系统启动自举

当完成 POST 过程后，BIOS 将按照系统设置中保存的启动顺序搜索硬盘驱动器、CD-ROM 驱动器等硬件设备，读入操作系统引导记录，然后将系统控制权交给引导记录，并由引导记录来完成操作系统的启动过程。如图 8-18 所示为操作系统启动界面。

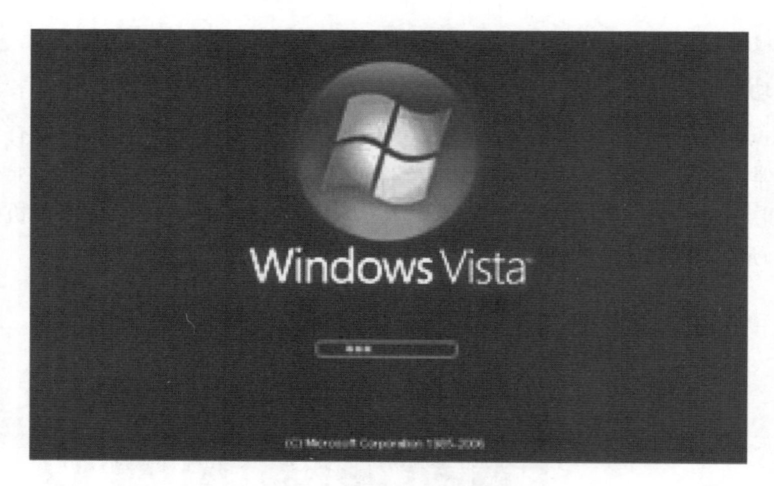

图 8-18 操作系统启动界面

技巧 62 BIOS 电路的组成结构

BIOS 电路以 BIOS 芯片为核心，外围只有少量的电阻器和电容器作为辅助电子元器件。所以掌握 BIOS 电路的关键在于掌握 BIOS 芯片的功能和特点。

常见 BIOS 芯片的容量一般有 1MB、2MB、4MB 和 8MB 等几种。其中 1MB 的 BIOS 芯片应刷写 128KB 的 BIOS 程序，2MB 的 BIOS 芯片应刷写 256KB 的 BIOS 程序，4MB 的 BIOS 芯片应刷写 512KB 的 BIOS 程序，8MB 的 BIOS 芯片应刷写 1024KB 的 BIOS 程序。

1. BIOS 芯片的封装形式

BIOS 芯片在过去曾采用的 DIP 封装形式，为长方形的双列直插方式，通常插在插座上，目前的主板已经不再使用。之后出现的 BIOS 芯片大多是采用 PLCC 的封装形式，从外观上看呈正方形，体积上的减小有效降低了对主板空间的占用。如图 8-19 所示为 DIP 封装的 BIOS 芯片和 PLCC 封装的 BIOS 芯片。

a）DIP 封装的 BIOS 芯片

b）PLCC 封装的 BIOS 芯片

图 8-19 DIP 封装的 BIOS 芯片和 PLCC 封装的 BIOS 芯片

PLCC封装的BIOS芯片有32个引脚，通常采用LPC（Low Pin Count）总线与南桥芯片和I/O芯片进行通信。在基于LPC总线的BIOS芯片不能满足主板的功能之后，又出现了只有8个引脚的基于SPI（Serial Peripheral Interface）总线的BIOS芯片，其具有更高的传输速率和更小的体积，在总线连接上也更简单、有效，因此逐渐成为市场的主流。如图8-20所示为主板上有8个引脚的BIOS芯片。

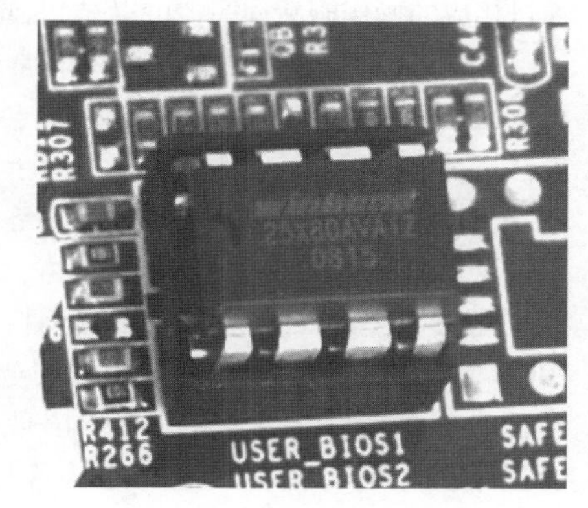

图8-20 主板上8个引脚的BIOS芯片

2. BIOS芯片的分类

BIOS芯片通常有两种分类方法，一是按照BIOS芯片的生产厂商分类，生产BIOS芯片的厂商主要有Winbond、Intel、SST、MXIC等。其中Winbond和SST的BIOS芯片比较常见。如图8-21所示为不同厂商生产的BIOS芯片。

a）Winbond公司生产的BIOS芯片

b）Intel公司生产的BIOS芯片

c）SST公司生产的BIOS芯片

图8-21 不同厂商生产的BIOS芯片

BIOS芯片的第二个分类是按照烧录的BIOS程序版本进行区分。

BIOS芯片在由Winbond等厂商生产出来后，还要烧录AWARD、AMI和Phoenix等公司专门设计开发的程序，才能发挥其作用。不同版本的BIOS程序在设置时会有所区别，但本质上都是一样的。通常在主板BIOS芯片上会贴有一个标签，用于标明该BIOS芯片内的BIOS程序版本。如图8-22所示为不同版本BIOS芯片实物图。

a）Phoenix BIOS芯片

b）AWARD BIOS芯片

c）AMI BIOS芯片

图8-22 不同版本BIOS芯片实物图

早期的BIOS芯片多为可重写EPROM芯片，上面的标签起着保护BIOS数据的作用，因为紫外线照射会使EPROM芯片内容丢失，所以不能随便撕下。目前的BIOS芯片多采用Flash ROM，通过相应的操作刷新程序，可以对Flash ROM进行重写，以方便地实现BIOS版本的升级。

由于BIOS芯片中存储的是非常重要的系统底层程序，BIOS芯片出现问题后会造成主板无法正常工作故障，因此有些主板上也会集成两块BIOS芯片，其中一块起着“备份”的作用，这就是所谓的“双BIOS”技术。

很多主板在BIOS芯片的设计上采用双BIOS芯片的安全设计，使主板的安全性与可操作性大大增强。当主BIOS芯片出现损坏或不能正常工作的时候，系统自动从备份BIOS芯片启动并尝试对损坏BIOS芯片进行重新写入，以达到修复目的。如图8-23所示为主板的双BIOS芯片设计实物图。

图8-23 主板的双BIOS芯片设计实物图

技巧63 BIOS电路的工作原理

CPU在正常复位后，会寻址到BIOS，执行POST过程，也就是开始进入系统的软启动过程。

BIOS芯片的引脚功能

BIOS芯片的型号很多，但引脚功能及定义大致相同。下面以32针PLCC封装的BIOS芯片为例，讲解BIOS芯片的引脚定义及其功能。如图8-24所示为32针PLCC封装的BIOS芯片引脚图和实物图，BIOS芯片主要引脚功能如表8-1所示。

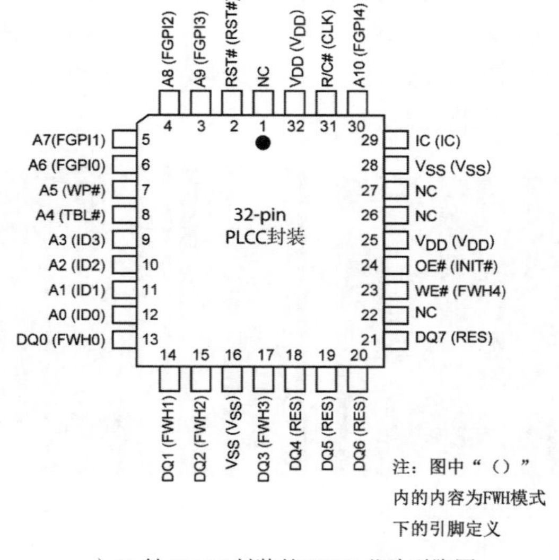

a）32针PLCC封装的BIOS芯片引脚图

b）32针PLCC封装的BIOS芯片实物图

图8-24 32针PLCC封装的BIOS芯片引脚图和实物图

表8-1 BIOS芯片重要引脚功能

引脚名称	引脚功能
A_0 ~ A_{10}	地址线
DQ_0 ~ DQ_7	数据线
VPP（有的芯片没有）	编程电压输入端
VDD（VCC）	芯片供电输入端
CE# /CS#（有的芯片没有）	片选信号
OE#	数据允许输出信号端
WE#	读写信号控制端
RST#	复位信号接收端
NC	空脚
VSS（GND）	接地线

BIOS芯片的工作原理

当主板上的供电、时钟、复位电路都正常工作后，芯片组发出指令，让CPU复位。接着CPU发出寻址信息寻找自检程序，寻址信息通过前端总线发向北桥芯片，北桥接到寻址信息后，再发给南桥芯片，南桥收到寻址信息后，通过PCI总线到ISA总线，再由ISA总线控制器和译码器向BIOS芯片传输16位地址信号。在BIOS芯片片选信号CE的作用下，经过BIOS芯片内部地址译码器的译码，选中对应的存储器，当读写信号WE为低电平时送入数据缓冲器，在数据允许输出信号OE为低电平时，输出数据，由数据线D0 ~ D7 ISA总线、PCI总线、北桥、前端总线向CPU输出自检程序，CPU收到自检程序后开始自检并启动计算机。

BIOS芯片内部结构如图8-25所示。

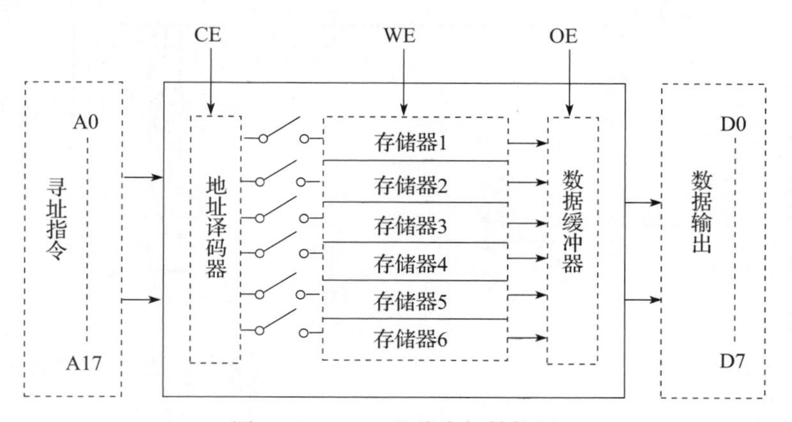

图8-25 BIOS芯片内部结构图

如图8-26所示为华硕主板中的BIOS电路线路图，其中BIOS芯片XU15的RST#和INTI#为复位信号，RST#引脚与开机复位芯片相连接；R/C#/CLK引脚与时钟芯片连接，由时钟芯片提供时钟频率。A4/TBL用于写保护；D0 ~ D3引脚为LPC总线的地址和数据线，WE#为周期控制引脚，这个引脚由南桥芯片控制，当它有效时，BIOS芯片便开始或结束一个LPC后期。当CPU发出寻址指令后，开机复位芯片便向BIOS发出初始化信号，当INIT#信号由一个3V电压信号变为低电平信号后，BIOS芯片便开始输出数据（自检程序）。

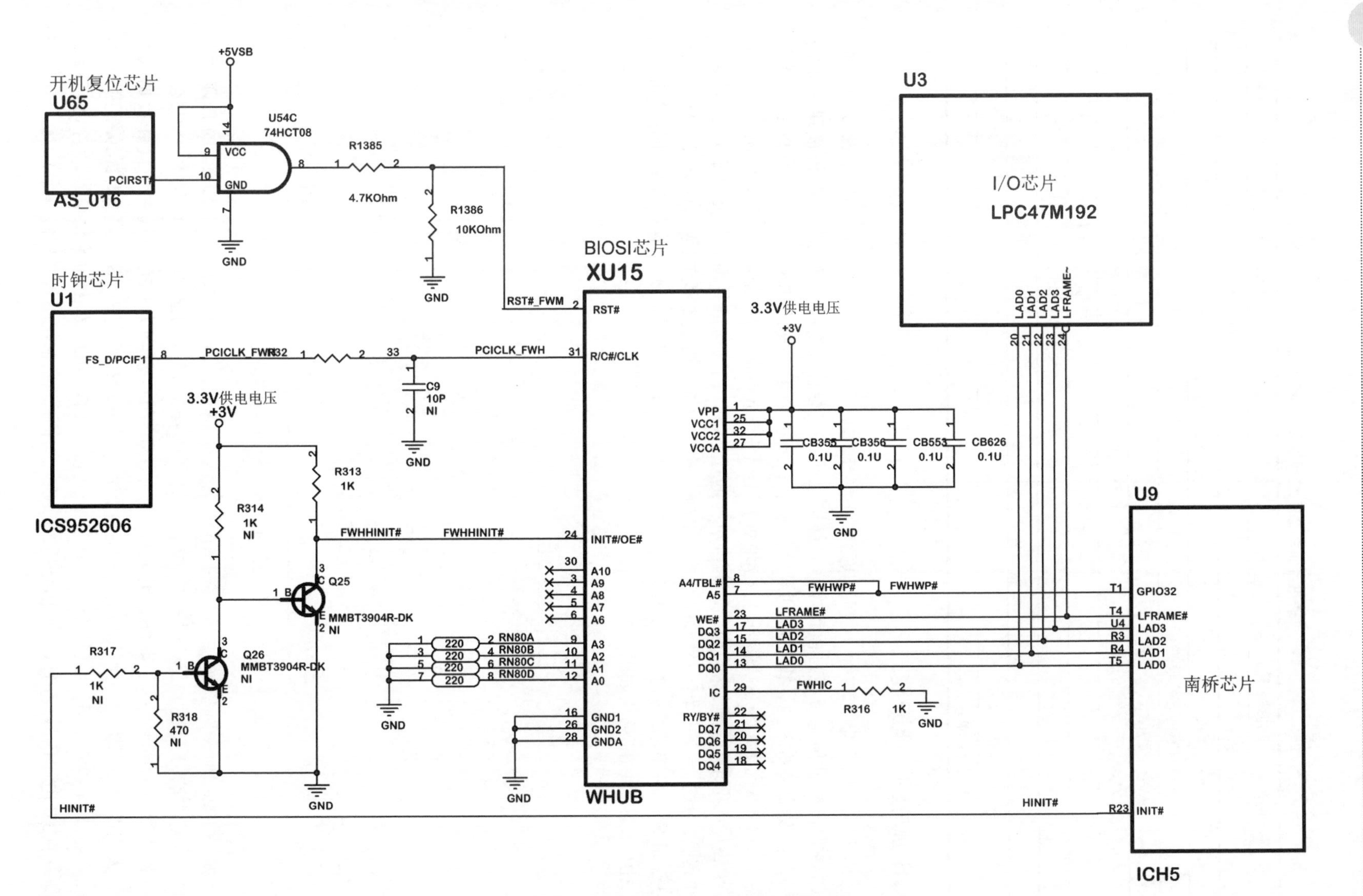

图 8-26 华硕主板中的 BIOS 电路线路图

当按下开关键后，且 CPU 的供电、时钟、复位都正常时，就会发出寻址指令，寻找自检程序，寻址信息通过北桥、南桥后传递到 BIOS 芯片，同时由开机复位芯片为 BIOS 芯片提供复位信号，使 BIOS 芯片复位工作。接着南桥通过稳压器晶体管等元器件将 BIOS 的 OE# 引脚置为低电平，该芯片低电平有效。此时 BIOS 接到指令后，通过 ISA 总线、PCI 总线北桥芯片、前端总线输出自检程序，并执行其他检测任务，执行完这些程序后，将相应的字符显示在显示屏上，同时计算机启动。

技巧 64 主板 BIOS 电路深入研究

技嘉主板 BIOS 电路深入研究

技嘉 8I915PM-NF 主板采用的 BIOS 芯片型号为 SST49LF004A，如图 8-27 所示为技嘉 8I915PM-NF 主板的 BIOS 电路图。

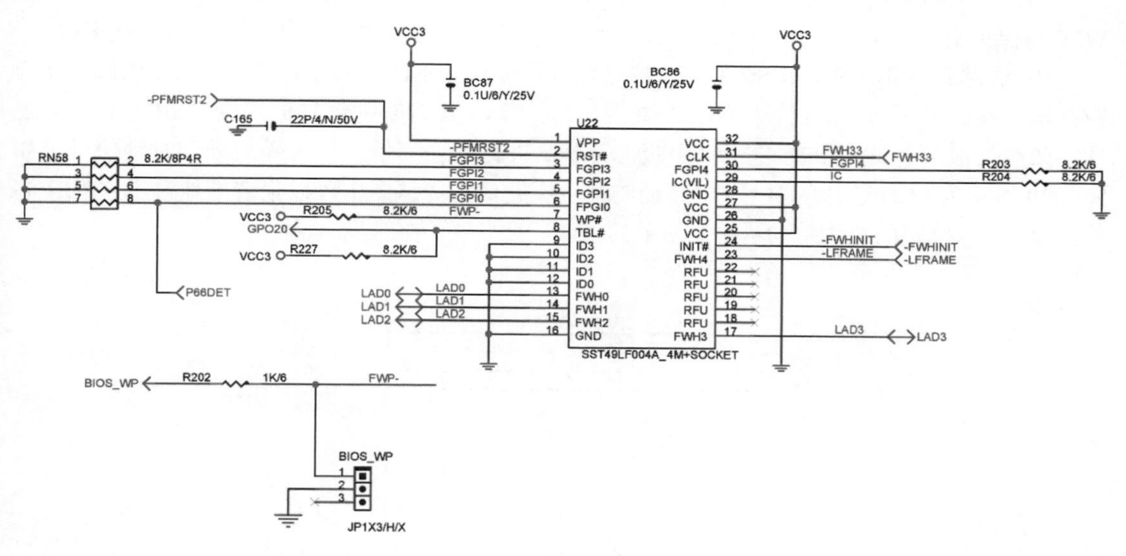

图 8-27　技嘉 8I915PM-NF 主板的 BIOS 电路图

BIOS 芯片的第 1 引脚 VPP 为编程电压输入端，输入供电为主板 ATX 电源插座输出的 3.3V 供电。BIOS 芯片的第 2 引脚 RST# 为复位信号输入端，接收来自 I/O 芯片的复位信号 -PFMRST2。

BIOS 芯片的第 13、14、15、17 引脚 FWH 为数据通信端，用于连接南桥芯片和 I/O 芯片。第 16、26 和 28 引脚为接地端，第 23 引脚 FWH4 为芯片读写控制端，第 24 引脚 INIT# 端为数据允许输出信号端，受控于南桥芯片。第 31 引脚 CLK 为时钟信号输入端。第 25、27 和 32 引脚 VCC 为芯片供电输入端。

当主板供电及时钟正常后，复位电路开始工作，并发出一个复位信号给 BIOS 芯片，使 BIOS 电路开始工作。CPU 通过芯片组读取 BIOS 芯片内部程序进行加电自检，当加电自检结束后，BIOS 按照设定好的启动程序读取有效的系统引导记录，完成系统的启动过程。

映泰主板 BIOS 电路深入研究

如图 8-28 所示为映泰 IH61A-IHS 主板的 BIOS 电路图。

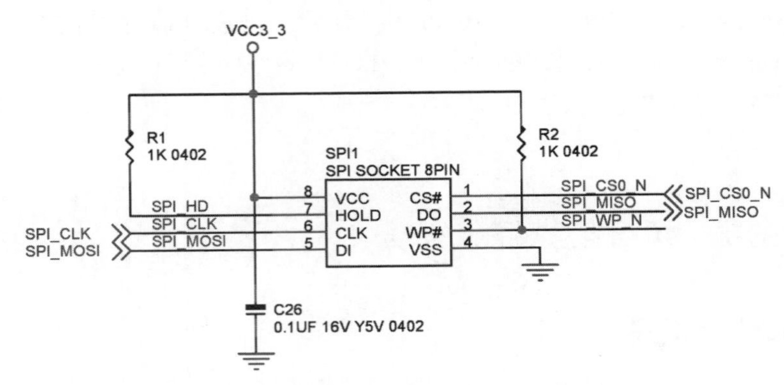

图 8-28　映泰 IH61A-IHS 主板的 BIOS 电路图

BIOS 芯片的第 8 引脚为 3.3V 供电输入端，第 4 引脚为接地端。BIOS 芯片的第 3 引脚 WP# 写保护引脚与第 7 引脚 HOLD 挂起引脚相连，用于数据保护和空闲模式的低功耗运行。

BIOS 芯片的第 1 引脚 CS# 为片选信号输入端，用于 BIOS 芯片的启动。第 2 引脚 DO 为数据输出端，第 5 引脚 DI 为数据输入端，第 6 引脚 CLK 为时钟信号输入端。BIOS 芯片通过这 4 条线组成的总线与 PCH 芯片（主板芯片组）进行数据通信，并接受启动和时钟信号。如图 8-29 所示为 PCH 芯片的 BIOS 电路控制模块电路简图。从图中可以很清晰地看出，PCH 芯片连接 BIOS 电路的总线结构是相当简单的。

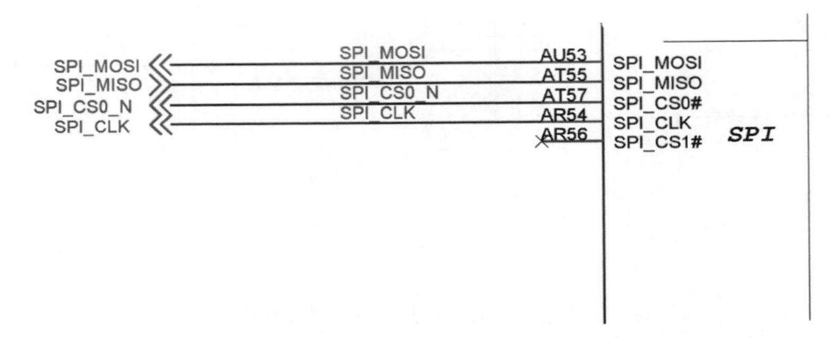

图 8-29　PCH 芯片的 BIOS 电路控制模块电路简图

技巧 65　主板 CMOS 和 BIOS 电路故障诊断流程

主板 CMOS 电路故障诊断流程

主板 CMOS 电路故障主要集中于：32.768kHz 晶振及谐振电容老化、损坏，CMOS 电池电量不足或供电电路上的二极管等电子元器件损坏，CMOS 跳线异常或南桥芯片损坏等。如图 8-30 所示为主板 CMOS 电路故障检修流程图。

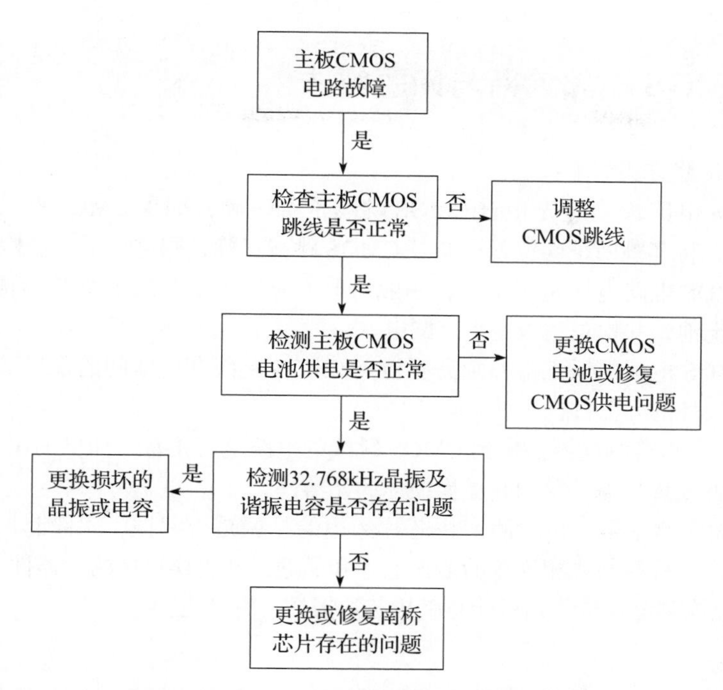

图 8-30　主板 CMOS 电路故障检修流程图

主板 BIOS 电路故障诊断流程

主板 BIOS 电路出现问题，可能导致电脑出现无法正常启动等故障。BIOS 电路出现问题的主要原因包括：BIOS 程序故障、BIOS 芯片损坏、BIOS 芯片供电及信号电路存在问题等。如图 8-31 所示为主板 BIOS 电路故障检测流程图。

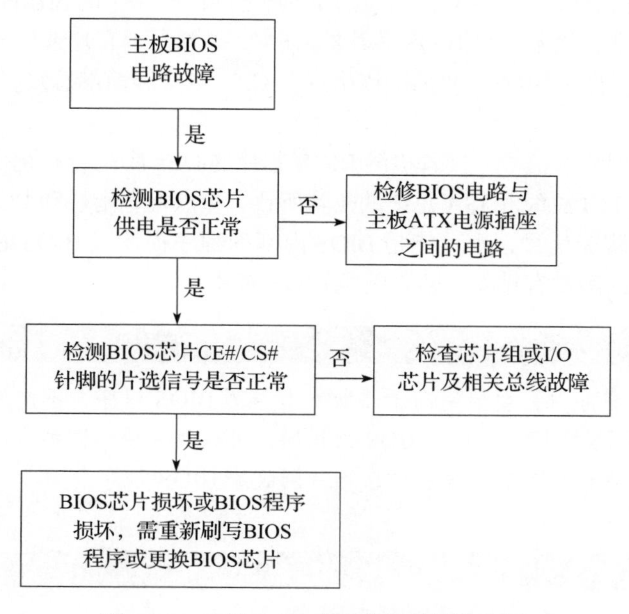

图 8-31　主板 BIOS 电路故障检测流程图

技巧 66 CMOS 电路诊断与问题解决

CMOS 电路检修方法如下：

1）对 CMOS 电路检测应先检查 CMOS 跳线是否正确，如果 CMOS 跳线错误则会导致 CMOS 电路故障，将其跳回正确位置；如果 CMOS 跳线正确，则进行下一步检测。

2）检测 CMOS 电路电压是否正常，一般情况下应不小于 2.5V，如果检测 CMOS 电池电压不正常，更换电池，并检查主板是否有漏电。

3）如果 CMOS 电池电压正常，则需要检查 CMOS 跳线和电池间的稳压二极管是否正常，如果不正常更换损坏的元器件。

4）如果正常，再检测电源插座到 CMOS 跳线的电路是否正常，如果不正常则可能是之间的线路中某元器件出现故障。检测并更换损坏的元器件。

5）如果上面检测正常，再检测南桥芯片旁边的晶振是否起振，一般起振电压为 0.5V ~ 1.6V。如果不正常，检测与之相连接的谐振电容和晶振，并更换损坏的元器件。

6）如果以上检测都正常，则可能是南桥芯片损坏，将其更换。

技巧 67 BIOS 电路诊断与问题解决

主板 BIOS 芯片损坏后，将造成开机无反应的故障现象。如果用诊断卡检查，诊断卡一般显示“41”或“14”。

BIOS 电路故障维修方法如下：

1）检测 BIOS 芯片的供电是否正常，测量 VCC 脚和 VPP 脚的电压，如果电压不正常，检测主板电源插座到 BIOS 芯片的 VCC 脚或 VPP 脚之间的电路中的元器件。

2）如果供电正常，接着测量 BIOS 芯片的 CE#/CS# 脚是否有片选信号，如果没有片选信号，则说明 CPU 没有选中 BIOS，故障应该出现在 CPU 本身和前端总线，检查 CPU 和前端总线的故障并排除故障。

3）如果可以测到片选信号，接着检测 BIOS 芯片的 OE# 脚是否有跳变信号，如果没有则是南桥或 I/O 芯片或 PCI 总线和 ISA 总线的故障所致，重点检查南桥和 I/O 芯片。

4）如果能测到跳变信号，则可能是 BIOS 内部的程序损坏或 BIOS 芯片损坏，可以先刷新 BIOS 程序，如果故障没有排除，则要更换 BIOS 芯片。

【注意】

在刷新 BIOS 程序时，要使用高于原版本型号的 BIOS 程序，不能使用比原版本低的程序。另外，如果无法找到所维修 BIOS 的程序，可以找一块相同型号的主板，然后用编程器将其 BIOS 数据读出复制到电脑中，再写到故障 BIOS 芯片中。

【提示】

平时维修时可以多搜集各种主板的 BIOS 程序，将其读到电脑中保存，建立 BIOS 程序数据库，当使用时在备份的BIOS数据库中查询即可。在保存BIOS程序时，最好用“北桥芯片型号+I/O芯片型号”作为BIOS数据文件名。

实例49 CMOS电路跑线——电池供电回路跑线

首先根据主板CMOS电路的主要元器件的型号和用途绘制CMOS电路图，然后通过跑线了解连接CMOS电路各元器件线路的好坏。我们以实时时钟和电池供电回路跑线为例，为大家进行讲解。参照图8-7的CMOS电路图。

电池供电回路的跑线就是测量从主板CMOS电池经过电阻、二极管、CMOS跳线到达南桥芯片的实际电路。跑线方法如下：

1）将万用表调挡至“蜂鸣”挡，检测电池正极与电阻RB之间的线路，如图8-32所示。线路正常时数字万用表应发出报警声。

图8-32　电池正极与电阻FB之间线路的检测

2）检测电阻RB到三端二极管D1的第1脚间的线路，如图8-33所示。线路正常时数字万用表应发出报警声。

3）检测三端二极管D1的第3脚到电容C135之间的线路，如图8-34所示。线路正常时数字万用表应发出报警声。

图8-33　电阻FB到三端二极管D1第1脚间线路的检测

图8-34　三端二极管D1的第3脚到电容C135之间线路的检测

4）检测电容C135到地线之间的线路，如图8-35所示。线路正常时数字万用表应发出报警声。

5）检测三端二极管D1的第3脚到电阻R188之间的线路，如图8-36所示。线路正常时数字万用表应发出报警声。

6）检测电阻R188到电容C136之间的线路，如图8-37所示。线路正常时数字万用表应发出报警声。

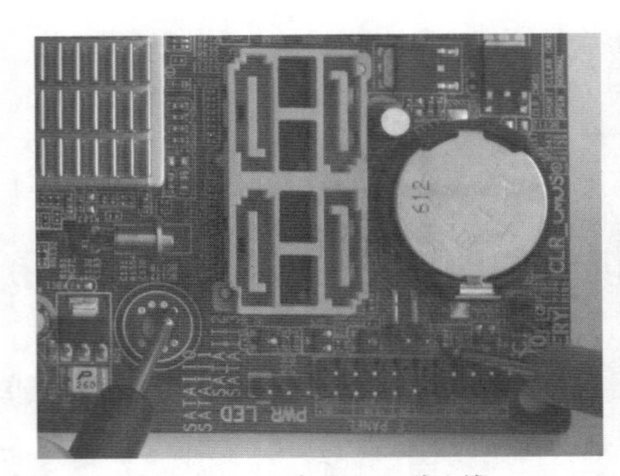

图 8-35　电容 C135 到地线之间线路的检测

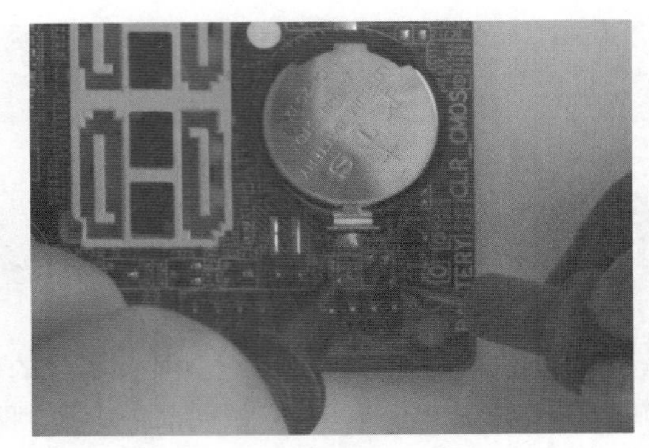

图 8-36　三端二极管 D1 的第 3 脚到电阻 R188 之间线路的检测

7）检测电容 C136 到地线之间的线路，如图 8-38 所示。线路正常时数字万用表应发出报警声。

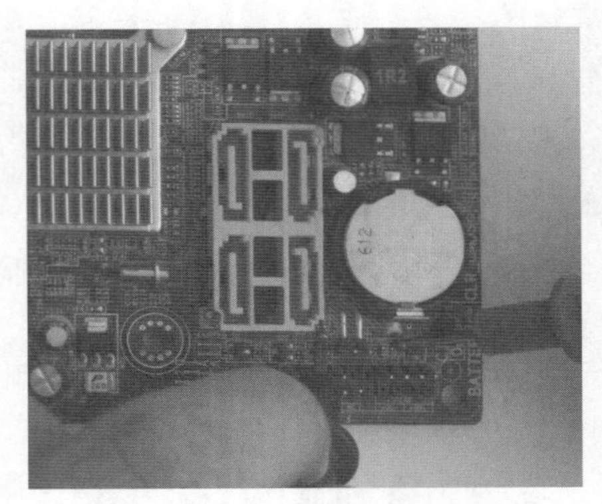

图 8-37　电阻 R188 到电容 C136 之间线路的检测

图 8-38　电容 C136 到地线之间线路的检测

8）检测电阻 R188 到 COMS 跳线之间的线路，如图 8-39 所示。线路正常时数字万用表应发出报警声。

9）检测电阻 R188 到南桥 RTCRST# 引脚间的线路，如图 8-40 所示。线路正常时数字万用表应发出报警声。

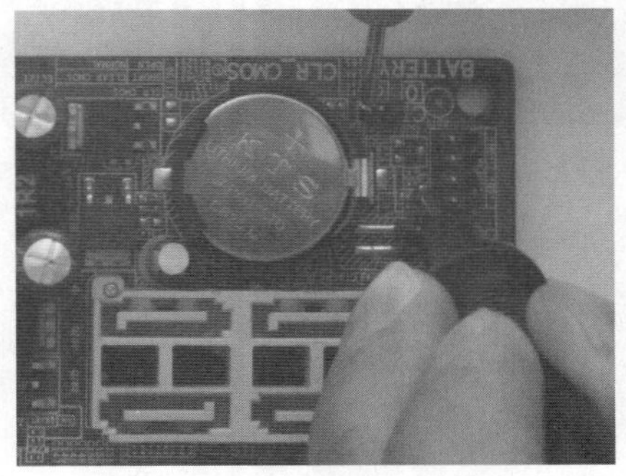

图 8-39　电阻 R188 到 COMS 跳线之间线路的检测

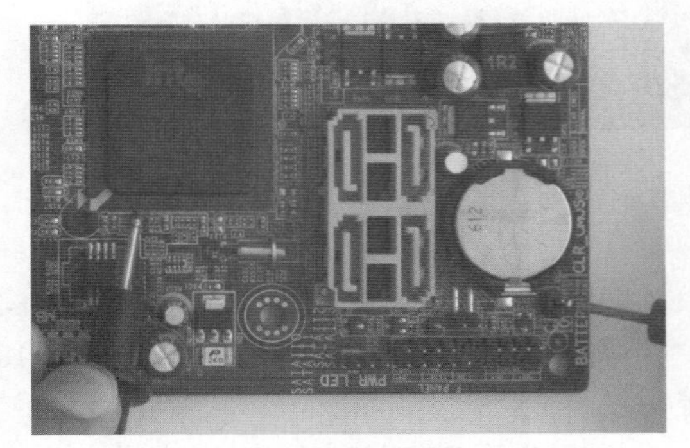

图 8-40　电阻 R188 到南桥 RTCRST# 引脚间线路的检测

实例 50 CMOS 电路跑线——实时时钟线路跑线

根据主板实时时钟电路原理图 8-7，主板实时时钟电路跑线的具体步骤如下：

1）将万用表调挡至“蜂鸣”挡，检测南桥芯片附近的晶振 X1 与所连接的谐振电容 C132 之间的线路，如图 8-41 所示。线路正常时数字万用表应发出报警声。

2）检测南桥芯片附近的晶振 X1 与所连接的谐振电容 C133 之间的线路，如图 8-42 所示。线路正常时数字万用表应发出报警声。

图 8-41 晶振 X1 与所连接的谐振电容 C132 之间线路的检测

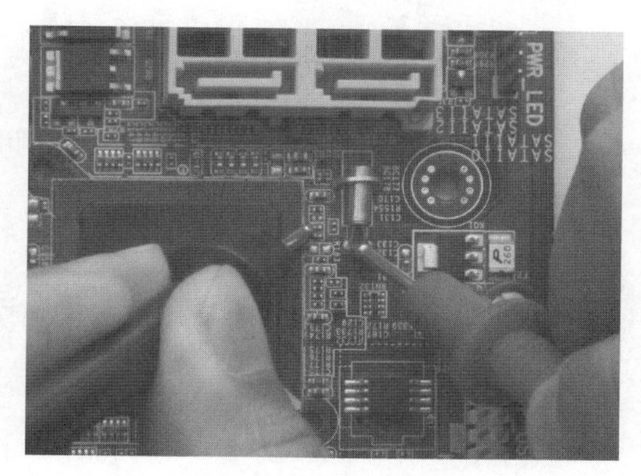

图 8-42 晶振 X1 与所连接的谐振电容 C133 之间线路的检测

3）检测电容 C132 与地之间的线路，如图 8-43 所示。线路正常时数字万用表应发出报警声。

4）检测电容 C133 与地之间的线路，如图 8-44 所示。线路正常时数字万用表应发出报警声。

图 8-43 电容 C132 与地之间线路的检测

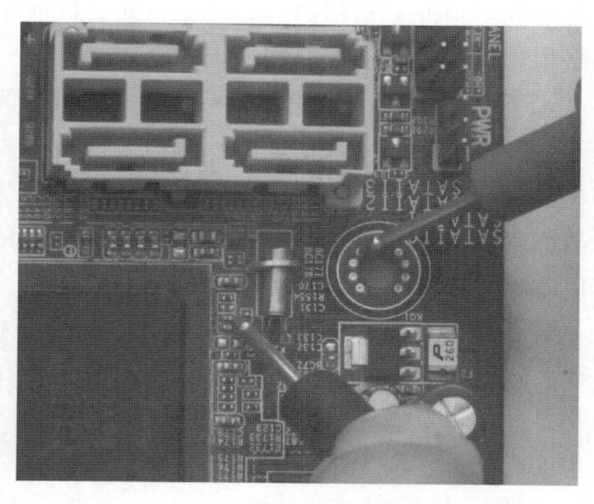

图 8-44 电容 C133 与地之间线路的检测

5）检测晶振 X1 到南桥芯片之间的线路，如图 8-45 所示。线路正常时数字万用表应发出报警声。

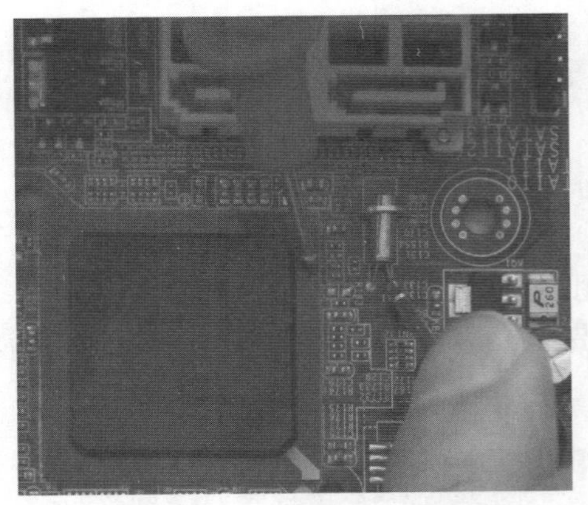

a）晶振第 1 引脚到南桥之间线路的检测

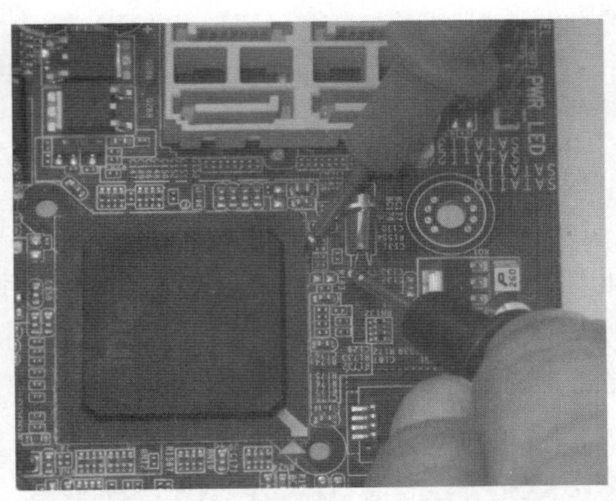

b）晶振第 2 引脚到南桥之间线路的检测

图 8-45　晶振 X1 到南桥芯片之间线路的检测

实例 51　CMOS 电池出现问题导致的故障

故障现象

一台电脑，在开机启动时显示“CMOS checksum error-Defaults loaded”错误提示。

故障判断

该问题主要是由于主板 CMOS 电池出现问题导致，但也有极少的情况是 CMOS 存储器出现问题导致的，后者需要更换南桥芯片才能排除故障。

故障分析与排除过程

步骤 1　掌握故障电脑的故障现象及故障发生前的情况，是检修过程的第一步，同时也是检修过程中非常重要的一个步骤。

而针对该故障电脑出现的这类故障，属于故障现象易于分析而故障原因较少的故障类型，处理起来也相对容易。如图 8-46 所示为故障电脑出现“CMOS checksum error-Defaults loaded”错误提示的界面。

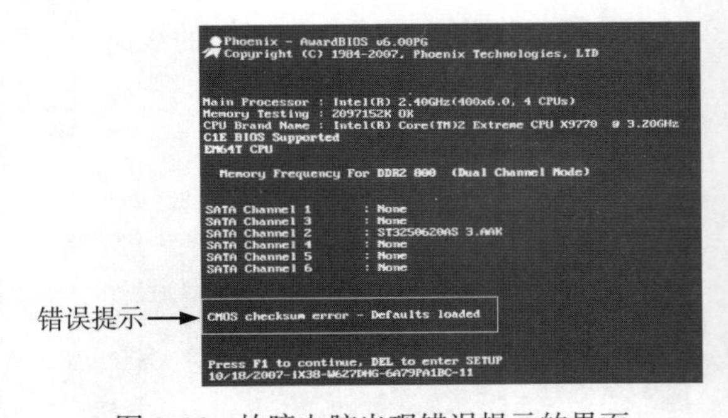

图 8-46　故障电脑出现错误提示的界面

步骤 2　由于主板的电路设计，使得主板 CMOS 电池通常使用两三年都不用更换，但由于 CMOS 电池相关电路上的电子元器件存在损坏或性能不良，可能导致 CMOS 电池过快耗尽，所以在检修此类故障时，如果是使用时间在两年内的主板，应检测 CMOS 电池相关电路上的电子元器件是否存在问题。

更换主板 CMOS 电池，并检测其相关电路上的电子元器件无明显问题，重新启动后故障排除。

故障检修经验总结：

主板故障检修是建立在熟练掌握主板工作原理及相关知识基础上的，对于检修过程中遇到的各种故障，要根据故障现象，结合主板工作原理等知识，逐步推导出故障原因。在检修经验足够丰富时，很多故障现象的细微差别都是推导出故障原因的关键，而在学习主板检修的过程中，就是要熟练掌握主板检修的相关知识，并不断总结检修经验。

实例 52　电容器出现问题导致的 BIOS 电路故障

故障现象

一台电脑，出现不能正常开机启动的故障。

故障判断

应重点检测主板供电电路、开机电路以及主板 I/O 芯片、芯片组等是否存在虚焊、性能不良或已经损坏的问题。当上述检修操作不能排除故障时，也应关注是否由于主板 BIOS 电路等存在问题而导致了故障的产生。

故障分析与排除过程

步骤 1　确认故障，排除主机外部供电存在问题。

步骤 2　对主板进行清理，并仔细观察主板上的电子元器件是否存在明显的物理损坏。清理并仔细观察该故障电脑后，没有发现明显的问题。

移除不必要的硬件设备（如光驱），重新插拔内存条、硬盘等硬件设备后进行测试，故障依旧。说明故障原因多半在故障电脑的主板上。

此时，需根据电路图做进一步的检修操作。

步骤 3　对于电脑出现的不能正常开机启动的故障，应按照供电、时钟以及复位信号的顺序去进行检修。

检测该故障电脑待机供电输出正常，短接前端控制面板接脚进行开机操作后，主板 ATX 电源插座正常输出各种供电，说明主板开机电路正常。检测主板 CPU 核心供电电路已经正常输出供电，CPU 的时钟信号和复位信号也正常。此时应检修是否由于 BIOS 电路出现问题而导致了故障的产生。如图 8-47 所示为故障电脑主板 BIOS 电路图。

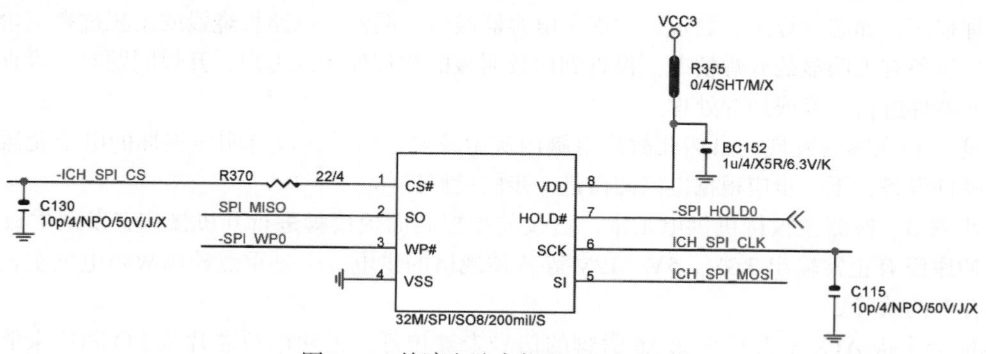

图 8-47　故障电脑主板 BIOS 电路图

检修主板 BIOS 电路时，应首先检修其供电是否正常。如图所示，BIOS 芯片的第 8 引脚 VDD 为供电输入端，其供电 VCC3 为主板 ATX 电源插座的输出供电。

经检测 BIOS 芯片第 8 引脚无供电输入，于是检测供电电路上的电阻器 R355 和电容器 BC152，发现电容器 BC152 存在问题。因此推测此问题导致了故障的产生。

步骤 4 更换出现问题的电容器，进行测试时发现故障已经排除。

故障检修经验总结：

在不能正常开机启动的故障检修中，遇到的故障原因会很多。主板上的开机电路、供电电路、时钟电路和复位电路出现问题，都可能导致不能正常开机启动的故障，而大部分不能正常开机启动的故障也是由于主板这些电路出现问题导致的。但也有一部分不能正常开机启动的故障，是由于主板 BIOS 电路等出现问题导致的，在排除常见的不能开机启动故障原因后，应考虑对这些电路进行检修操作。

实例 53 32.768kHz 晶振出现问题导致的故障

故障现象

一台使用四五年的电脑，突然出现不能正常开机启动的故障。

故障判断

对于使用时间较长的电脑来说，其主板上的相关硬件设备和电子元器件可能出现老化、虚焊、脱焊或性能不良、损坏的问题，并导致相关故障。在检修时应特别注意对故障电脑主板上各种电子元器件性能的检测。

故障分析与排除过程

步骤 1 排除电脑主机外部供电问题，确认故障。

步骤 2 打开故障电脑主机机箱后，重新插拔内存条、硬盘、光驱以及独立显卡等设备，并将光驱、独立显卡等非必需硬件移除，然后检查是否能够正常开机启动，结果依然不能正常开机启动。

将主板从机箱上卸下，然后对主板进行清理。

在清理的过程中，仔细检查主板上的主要芯片、电子元器件以及硬件设备的外观有无明显物理损坏，如芯片烧焦、裂痕、虚焊，电容器鼓包、漏液，电路板烧毁或淤积过多灰尘，各种接口设备有无明显的开焊情况。检查到比较明显的物理损坏或虚焊、开焊问题时，可直接对这些元器件进行更换或加焊处理。

清理和观察后发现，虽然此故障电脑内灰尘较多，但是并没有明显损坏的电子元器件或相关硬件设备，下一步应根据电路图做进一步的检修操作。

步骤 3 检测主板待机供电正常，短接前端控制面板接脚进行开机操作，发现主板 ATX 电源插座没有正常输出 3.3V、5V、12V 等各种规格的供电。于是重点检修故障电脑主板开机电路存在的故障。

检测主板 ATX 电源插座第 16 引脚的信号未被拉低，说明南桥芯片或 I/O 芯片未能正常工作。接着检测 SLP_S3# 信号，发现其未被拉高，说明南桥芯片在开机过程中没有正常动作。之后再检测 I/O 芯片给南桥芯片的 RSMRST# 和 PWRBTN# 这两个信号正常，说明 I/O 芯片已经正常工作，于是检修南桥芯片其他工作条件是否具备。

检测南桥芯片的供电正常，但是检测南桥芯片外接的 32.768kHz 晶振 X1 时，发现其性能不良。如图 8-48 所示为故障电脑南桥芯片外接的 32.768kHz 晶振及谐振电容电路图。

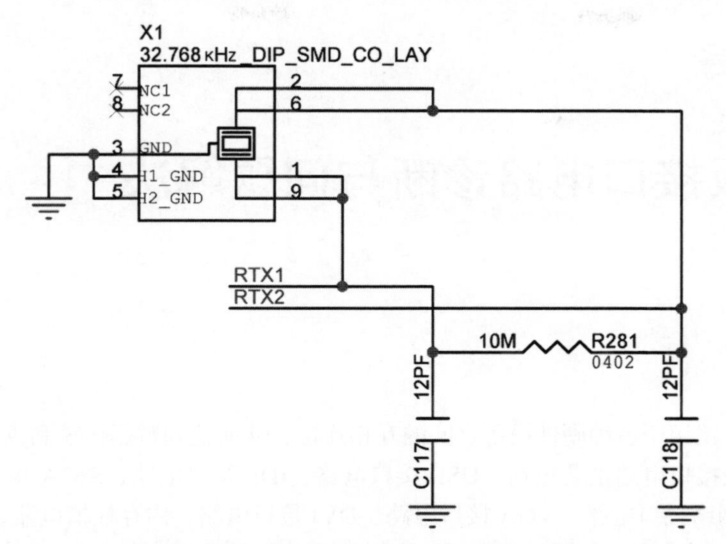

图 8-48　故障电脑南桥芯片外接的 32.768kHz 晶振及谐振电容电路图

步骤 4　更换性能不良的 32.768kHz 晶振，开机进行测试，能够正常开机启动，故障已经排除。

故障检修经验总结：

主板上的硬件设备或电子元器件存在虚焊、损坏或性能不良导致的故障，常见于使用时间较长、使用环境较为恶劣的电脑。所以在检修的时候要特别注意对故障电脑的品质以及损耗情况的了解，这非常有助于检修过程中对故障原因的判断。

第 9 章

主板接口电路诊断与问题解决

主板接口电路用于各种硬件设备之间的互相连接，从而达到数据传输和供电的目的。

常见的主板接口电路主要包括：USB 接口电路、IDE 接口电路、SATA 接口电路、PS/2 接口电路、RJ45 网络接口电路、VGA 接口电路、DVI 接口电路、内存插槽电路、PCI 插槽电路、PCI-E 插槽电路、串行接口电路、并行接口电路以及音频接口电路等。

主板的接口电路通常由接口设备、电容器、电阻器、二极管、晶体管、场效应管以及相关主控芯片等电子元器件及相关硬件设备组成，其结构相对简单，但作用十分重要，出现故障的概率也较高。

下面以主板常见典型接口电路为例，概述主板接口电路的相关理论和检修知识。

技巧 68 USB 接口电路诊断与问题解决

主板 USB 接口可用于连接鼠标、键盘、移动硬盘、打印机、扫描仪、音箱等各种外接设备，是目前各种电子产品中最常见的接口类型。

USB 接口电路的作用

USB（Universal Serial Bus）的中文含义是“通用串行总线”，是一种外部总线标准，主要用于规范电脑与外部设备的连接和通信。

USB 接口就是建立在 USB 规范上的一种接口类型，是目前各种电子产品中最常见的接口类型。

USB 是在 1994 年年底由 Intel、康柏、IBM、微软等多家公司共同提出的一种标准，到目前为止主要经历了 USB1.0、USB1.1、USB2.0 和 USB3.0 四个版本。目前被广泛采用的是 USB2.0 接口和 USB3.0 接口标准，它们的最高理论传输速率大约为 480Mbps 和 5Gbps。USB3.0 接口可向下兼容 USB 2.0 接口。

USB 接口的特点是：速度快、兼容性好、不占中断、可以串接、支持设备的即插即用和热插拔功能。

电脑主板配置的 USB 接口可用于连接鼠标、键盘、移动硬盘、打印机、扫描仪、音箱等各种外接设备，为主板提供了丰富的扩展性。

USB 接口电路的组成与工作原理

USB 接口电路主要由 USB 接口插座、电阻器、电容器、电感器等电子元器件和相关设备组成。USB 接口组成较为简单，这使得其电路连接也较为简单，

如图 9-1 所示为主板后置 USB 接口实物图及电路图，表 9-1 所示为主板后置 USB 接口引脚功能。

a）主板后置 USB 接口实物图

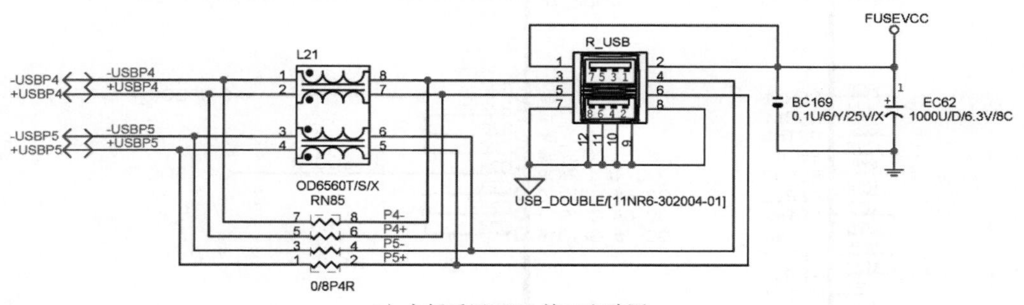

b）主板后置 USB 接口电路图

图 9-1　主板后置 USB 接口实物图及电路图

表 9-1　主板后置 USB 接口引脚功能表

引　脚	引脚功能
第 1 引脚	供电端
第 2 引脚	供电端
第 3 引脚	数据输出端 4
第 4 引脚	数据输出端 5
第 5 引脚	数据输入端 4
第 6 引脚	数据输入端 5
第 7 引脚	接地
第 8 引脚	接地
第 9 引脚	接地
第 10 引脚	接地
第 11 引脚	接地
第 12 引脚	接地

电路图中的 R_USB 为主板后方插座设备中的两个 USB 接口，其第 1 引脚和第 2 引脚接收上级供电电路传送的 FUSEVCC 供电。

USB 接口受南桥芯片控制，并直接与南桥芯片进行数据交换。R_USB 的第 3 引脚、第 5 引脚和第 4 引脚、第 6 引脚为 USB 接口的数据输入、输出端，这些引脚经过电感器 L21 和电阻器 RN85 后，直接与南桥芯片进行数据交换。如图 9-2 所示为南桥芯片 USB 控制功能模块引脚电路图。

结合图 9-1b 和图 9-2，可以清晰地看出 -USBP4、+USBP4 和 -USBP5、+USBP5 信号在南桥芯片和 USB 接口电路之间的传送关系。

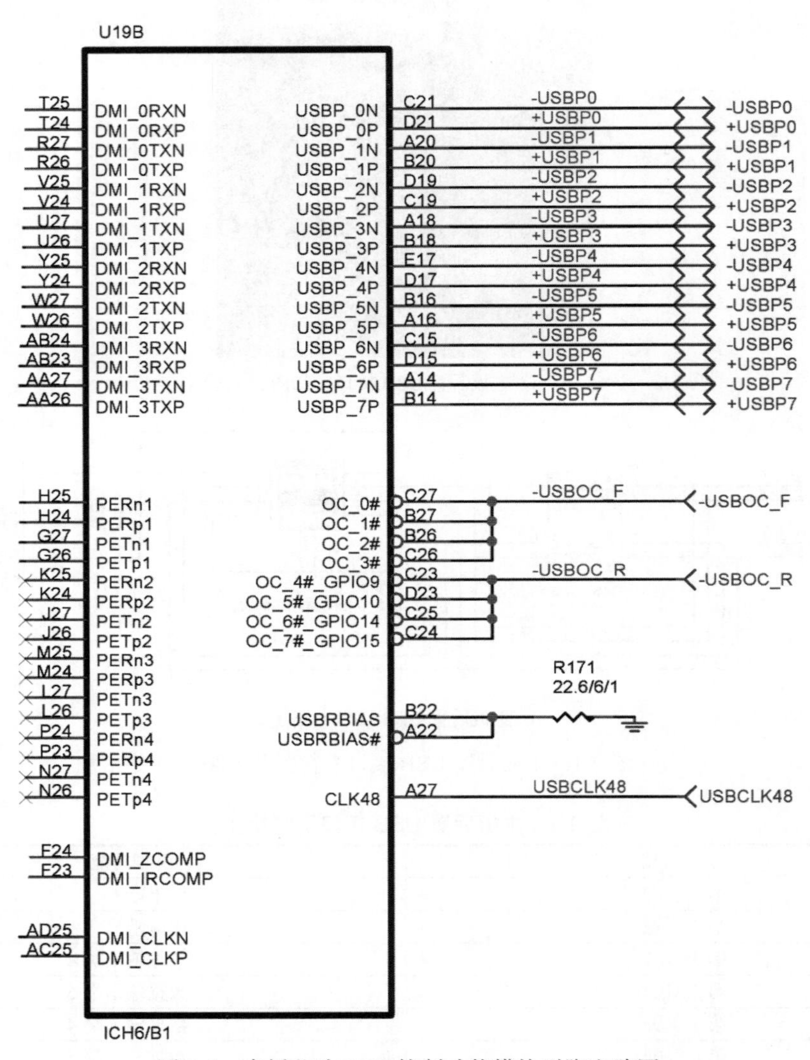

图 9-2　南桥芯片 USB 控制功能模块引脚电路图

主板除了在后方设备插座中设置两个以上的 USB 接口外，还通常在主板的边缘位置提供多个 USB 接口扩展插座，此 USB 接口扩展插座可通过相关接线连接到主机机箱的前端面板，提供方便的 USB 接口连接。如图 9-3 所示为主板 USB 接口扩展插座实物图及电路图，如表 9-2 所示为主板 USB 接口扩展插座接脚功能。

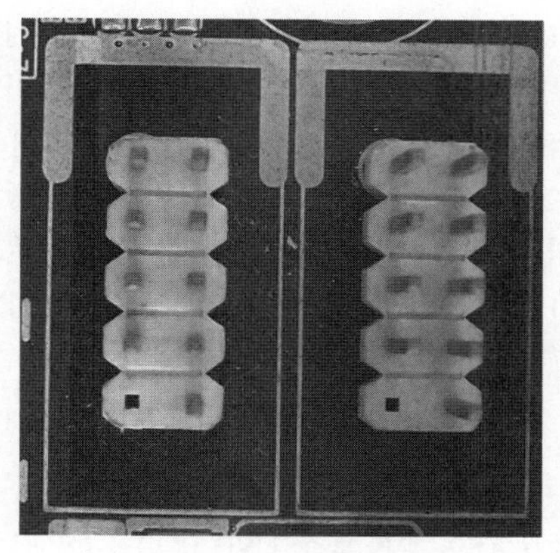

a）主板 USB 接口扩展插座实物图

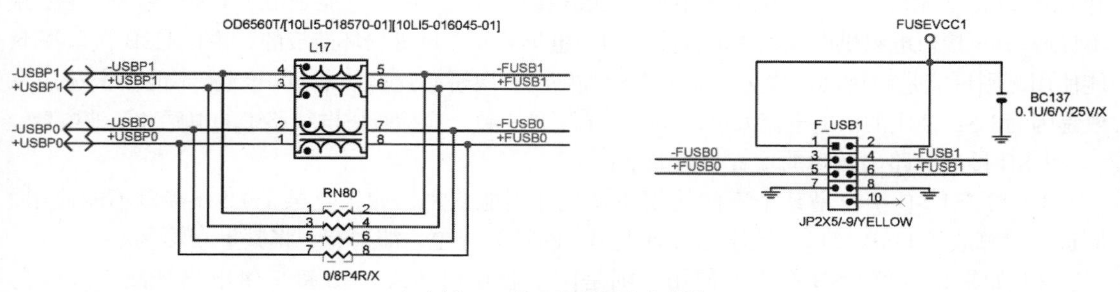

b）主板 USB 接口扩展插座电路图一

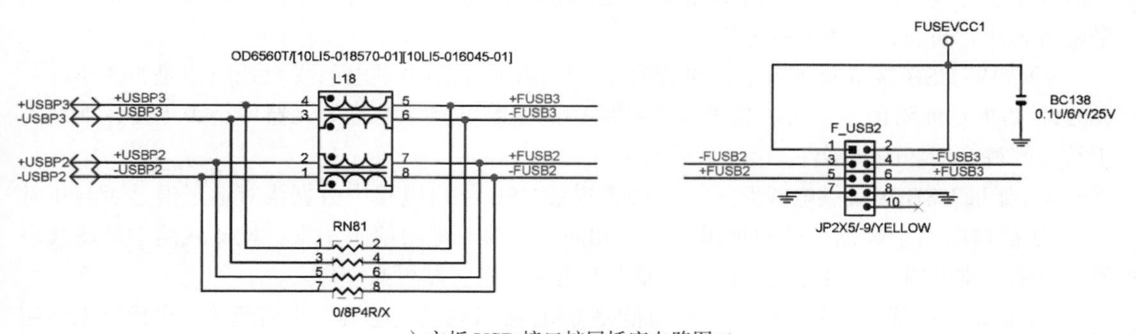

c）主板 USB 接口扩展插座电路图二

图 9-3　主板 USB 接口扩展插座实物图及电路图

表 9-2　主板 USB 接口扩展插座接脚功能表

引　脚	引脚功能
第 1 引脚	供电端
第 2 引脚	供电端
第 3 引脚	数据输出端
第 4 引脚	数据输出端
第 5 引脚	数据输入端
第 6 引脚	数据输入端
第 7 引脚	接地
第 8 引脚	接地
第 9 引脚	无
第 10 引脚	空脚

电路图中的FUSB1和FUSB2为主板两个USB接口扩展插座，并可分别扩展出两个USB接口，而两个插座的作用是相同的，其第1引脚和第2引脚接收上级供电电路传送的FUSEVCC1供电。它同样受南桥芯片控制，并直接与南桥芯片进行数据交换。

USB接口扩展插座的第3引脚、第4引脚和第5引脚、第6引脚为USB接口的数据输出和输入端，这些引脚经过电感器和电阻器后，直接与南桥芯片进行数据交换。电路图中的–USBP0、+USBP0、–USBP1、+USBP1、–USBP2、+USBP2以及–USBP3、+USBP3为南桥芯片与USB接口电路之间传输的信号。

USB接口电路故障诊断

USB接口电路中常见的故障有：主板某个USB接口不能使用、主板USB接口都不能使用和USB设备不能被识别。如果主板中某个USB接口不能使用，可能是由于USB接口插座接触不良或USB接口电路供电线路中的保险电阻、电感等元器件等损坏造成的；主板USB接口都不能使用，则可能是南桥芯片损坏，应重点检查供电和南桥芯片；如果USB设备不能被识别，一般是因为USB插座的供电电流太小，导致供电不足所致，应检查供电线路中的电感和滤波电容。

USB接口电路出故障的检查步骤如下：

1）检查USB接口是某个不能使用还是全部不能使用，如果是某个USB接口不能使用，应首先检测故障USB接口的插座是否有虚焊、断针等现象，如果有，将其重新焊接。

2）如果是全部USB都不能使用，则是南桥芯片损坏或USB接口供电出现故障。检查USB接口的供电线路，如果供电不正常，更换供电线路中损坏的元器件；如果供电正常，则是南桥芯片有问题，更换南桥芯片。

3）如果USB接口插座正常，接着测量USB接口电路中供电引脚对地阻值是否为180～380Ω。如果对地阻值不正常，检测供电线路中的保险电阻、电感等元器件是否正常，如果不正常，则替换损坏的元器件。

4）如果USB接口供电线路正常，接着测量USB接口电路中数据线对地阻值是否与正常的USB接口电路中数据线的对地阻值大致相同。如果对地阻值不正常，检测线路中的滤波电容、电感、排电阻等元器件是否正常，如果不正常，则将其更换。

5）如果数据线对地阻值正常，则可能是USB接口的供电电流较小引起的，更换供电线路中的滤波电容或电感等元器件。

技巧69 IDE接口电路诊断与问题解决

主板IDE接口主要用于连接硬盘、光驱等硬件设备，已经逐渐被其他接口所取代，但在主板检修中，还是会经常遇到这种类型的接口。

IDE接口电路的作用

IDE（Integrated Drive Electronics）接口，又称为ATA（Advanced Technology Attachment）接口。IDE是把控制器与盘体集成在一起的硬盘接口技术，而ATA是关于IDE的一系列技术规范，所以两者经常混用。

IDE 接口主要用来连接硬盘、光驱等硬件设备，IDE 硬盘的传输率为 100MB/s 左右，具有价格低廉、性能适中、兼容性好等特点，缺点是传输速率与新型接口相比较慢，能够连接的设备较少等。

IDE 接口电路的组成与工作原理

主板的 IDE 接口共有 40 个引脚，主要包括了数据线、地址线、时钟线、复位线、供电线等。

主板 IDE 接口电路主要由 IDE 接口插座以及电阻器、电容器等较少的电子元器件和相关硬件设备组成。

通常，主板 IDE 接口受南桥芯片控制，并主要与南桥芯片进行数据交换。如图 9-4 所示为主板 IDE 接口实物图及电路图，如表 9-3 所示为主板 IDE 接口引脚功能。

a）主板 IDE 接口实物图

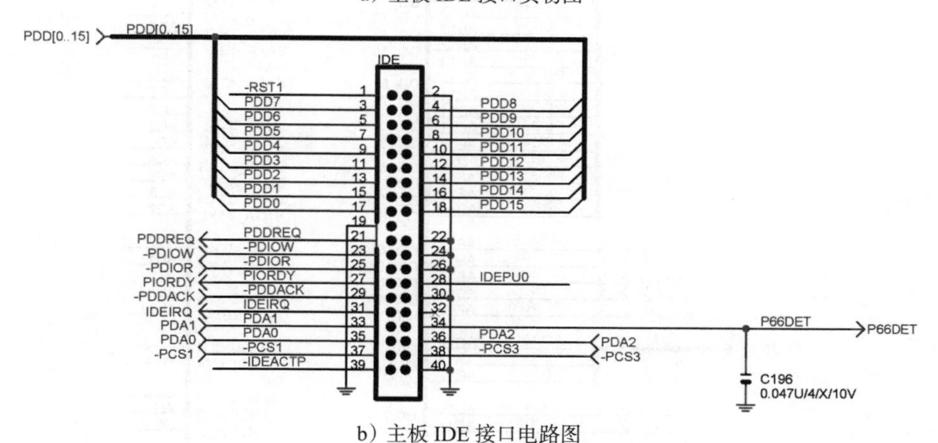

b）主板 IDE 接口电路图

图 9-4　主板 IDE 接口实物图及电路图

表 9-3　主板 IDE 接口引脚功能表

引　脚	引脚定义	引脚功能	引　脚	引脚定义	引脚功能
第 1 针	RESET#	复位线	第 7 针	DD5	数据线
第 2 针	GND	接地	第 8 针	DD10	数据线
第 3 针	DD7	数据线	第 9 针	DD4	数据线
第 4 针	DD8	数据线	第 10 针	DD11	数据线
第 5 针	DD6	数据线	第 11 针	DD3	数据线
第 6 针	DD9	数据线	第 12 针	DD12	数据线

（续）

引　脚	引脚定义	引脚功能	引　脚	引脚定义	引脚功能
第 13 针	DD2	数据线	第 27 针	IORDY	设备准备好
第 14 针	DD13	数据线	第 28 针	CSEL	地址信号使能
第 15 针	DD1	数据线	第 29 针	DMACK#	DMA 时钟
第 16 针	DD14	数据线	第 30 针	GND	接地
第 17 针	DD0	数据线	第 31 针	INTRQ	中断请求
第 18 针	DD15	数据线	第 32 针	NC	空脚
第 19 针	GND	接地	第 33 针	DA1	地址线
第 20 针	KEY	无	第 34 针	PDIAG#	N/A 未用
第 21 针	DMARQ	DMA 请求	第 35 针	DA0	地址线
第 22 针	GND	接地	第 36 针	DA2	地址线
第 23 针	DIOW#	写选通信号	第 37 针	CS0#	片选信号
第 24 针	GND	接地	第 38 针	CS1#	片选信号
第 25 针	DIOR#	读选通信号	第 39 针	DASP#	硬盘灯信号
第 26 针	GND	接地	第 40 针	GND	接地

主板 IDE 接口的第 1 引脚为复位信号输入端，第 3 ~ 18 引脚与南桥芯片连接，用于数据传送。第 21、23、25 等引脚也与南桥芯片连接，用于通知、请求以及控制信号的传送。如图 9-5 所示为南桥芯片的 IDE 接口控制功能模块引脚电路图。

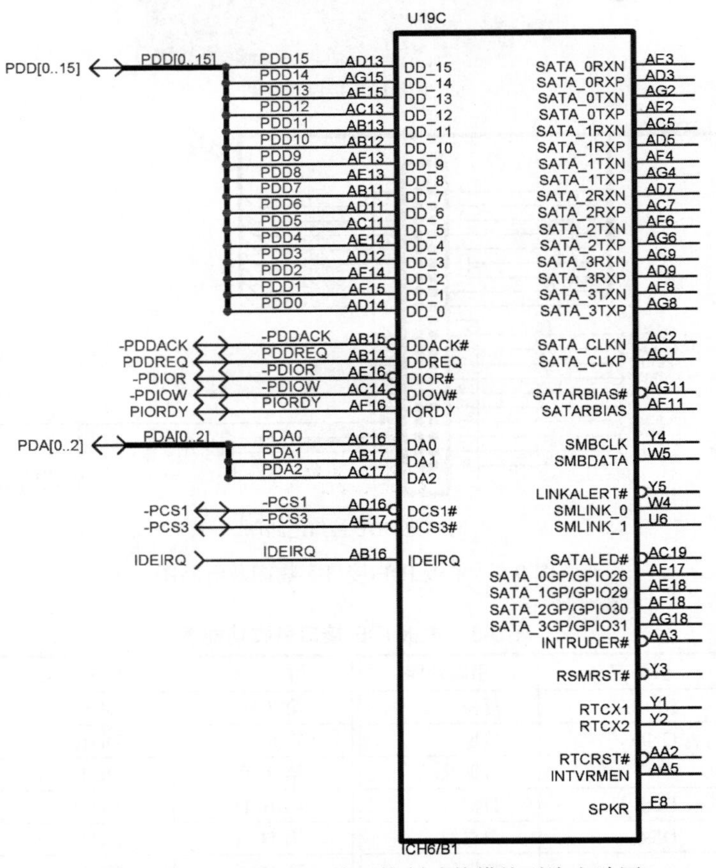

图 9-5　南桥芯片的 IDE 接口控制功能模块引脚电路图

IDE 接口电路故障诊断

IDE 接口电路常见的故障主要表现为找不到硬盘存在或硬盘无法识别。IDE 接口直接由南桥芯片控制，通常在主板能正常开启的情况下，南桥不会有问题。这样便可以把故障锁定在检查南桥芯片和 IDE 的相关部件了。

第 2、19、22、24、26、30、40 脚为 IDE 接口的地线，正常情况下除 2、19、22、24、26、30、40 脚对地阻值为 0 外，其他引脚的对地阻值均应在 700Ω 左右，如图 9-6 所示。

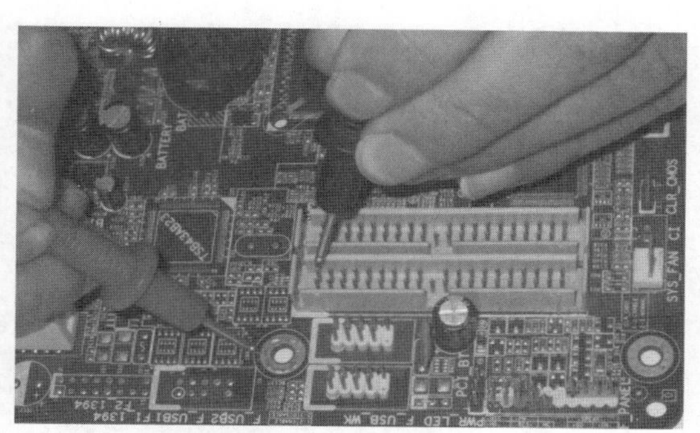

a）IDE 地线检测

b）IDE 地线之外的引脚的对地阻值的检测

图 9-6　IDE 各引脚对地阻值的检测

技巧 70　SATA 接口电路诊断与问题解决

SATA 接口是目前硬盘的主流接口，不但传统的机械硬盘采用 SATA 接口，而且速度更快的固态硬盘也广泛采用了 SATA 接口，足见这种接口在传输速率以及通用性方面的优势。

SATA 接口电路的作用

SATA 是 Serial ATA 的简称，即串行 ATA 接口，是一种采用串行方式传输数据的接口。目前

SATA 接口主要有 SATA 1.5Gbps、SATA 3Gbps 和 SATA 6Gbps 三种规格。SATA 6Gbps 是目前被广泛采用的主流规格。SATA 总线使用嵌入式时钟频率信号，纠错能力强，可有效提高系统的稳定性。SATA 接口使用的排线比 IDE 接口排线要小很多，这样有利于减小整机的体积和增强散热性能。

SATA 接口电路的组成与工作原理

主板上通常配置多个 SATA 接口，它是一个 7 引脚的插座。通常，SATA 接口电路直接与南桥芯片进行通信，但在部分主板中也会采用第三方扩展芯片来控制和管理 SATA 接口。如图 9-7 所示为主板 SATA 接口实物图及电路图，如表 9-4 所示为主板 SATA 接口引脚功能。

a）主板 SATA 接口实物图

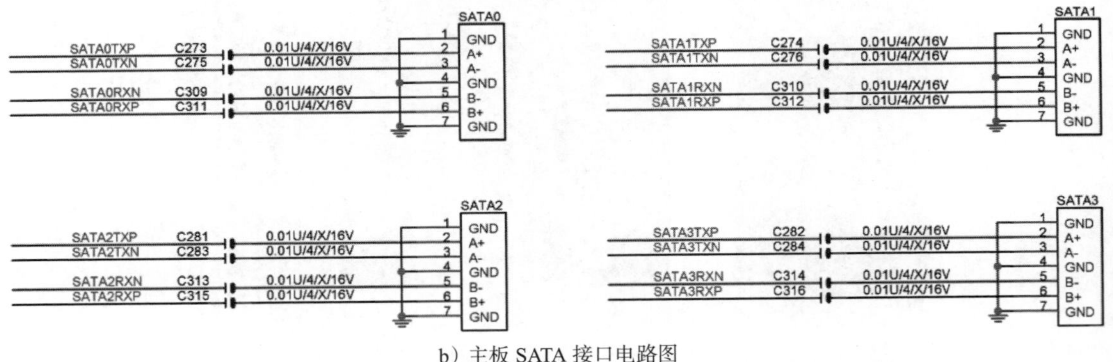

b）主板 SATA 接口电路图

图 9-7　主板 SATA 接口实物图及电路图

表 9-4　主板 SATA 接口引脚功能表

引　脚	引脚定义	引脚功能
第 1 针	GND	接地端
第 2 针	TX+	数据发送差分信号对
第 3 针	TX−	
第 4 针	GND	接地端
第 5 针	RX−	数据接收差分信号对
第 6 针	RX+	
第 7 针	GND	接地端

主板 SATA 接口电路连接简单，故障率也较低，比较容易出现问题的是电路中的电容器，以及南桥芯片。如图 9-8 所示为南桥芯片的 SATA 接口控制功能模块引脚电路图。

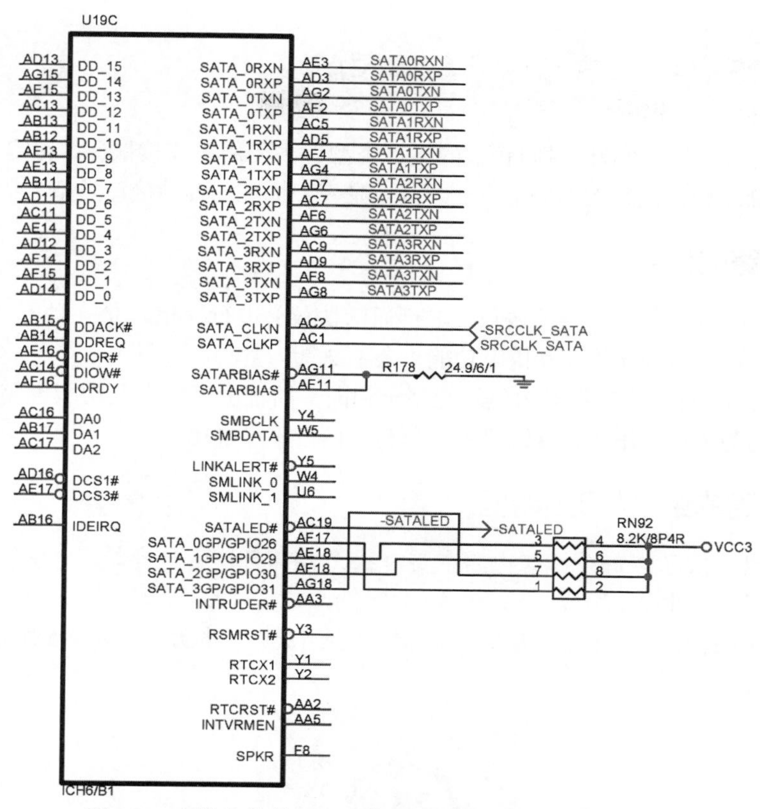

图 9-8　南桥芯片的 SATA 接口控制功能模块引脚电路图

SATA 接口电路故障诊断

对 SATA 接口电路进行检测，首先是对 SATA 接口外接各个电容器的对地阻值进行检测，正常时，它们的对地阻值是相同的。其次，还应检测 SATA 的时钟信号输入端是否正常。将数字万用表调挡至“二极管”挡，将万用表的红表笔接地，黑表笔检测 SATA 接口外接各个电容器的对地阻值，正常情况为 300Ω 左右。具体方法如图 9-9 所示。

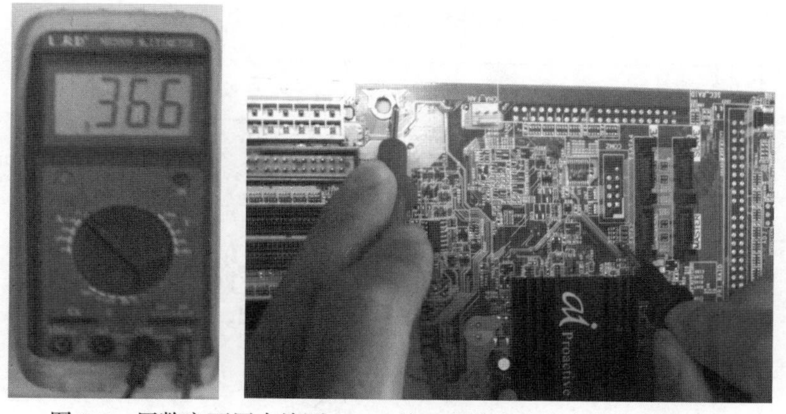

图 9-9　用数字万用表检测 SATA 接口外接各个电容器的对地阻值

然后接通主板的电源，用示波器检测 SATA 接口电路的时钟晶振是否正常，一般为 25MHz。

技巧 71 PS/2 接口电路诊断与问题解决

主板 PS/2 接口是一种沿用时间较长的接口类型，主要用于连接鼠标、键盘，目前也正被 USB 接口等逐渐取代，但在大部分主板上，其还是一种标准配置的接口类型。

PS/2 接口电路的作用

主板 PS/2 接口采用 PS/2 通信协议（串行通信协议）进行通信，是一种 6 针的圆形接口，其中 4 针用于数据、时钟、接地和供电功能，余下 2 针为空脚。

鼠标和键盘的 PS/2 接口不但物理外观完全相同，而且引脚定义及功能也完全相同。通常用于连接鼠标的为绿色，用于连接键盘的为紫色，两者不可混用。

PS/2 接口电路的组成与工作原理

主板中键盘、鼠标的 PS/2 接口电路主要由 PS/2 接口插座、电容器、电感器以及电阻器等电子元器件和相关硬件设备组成。

如图 9-10 所示为主板鼠标、键盘 PS/2 接口实物图及电路图，如表 9-5 所示为主板鼠标、键盘 PS/2 接口引脚功能。

a）主板鼠标、键盘 PS/2 接口实物图

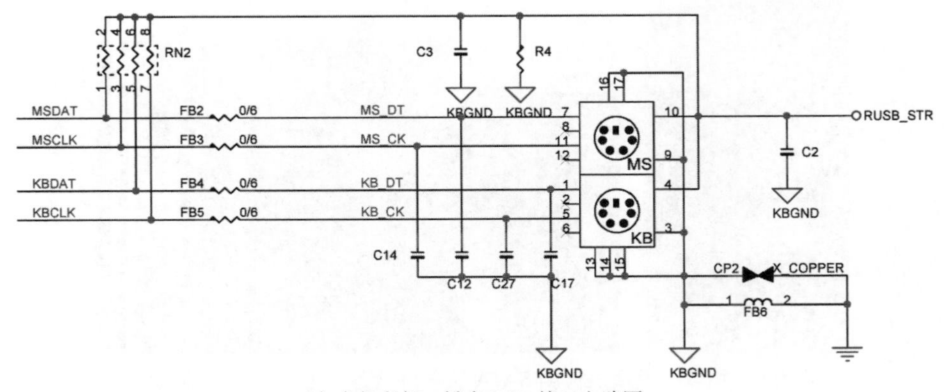

b）主板鼠标、键盘 PS/2 接口电路图

图 9-10 主板鼠标、键盘 PS/2 接口实物图及电路图

表 9-5　主板鼠标、键盘 PS/2 接口引脚功能表

引脚	第 1 引脚	第 2 引脚	第 3 引脚	第 4 引脚	第 5 引脚	第 6 引脚
鼠标	数据端	空脚	接地端	5V 供电端	时钟信号端	空脚
键盘	数据端	空脚	接地端	5V 供电端	时钟信号端	空脚

主板鼠标、键盘 PS/2 接口电路通常连接到 I/O 芯片，并与 I/O 芯片进行通信。如图 9-11 所示为 I/O 芯片 PS/2 接口控制功能模块引脚电路图。

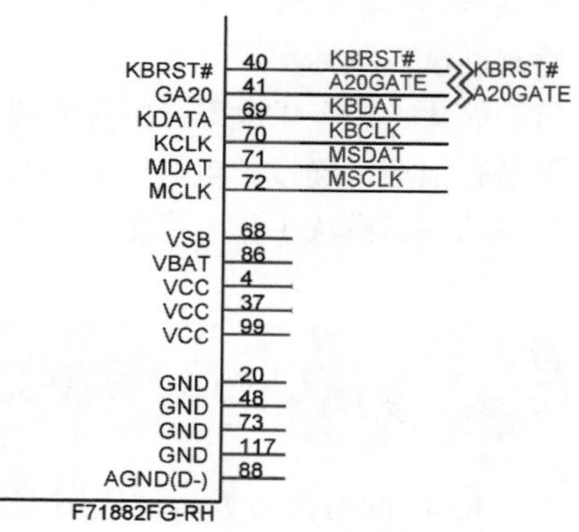

图 9-11　I/O 芯片 PS/2 接口控制功能模块引脚电路图

PS/2 接口电路故障诊断

如果出现键盘、鼠标不能使用的故障时，首先应排除键盘、鼠标本身损坏的故障，通常可使用替换法进行检测，即将所怀疑的键盘、鼠标连接到另一台正常的电脑中，如果能够正常使用，则说明不是键盘、鼠标的问题。

当键盘、鼠标接口电路有故障时，首先检测键盘、鼠标接口电路供电引脚对地阻值，可以利用 PS/2 阻值测试卡与 PS/2 接口对照来确定鼠标接口的各引脚。

将数字万用表量程调挡至“蜂鸣”挡，红色表笔连接接口中的接地端，黑色表笔连接接口的供电端，如图 9-12 所示。正常时它的值应该是 300 ～ 700Ω，如果检测数值不正常，则可能是供电线路中的跳线帽没有插好或跳线连接的保险电阻或电感损坏，更换损坏的元器件即可。

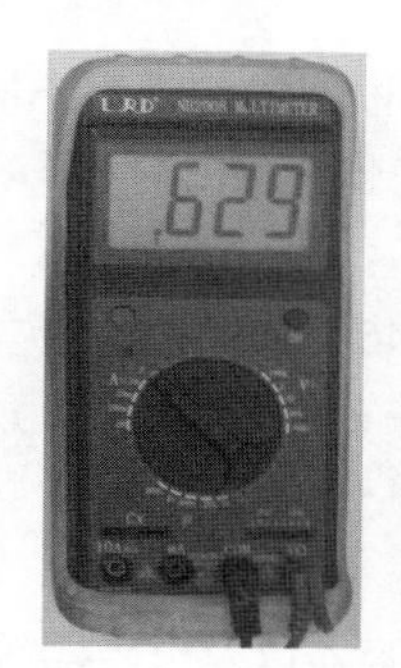

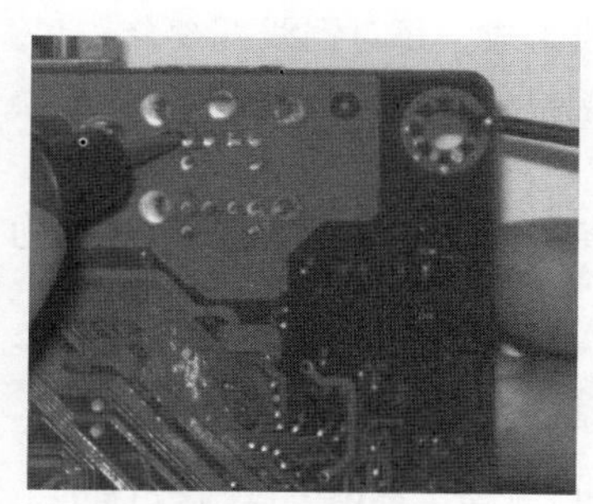

a）键盘接口供电引脚对地阻值的检测

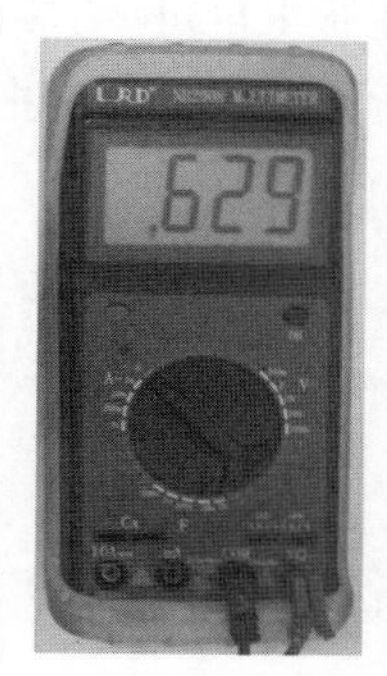

b）鼠标接口供电引脚对地阻值的检测

图 9-12　键盘、鼠标接口供电端的对地阻值

如果跳线对地阻值正常，说明键盘、鼠标接口电路部分供电正常，接着需要检测电路中

数据线和时钟线的对地阻值。如果对地阻值不正常，接着检查键盘、鼠标电路中连接的上拉电阻和滤波电容是否损坏，如果损坏，更换损坏的元器件。如果电阻和电容正常，则可能是BIOS芯片故障，重新刷新BIOS芯片，看能否解决故障。如果上面检测都正常，则可能是I/O芯片或南桥芯片内部的相关模块损坏，更换I/O芯片或南桥芯片。

如果键盘、鼠标出现有时能使用，有时不能使用的现象，则可能是键盘或鼠标接触不良或供电不足；信号上拉电阻损坏；南桥芯片或I/O芯片内部的控制器工作不稳定造成的。首先检测键盘或鼠标本身是否正常，如果键盘、鼠标正常，接着检查键盘、鼠标接口是否虚焊或接口被氧化；检查供电部分的保险电阻是否正常；如果供电正常，接着检查信号线连接的上拉电阻是否损坏，连接的电容是否不规则地漏电。如果上面都正常，则可能是南桥芯片或I/O芯片内部的控制模块工作不稳定，需更换南桥芯片或I/O芯片。

技巧72 RJ45网络接口电路诊断与问题解决

RJ45网络接口是一种应用十分广泛的接口类型，同时也是大部分主板必备的一种用于网络连接的接口。

RJ45网络接口电路的作用

网络连接是主板要实现的重要功能之一，而主板与外部设备之间进行有线网络连接时，主要通过网线进行通信。

网线由4对细铜线组成，每对铜线都绞合一起，每根铜线都外裹不同颜色的塑料绝缘层，然后整体再外包一层塑料外套。每条双绞线两端通过安装RJ45连接器（水晶头）连接需要互相通信的两个设备。

用于连接两个设备的网线两端的RJ45接口称为RJ45公口，而主板等设备上的RJ45接口称为RJ45母口。

RJ45网络接口电路的组成与工作原理

主板RJ45网络接口电路主要由RJ45接口插座、电容器以及电阻器等电子元器件和相关硬件设备组成，其结构也相对比较简单。如图9-13所示为主板RJ45网络接口实物图及电路图。

主板的RJ45网络接口通常都与主板的网卡芯片直接相连，如图9-14所示为主板网卡芯片电路图。

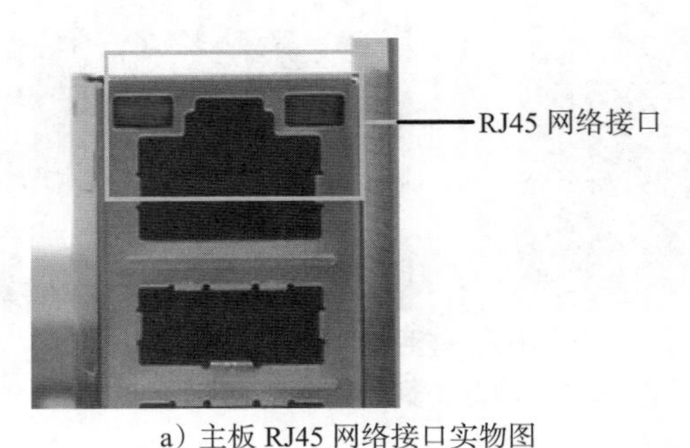

a）主板RJ45网络接口实物图

图9-13　主板RJ45网络接口实物图及电路图

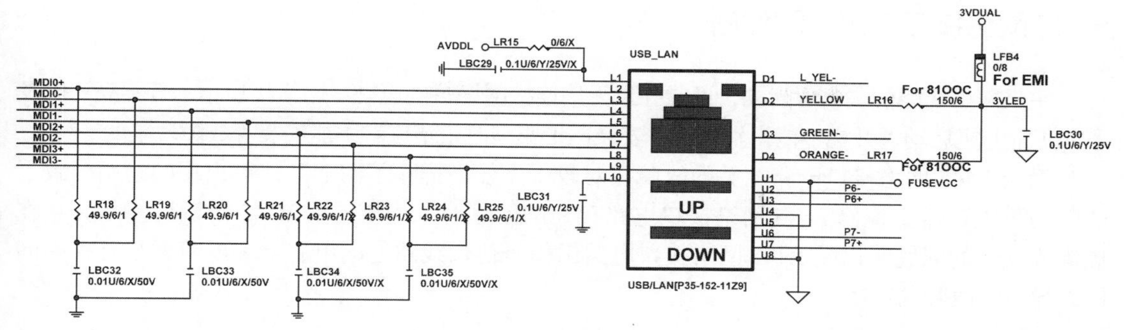

b）主板 RJ45 网络接口电路图

图 9-13 （续）

结合图 9-13b 和图 9-14 可以看出，RJ45 网络接口的第 L2 ~ L9 引脚连接到主板网卡芯片（图 9-14）的第 1、2、5、6、14、15 以及 18、19 引脚，用于传输 MDI0+、MDI0−、MDI1+、MDI1−、MDI2+、MDI2−、MDI3+、MDI3− 信号，从而实现数据交换。而 RJ45 网络接口的其他引脚会连接到主板网卡芯片或供电电路，用于 RJ45 网卡接口指示灯显示的控制。

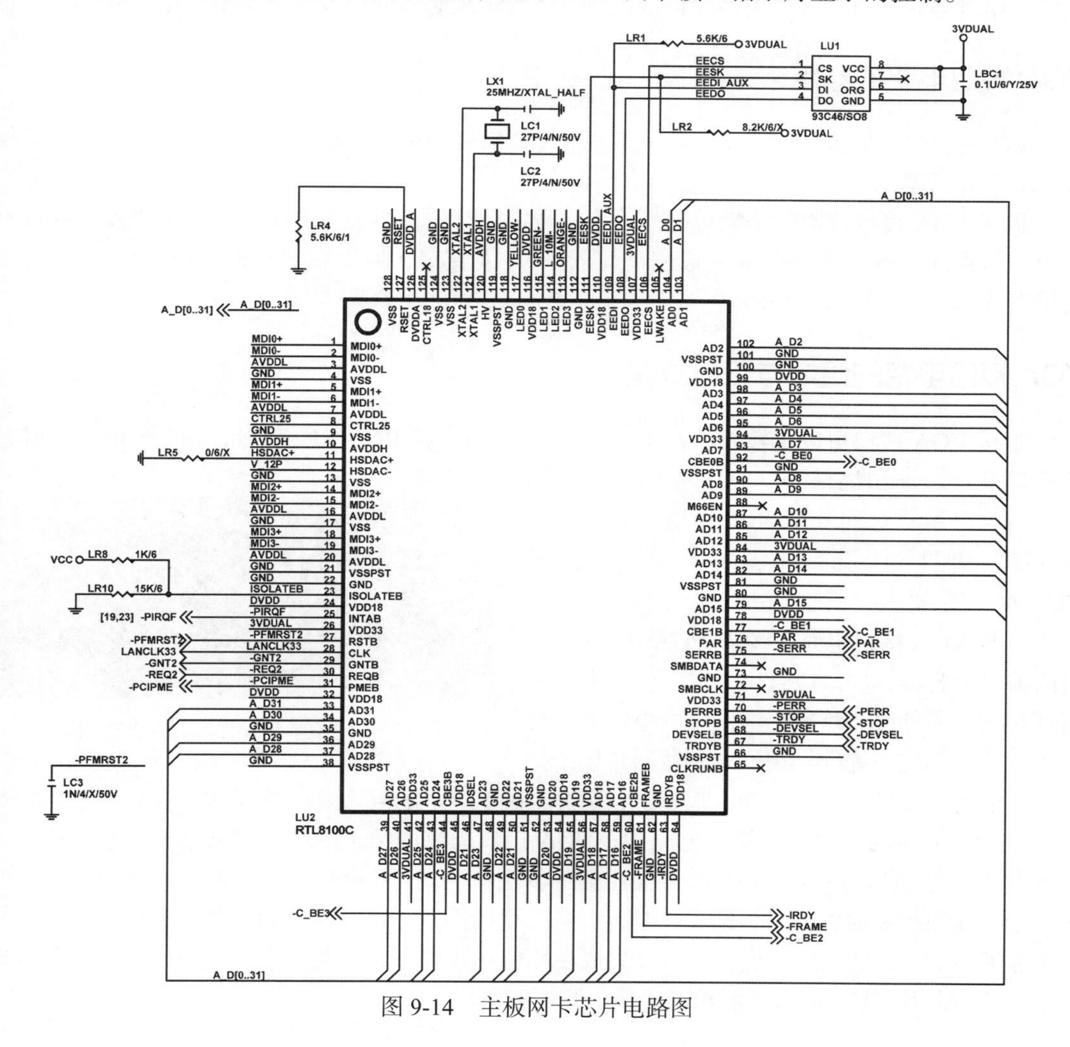

图 9-14　主板网卡芯片电路图

RJ45 网络接口电路故障诊断

主板网络功能模块出现问题，可能导致无法连接网络、网速慢、网络接口指示灯不亮，以及不能正常开机启动、开机不能识别网卡、安装网卡驱动时报错或者不能安装等故障现象的产生。

而与 RJ45 网络接口电路相关的故障相对较少，如果排除了网卡芯片等出现问题而导致了故障的可能，需要检修 RJ45 网络接口电路存在的问题时，主要检修 RJ45 接口插座是否存在虚焊或损坏的问题，以及 RJ45 网络接口电路中信号传输线路上的电容器和电阻器是否存在问题而导致了故障的产生。

技巧 73 VGA 接口电路诊断与问题解决

VGA 接口是主板视频类接口中应用时间最长也最广泛的接口之一，虽然其性能比起很多接口都相对落后，但是其通用性使得该接口仍然是主板必备的一种接口类型。

VGA 接口电路的作用

VGA 接口也叫 D-Sub 接口，是一种采用模拟信号的视频传输接口，主要用于外接投影仪或大屏幕显示器。

虽然 VGA 接口传输的是模拟信号而不是数字信号，而且在分辨率等性能上也越来越没有优势，但目前市场上大部分的主板还是配置了 VGA 接口，原因在于这种接口应用十分广泛，提供支持此接口的设备特别多。

VGA 接口电路的组成与工作原理

主板 VGA 接口可以传输 VGA、SVGA、XGA 等模拟 RGB+HV 信号，在传输时含三基色信号以及行、场扫描信号。VGA 接口是一种 D 型接口，采用非对称分布的 15 针连接方式，分成 3 排，每排 5 个孔，如图 9-15 所示为主板 VGA 接口实物图。

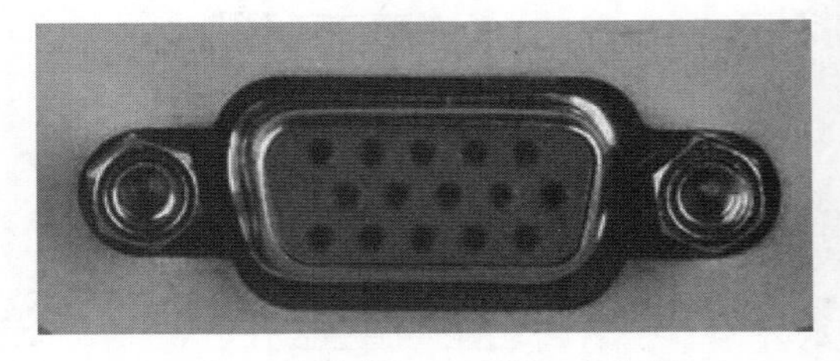

图 9-15　主板 VGA 接口实物图

主板 VGA 接口电路主要由 VGA 接口插座、电阻器、电容器、场效应管以及电感器等电子元器件和相关硬件设备组成。电路中的电容器主要用于滤波和阻抗匹配等作用，电感器通常用于抑制高频干扰。如图 9-16 所示为主板 VGA 接口电路图，如表 9-6 所示为主板 VGA 接口引脚功能。

在图 9-16 所示的 VGA 接口电路中，VGA 接口插座的第 1、2、3 引脚用于传输红色、绿色和蓝色三基色信号；而 VGA 接口插座的第 9 引脚为 5V 供电输入端；第 12 引脚和第 15 引脚用于传输数据和时钟信号，第 13 引脚和第 14 引脚用于传输行同步和场同步信号。

主板 VGA 接口的控制模块一般都集成在北桥芯片内部，由北桥芯片直接控制。如图 9-17 所示为北桥芯片 VGA 接口控制功能模块引脚电路图。

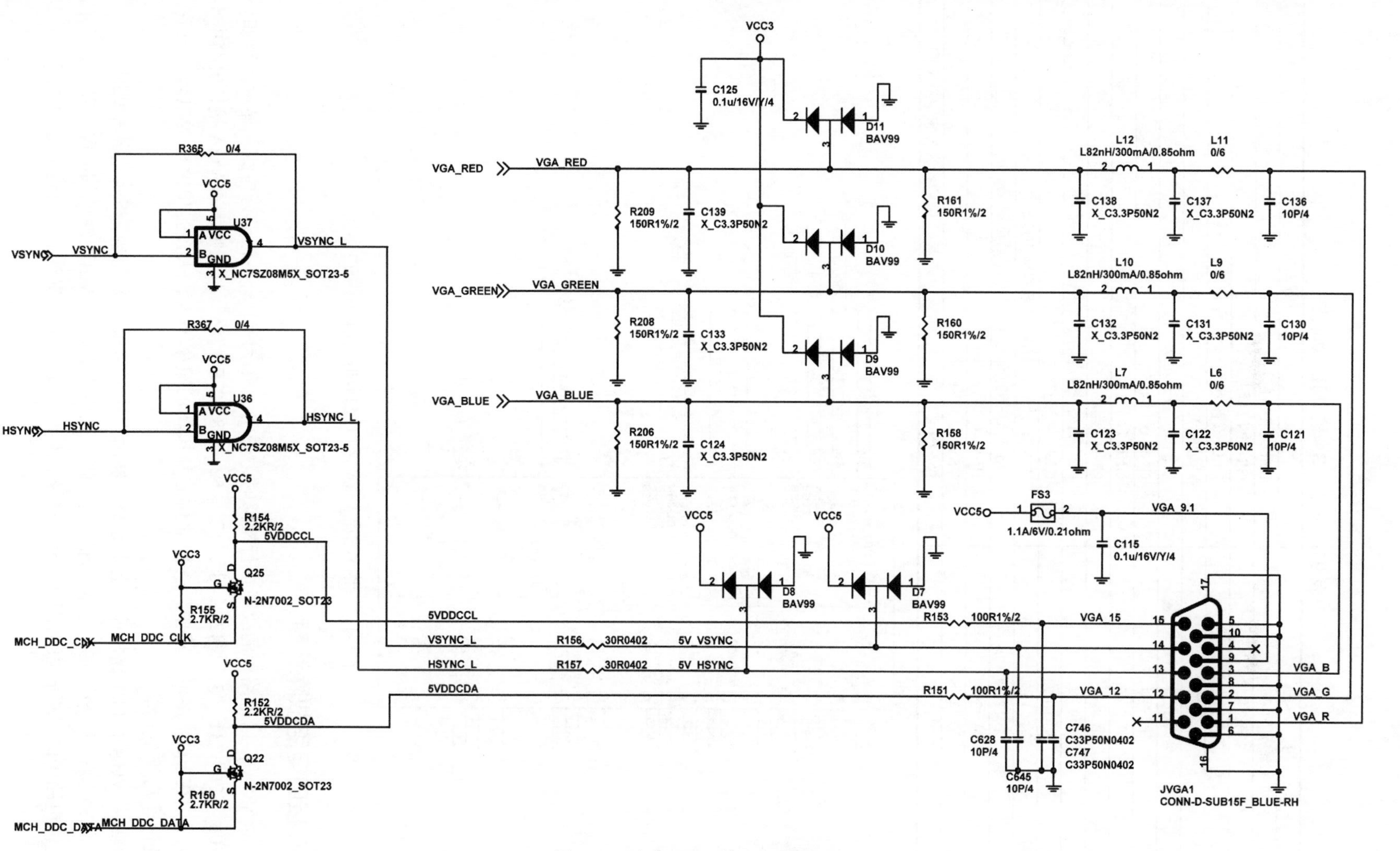

图 9-16 主板 VGA 接口电路图

表 9-6　主板 VGA 接口引脚功能表

引　脚	引脚功能
第 1 脚	RED（红基色）
第 2 脚	GREEN（绿基色）
第 3 脚	BLUE（蓝基色）
第 4 脚	地址码 ID 位
第 5 脚	自测试（各家定义不同）
第 6 脚	GND（红地）
第 7 脚	GND（绿地）
第 8 脚	GND（蓝地）
第 9 脚	CRT-VCC（供电端），各家定义不同
第 10 脚	GND（接地）
第 11 脚	SENSE 地址码（ID0 显示器标识位 0）
第 12 脚	SM_DAT 数据信号（ID1 显示器标识位 1）
第 13 脚	HSYNC（行同步）
第 14 脚	VSYNC（场同步）
第 15 脚	SM-CLK 时钟信号（ID3 显示器标识位 3），各家定义不同

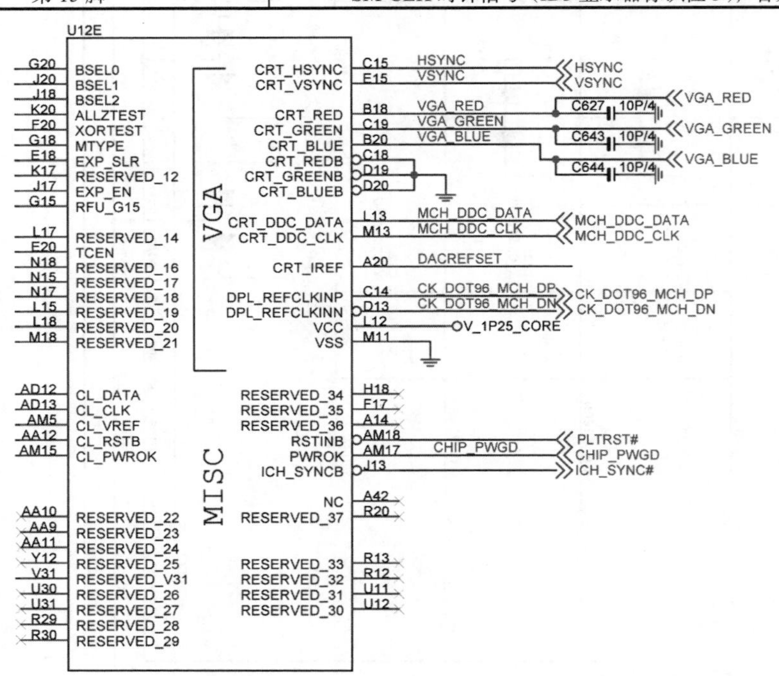

图 9-17　北桥芯片 VGA 接口控制功能模块引脚电路图

VGA 接口电路故障诊断

对 VGA 接口电路中的故障进行检修时，先用主板诊断卡对主板进行检测，显示代码如果为“0b”“26”“31”“38”“42”“48”“4E”“52”“58”“7F”“85”时，则表示 VGA 接口电路中出现故障。在 VGA 接口电路中，一般北桥芯片损坏的概率不大，大多是电路中的电阻、电容、二极管等元器件损坏。

如果 VGA 接口电路故障，会引起显示器出现缺色和显示器不能点亮、花屏等状况。

VGA 接口电路中如果电容出现开路故障，就会造成显示器出现缺色的故障；某个基色信号传输电路中的二极管短路，也会将该路基色信号对地短路，使显示器出现缺色的故障；显卡

VGA 接口插座内部接触不良，也会导致缺色的故障。

显示器不能点亮故障，一般是由于北桥芯片中的与图像处理相关的数据及时钟信号丢失引起的，此时应多注意检查北桥芯片周围的电容是否有鼓包、漏液，电感是否有开路的现象。

显示器出现花屏，一般是由北桥芯片的散热不良、供电电压不稳定等情况引起的，有时候 VGA 插槽接触不良也会造成花屏的故障。

显示器黑屏多半是由于行场同步信号传输出现了故障。行场同步信号一般经过缓冲器再连接到 VGA 插座上，如果行场同步信号丢失，显示器就会因为检测不到行场同步信号而进入黑屏状态。行场同步信号的幅度一般为 0.5 ~ 1.2V，若 VGA 插座上没有行场同步信号，则需要检测行场同步信号线路中的电阻是否开路或虚焊，二极管是否短路，最后再检查缓冲器的工作电压是否正常。如果上面器件正常，则故障通常是由于北桥芯片损坏引起的，需要更换北桥芯片。

技巧 74　DVI 接口电路诊断与问题解决

主板 DVI 接口采用数字信号进行传输，使液晶显示器等显示设备可直接对信号进行处理，而不需要像 VGA 接口传输的数据那样在数字信号与模拟信号之间不断转换。

DVI 接口电路的作用

DVI（Digital Visual Interface）是 1999 年由 Intel、康柏、IBM、HP、NEC、富士通等公司共同组成的数字显示工作组 DDWG（Digital Display Working Group）推出的接口标准。

DVI 接口传输数据基于 TMDS（Transition Minimized Differential Signaling，最小化传输差分信号）技术来进行信号传输，可确保高速串行数据传送的稳定性。

DVI 接口是一种被广泛应用的数字信号传输接口，主要有 DVI-D 和 DVI-I 等不同的接口标准。DVI-I 接口可兼容模拟信号和数字信号，DVI-D 接口只传输数字信号，不兼容模拟信号。

DVI-D 接口是由一个 3 行 24 个引脚组成的接口，每行有 8 个引脚，右边为“－”。DVI-I 接口是一个由 3 行 24 个引脚组成的接口，每排有 8 个引脚，右边为“+”，DVI-I 比 DVI-D 多 5 个引脚，既可以传送数字信号，也可以传送模拟视频信号。如图 9-18 所示为 DVI 接口实物图及引脚顺序图。

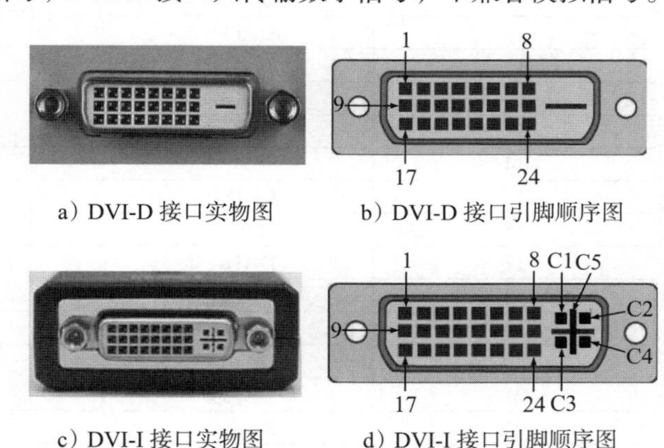

a）DVI-D 接口实物图　b）DVI-D 接口引脚顺序图

c）DVI-I 接口实物图　d）DVI-I 接口引脚顺序图

图 9-18　DVI 接口实物图及引脚顺序图

DVI 接口电路的组成与工作原理

主板 DVI 接口中的 3 行 24 引脚中，第 17 引脚和第 18 引脚为数据通道 0 传输口，第 9 引脚和第 10 引脚为数据通道 1 传输口，第 1 引脚和第 2 引脚为数据通道 2 传输口，第 12 引脚和第 13 引脚为数据通道 3 传输口，第 4 引脚和第 5 引脚为数据通道 4 传输口，第 20 引脚和第 21 引脚为数据通道 5 传输口。第 6 引脚和第 7 引脚为 I^2C 总线的时钟和数据信号引脚。如图 9-19 所示为主板 DVI 接口电路图，如表 9-7

所示为主板 DVI 接口引脚功能。

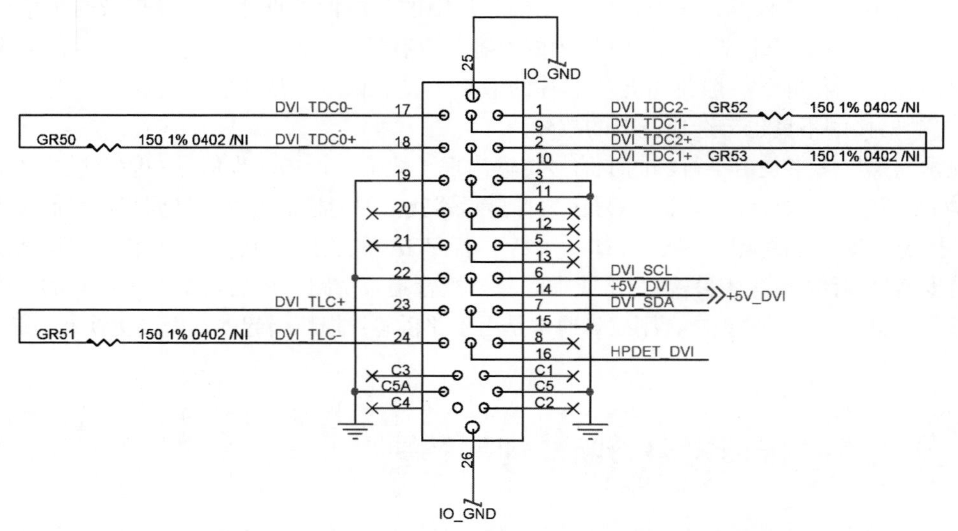

图 9-19　主板 DVI 接口电路图

表 9-7　主板 DVI 接口引脚功能表

引　　脚	引脚定义	引脚功能
1	DAT2−	数据通道对 2
2	DAT2+	
3	SGND	同步信号接地端
4	DAT4−	数据通道对 4
5	DAT4+	
6	DDC SCL	I^2C 总线引脚
7	DDC SDA	
8	空脚或模拟场同步	空脚（DVI-D 接口）模拟场同步（DVI-I 接口）
9	DAT1−	数据通道对 1
10	DAT1+	
11	SGND	同步信号接地端
12	DAT3−	数据通道对 3
13	DAT3+	
14	+5V	5V 供电端
15	GND	接地端
16	HPD	热插拔检测端
17	DAT0−	数据通道对 0
18	DAT0+	
19	SGND	同步信号接地端
20	DAT5−	数据通道对 5
21	DAT5+	
22	SGND	同步信号接地端
23	CLK+	时钟信号对
24	CLK−	
C1	模拟红信号 R	三基色信号传输通道
C2	模拟绿信号 G	
C3	模拟蓝信号 B	
C4	模拟行同步	行同步信号
C5	GND	模拟接地

部分主板 DVI 接口通常需要通过一个转换芯片，连接到北桥芯片或 PCH 芯片等才能进行数据通信。

如图 9-20 所示为 DVI 接口电路中的电平转换器芯片电路图，其型号为 ASM1442T。ASM1442T 是一种 DVI /HDMI 接口信号传输转换芯片，能够提供对 DVI /HDMI 接口信号的转换，并提供 4 个差分数据信号、切换热插拔信号以及辅助 +/– 信号，使系统能够支持 HDMI 或 DVI 接口的高清视频输出。采用该芯片的原因在于，某些芯片组原生的是基于 DisplayPort（一种高清数字显示接口标准）信号输出，当要从 DVI 接口输出时，需要进行输出数字信号的电平转换。如图 9-21 所示为主板 PCH 芯片的 DisplayPort 功能模块引脚电路图。当视频信号从 PCH 芯片的 DisplayPort 功能模块引脚输出后，经过 ASM1442T 电平转换器芯片内部电路进行处理后，才能从 DVI 接口正常输出视频信号。

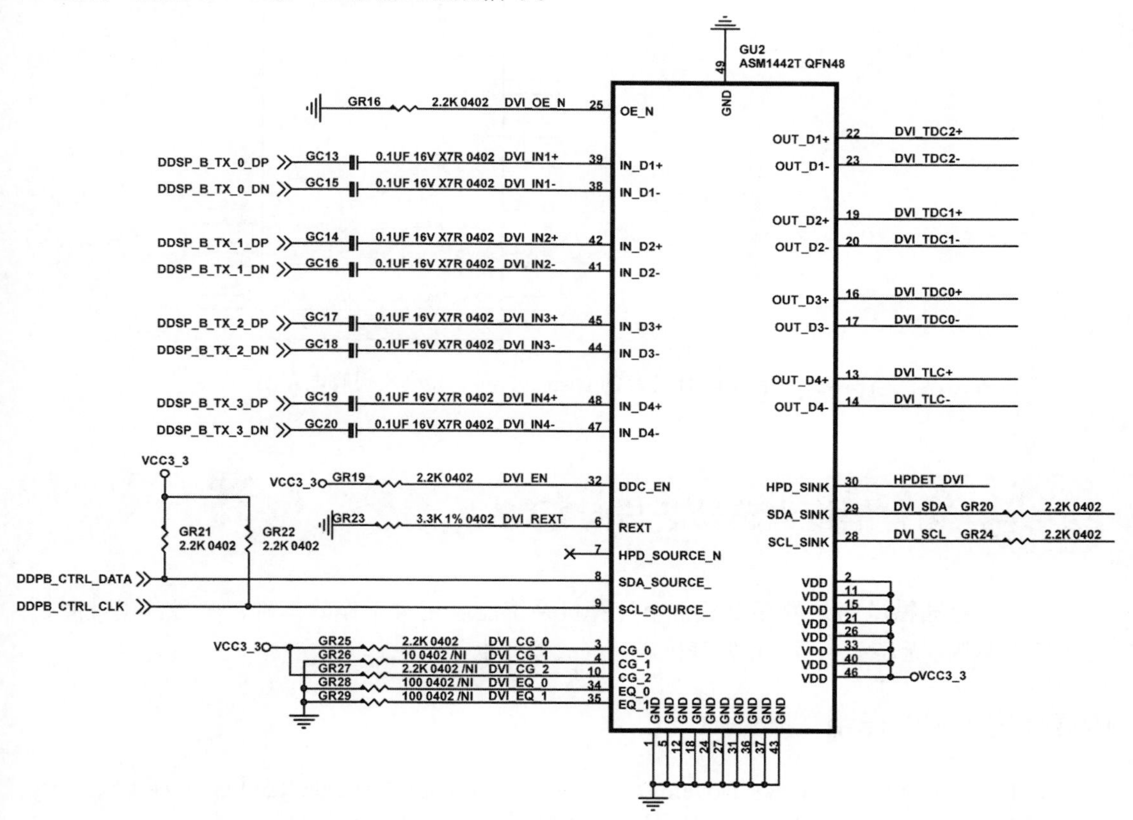

图 9-20　DVI 接口电路中的电平转换器芯片电路图

DVI 接口电路故障诊断

主板 DVI 接口电路出现问题，容易导致显示器黑屏无显示或图像抖动等故障。相较而言，DVI 接口电路的故障率还是较低的。

在检修主板 DVI 接口电路出现的问题时，通常先检测是否是第三方的转换芯片存在问题而导致了故障，然后检测是否是 DVI 接口电路中的电阻器和电容器等电子元器件存在问题，而导致了故障的产生。

如果上述都没有问题，需检测是否因为芯片组存在问题而导致了故障的产生。

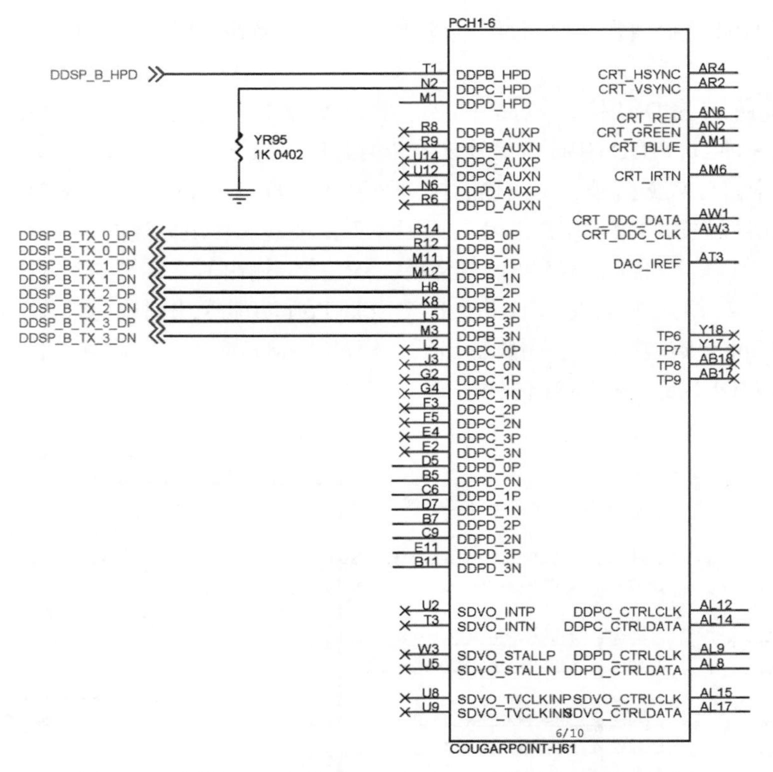

图 9-21　主板 PCH 芯片的 DisplayPort 功能模块引脚电路图

技巧 75　内存插槽电路诊断与问题解决

主板内存插槽电路是内存以及整个计算机系统能够正常工作的基础，一旦其出现问题，就可能导致黑屏无显示或不能正常开机启动等故障产生。

内存插槽电路的作用

DDR SDRAM 内存（全称：Double Data Rate Synchronous Dynamic Random Access Memory，双倍数据速率同步动态随机存取记忆体）是目前主流的内存标准，主要分为 DDR SDRAM、DDR2 SDRAM 和 DDR3 SDRAM。DDR SDRAM 内存常简称为 DDR 内存，而为了利于区分，DDR SDRAM 也常称为 DDR1 内存。

目前主流内存条为 DDR3 内存，DDR3 内存引脚为 240 针，而 DDR1 内存为 184 针。DDR2 内存也为 240 针，但 DDR2 和 DDR3 的安装缺口位置不同，工作电压等也不相同，所以不能够混用。

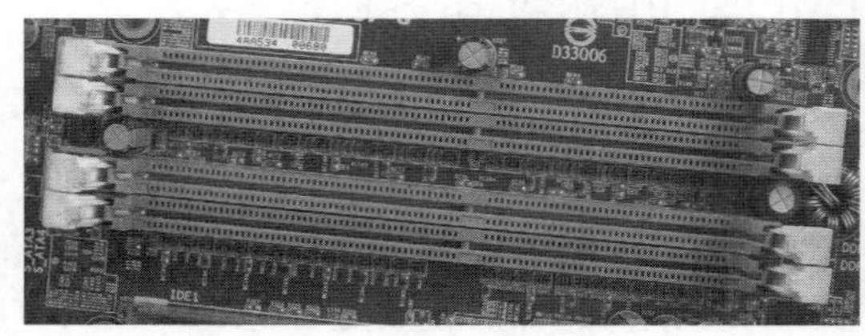

图 9-22　主板内存插槽实物图

与不同版本的内存相对应，主板的内存插槽也有不同的规格。如图 9-22 所示为主板内存插槽实物图。

内存插槽电路的组成与工作原理

主板内存插槽电路主要由内存插槽和电容器等少量电子元器件和相关硬件设备组成。主板内存插槽主要与北桥芯片或 CPU 进行数据交换，并受北桥芯片或 CPU 的控制。

DDR SDRAM、DDR2 SDRAM 和 DDR3 SDRAM 内存规格在引脚数、供电等方面存在一定的差异，所以相对应的主板内存插槽也存在一定的区别。下面分别介绍 3 种主板内存插槽的特点。

1. 主板 DDR1 内存插槽

主板 DDR1 内存插槽使用 184 线的接口，如图 9-23 所示为主板 DDR1 内存插槽电路图，如表 9-8 所示为主板 DDR1 内存插槽引脚功能。

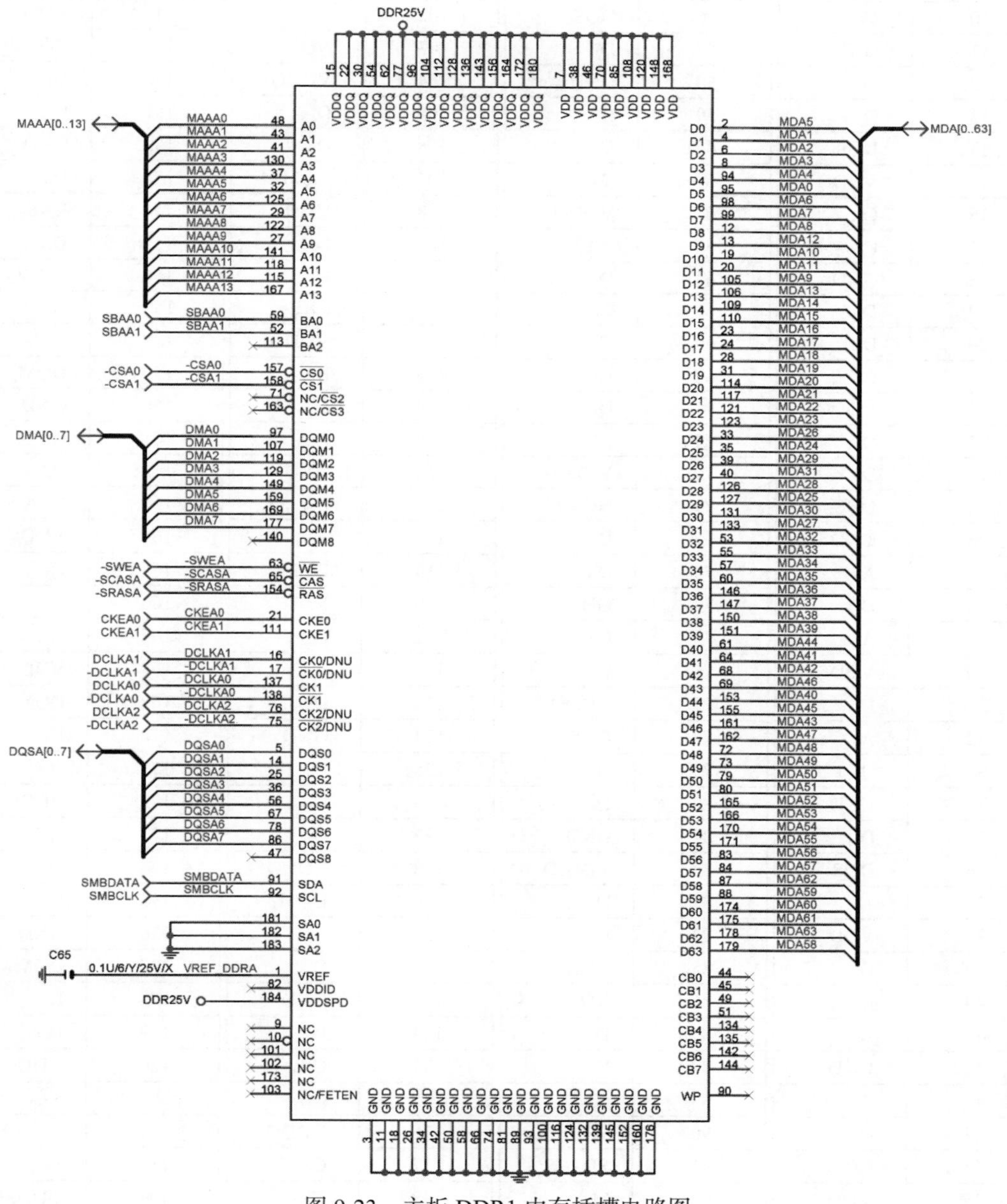

图 9-23　主板 DDR1 内存插槽电路图

表 9-8 主板 DDR1 内存插槽引脚功能表

引脚	信号线定义	引脚	信号线定义	引脚	信号线定义	引脚	信号线定义
1	VREF	47	DQS_8	93	GND	139	GND
2	D_0	48	A_0	94	D_4	140	DQM_8
3	GND	49	CB_2	95	D_5	141	A_{10}
4	D_1	50	GND	96	VDDQ	142	CB_6
5	DQS_0	51	CB_3	97	DQM_0	143	VDDQ
6	D_2	52	BA_1	98	D_6	144	CB_7
7	VDD	53	D_{32}	99	D_7	145	GND
8	D_3	54	VDDQ	100	GND	146	D_{36}
9	NC	55	D_{33}	101	NC	147	D_{37}
10	NC	56	DQS_4	102	NC	148	VDD
11	GND	57	D_{34}	103	NC	149	DQM_4
12	D_8	58	GND	104	VDDQ	150	D_{38}
13	D_9	59	BA_0	105	D_{12}	151	D_{39}
14	DQS_1	60	D_{35}	106	D_{13}	152	GND
15	VDDQ	61	D_{40}	107	DQM_1	153	D_{44}
16	CK_0	62	VDDQ	108	VDD	154	RAS#
17	CK_0#	63	WE#	109	D_{14}	155	D_{45}
18	GND	64	D_{41}	110	D_{15}	156	VDDQ
19	D_{10}	65	CAS#	111	CKE_1	157	CS0#
20	D_{11}	66	GND	112	VDDQ	158	CS1#
21	CKE_0	67	DQS_5	113	BA_2	159	DQM_5
22	VDDQ	68	D_{42}	114	D_{20}	160	GND
23	D_{16}	69	D_{43}	115	A_{12}	161	D_{46}
24	D_{17}	70	VDD	116	GND	162	D_{47}
25	DQS_2	71	NC/CS2#	117	D_{21}	163	NC/CS3#
26	GND	72	D_{48}	118	A_{11}	164	VDDQ
27	A_9	73	D_{49}	119	DQM_2	165	D_{52}
28	D_{18}	74	GND	120	VDD	166	D_{53}
29	A_7	75	CK_2#	121	D_{22}	167	A_{13}
30	VDDQ	76	CK_2	122	A_8	168	VDD
31	D_{19}	77	VDDQ	123	D_{23}	169	DQM_6
32	A_5	78	DQS_6	124	GND	170	D_{54}
33	D_{24}	79	D_{50}	125	A_6	171	D_{55}
34	GND	80	D_{51}	126	D_{28}	172	VDDQ
35	D_{25}	81	GND	127	D_{29}	173	NC
36	DQS_3	82	VDDID	128	VDDQ	174	D_{60}
37	A_4	83	D_{56}	129	DQM_3	175	D_{61}
38	VDD	84	D_{57}	130	A_3	176	GND
39	D_{26}	85	VDD	131	D_{30}	177	DQM_7
40	D_{27}	86	DQS_7	132	GND	178	D_{62}
41	A_2	87	D_{58}	133	D_{31}	179	D_{63}
42	GND	88	D_{59}	134	CB_4	180	VDDQ
43	A_1	89	GND	135	CB_5	181	SA_0
44	CB_0	90	WP	136	VDDQ	182	SA_1
45	CB_1	91	SDA	137	CK_1	183	SA_2
46	VDD	92	SCL	138	CK_1#	184	VDDSPD

主板DDR1内存插槽共有184个引脚，主要包括地址线、数据线、控制信号线、时钟信号线、电源线和地线等。具体功能如下：

1）D_0 ~ D_{63}：数据线。

2）A_0 ~ A_{13}：地址线。

3）CS_0 和 CS_1：片选信号。

4）CK_0 ~ CK_2，CK_0# ~ CK_2#，CKE_0 和 CKE_1：时钟信号。

5）NC：空脚。

6）GND：接地。

7）VDD：2.5V供电。

8）VDDQ：2.5V供电。

9）CAS#：列选信号。

10）RAS#：行选信号。

11）DQM_0 ~ DQM_8：校验位。

12）CB_0 ~ CB_7：字节允许信号。

13）WE#：低电平写信号。

2. 主板DDR2内存插槽

主板DDR2内存插槽共有240个引脚，并可以为DDR2内存提供1.8V主供电、0.9V辅助供电以及3.3V的SPD芯片供电。

如图9-24所示为主板DDR2内存插槽电路图，如表9-9所示为主板DDR2内存插槽引脚功能。

表9-9 主板DDR2内存插槽引脚功能表

引脚	引脚定义	引脚	引脚定义	引脚	引脚定义	引脚	引脚定义	引脚	引脚定义
1	VREF	25	DQ_{17}	49	NC	73	WE#	97	VSS
2	VSS	26	VSS	50	VSS	74	CAS#	98	DQ_{48}
3	DQ_0	27	DQS#2	51	VDDQ	75	VDDQ	99	DQ_{49}
4	DQ_1	28	DQS_2	52	CKE_0	76	S1#	100	VSS
5	VSS	29	VSS	53	VDD	77	QDT_1	101	SA_2
6	DQS#0	30	DQ_{18}	54	NC	78	VDDQ	102	NC/TEST
7	DQS_0	31	DQ_{19}	55	RC0	79	VSS	103	VSS
8	VSS	32	VSS	56	VDDQ	80	DQ_{32}	104	DQS#6
9	DQ_2	33	DQ_{24}	57	A_{11}	81	DQ_{33}	105	DQS_6
10	DQ_3	34	DQ_{25}	58	A_7	82	VSS	106	VSS
11	VSS	35	VSS	59	VDD	83	DQS#4	107	DQ_{50}
12	DQ_8	36	DQS#3	60	A_5	84	DQS_4	108	DQ_{51}
13	DQ_9	37	DQS_3	61	A_4	85	VSS	109	VSS
14	VSS	38	VSS	62	VDDQ	86	DQ_{34}	110	DQ_{56}
15	DQS#1	39	DQ_{26}	63	A_2	87	DQ_{35}	111	DQ_{57}
16	DQS_1	40	DQ_{27}	64	VDD	88	VSS	112	VSS
17	VSS	41	VSS	65	VSS	89	DQ_{40}	113	DQS#7
18	RC1	42	NC	66	VSS	90	DQ_{41}	114	DQS_7
19	NC	43	NC	67	VDD	91	VSS	115	VSS
20	VSS	44	VSS	68	NC	92	DQS#5	116	DQ_{58}
21	DQ_{10}	45	DQS#8	69	VDD	93	DQS_5	117	DQ_{59}
22	DQ_{11}	46	DQS_8	70	A_{10}/AP	94	VSS	118	VSS
23	VSS	47	VSS	71	BA_0	95	DQ_{42}	119	SDA
24	DQ_{16}	48	NC	72	VDDQ	96	DQ_{43}	120	SCL

（续）

引脚	引脚定义	引脚	引脚定义	引脚	引脚定义	引脚	引脚定义	引脚	引脚定义
121	VSS	145	VSS	169	VSS	193	S0#	217	DQ_{52}
122	DQ_4	146	DM_2	170	VDDQ	194	VDDQ	218	DQ_{53}
123	DQ_5	147	NC	171	CKE_1	195	QDT_0	219	VSS
124	VSS	148	VSS	172	VDD	196	A_{13}	220	CK_2
125	DM_0	149	DQ_{22}	173	NC	197	VDD	221	CK_2#
126	NC	150	DQ_{23}	174	NC	198	VSS	222	VSS
127	VSS	151	VSS	175	VDDQ	199	DQ_{36}	223	DM_6
128	DQ_6	152	DQ_{28}	176	A_{12}	200	DQ_{37}	224	NC
129	DQ_7	153	DQ_{29}	177	A_9	201	VSS	225	VSS
130	VSS	154	VSS	178	VDD	202	DM_4	226	DQ_{54}
131	DQ_{12}	155	DM_3	179	A_8	203	NC	227	DQ_{55}
132	DQ_{13}	156	NC	180	A_6	204	VSS	228	VSS
133	VSS	157	VSS	181	VDDQ	205	DQ_{38}	229	DQ_{60}
134	DM_1	158	DQ_{30}	182	A_3	206	DQ_{39}	230	DQ_{61}
135	NC	159	DQ_{31}	183	A_1	207	VSS	231	VSS
136	VSS	160	VSS	184	VDD	208	DQ_{44}	232	DM_7
137	CK_1	161	NC	185	CK_0	209	DQ_{45}	233	NC
138	CK1#	162	NC	186	CK_0#	210	VSS	234	VSS
139	VSS	163	VSS	187	VDD	211	DM_5	235	DQ_{62}
140	DQ_{14}	164	DM_8	188	A_0	212	NC	236	DQ_{63}
141	DQ_{15}	165	NC	189	VDD	213	VSS	237	VSS
142	VSS	166	VSS	190	BA_1	214	DQ_{46}	238	VDDSPD
143	DQ_{20}	167	NC	191	VDDQ	215	DQ_{47}	239	SA_0
144	DQ_{21}	168	NC	192	RAS#	216	VSS	240	SA_1

主板 DDR2 内存插槽共有 240 个引脚，主要包括地址线、数据线、控制信号线、时钟信号线、电源线和地线等。各引脚具体功能如下：

1）DQ_0 ~ DQ_{63}：数据线。

2）A_0 ~ A_{15}：地址线。

3）CK_0# ~ CK_2#、CK_0 ~ CK_2、CKE_0 和 CKE_1：时钟信号。

4）NC：空脚。

5）VSS：接地。

6）VDD：1.8V 供电。

7）VDDQ：1.8V 供电。

8）CAS#：列选信号。

9）RAS#：行选信号。

10）DQS_0 ~ DQS_{17}：校验位。

11）CB_0 ~ CB_7：字节允许信号。

12）WE#：低电平写信号。

3. 主板 DDR3 内存插槽

主板 DDR3 内存插槽共有 240 个引脚，并为 DDR3 内存提供 1.5V 主供电、0.75V 辅助供电以及 3.3V 的 SPD 芯片供电。

如图 9-25 所示为主板 DDR3 内存插槽电路图，如表 9-10 所示为主板 DDR3 内存插槽引脚功能。

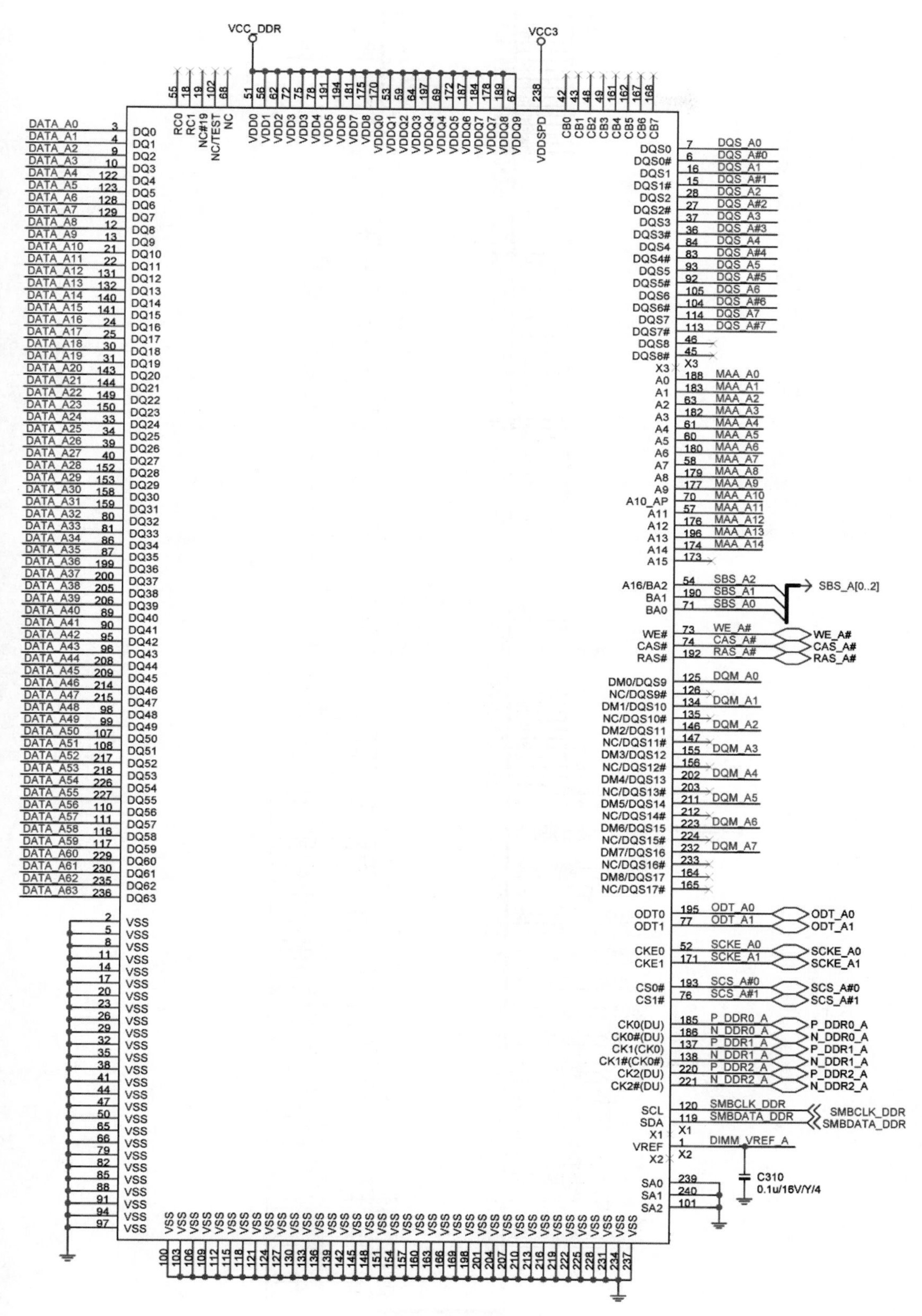

图 9-24 主板 DDR2 内存插槽电路图

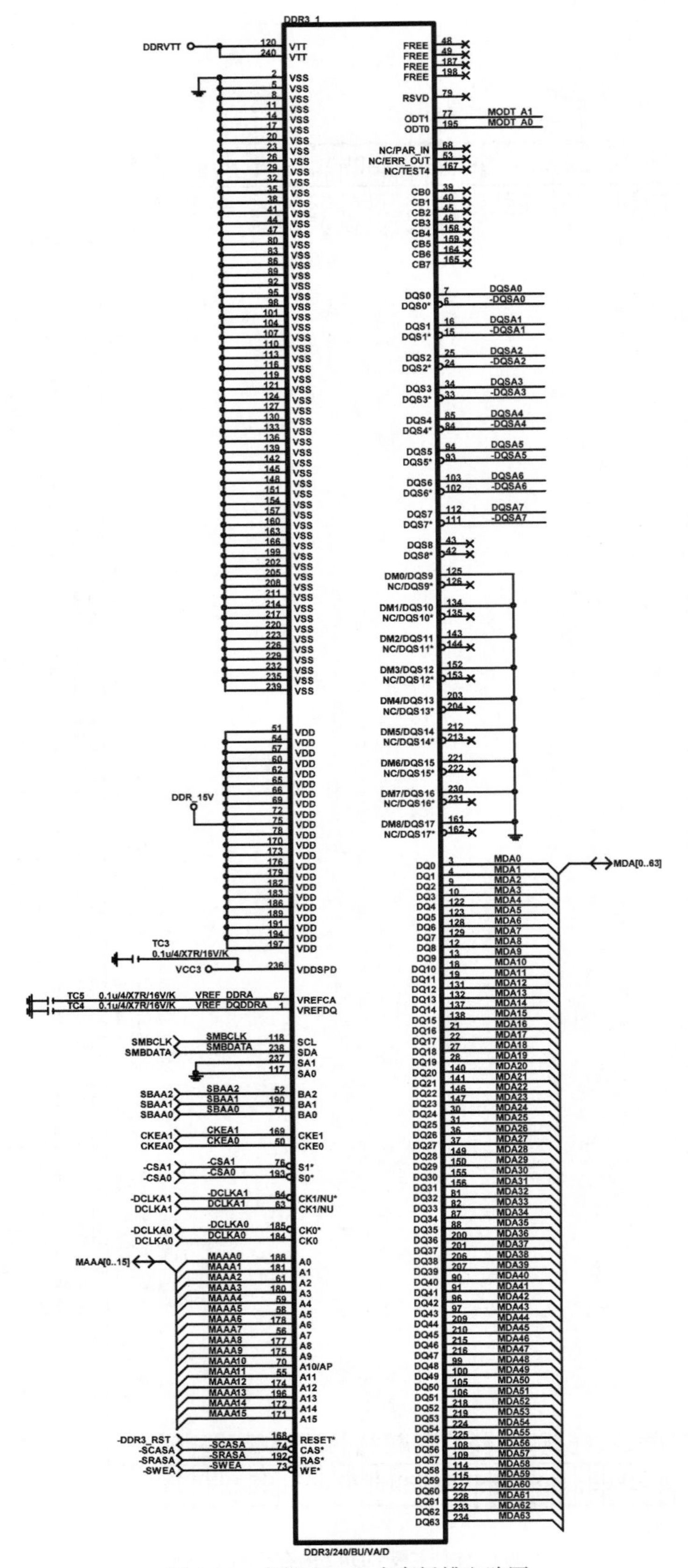

图 9-25 主板 DDR3 内存插槽电路图

表 9-10　主板 DDR3 内存插槽引脚功能表

引脚	引脚定义	引脚	引脚定义	引脚	引脚定义	引脚	引脚定义
1	VREFDQ	44	GND_15	87	DQ$_{34}$	130	GND_34
2	GND_1	45	CB$_{2}$	88	DQ$_{35}$	131	DQ$_{12}$
3	DQ$_{0}$	46	CB$_{3}$	89	GND_20	132	DQ$_{13}$
4	DQ$_{1}$	47	GND_16	90	DQ$_{40}$	133	GND_35
5	GND_2	48	FREE_1	91	DQ$_{41}$	134	DM1/DQS$_{10}$
6	DQS#$_{0}$	49	FREE_2	92	GND_21	135	NC/DQS#$_{10}$
7	DQS$_{0}$	50	CKE$_{0}$	93	DQS#$_{5}$	136	GND_36
8	GND_3	51	VDD_1	94	DQS$_{5}$	137	DQ$_{14}$
9	DQ$_{2}$	52	BA$_{2}$	95	GND_22	138	DQ$_{15}$
10	DQ$_{3}$	53	NC2/ERR_OUT	96	DQ$_{42}$	139	GND_37
11	GND_4	54	VDD_2	97	DQ$_{43}$	140	DQ$_{20}$
12	DQ$_{8}$	55	A$_{11}$	98	GND_23	141	DQ$_{21}$
13	DQ$_{9}$	56	A$_{7}$	99	DQ$_{48}$	142	GND_38
14	GND_5	57	VDD_3	100	DQ$_{49}$	143	DM$_{2}$/DQS$_{11}$
15	DQS#$_{1}$	58	A$_{5}$	101	GND_24	144	NC/DQS#$_{11}$
16	DQS$_{1}$	59	A$_{4}$	102	DQS#6	145	GND_39
17	GND_6	60	VDD_4	103	DQS$_{6}$	146	DQ$_{22}$
18	DQ$_{10}$	61	A$_{2}$	104	GND_25	147	DQ$_{23}$
19	DQ$_{11}$	62	VDD_5	105	DQ$_{50}$	148	GND_40
20	GND_7	63	CK$_{1}$	106	DQ$_{51}$	149	DQ$_{28}$
21	DQ$_{16}$	64	CK#$_{1}$	107	GND_26	150	DQ$_{29}$
22	DQ$_{17}$	65	VDD_6	108	DQ$_{56}$	151	GND_41
23	GND_8	66	VDD_7	109	DQ$_{57}$	152	DM$_{3}$/DQS$_{12}$
24	DQS#$_{2}$	67	VREFCA	110	GND_27	153	NC/DQS#$_{12}$
25	DQS$_{2}$	68	NC1/PAR_IN	111	DQS#$_{7}$	154	GND_42
26	GND_9	69	VDD_8	112	DQS$_{7}$	155	DQ$_{30}$
27	DQ$_{18}$	70	A$_{10}$/AP	113	GND_28	156	DQ$_{31}$
28	DQ$_{19}$	71	BA$_{0}$	114	DQ$_{58}$	157	GND_43
29	GND_10	72	VDD_9	115	DQ$_{59}$	158	CB$_{4}$
30	DQ$_{24}$	73	WE#	116	GND_29	159	CB$_{5}$
31	DQ$_{25}$	74	CAS#	117	SA$_{0}$	160	GND_44
32	GND_11	75	VDD_10	118	SCL	161	DM$_{8}$/DQS$_{17}$
33	DQS#$_{3}$	76	S1#	119	GND_30	162	NC/DQS#$_{17}$
34	DQS$_{3}$	77	ODT$_{1}$	120	VTT_1	163	GND_45
35	GND_12	78	VDD_11	121	GND_31	164	CB$_{6}$
36	DQ$_{26}$	79	RSVD	122	DQ$_{4}$	165	CB$_{7}$
37	DQ$_{27}$	80	GND_17	123	DQ$_{5}$	166	GND_46
38	GND_13	81	DQ$_{32}$	124	GND_32	167	NC$_{3}$/TEST$_{4}$
39	CB$_{0}$	82	DQ$_{33}$	125	DM$_{0}$/DQS$_{9}$	168	RESET#
40	CB$_{1}$	83	GND_18	126	NC/DQS#$_{9}$	169	CKE$_{1}$
41	GND_14	84	DQS#$_{4}$	127	GND_33	170	VDD_12
42	DQS#$_{8}$	85	DQS$_{4}$	128	DQ$_{6}$	171	A$_{15}$
43	DQS$_{8}$	86	GND_19	129	DQ$_{7}$	172	A$_{14}$

（续）

引脚	引脚定义	引脚	引脚定义	引脚	引脚定义	引脚	引脚定义
173	VDD_13	190	BA_1	207	DQ_{39}	224	DQ_{54}
174	A_{12}	191	VDD_20	208	GND_50	225	DQ_{55}
175	A_9	192	RAS#	209	DQ_{44}	226	GND_56
176	VDD_14	193	S0#	210	DQ_{45}	227	DQ_{60}
177	A_8	194	VDD_21	211	GND_51	228	DQ_{61}
178	A_6	195	ODT_0	212	DM_5/DQS_{14}	229	GND_57
179	VDD_15	196	A_{13}	213	$NC/DQS\#_{14}$	230	DM_7/DQS_{16}
180	A_3	197	VDD_22	214	GND_52	231	$NC/DQS\#_{16}$
181	A_1	198	FREE_4	215	DQ_{46}	232	GND_58
182	VDD_16	199	GND_47	216	DQ_{47}	233	DQ_{62}
183	VDD_17	200	DQ_{36}	217	GND_53	234	DQ_{63}
184	CK_0	201	DQ_{37}	218	DQ_{52}	235	GND_59
185	$CK\#_0$	202	GND_48	219	DQ_{53}	236	VDDSPD
186	VDD_18	203	DM_4/DQS_{13}	220	GND_54	237	SA_1
187	FREE_3	204	NC/DQS_{13}	221	DM_6/DQS_{15}	238	SDA
188	A_0	205	GND_49	222	$NC/DQS\#_{15}$	239	GND_60
189	VDD_19	206	DQ_{38}	223	GND_55	240	VTT_2

主板 DDR3 内存插槽共有 240 个引脚，主要包括地址线、数据线、控制信号线、时钟信号线、电源线和地线等，各引脚具体功能如下：

1）DQ_0 ~ DQ_{63}：数据线。

2）A_0 ~ A_{15}：地址线。

3）$CK\#_0$ ~ $CK\#_2$、CK_0 ~ CK_2、CKE_0 和 CKE_1：时钟信号。

4）NC：空脚。

5）VSS：接地。

6）VDD：1.5V 供电。

7）VDDSPD：3.3V 供电。

8）VTT：0.75V 供电。

9）CAS#：列选信号。

10）RAS#：行选信号。

11）DQS_0 ~ DQS_{17}：校验位。

12）CB_0 ~ CB_7：字节允许信号。

13）WE#：低电平写信号。

内存插槽电路故障诊断

在采用双芯片架构芯片组的主板中，内存插槽是与北桥芯片直接连接并进行通信的，所以当北桥芯片出现虚焊或者性能不良时，可能导致产生内存不能正常工作的故障。

而在采用单芯片架构芯片组的主板中，CPU 集成了内存控制器，内存插槽直接连接到 CPU。在检修过程中，应注意其中的区别。

当内存不能正常工作时，容易出现黑屏无显示、死机、系统运行缓慢或不能正常开机启动等故障。

区分内存条好坏通常采用替换法，而当排除内存条损坏而导致的故障后，就需要检测主板内存插槽电路以及主板内存供电电路等是否存在问题而导致了故障的产生。

检测主板内存插槽电路时，主要进行以下操作：

1）清洁主板内存插槽，观察插槽有无破损或存在异物。

2）观察主板内存插槽附近的电容器、电阻器、场效应管或稳压器芯片等是否存在鼓包、裂纹或其他形式的明显损坏问题，如果观察到明显损坏，应首先更换出现明显损坏的电子元器件或相关硬件设备。

3）检测主板内存供电电路是否存在问题而导致了故障的产生。

4）检测北桥芯片或 CPU 插座是否存在问题而导致了故障的产生。

技巧 76　PCI 插槽电路诊断与问题解决

主板 PCI 插槽可用于连接声卡、网卡、内置 Modem、电视卡、视频采集卡等扩展卡，从而实现主板功能的扩展。

PCI 插槽电路的作用

主板 PCI 插槽是基于 PCI（Peripheral Component Interconnect）总线的扩展接口，虽然各种新型接口的出现，使 PCI 插槽的性能显得相对落后，但由于 PCI 插槽的通用性，使其成为一种非常普遍的接口类型，目前仍是很多主板必备的一种接口。如图 9-26 所示为主板 PCI 插槽实物图。

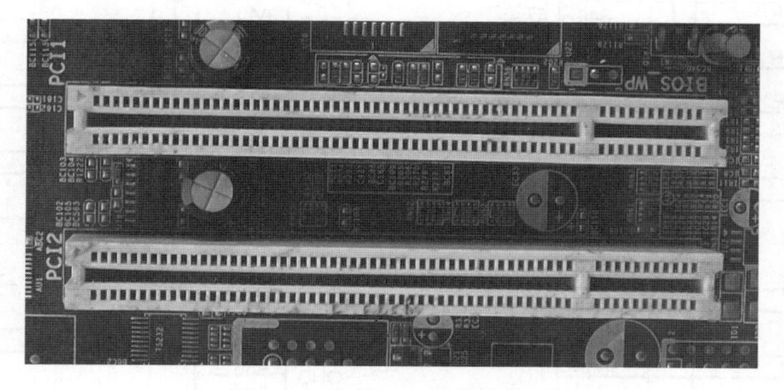

图 9-26　主板 PCI 插槽实物图

PCI 插槽电路的组成与工作原理

主板 PCI 插槽电路正常工作时需要 +12V、−12V、+5V 和 3.3V 等供电，才能正常工作，如图 9-27 所示为主板 PCI 插槽电路图，如表 9-11 所示为主板 PCI 插槽引脚功能。

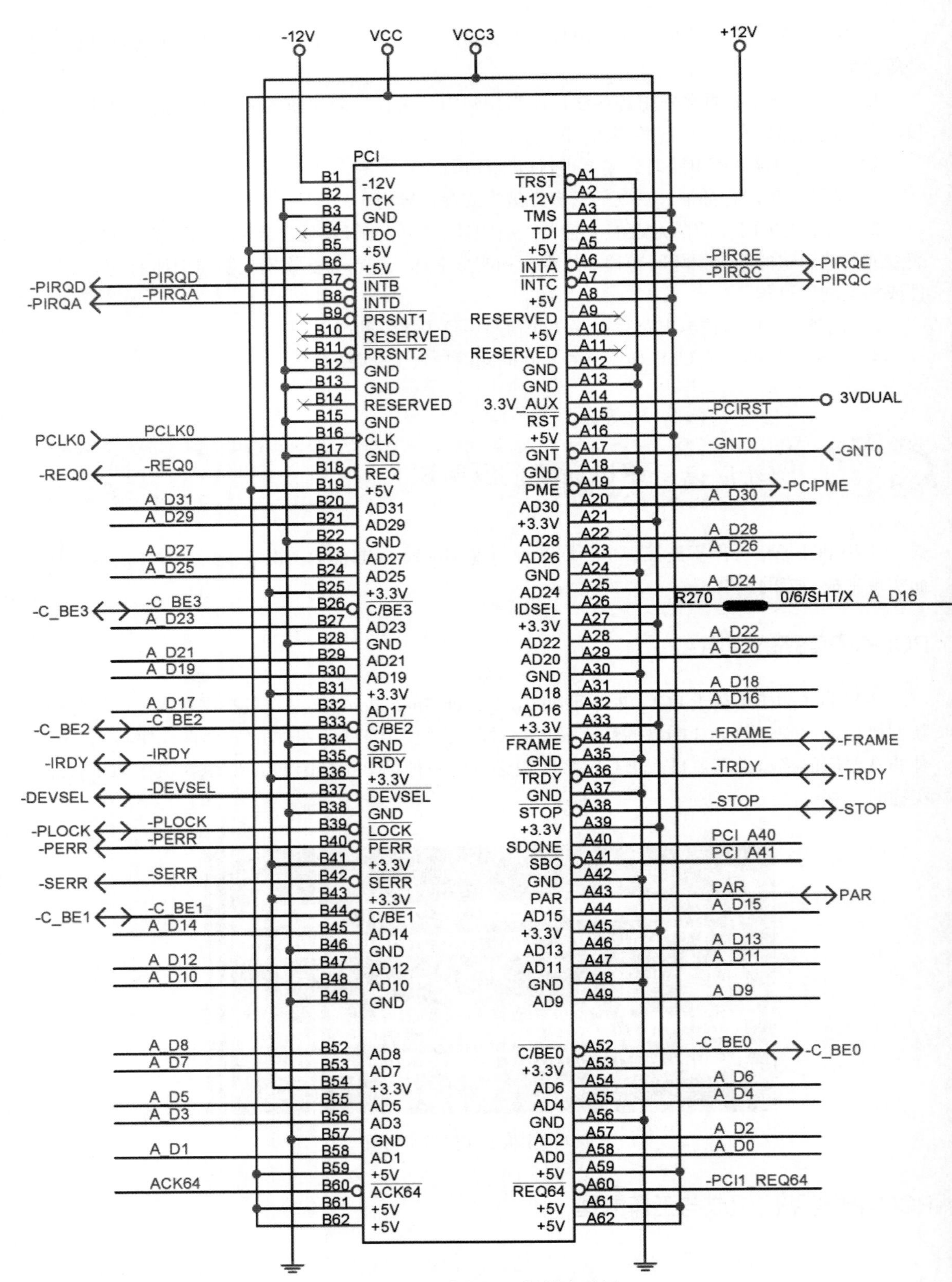

图 9-27　主板 PCI 插槽电路图

表 9-11　主板 PCI 插槽引脚功能表

引脚	引脚定义	引脚	引脚定义	引脚	引脚定义	引脚	引脚定义
A_1	TRST#	A_{32}	AD_{16}	B_1	–12V	B_{32}	AD_{17}
A_2	+12V	A_{33}	+3.3V	B_2	TCK	B_{33}	C/BE2#
A_3	TMS	A_{34}	FRAME#	B_3	GND	B_{34}	GND
A_4	TDI	A_{35}	GND	B_4	TDO	B_{35}	IRDY#
A_5	+5V	A_{36}	TRDY#	B_5	+5V	B_{36}	+3.3V
A_6	INTA#	A_{37}	GND	B_6	+5V	B_{37}	DEVSEL#
A_7	INTC#	A_{38}	STOP#	B_7	INTB#	B_{38}	GND
A_8	+5V	A_{39}	+3.3V	B_8	INTD#	B_{39}	LOCK#
A_9	Reserved	A_{40}	SDONE	B_9	PRSNT1#	B_{40}	PERR#
A_{10}	+5V	A_{41}	SBO#	B_{10}	Reserved	B_{41}	+3.3V
A_{11}	Reserved	A_{42}	GND	B_{11}	PRSNT2#	B_{42}	SERR#
A_{12}	GND	A_{43}	PAR	B_{12}	GND	B_{43}	+3.3V
A_{13}	GND	A_{44}	AD_{15}	B_{13}	GND	B_{44}	C/BE1#
A_{14}	3.3V	A_{45}	+3.3V	B_{14}	Reserved	B_{45}	AD_{14}
A_{15}	Reset#	A_{46}	AD_{13}	B_{15}	GND	B_{46}	GND
A_{16}	+5V	A_{47}	AD_{11}	B_{16}	CLK	B_{47}	AD_{12}
A_{17}	GNT#	A_{48}	GND	B_{17}	GND	B_{48}	AD_{10}
A_{18}	GND	A_{49}	AD_{09}	B_{18}	REQ#	B_{49}	GND
A_{19}	PME#	A_{50}	定位卡	B_{19}	+5V	B_{50}	定位卡
A_{20}	AD_{30}	A_{51}	定位卡	B_{20}	AD_{31}	B_{51}	定位卡
A_{21}	+3.3V	A_{52}	C/BE0#	B_{21}	AD_{29}	B_{52}	AD_{08}
A_{22}	AD_{28}	A_{53}	+3.3V	B_{22}	GND	B_{53}	AD_{07}
A_{23}	AD_{26}	A_{54}	AD_{06}	B_{23}	AD_{27}	B_{54}	+3.3V
A_{24}	GND	A_{55}	AD_{04}	B_{24}	AD_{25}	B_{55}	AD_{05}
A_{25}	AD_{24}	A_{56}	GND	B_{25}	+3.3V	B_{56}	AD_{03}
A_{26}	IDSEL	A_{57}	AD_{02}	B_{26}	C/BE3#	B_{57}	GND
A_{27}	+3.3V	A_{58}	AD_{00}	B_{27}	AD_{23}	B_{58}	AD_{01}
A_{28}	AD_{22}	A_{59}	+5V	B_{28}	GND	B_{59}	+5V
A_{29}	AD_{20}	A_{60}	REQ64#	B_{29}	AD_{21}	B_{60}	ACK 64#
A_{30}	GND	A_{61}	+5V	B_{30}	AD_{19}	B_{61}	+5V
A_{31}	AD_{18}	A_{62}	+5V	B_{31}	+3.3V	B_{62}	+5V

主板 PCI 插槽引脚功能主要包括，地址数据线、控制信号线、时钟信号线、电源线和地线等。各引脚具体功能如下：

1）AD_0 ~ AD_{31}：地址、数据线。

2）C/BE0# ~ C/BE3#：命令字节允许信号。

3）CLK：时钟信号。

4）DEVSEL#：设备选择信号。

5）Reset#：复位信号。

6）FRAME#：帧周期信号。

7）GNT#：总线占用允许信号。

8）INTA#、INTB#、INTC#、INTD#：中断请求信号。

9）IRDY#：目标准备就绪。

10）LOCK#：锁定信号。

11）PAR#：奇偶校验信号。

12）PERR#：奇偶校验错。

13）PRSNT1#：存在识别信号。

14）REQ#：总线占用请求。

15）PEQ64#：请求 64 位传送。

16）SBO #：监视补偿。

17）SDONT#：监视完成。

18）SERR#：系统错误。

19）STOP#：停止信号。

20）TCK：测试时钟。

21）ID2：测试数据输入。

22）TDO：测试数据输出。

23）TMS：测试方式选择。

24）TRST#：测试复位。

25）TRDY#：从目标就绪。

主板 PCI 插槽通常与南桥芯片连接，进行数据通信，并受南桥芯片控制。如图 9-28 所示为南桥芯片 PCI 插槽控制功能模块引脚电路图。

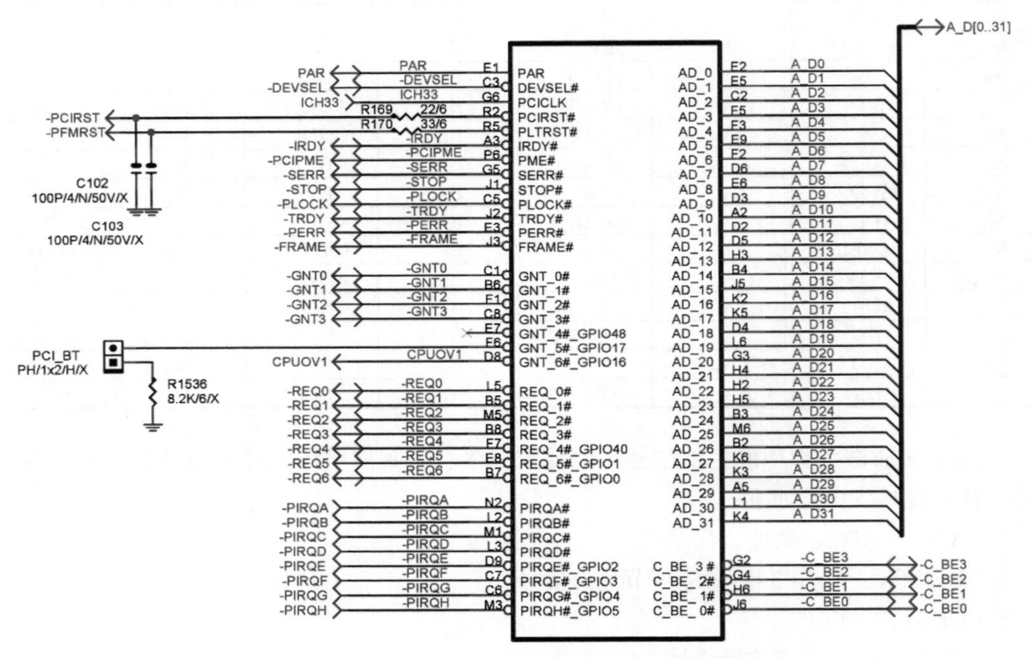

图 9-28 南桥芯片 PCI 插槽控制功能模块引脚电路图

PCI 插槽电路故障诊断

主板 PCI 插槽也是故障率较低的接口之一，在检修主板 PCI 插槽故障时，应首先查看其有无明显破损或插槽内是否存在异物。

一部分与 PCI 插槽相关的故障是由于接触不良导致的，所以清理主板 PCI 插槽和 PCI 扩展卡的接口是非常必要的检修操作。

主板 PCI 插槽电路中 +12V、-12V 以及 3.3V 等供电较容易出现问题，所以在检修时应重视对 PCI 插槽供电的检修。

技巧 77　PCI-E 插槽电路诊断与问题解决

主板 PCI-E 插槽用于取代 AGP 插槽和 PCI 插槽，具有十分优秀的性能，其中 PCI-E ×16 插槽是目前主流的独立显卡插槽。

PCI-E 插槽电路的作用

PCI Express 简称 PCI-E，是新一代的计算机总线标准，基于串行通信系统，采用点对点串行连接，能够提供更快的传输速度。主板 PCI-E 插槽是基于 PCI-E 总线的插槽类型，目前有 PCI-E 1.0、PCI-E 2.0 和 PCI-E 3.0 三个版本。

主板 PCI-E 插槽根据总线位宽的不同，可分为 ×1、×4、×8 和 ×16 等不同通道规格。PCI-E ×16 类型的接口主要用于取代 AGP 插槽，用于独立显卡和主板的连接。如图 9-29 所示为主板 PCI-E ×16 插槽实物图。

图 9-29　主板 PCI-E ×16 插槽实物图

主板 PCI-E ×1 插槽可用于连接声卡、网卡、接口转接卡以及其他扩展卡等。如图 9-30 所示为主板 PCI-E ×1 插槽实物图。

图 9-30　主板 PCI-E ×1 插槽实物图

PCI-E 插槽电路的组成与工作原理

PCI-E ×16 插槽和 PCI-E ×1 插槽是主板上应用最多的两种 PCI-E 插槽。下面分别讲述这两种 PCI-E 插槽的特点。

1. PCI-E ×16 插槽

如图 9-31 所示为主板 PCI-E×16 插槽电路图，如表 9-12 所示为主板 PCI-E ×16 插槽引脚功能。

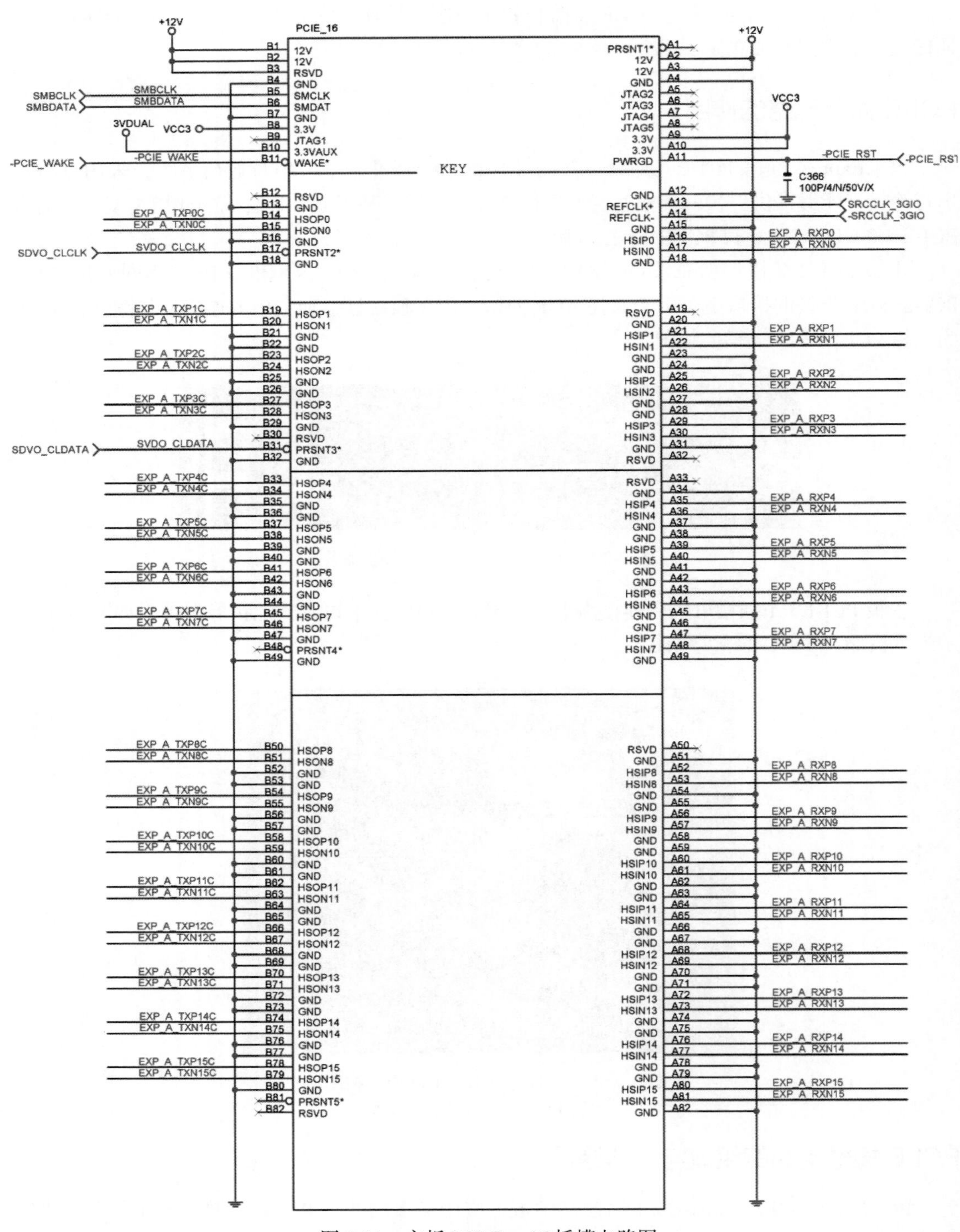

图 9-31 主板 PCI-E ×16 插槽电路图

表 9-12 主板 PCI-E ×16 插槽引脚功能表

引脚	引脚定义	引脚	引脚定义	引脚	引脚定义	引脚	引脚定义
A_{1}	PRSNT1#	A_{42}	GND	B_{1}	12V	B_{42}	HSON6
A_{2}	12V	A_{43}	HSIP6	B_{2}	12V	B_{43}	GND
A_{3}	12V	A_{44}	HSIN6	B_{3}	RSVDB3	B_{44}	GND
A_{4}	GND	A_{45}	GND	B_{4}	GND	B_{45}	HSOP7
A_{5}	JTAG2	A_{46}	GND	B_{5}	SMCLK	B_{46}	HSON7
A_{6}	JTAG3	A_{47}	HSIP7	B_{6}	SMDAT	B_{47}	GND
A_{7}	JTAG4	A_{48}	HSIN7	B_{7}	GND	B_{48}	PRSNT4#
A_{8}	JTAG5	A_{49}	GND	B_{8}	3.3V	B_{49}	GND
A_{9}	3.3V	A_{50}	RSVDA50	B_{9}	JTAG1	B_{50}	HSOP8
A_{10}	3.3V	A_{51}	GND	B_{10}	3.3VAUX	B_{51}	HSON8
A_{11}	PWRGD	A_{52}	HSIP8	B_{11}	WAKE#	B_{52}	GND
A_{12}	GND	A_{53}	HSIN8	B_{12}	RSVDB12	B_{53}	GND
A_{13}	REFCLK+	A_{54}	GND	B_{13}	GND	B_{54}	HSOP9
A_{14}	REFCLK−	A_{55}	GND	B_{14}	HSOP0	B_{55}	HSON9
A_{15}	GND	A_{56}	HSIP9	B_{15}	HSON0	B_{56}	GND
A_{16}	HSIP0	A_{57}	HSIN9	B_{16}	GND	B_{57}	GND
A_{17}	HSIN0	A_{58}	GND	B_{17}	PRSNT2#	B_{58}	HSOP10
A_{18}	GND	A_{59}	GND	B_{18}	GND	B_{59}	HSON10
A_{19}	RSVDA19	A_{60}	HSIP10	B_{19}	HSOP1	B_{60}	GND
A_{20}	GND	A_{61}	HSIN10	B_{20}	HSON1	B_{61}	GND
A_{21}	HSIP1	A_{62}	GND	B_{21}	GND	B_{62}	HSOP11
A_{22}	HSIN1	A_{63}	GND	B_{22}	GND	B_{63}	HSON11
A_{23}	GND	A_{64}	HSIP11	B_{23}	HSOP2	B_{64}	GND
A_{24}	GND	A_{65}	HSIN11	B_{24}	HSON2	B_{65}	GND
A_{25}	HSIP2	A_{66}	GND	B_{25}	GND	B_{66}	HSOP12
A_{26}	HSIN2	A_{67}	GND	B_{26}	GND	B_{67}	HSON12
A_{27}	GND	A_{68}	HSIP12	B_{27}	HSOP3	B_{68}	GND
A_{28}	GND	A_{69}	HSIN12	B_{28}	HSON3	B_{69}	GND
A_{29}	HSIP3	A_{70}	GND	B_{29}	GND	B_{70}	HSOP13
A_{30}	HSIN3	A_{71}	GND	B_{30}	RSVDB30	B_{71}	HSON13
A_{31}	GND	A_{72}	HSIP13	B_{31}	PRSNT3#	B_{72}	GND
A_{32}	RSVDA32	A_{73}	HSIN13	B_{32}	GND	B_{73}	GND
A_{33}	RSVDA33	A_{74}	GND	B_{33}	HSOP4	B_{74}	HSOP14
A_{34}	GND	A_{75}	GND	B_{34}	HSON4	B_{75}	HSON14
A_{35}	HSIP4	A_{76}	HSIP14	B_{35}	GND	B_{76}	GND
A_{36}	HSIN4	A_{77}	HSIN14	B_{36}	GND	B_{77}	GND
A_{37}	GND	A_{78}	GND	B_{37}	HSOP5	B_{78}	HSOP15
A_{38}	GND	A_{79}	GND	B_{38}	HSON5	B_{79}	HSON15
A_{39}	HSIP5	A_{80}	HSIP15	B_{39}	GND	B_{80}	GND
A_{40}	HSIN5	A_{81}	HSIN15	B_{40}	GND	B_{81}	PRSNT5#
A_{41}	GND	A_{82}	GND	B_{41}	HSOP6	B_{82}	RSVDB82

主板 PCI-E ×16 插槽共有 164 个引脚，各引脚功能具体如下：

1）PRSNT1# ~ PRSNT5#：热拔插存在检查。

2）JTAG1 ~ JTAG5：测试引脚。

3）REFCLK+ 和 REFCLK-：时钟信号引脚。

4）PWRGD：电源好信号引脚。

5）HSIP0 ~ HSIP15：接收差分信号对。

6）HSIN0 ~ HSIN15：接收差分信号对。

7）HSOP0 ~ HSOP15：发送差分信号对。

8）HSON0 ~ HSON15：发送差分信号对。

9）RSVDA：行选择信号。

10）RSVDB：RSVDB3 是 12V 供电，其他为空脚。

11）SMCLK：系统管理总线时钟信号端。

12）SMDAT：系统管理总线数据信号端。

13）WAKE#：唤醒信号输入端。

14）GND：接地引脚。

主板 PCI-E ×16 插槽通常与北桥芯片连接，进行数据通信，并受北桥芯片控制。如图 9-32 所示为北桥芯片 PCI-E ×16 插槽控制功能模块引脚电路图。

EXP_A_RXP0 E11 EXPARXP0 EXPATXP0 C10 EXP_A_TXP0
EXP_A_RXN0 F11 EXPARXN0 EXPATXN0 C9 EXP_A_TXN0
EXP_A_RXP1 J11 EXPARXP1 EXPATXP1 A9 EXP_A_TXP1
EXP_A_RXN1 H11 EXPARXN1 EXPATXN1 A8 EXP_A_TXN1
EXP_A_RXP2 F9 EXPARXP2 EXPATXP2 C8 EXP_A_TXP2
EXP_A_RXN2 E9 EXPARXN2 EXPATXN2 C7 EXP_A_TXN2
EXP_A_RXP3 F7 EXPARXP3 EXPATXP3 A7 EXP_A_TXP3
EXP_A_RXN3 E7 EXPARXN3 EXPATXN3 A6 EXP_A_TXN3
EXP_A_RXP4 B3 EXPARXP4 EXPATXP4 C6 EXP_A_TXP4
EXP_A_RXN4 B4 EXPARXN4 EXPATXN4 C5 EXP_A_TXN4
EXP_A_RXP5 D5 EXPARXP5 EXPATXP5 C2 EXP_A_TXP5
EXP_A_RXN5 E5 EXPARXN5 EXPATXN5 D2 EXP_A_TXN5
EXP_A_RXP6 G6 EXPARXP6 EXPATXP6 E3 EXP_A_TXP6
EXP_A_RXN6 G5 EXPARXN6 EXPATXN6 F3 EXP_A_TXN6
EXP_A_RXP7 H8 EXPARXP7 EXPATXP7 F1 EXP_A_TXP7
EXP_A_RXN7 H7 EXPARXN7 EXPATXN7 G1 EXP_A_TXN7
EXP_A_RXP8 J6 EXPARXP8 EXPATXP8 G3 EXP_A_TXP8
EXP_A_RXN8 J5 EXPARXN8 EXPATXN8 H3 EXP_A_TXN8
EXP_A_RXP9 K8 EXPARXP9 EXPATXP9 H1 EXP_A_TXP9
EXP_A_RXN9 K7 EXPARXN9 EXPATXN9 J1 EXP_A_TXN9
EXP_A_RXP10 L6 EXPARXP10 EXPATXP10 J3 EXP_A_TXP10
EXP_A_RXN10 L5 EXPARXN10 EXPATXN10 K3 EXP_A_TXN10
EXP_A_RXP11 P10 EXPARXP11 EXPATXP11 K1 EXP_A_TXP11
EXP_A_RXN11 R10 EXPARXN11 EXPATXN11 L1 EXP_A_TXN11
EXP_A_RXP12 M8 EXPARXP12 EXPATXP12 L3 EXP_A_TXP12
EXP_A_RXN12 M7 EXPARXN12 EXPATXN12 M3 EXP_A_TXN12
EXP_A_RXP13 N6 EXPARXP13 EXPATXP13 M1 EXP_A_TXP13
EXP_A_RXN13 N5 EXPARXN13 EXPATXN13 N1 EXP_A_TXN13
EXP_A_RXP14 P7 EXPARXP14 EXPATXP14 N3 EXP_A_TXP14
EXP_A_RXN14 P8 EXPARXN14 EXPATXN14 P3 EXP_A_TXN14
EXP_A_RXP15 R6 EXPARXP15 EXPATXP15 P1 EXP_A_TXP15
EXP_A_RXN15 R5 EXPARXN15 EXPATXN15 R1 EXP_A_TXN15

U5 DMIRXP0 DMITXP0 R3
U6 DMIRXN0 DMITXN0 T3
T9 DMIRXP1 DMITXP1 T1
T8 DMIRXN1 DMITXN1 U1
V7 DMIRXP2 DMITXP2 U3
V8 DMIRXN2 DMITXN2 V3
V10 DMIRXP3 DMITXP3 V5
U10 DMIRXN3 DMITXN3 W5

SRCCLK_MCH A11 GCLKINP EXPACOMPO Y10
-SRCCLK_MCH B11 GCLKINN EXPACOMPI W10

SDVO_CLDATA K13 SDVOCTRLDATA
SDVO_CLCLK J13 SDVOCTRLCLK

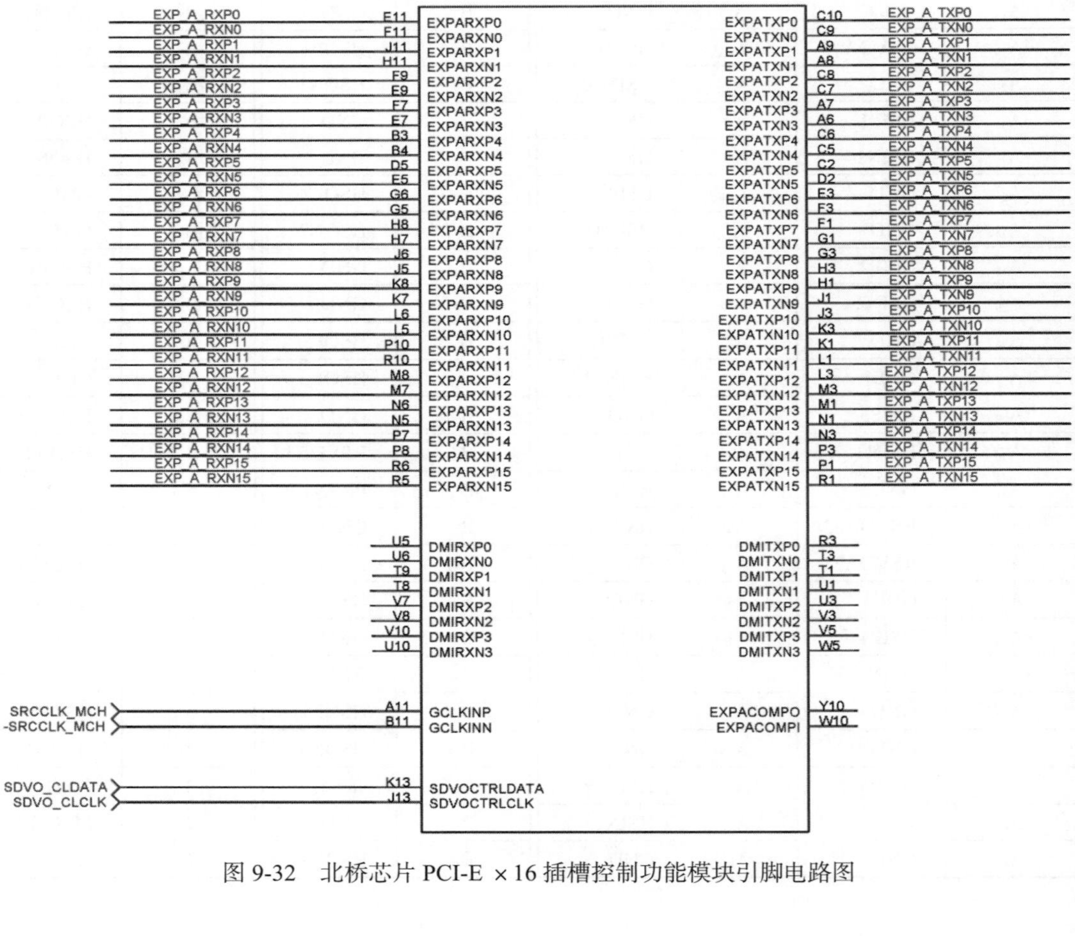

图 9-32 北桥芯片 PCI-E ×16 插槽控制功能模块引脚电路图

2. PCI-E ×1 插槽

如图 9-33 所示为主板 PCI-E ×1 插槽电路图，如表 9-13 所示为主板 PCI-E ×1 插槽引脚功能。

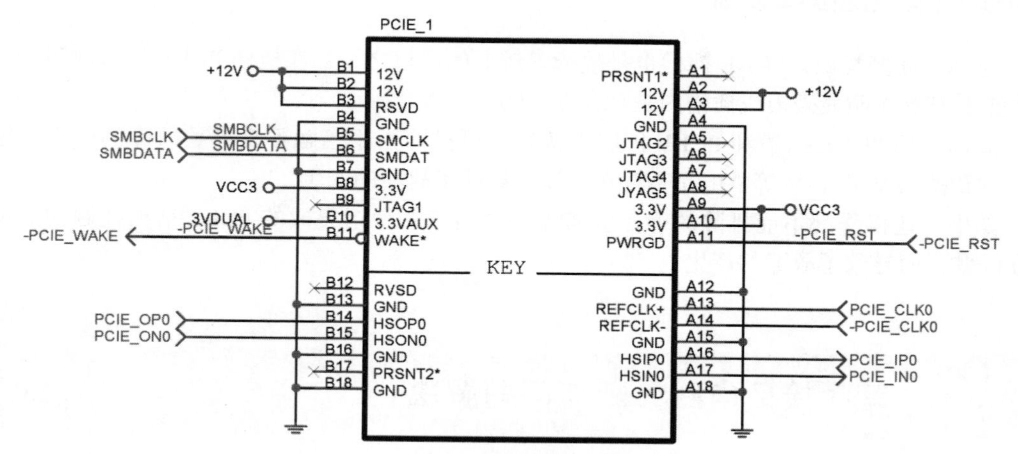

图 9-33　主板 PCI-E ×1 插槽电路图

表 9-13　主板 PCI-E ×1 插槽引脚功能表

引脚	引脚定义	引脚	引脚定义	引脚	引脚定义	引脚	引脚定义
A_1	PRSNT1#	A_{10}	3.3V	B_1	12V	B_{10}	3.3VAUX
A_2	12V	A_{11}	PWRGD	B_2	12V	B_{11}	WAKE#
A_3	12V	A_{12}	GND	B_3	RSVDB3	B_{12}	RSVD
A_4	GND	A_{13}	REFCLK+	B_4	GND	B_{13}	GND
A_5	JTAG2	A_{14}	REFCLK−	B_5	SMCLK	B_{14}	HSOP0
A_6	JTAG3	A_{15}	GND	B_6	SMDAT	B_{15}	HSON0
A_7	JTAG4	A_{16}	HSIP0	BA_7	GND	B_{16}	GND
A_8	JTAG5	A_{17}	HSIN0	B_8	3.3V	B_{17}	PRSNT2#
A_9	3.3V	A_{18}	GND	B_9	JTAG1	B_{18}	GND

主板 PCI-E ×1 插槽共有 36 个引脚，各引脚具体功能如下：

1）PRSNT1# 和 PRSNT2#：热拔插存在检查。

2）JTAG1 ~ JTAG5：测试引脚。

3）REFCLK+ 和 REFCLK−：时钟信号引脚。

4）PWRGD：电源好信号引脚。

5）HSIP0：接收差分信号对。

6）HSIN0：接收差分信号对。

7）HSOP0：发送差分信号对。

8）HSON0：发送差分信号对。

9）RSVD：RSVDB3 引脚为 12V 供电，其他为空脚。

10）SMCLK：系统管理总线时钟信号端。

11）SMDAT：系统管理总线数据信号端。

12）WAKE#：唤醒信号输入端。

13）GND：接地引脚。

PCI-E 插槽电路故障诊断

与 PCI 插槽类似，PCI-E 插槽也是故障率较低的接口之一，在检修 PCI-E 插槽故障时，应首先查看其有无明显破损或插槽内是否存在异物。

清理主板 PCI-E 插槽和 PCI-E 扩展卡接口，可排除由于接触不良导致故障的产生。检修 PCI-E 插槽 3.3V 和 12V 等供电是否存在问题而导致了故障的产生。

如果上述操作都不能排除故障，应考虑是否由于芯片组集成的 PCI-E 插槽控制功能模块存在问题，而导致了故障的产生。

技巧 78 音频接口电路诊断与问题解决

主板音频接口是主板重要的接口类型之一，主要用于连接音频设备。主板音频接口电路是主板音频功能模块的重要组成部分，掌握其组成结构、功能、特点以及工作机制等，对于主板音频功能故障的检修是十分有益的。

音频接口电路的作用

主板音频接口用于连接音频设备，通常使用不同颜色来区分不同功能的音频接口。

蓝色接口为音频输入接口，可将光驱、MP3、录音机等音频输入设备通过音频线连接到该接口，进行音频处理。一般用户应用较少。

绿色接口为音频输出接口，用于连接耳机或 2.0、2.1 音箱等设备。在 4/5.1/7.1 声道音频输出模式中，可提供前置主声道音频输出。

粉红色接口为麦克风输入接口，用于连接麦克风。

橙色接口为中置 / 重低音扬声器接口，在六声道 / 八声道音效设置下，用于连接中置 / 重低音扬声器。

黑色接口为后置环绕扬声器接口，在四声道 / 六声道 / 八声道音效设置下，用于连接后置环绕扬声器。

灰色接口为侧边环绕扬声器接口，在八声道音效设置下，用于连接侧边环绕扬声器。如图 9-34 所示为主板音频接口实物图。

图 9-34　主板音频接口实物图

音频接口电路的组成与工作原理

主板音频接口电路主要由音频接口插座、板载声卡芯片以及电容器、电阻器等电子元器件和相关硬件设备组成。如图 9-35 所示为主板音频接口电路图。从图中可以看出各种音频输入、输出接口都连接到板载声卡芯片。板载声卡芯片会对输入、输出的音频信息进行处理。而板载声卡芯片受芯片组的控制。

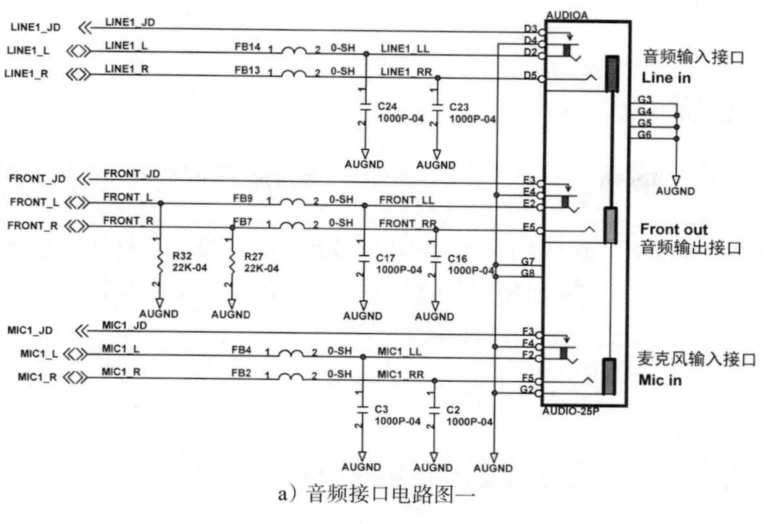

a）音频接口电路图一

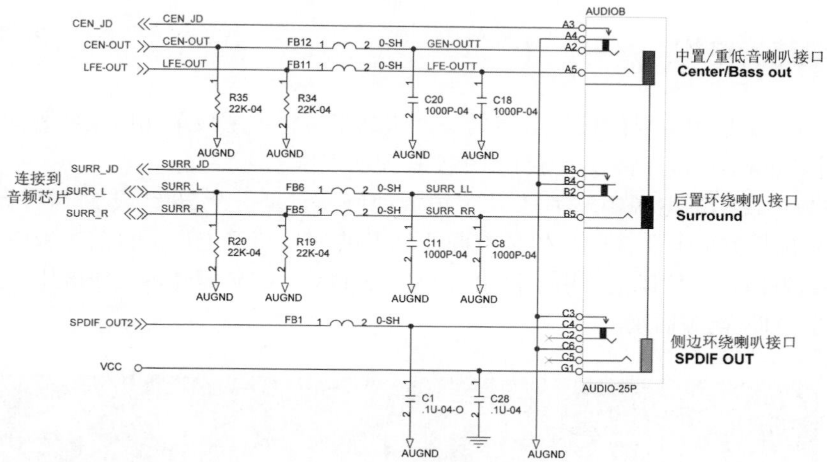

b）音频接口电路图二

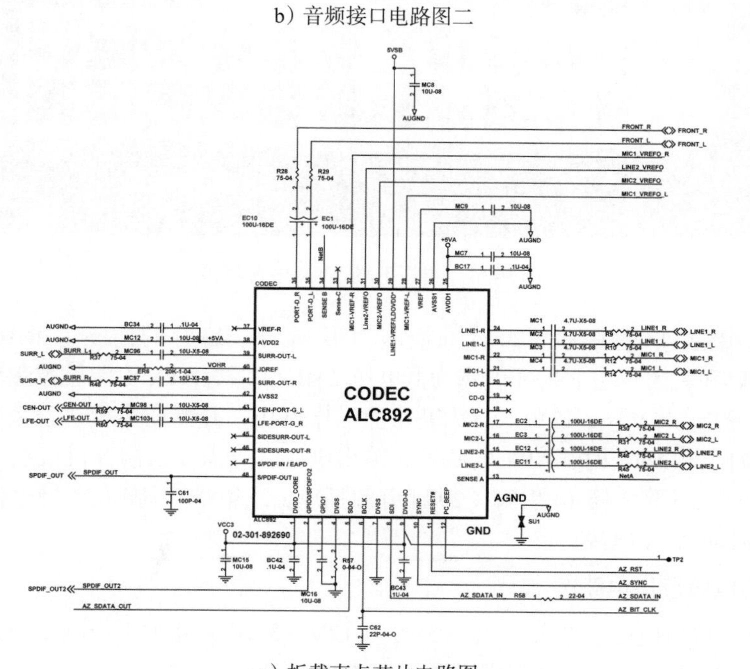

c）板载声卡芯片电路图

图 9-35　主板音频接口电路图

音频接口电路故障诊断

在检修主板音频功能故障时，应首先排除由于音频设置、驱动以及操作系统出现问题而导致了故障的产生。

然后查看主板音频接口电路中的电子元器件及相关硬件设备，是否存在明显的损坏问题。其中，板载声卡芯片是比较容易出现问题的部分，在检修时，如果其没有正常输出，应重点检修其供电、时钟和复位等电路是否存在问题。

技巧 79 电源接口电路诊断与问题解决

电源接口电路的结构

电源接口是主板中重要的接口电路之一，该电路为整个主板单元以及各种元器件提供工作电压。若该电路不正常，将直接导致整个主板无法工作。

目前主板中使用的电源插座都是 ATX 电源插座，它是一个 20 针或 24 针（有些主板为 4 针或 8 针）双排长方形电源接口，ATX 电源插座提供 +5V 待机电压。目前主板中一般采用 24 针的电源接口电路，该接口主要用于输出 ±5V、±12V、3.3V 等几种工作电压。如图 9-36 所示为主板上的 ATX 电源插座。

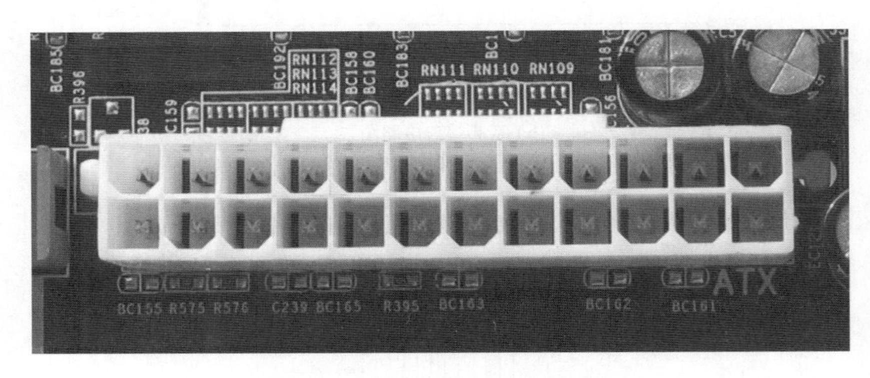

图 9-36　主板上的 ATX 电源插座

ATX 电源中的 PSON 引脚（20 针的插座为第 14 针，24 针的插座为第 16 针）主要控制 ATX 电源的开启和关闭。当 PSON 引脚为低电压（<1V）时，ATX 电源就被激活，这时电源的相应引脚就会输出 ±5V、±12V、3.3V 等几种工作电压，开始向主板等设备供电；当 PSON 引脚为高电压时（>4.5V）时，ATX 电源停止输出电压。当需要强制开机或在不接主板的情况下使电源工作时，只要将第 14 引脚（20 针电源插座）或第 16 引脚（24 针电源插座）与某一地线连接即可启动 ATX 电源。

1. 24 针的电源接口电路

24 针的电源接口电路，主要输出 ±5V、±12V、3.3V 等几种工作电压，它的电源插座各引脚功能如表 9-14 所示，电源插座引脚顺序如图 9-37 所示

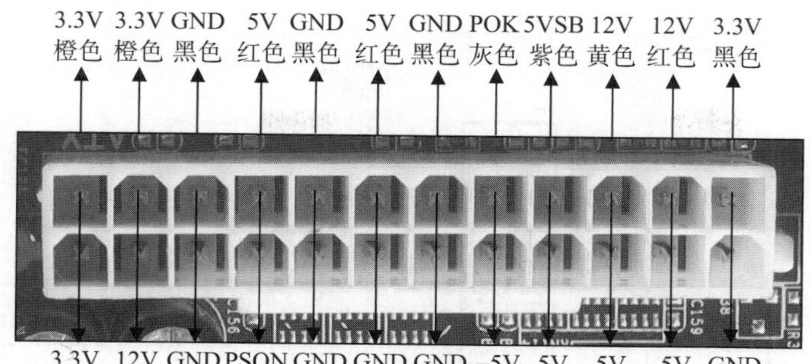

图 9-37　24 针 ATX 电源插座引脚顺序

表 9-14　24 针 ATX 电源插座各引脚功能

引　脚	定　义	颜色	引　脚	定　义	颜　色
第 1 脚	+3.3V	橙色	第 13 脚	+3.3V	橙色
第 2 脚	+3.3V	橙色	第 14 脚	–12V	蓝色
第 3 脚	GND	黑色	第 15 脚	GND	黑色
第 4 脚	+5V	红色	第 16 脚	PSON	绿色
第 5 脚	GND	黑色	第 17 脚	GND	黑色
第 6 脚	+5V	红色	第 18 脚	GND	黑色
第 7 脚	GND	黑色	第 19 脚	GND	黑色
第 8 脚	POK	灰色	第 20 脚	–5V	白色
第 9 脚	+5VSB	紫色	第 21 脚	+5V	红色
第 10 脚	+12V	黄色	第 22 脚	+5V	红色
第 11 脚	+12V	黄色	第 23 脚	+5V	红色
第 12 脚	+3.3V	橙色	第 24 脚	GND	黑色

24 针的电源接口中第 1、2、12、13 引脚可以输出 3.3V 电压，主要给南桥、北桥、内存和部分 CPU 外核电压供电；第 4、6、21、22、23 引脚输出 5V 电压，主要给 CPU、复位电路、USB 接口、键盘鼠标接口、北桥、南桥和二级供电电路供电；第 10、11 引脚输出 12V 电压，主要给 CPU、场效应管、风扇供电；第 20 引脚输出 –5V 电压，一般不使用；第 14 引脚输出 –12V 电压，主要给串口管理芯片供电；第 9 引脚输出 5V 待机电压，主要为 CMOS 电路、开机电路、键盘鼠标接口电路供电；第 16 引脚为开机控制引脚，主要用来控制 ATX 电源的开启和关闭，与 20 针电源接口的第 14 引脚功能相同当此脚位高电平时，ATX 电源停止输出电压，主要应用在开机电路中；第 8 引脚为 PG 信号输出端，主要用在复位电路中，为主板各个电路提供复位信号，此引脚在 ATX 电源启动 500ms 后开始输出 5V 电压；第 3、5、7、15、17、18、19、24 引脚为地线。如图 9-38 所示为 24 针 ATX 电源插座电路图。

2. 辅助电源接口电路

主板中为了特殊需要设置有一些辅助电源接口，主要包括 4 针和 8 针两种接口电路。

4 引脚的电源接口电路在主板中主要是为了满足 CPU 的供电而设置的，如图 9-39 所示为主板中 4 引脚辅助电源接口实物图。

4 引脚辅助电源接口提供 +12V 一种电压，如图 9-40 所示为引脚电路图，表 9-15 所示为 4 引脚电源插座各引脚功能表。

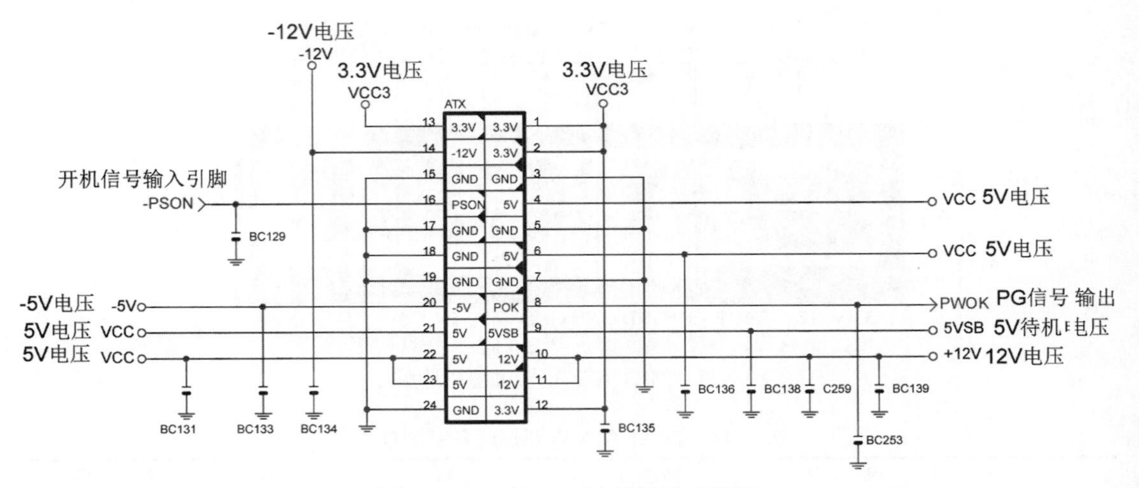

图 9-38　24 针 ATX 电源插座电路图

图 9-39　4 引脚辅助电源接口实物图

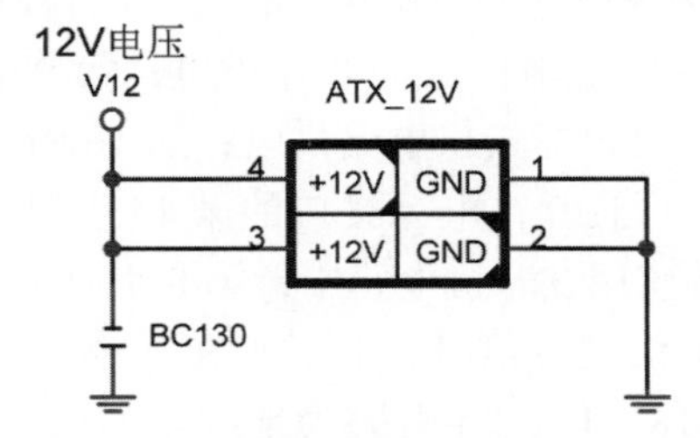

图 9-40　4 针电源插座引脚电路图

表 9-15　4 引脚电源插座各引脚功能表

引　脚	定　义	颜　色
第 1 脚	GND	黑色
第 2 脚	GND	黑色
第 3 脚	+12V	黄色
第 4 脚	+12V	黄色

8 针电源接口主要用在服务器的主板中，为主板中的 CPU 供电。和 4 引脚辅助电源接口一样，8 针辅助电源接口也只提供 +12V 一种电压。如图 9-41 所示为 8 针电源接口实物图以及电源插座电路图。

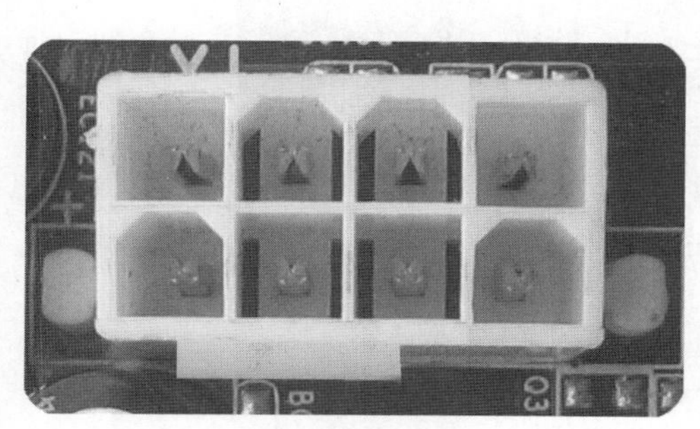
a）8 针电源接口实物图

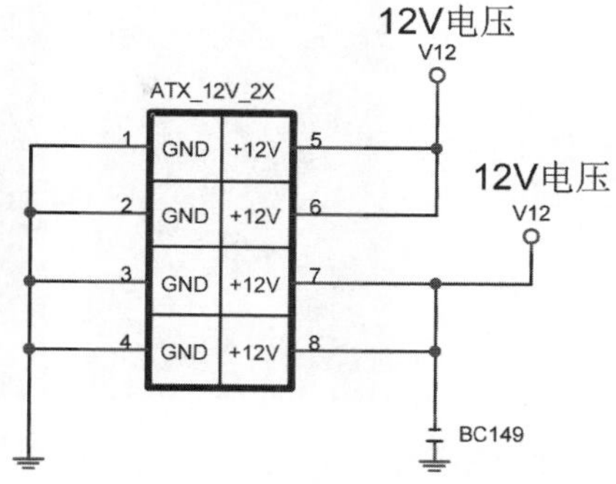

b）8 针电源插座电路图

图 9-41　8 针电源接口实物图以及电源插座电路图

8 引脚电源接口功能如表 9-16 所示。

表 9-16　8 引脚电源接口功能表

引　脚	定　义	颜　色	引　脚	定　义	颜　色
第 1 脚	GND	黑色	第 5 脚	+12V	黄色
第 2 脚	GND	黑色	第 6 脚	+12V	黄色
第 3 脚	GND	黑色	第 7 脚	+12V	黄色
第 4 脚	GND	黑色	第 8 脚	+12V	黄色

电源接口电路故障诊断

电源接口电路出现故障的概率很小，通常主要表现为虚焊及接口脱落等。检查电源接口是否正常，可在接通 ATX 电源时检测各引脚的输出电压是否正常。若各脚实际测得的电压值与标准电压值接近，则说明 ATX 电源接口正常。测量方法为将黑表笔接地脚，红表笔接待测电压脚，如图 9-42 所示。

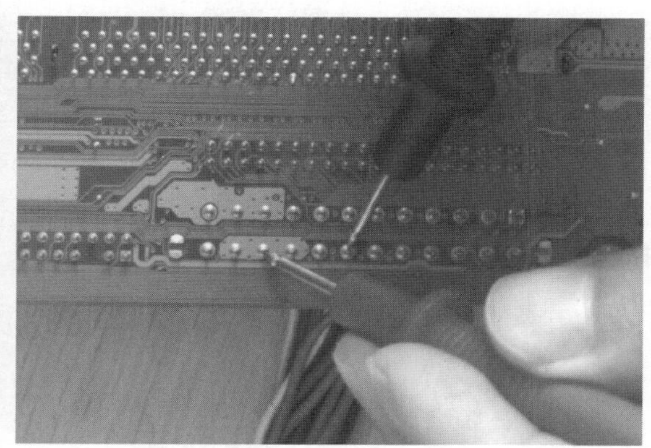

a）ATX 电源接口 5V 电压的检测

图 9-42　万用表检测 ATX 电源接口

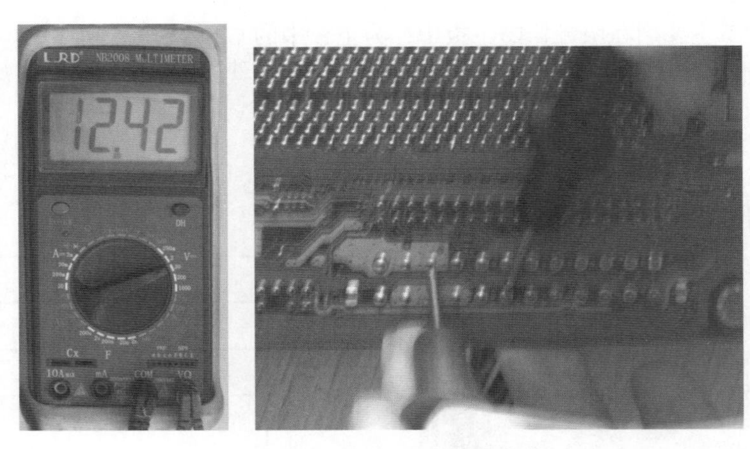

b）ATX 电源接口 12V 电压的检测

图 9-42 （续）

如果 ATX 电源接口各引脚正常，而故障仍存在，则说明故障可能是由 ATX 电源引起的，应重点检查 ATX 电源输出端以及内部电路是否有故障。

实例 54 接口电路跑线——PS/2 接口电路跑线

首先绘出 PS-2 接口电路的原理图，如图 9-43 所示。我们以键盘接口电路跑线为例，操作步骤如下：

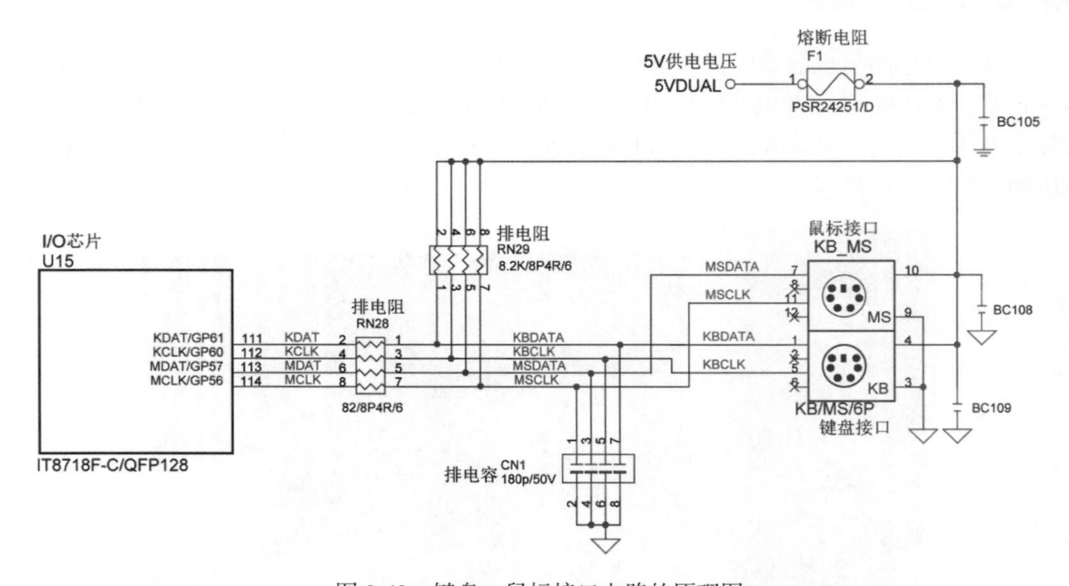

图 9-43 键盘、鼠标接口电路的原理图

1）将万用表调挡至“蜂鸣”挡，检测 5V 电压输出端 Q331 到熔断电阻 F1 间的线路，如图 9-44 所示。线路正常时数字万用表应发出报警声。

2）检测熔断电阻 F1 到键盘接口第 4 脚间的线路，如图 9-45 所示。线路正常时数字万用表应发出报警声。

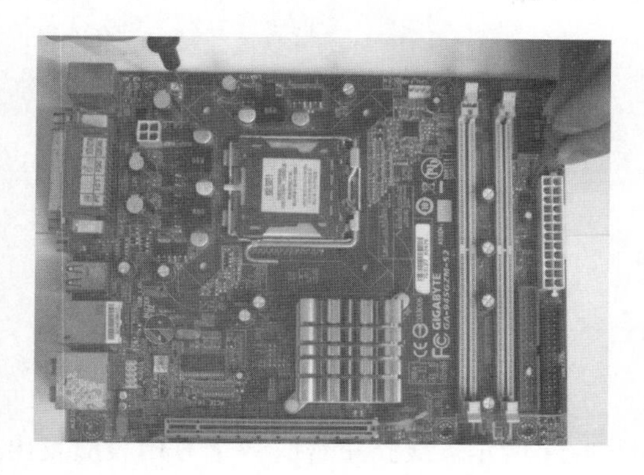

图 9-44 5V 电压输出端 Q331 到熔断电阻 F1 间线路的检测

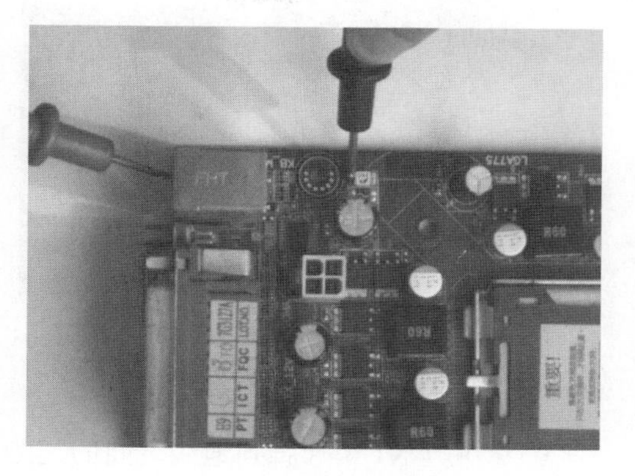

图 9-45 熔断电阻 F1 到键盘接口第 4 脚间线路的检测

3）检测键盘接口第 1 脚到 RN28 第 1 脚间的线路，如图 9-46 所示。线路正常时数字万用表应发出报警声。

4）检测 RN28 第 2 脚到 U15 第 111 脚间的线路，如图 9-47 所示。线路正常时数字万用表应发出报警声。

图 9-46 键盘接口第 1 脚到 RN28 第 1 脚间线路的检测

图 9-47 RN28 第 2 脚到 U15 第 111 脚间线路的检测

5）检测熔断电阻 F1 到排电阻 RN29 第 2 脚间的线路，如图 9-48 所示。线路正常时数字万用表应发出报警声。

6）检测排电阻 RN29 第 1 脚到 RN28 第 1 脚间的线路，如图 9-49 所示。线路正常时数字万用表应发出报警声。

7）检测键盘接口第 1 脚到 CN1 第 7 脚间的线路，如图 9-50 所示。线路正常时数字万用表应发出报警声。

图 9-48　熔断电阻 F1 到排电阻 RN29 第 2 脚间线路的检测

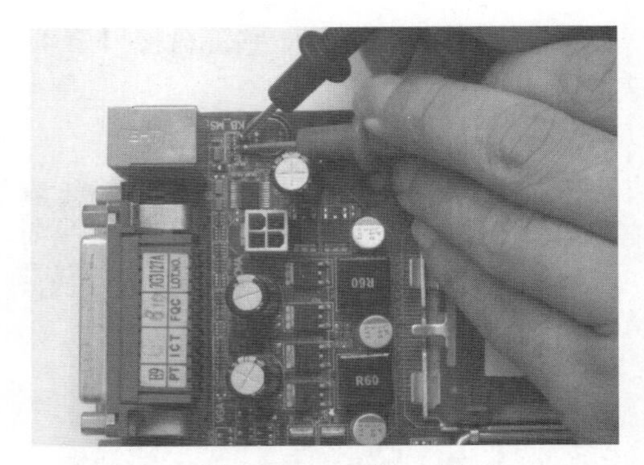

图 9-49　排电阻 RN29 第 1 脚到 RN28 第 1 脚间线路的检测

8）检测 CN1 第 8 脚到地线之间的线路，如图 9-51 所示。线路正常时数字万用表应发出报警声。

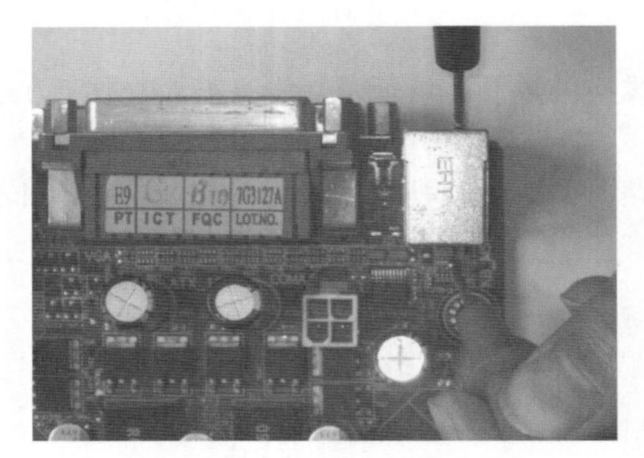

图 9-50　键盘接口第 1 脚到 CN1 第 7 脚间线路的检测

图 9-51　CN1 第 8 脚到地线之间线路的检测

9）检测键盘接口第 5 脚到 RN28 第 3 脚间的线路，如图 9-52 所示。线路正常时数字万用表应发出报警声。

10）检测 RN28 第 4 脚到 U15 第 112 脚间的线路，如图 9-53 所示。线路正常时数字万用表应发出报警声。

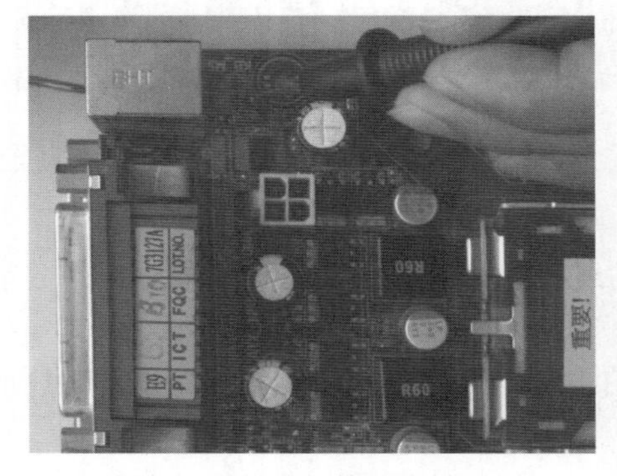

图 9-52　键盘接口第 5 脚到 RN28 第 3 脚间线路的检测

图 9-53　RN28 第 4 脚到 U15 第 112 脚间线路的检测

11）检测熔断电阻 F1 到排电阻 RN29 第 4 脚间的线路，如图 9-54 所示。线路正常时数字万用表应发出报警声。

12）检测排电阻 RN29 第 3 脚到 RN28 第 3 脚间的线路，如图 9-55 所示。线路正常时数字万用表应发出报警声。

图 9-54　熔断电阻 F1 到排电阻 RN29 第 4 脚间线路的检测

图 9-55　排电阻 RN29 第 3 脚到 RN28 第 3 脚间线路的检测

13）检测键盘接口第 5 脚到 CN1 第 5 脚间的线路，如图 9-56 所示。线路正常时数字万用表应发出报警声。

14）检测 CN1 第 6 脚到地线之间的线路，如图 9-57 所示。线路正常时数字万用表应发出报警声。

图 9-56　键盘接口第 5 脚到 CN1 第 5 脚间线路的检测

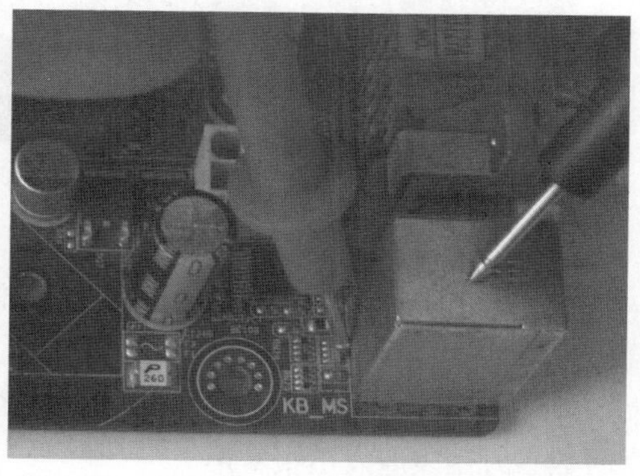

图 9-57　CN1 第 6 脚到地线之间线路的检测

实例 55　接口电路跑线——USB 接口跑线

根据主板画出 USB 接口电路原理图，如图 9-58 所示。

USB 接口电路跑线操作步骤如下：

1）将万用表调挡至“蜂鸣”挡，检测 5V 供电到熔断电阻 F1 间的线路，如图 9-59 所示。线路正常时数字万用表应发出报警声。

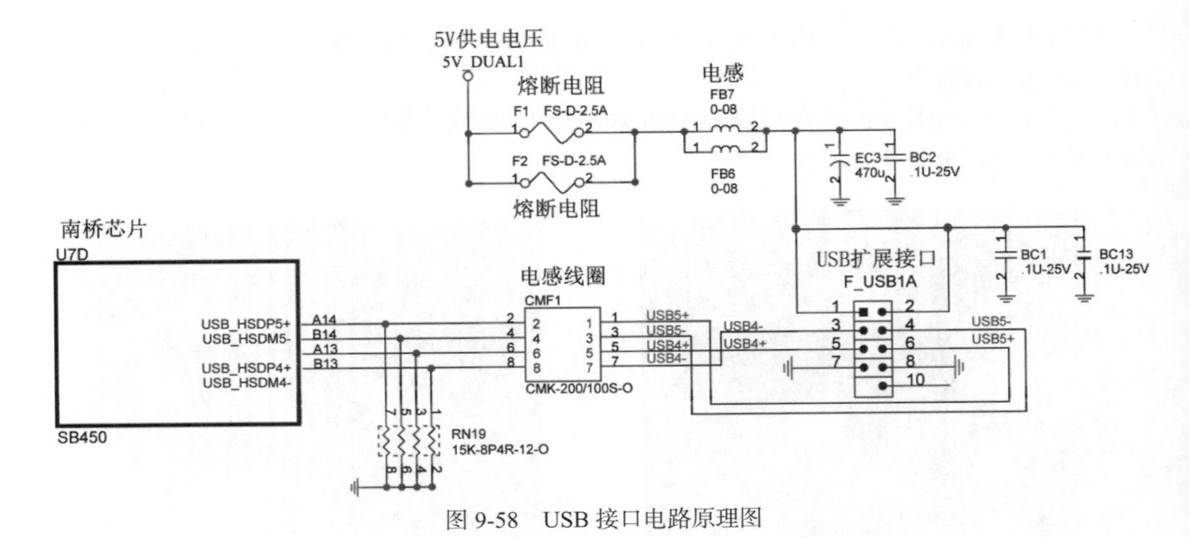

图 9-58　USB 接口电路原理图

2）检测熔断电阻 F1 到电感 FB7 间的线路，如图 9-60 所示。线路正常时数字万用表应发出报警声。

图 9-59　5V 供电到熔断电阻 F1 间线路的检测

图 9-60　熔断电阻 F1 到电感 FB7 间线路的检测

3）检测电感 FB7 到 USB 接口第 1 脚间的线路，如图 9-61 所示。线路正常时数字万用表应发出报警声。

4）检测 USB 接口第 3 脚到电感线圈 CMF1 的第 7 脚间的线路，如图 9-62 所示。线路正常时数字万用表应发出报警声。

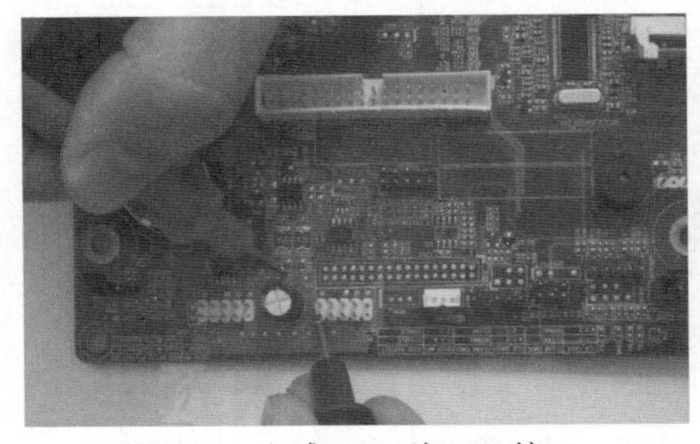
图 9-61　电感 FB7 到 USB 接口第 1 脚间线路的检测

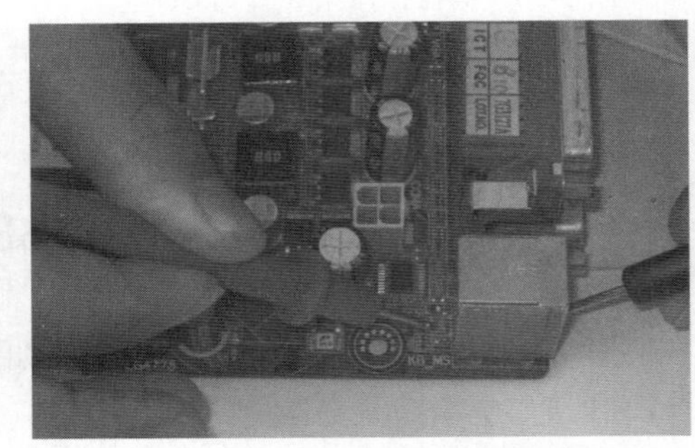
图 9-62　USB 接口第 3 脚到电感线圈 CMF1 的第 7 脚间线路的检测

5）检测电感线圈 CMF1 第 8 脚到 RN19 的第 1 脚间的线路，如图 9-63 所示。线路正常时数字万用表应发出报警声。

6）检测 RN19 的第 2 脚到地线之间的线路，如图 9-64 所示。线路正常时数字万用表应发出报警声。

图 9-63　电感线圈 CMF1 第 8 脚到 RN19 的第 1 脚间线路的检测

图 9-64　RN19 的第 2 脚到地线之间线路的检测

7）检测电感线圈 CMF1 第 8 脚到南桥芯片间的线路，如图 9-65 所示。线路正常时数字万用表应发出报警声。

8）检测 USB 接口第 5 脚到电感线圈 CMF1 的第 5 脚间的线路，如图 9-66 所示。线路正常时数字万用表应发出报警声。

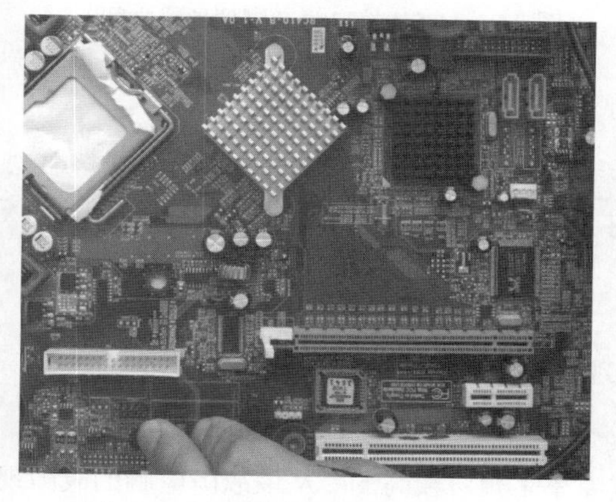

图 9-65　电感线圈 CMF1 第 8 脚到南桥芯片间线路的检测

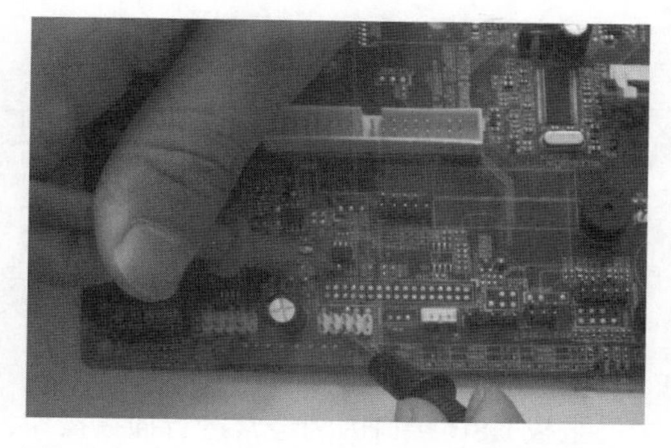

图 9-66　USB 接口第 5 脚到电感线圈 CMF1 的第 5 脚间线路的检测

9）检测电感线圈 CMF1 第 6 脚到 RN19 的第 3 脚间的线路，如图 9-67 所示。线路正常时数字万用表应发出报警声。

10）检测 RN19 的第 4 脚到地线之间的线路，如图 9-68 所示。线路正常时数字万用表应发出报警声。

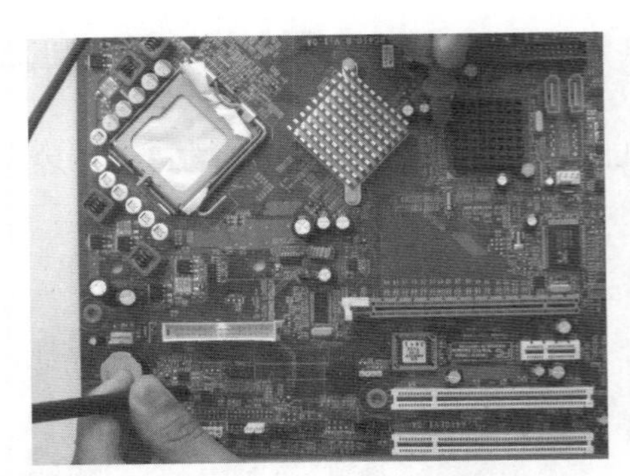

图 9-67　电感线圈 CMF1 第 6 脚到 RN19 第 3 脚间线路的检测

图 9-68　RN19 的第 4 脚到地线之间线路的检测

11）检测电感线圈 CMF1 第 6 脚到南桥芯片间的线路，如图 9-69 所示。线路正常时数字万用表应发出报警声。

12）检测 USB 接口第 7 脚到地线之间的线路，如图 9-70 所示。线路正常时数字万用表应发出报警声。

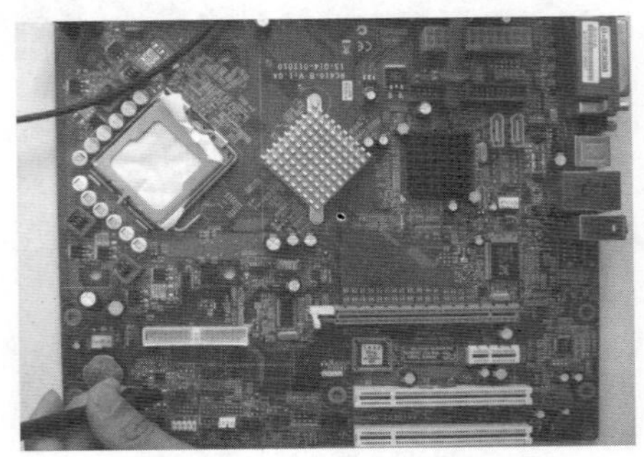

图 9-69　电感线圈 CMF1 第 6 脚到南桥芯片间线路的检测

图 9-70　USB 接口第 7 脚到地线之间线路的检测

实例 56　一个 USB 接口无法正常使用故障

故障现象

一台电脑，经常使用的一个 USB 接口突然出现无法使用的故障。

故障判断

主板 USB 接口因为经常进行插拔操作，其故障率是相对较高的。从该故障电脑的故障现象来看，故障范围主要在 USB 接口电路部分，一方面应重点关注 USB 接口插座是否因为插拔不当造成了虚焊或损坏，另一方面则要重点关注其 5V 供电电路是否存在问题。

故障分析与排除过程

步骤 1　USB 接口是目前应用最为广泛的一种接口类型，而其插拔的频率较高，所以故障率也相对较高。

在检修主板 USB 接口不能正常使用的故障时，首先应确认是单独某一个 USB 接口不能正常使用，还是该故障电脑所有的USB接口都不能正常使用，从这一点上可以区分故障原因的范围。

当电脑出现一个USB接口不能正常使用时，大部分情况是由于该USB接口存在开焊、虚焊或本身损坏，以及USB接口的供电部分出现了问题。

但当一台电脑的USB接口全部不能正常使用时，则多半是由于芯片组（双芯片架构中为南桥芯片）存在虚焊或性能不良，以及芯片组USB接口功能控制模块的供电、时钟信号出现问题导致的。

经检测确认，该故障电脑只有一个USB接口不能使用。

步骤2 当确认了电脑故障原因的范围，打开电脑主机机箱检修时，第一个步骤是对故障电脑进行清理和观察。

鉴于该故障电脑的故障现象，应重点清理和观察主板USB接口电路是否存在问题。

清理和仔细观察后，没有发现较为明显的问题。接下来应根据电路图，进行更具体、深入的检修操作。

步骤3 出现问题的USB接口为机箱前置USB接口，通过接线连接到主板USB扩展插座。

根据故障现象分析，USB接口存在虚焊或者损坏而导致故障的概率较大。

但为了更进一步确认故障，对USB接口电路中的电容器、电感器以及电阻器进行好坏和性能的检测，检测后都没有发现问题。

步骤4 更换主板USB扩展插座到机箱前置USB接口的连接线，检测后发现故障依旧。将机箱前置USB接口更换，再次进行测试，其已经能够正常使用，故障排除。

故障检修经验总结：

由于部分USB接口经常会进行插拔操作，出现虚焊或损坏的情况是比较常见的。所以在检修的过程中，除了考虑USB接口电路中的电子元器件是否损坏外，还应多考虑USB接口插座本身是否存在虚焊或损坏的问题。

主板USB接口电路连接相对简单，其出现故障后的故障现象也较为明显，所以处理起来也相对容易。但是在检修的操作过程中应注意故障分析过程的逻辑性，以免造成误判。也要注意方式、方法，以免遗漏真正的故障原因或造成二次故障。

实例57 键盘和鼠标都不能正常使用故障

故障现象

一台电脑，出现键盘和鼠标都不能正常使用的故障。

故障判断

该故障电脑的键盘和鼠标采用的都是PS/2接口，并且与I/O芯片相连。当键盘和鼠标都不能正常使用时，应考虑PS/2接口电路中的供电及I/O芯片是否有问题而导致了故障的产生。

故障分析与排除过程

步骤1 在进行硬件故障的检修前，应先排除软件或设置问题而导致了相关故障。对该故障电脑重新安装操作系统后进行测试，故障依旧。说明故障原因多半是由于硬件问题而导致的。

步骤2 主板PS/2接口电路连接相对简单，检测起来也比较容易，但是打开电脑主机机箱后的第一步还是应对故障电脑的主板进行清理和观察。如果主板上有受潮的迹象，还应对其进行烘干处理。

步骤 3 清理和观察后，没有发现故障电脑主板上存在明显的物理损坏或异物。下面根据电路图做更进一步的检修操作。如图 9-71 所示为故障电脑主板 PS/2 接口电路图。

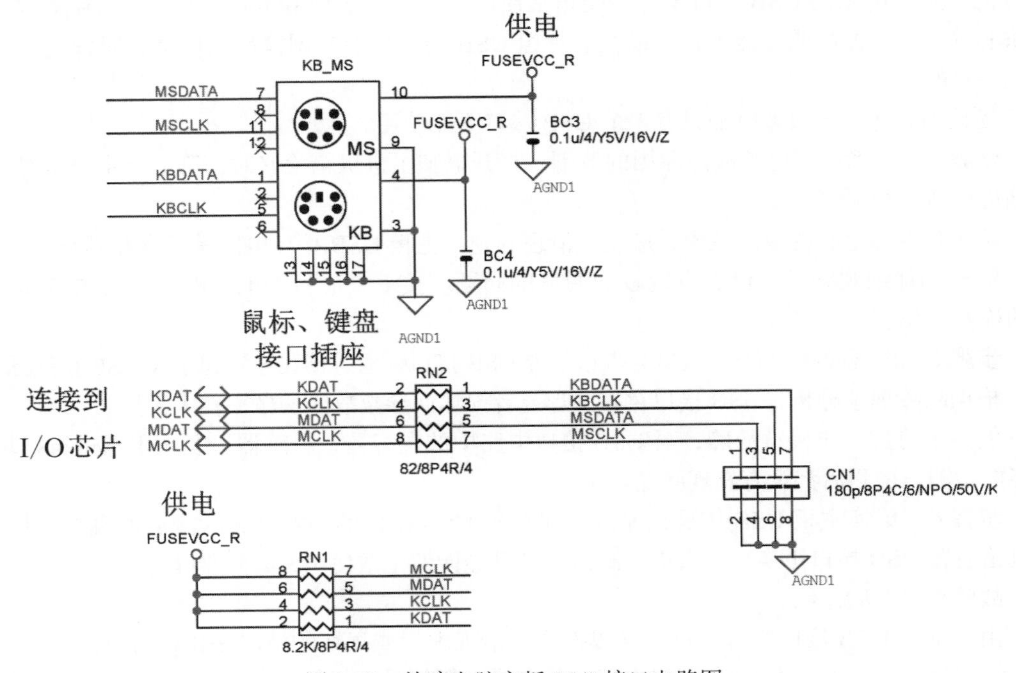

图 9-71 故障电脑主板 PS/2 接口电路图

检测后发现电路中的电阻器 RN1 损坏，并判断由此问题导致了故障的产生。

步骤 4 更换出现问题的电阻器，经过测试后发现故障已经排除。

故障检修经验总结：

学习主板检修技能，首先应牢固掌握主板各功能模块的理论知识和基本工作原理，然后逐渐积累常见故障的检修方法和步骤，在不断的实践和经验总结中逐步提高主板的检修技能。

实例 58 主板 VGA 接口不能正常使用故障

故障现象

一台采用 Intel 公司芯片组（北桥芯片和南桥芯片双芯片架构）的电脑，其主板 VGA 接口外接显示设备时无信号输出。

故障判断

导致该故障的原因主要包括：主板 VGA 接口插座损坏或虚焊、主板 VGA 接口电路存在问题、北桥芯片存在问题等。

故障分析与排除过程

步骤 1 首先排除外接显示设备及连接线问题，再做下一步检修操作。

当替换了外接显示设备及连接线后，故障依旧，说明故障原因在该电脑主板 VGA 接口电路及相关电子元器件上。

步骤 2　打开电脑主机机箱后，清理和观察该故障电脑的主板。就采用 Intel 公司的北桥芯片和南桥芯片双芯片架构的主板来说，其使用时间都已经很长，如果不定期做清理，主机内肯定会淤积大量灰尘，造成主板上的重要芯片或电子元器件散热出现问题，从而导致相关故障的产生。

清理灰尘并仔细观察后，没有发现比较明显的问题。根据故障现象，重点观察了主板 VGA 接口电路部分，也没有发现什么问题。

下一步应根据电路图做进一步的检修操作。

步骤 3　根据电路图对主板 VGA 接口电路进行检测后发现，该电路中的 5V 供电正常、时钟和数据信号的上拉电压正常、三基色信号对地阻值相同。再进一步检测电路中的电子元器件，没有发现不良或损坏的情况。而该电路是直接与主板上的北桥芯片进行数据通信的，此时根据故障现象和电路分析，认为北桥芯片存在虚焊或性能不良的问题而导致了故障的产生。

步骤 4　加焊北桥芯片，经过测试后发现故障依旧。更换性能良好的北桥芯片，故障排除。

故障检修经验总结：

部分集成显示核心的北桥芯片其发热量较大，而当散热环境比较差时，经常会产生虚焊等问题，从而引发相关故障的产生。

电脑的检修过程是一个逻辑推理过程。而逻辑推理过程应建立在牢固掌握了电脑各功能模块工作原理和相关知识的基础上。在该故障实例中，VGA 接口电路可理解为信号传输的桥梁，若信号的“桥梁”没有问题，则说明故障出在信号的产生上。

实例 59　主板 VGA 接口无法正常使用故障

故障现象

一台电脑，主板 VGA 接口不能正常使用。

故障判断

对于主板 VGA 接口不能正常使用的故障，应首先排除外接显示设备和连接线的问题，如果没有问题，再去检测主板 VGA 接口电路中的供电、三基色信号、行 / 场信号以及时钟和数据信号等是否正常。

故障分析与排除过程

步骤 1　更换信号线和外接显示设备后进行测试，外接设备显示无信号输入，进一步确认故障原因的范围在该故障电脑主板内，需打开电脑主机机箱进行检修。

步骤 2　打开电脑主机机箱后，通常首先在未加电的情况下检查故障电脑主板上的主要芯片、电子元器件以及硬件设备的外观有无明显物理损坏。检查到比较明显的物理损坏或开焊问题时，可直接对这些出现问题的电子元器件或硬件设备进行加焊或更换处理。

而针对不同的故障现象，在清理和观察的过程中需对相关电路进行重点关注。如该电脑的故障，就应重点关注主板 VGA 接口电路是否存在问题。

步骤 3　清理和观察主板后，没有发现明显的问题，需根据电路图做进一步的检测。如图 9-72 所示为该故障电脑主板 VGA 接口电路图。

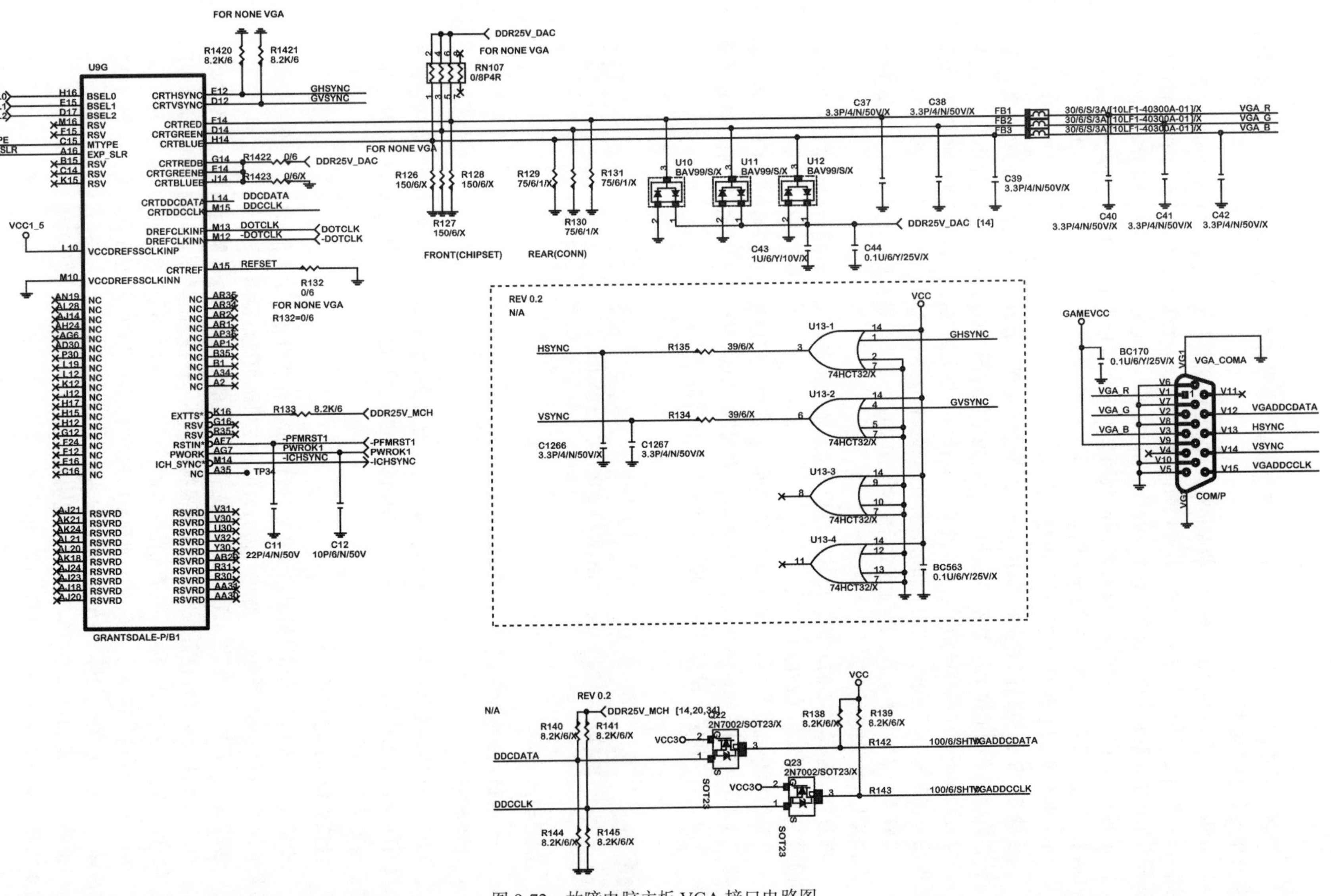

图 9-72　故障电脑主板 VGA 接口电路图

根据电路图进行检测后发现，VGA接口电路供电正常、三基色信号对地阻值正常、时钟和数据电路上拉电压正常。但是行、场信号不正常，进一步检测发现电阻器R135和R134性能不良，并推断正是这两个电阻器出现问题导致了故障。

步骤4 更换出现问题的电阻器，检测后发现故障已经排除。

故障检修经验总结：

电脑主板上的电子元器件和硬件设备十分的密集且脆弱，所以在检测和更换的过程中，一定要按照正规的操作方法进行操作，否则极易造成新故障的产生。

实例60 主板音频功能故障

故障现象

一台电脑开始出现的故障是不能正常开机启动，更换南桥芯片后，能够正常开机且其他功能都正常，但是出现没有音频输出的故障现象。

故障判断

电脑出现没有音频输出的故障现象，通常是由于板载声卡芯片或芯片组以及主板音频接口电路出现问题所导致的。

故障分析与排除过程

步骤1 根据故障现象，可以判断故障电脑多半是由于硬件出现问题而导致故障。但是在检修硬件问题前，还是应首先检测故障电脑的音频设置以及声卡驱动和操作系统等是否存在问题而导致了故障。

步骤2 查看故障电脑的音频设置以及声卡驱动和操作系统没有问题，打开电脑主机机箱进行检测。

因为是二次进行检修，电脑的主板相对较干净，不需要再次清理灰尘，但需要仔细查看主板上的电子元器件有无明显的物理损坏。很多维修后产生的新故障都是由于在检修过程中操作不当，使主板上的电子元器件损坏而引起的。

步骤3 没有观察到主板上有明显的损坏问题，直接加电检测板载声卡芯片的信号输出，发现板载声卡芯片不能正常输出信号。

板载声卡芯片能够正常工作的工作条件主要包括供电、时钟以及复位等几个部分，于是检测其供电电压、时钟以及复位信号输入引脚。

步骤4 检测过程中发现，声卡芯片的一个引脚的供电不正常，根据对电路图的分析，确定该引脚关联的一个电容器已经损坏。

将损坏的电容器更换后进行测试，故障已经排除。故障原因很可能是在上次检修过程中，不小心损坏了该电容器，从而造成板载声卡芯片不能正常工作所引起的。

故障检修经验总结：

主板音频功能模块的电路连接相对简单，其出现故障后故障现象也较为明显，所以处理起来也相对容易。

但是在检修的操作过程中应注意故障分析过程的逻辑性，以免造成误判。也要注意方式、方法，以免遗漏真正的故障原因或造成二次故障。

实例 61 不能识别硬盘故障

故障现象

一台电脑在清理灰尘后，出现不能识别硬盘的故障。

故障判断

电脑出现不能识别硬盘的故障现象，通常与硬盘接口电路中的信号部分有关，比如主板硬盘接口虚焊，芯片组（双芯片架构为南桥芯片）存在虚焊、性能不良问题或SATA总线上的电容器损坏等。

故障分析与排除过程

步骤1 了解故障电脑的故障现象及故障发生前的情况，是检修过程的第一步，同时也是检修过程中非常重要的一个步骤。

该故障电脑是在清理灰尘后出现的故障，说明故障原因多半是清理过程中操作不当或重新插拔硬件设备时操作不当，从而引发了故障的产生。

步骤2 重新插拔硬盘连接线，并清理其接口后进行测试，故障依旧。

步骤3 仔细观察主板上的主要电子元器件和硬件设备，查看是否因为清理不当造成主板出现损坏。

鉴于该故障电脑的故障现象，重点对硬盘接口电路中的信号电路部分进行观察。仔细观察后，并没有发现明显的问题。

因为主板SATA硬盘接口电路的连接较为简单，而信号电路部分的耦合电容出现问题也能够导致出现不能识别硬盘的故障现象，所以先对硬盘接口电路中的电容器进行检测。如图9-73所示为故障电脑主板SATA硬盘接口电路图。

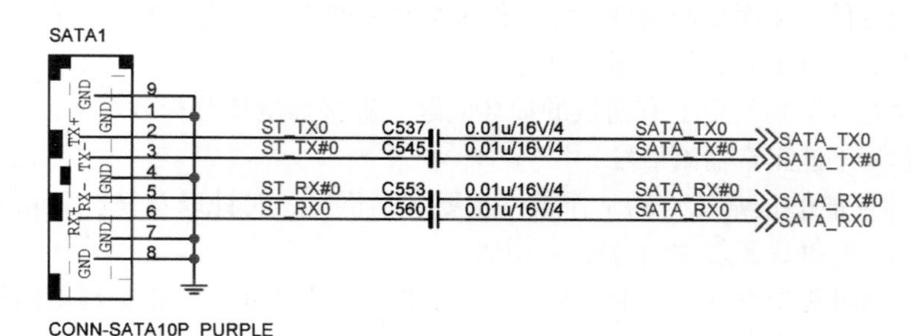

图9-73 故障电脑主板SATA硬盘接口电路图

经检测，电路中的电容器损坏，推测此问题导致了故障的产生。

步骤4 更换SATA硬盘接口电路中损坏的电容器，加电进行检测后，发现故障已经排除。

故障检修经验总结：

主板中的电容器、电阻器是比较容易出现问题的电子元器件，在检修的时候应特别注意。

在主板检修过程中，应按照故障分析一步步进行故障点的确认，并使用合理的操作方法排除故障。

实例62 主板网络功能故障

故障现象

一台电脑，出现网络无法正常连接的故障。

故障判断

对于电脑出现的网络故障，应首先排除电脑外部网络硬件以及系统设置、软件等存在问题而导致了故障的产生。

然后检修主板RJ45网络接口电路、板载网卡芯片以及芯片组等是否存在问题而导致了故障的产生。

故障分析与排除过程

步骤1 对于电脑检修过程中遇到的网络功能不能正常使用的故障，首先应排除外部网络硬件（路由器和Modem）、BIOS设置、网络设置、网卡驱动以及操作系统等出现问题而导致了故障。

当排除BIOS设置、网络设置、网卡驱动以及操作系统等问题导致了故障后，应重新插拔网线，看是否能够排除故障。

如果故障依旧，更换一根性能良好的网线，且更换路由器的网线插入端口，当故障依旧时，再进行故障电脑主板相关电路的检修。

步骤2 打开电脑主机机箱后检修的第一步，通常是对故障电脑的主板进行清理。当电脑主板上淤积过多的灰尘或存在异物，可能造成主板上的某些电路、电子元器件产生短路或散热不良等问题，并引发相关故障。

根据该故障电脑的故障现象，应重点观察和清理芯片组、板载网卡芯片、RJ45网络接口插座及其相关电路。

步骤3 当对故障电脑清理完毕，而且未发现主板上存在明显的物理损坏后，应根据掌握的相关信息，下载相关资料并进行电路分析。

根据电路图检测板载网卡芯片到RJ45网络接口的信号输出电路，发现没有信号输出，说明板载网卡芯片损坏或不能正常工作。

步骤4 板载网卡芯片能够正常工作的条件包括了供电、时钟和复位信号等。

对板载网卡芯片的供电、时钟和复位信号进行检测后，都没有发现存在问题，怀疑板载网卡芯片存在虚焊或者损坏问题。

对板载网卡芯片重新加焊后进行测试，RJ45网络接口指示灯亮，网络连接已经正常，故障排除。

故障检修经验总结：

在加焊过程中需要注意的是，电脑主板上的电子元器件比较密集，如果加焊操作不当，可能引起新的故障产生。在检修过程完成之后，要及时进行检修经验的总结，只有不断地总结经验，才能进一步提升主板检修技能。

此故障电脑，属于故障现象明显，而且故障分析及处理过程比较顺利的实例，只要熟知电脑网络功能模块工作原理，并按照合理的步骤进行操作，就能顺利地排除故障。

实例63 主板USB接口都无法使用故障

故障现象

一台电脑，出现USB接口都无法使用的故障现象。

故障判断

当电脑出现某一个USB接口不能使用时，大部分情况是由于该USB接口存在开焊、虚焊或本身损坏，以及USB接口的供电部分出现问题而导致了不能正常使用的故障。

但当一台电脑的USB接口全部不能使用时，则多半是由于南桥芯片存在虚焊、性能不良，或USB接口控制功能模块的供电、时钟信号出现问题而导致的。

故障分析与排除过程

步骤1 主板的USB接口出现故障，应首先根据故障现象确认故障的范围。

该故障电脑采用的芯片组为北桥芯片和南桥芯片的双芯片架构，USB控制器集成在南桥芯片中。所以当该电脑的所有USB接口都无法正常使用时，故障原因通常为南桥芯片存在虚焊或性能不良，南桥芯片的USB接口控制功能模块的供电、时钟信号等可能存在问题。

步骤2 打开电脑主机机箱后的第一个步骤是清理和观察。

在清理的过程中，应仔细观察故障电脑主板上的重要芯片、电子元器件以及硬件设备是否存在明显的物理损坏，如芯片烧焦、开裂，电容器鼓包、漏液，电路板破损，插槽或电子元器件有脱焊、虚焊问题。如果检查到存在明显的物理损坏，应首先对这些明显损坏的电子元器件或硬件设备进行加焊或更换后，再继续进行其他方式的检修。

而该故障电脑应重点观察和清理南桥芯片及其周围的电子元器件。

步骤3 清理和观察后没有发现比较明显的问题，此时根据电路图对该故障主板做进一步的检测。

在检测中发现，南桥芯片的USB接口控制功能模块没有时钟信号输入。

如图9-74所示为南桥芯片USB接口控制功能模块引脚电路图，电路中的CK_48M_USB_ICH是主板时钟电路输送给南桥芯片USB接口控制功能模块的时钟信号。

追查CK_48M_USB_ICH信号到主板时钟电路，进行检测时发现该信号传输电路上的一个电容器损坏，并由此判断正是由于该电容器损坏而导致了故障。

步骤4 更换损坏的电容器，经过测试后发现故障已经排除。

故障检修经验总结：

该故障电脑检修过程是建立在对主板USB功能模块理论知识的掌握上，当故障电脑的所有USB接口都无法使用时，检测芯片组内集成的USB接口控制功能模块的工作条件是否满足，是检修过程的核心和重点。在检修过程完成之后，要及时进行检修经验的总结，只有不断地总结经验，才能进一步提升主板检修技能。

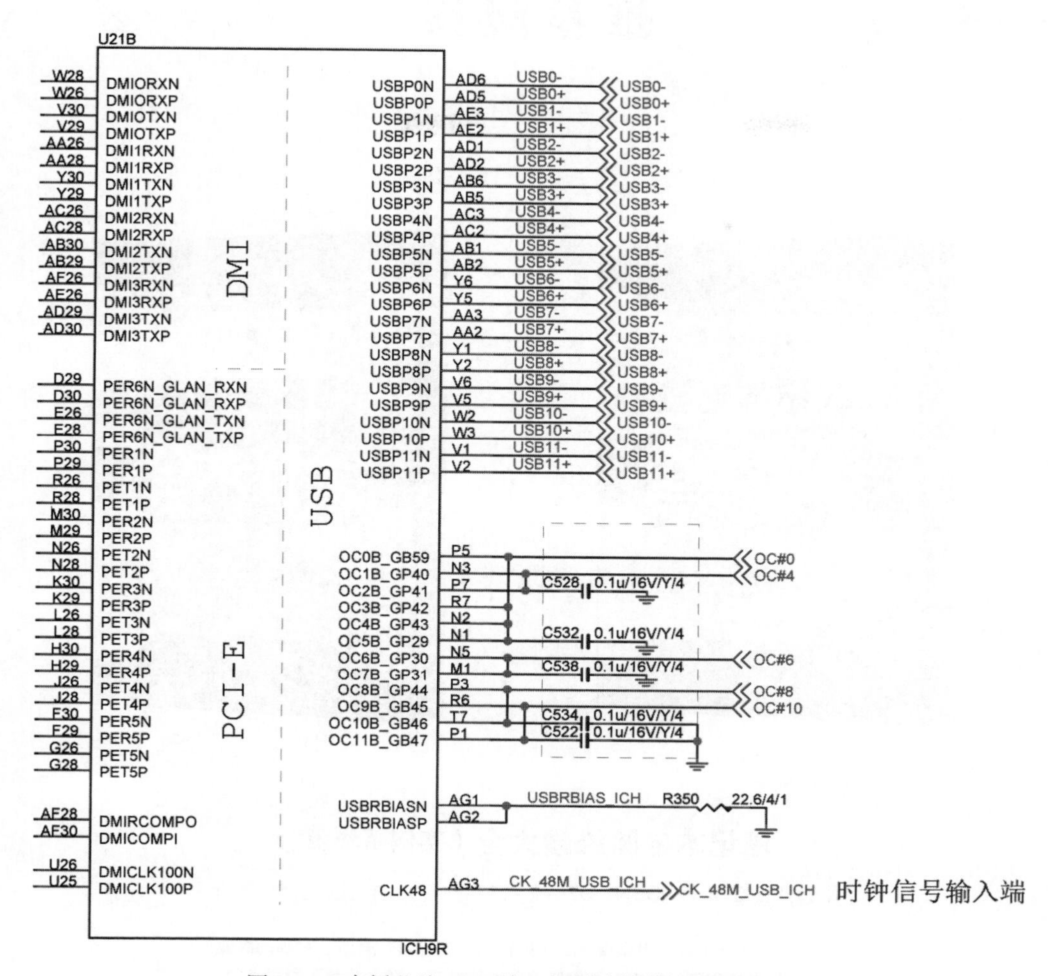

图 9-74　南桥芯片 USB 接口控制功能模块引脚电路图

推荐阅读

笔记本电脑维修大全（实例精华版）

作者：王红军 等 ISBN：978-7-111-56280-1 定价：69.00元

一线资深笔记本电脑维修工程师倾情分享丰富、有效、可靠的经验
包含切实可行的丰富维修实例、维修技巧，图文并茂、简单易学
清晰的维修思路、精湛的维修技术，让你快速成为笔记本电脑维修专家

电脑软硬件维修大全（实例精华版）

作者：刘冲 等 ISBN：978-7-111-56349-5 定价：79.00元

一线资深网电脑维修工程师倾情分享丰富、有效、可靠的经验
包含切实可行的丰富维修实例、维修技巧，图文并茂、简单易学
清晰的维修思路、精湛的维修技术，让你快速成为电脑维修专家

推荐阅读

无线网络故障诊断与排除大全（实例精华版）

作者：刘冲 等 ISBN：978-7-111-56346-4 定价：49.00元

一线资深网络故障排除工程师倾情分享丰富、有效、可靠的经验
包含切实可行的丰富维修实例、维修技巧，图文并茂、简单易学
清晰的维修思路、精湛的维修技术，让你快速成为网络故障排除专家

电子元器件检测与维修大全（实例精华版）

作者：张军 等 ISBN：978-7-111-56278-8 定价：59.00元

一线资深电子元器件维修工程师倾情分享丰富、有效、可靠的经验
包含切实可行的丰富维修实例、维修技巧，图文并茂、简单易学
清晰的维修思路、精湛的维修技术，让你快速成为电子元器件维修专家

智能手机维修大全（实例精华版）

作者：张军 等 ISBN：978-7-111-56260-3 定价：49.00元

一线资深智能手机维修工程师倾情分享丰富、有效、可靠的经验
包含切实可行的丰富维修实例、维修技巧，图文并茂、简单易学
清晰的维修思路、精湛的维修技术，让你快速成为智能手机维修专家